DRAWDOWN

THE MOST COMPREHENSIVE PLAN EVER PROPOSED TO REVERSE GLOBAL WARMING

드로다운은 과학에 바탕을 둔 메시지다. 또한 우리가 직면한 도전의 거대함을 이해하고 자애, 안전, 재생의 미래를 위해 삶을 기꺼이 바치려는 사람들이 늘어나는 흐름을 보여주는 증거이기도 하다. 왼편의 어린 소녀는 북부 케냐의 나쿠프라트고투Nakuprat-Gotu 커뮤니티 자연보호구역에 사는 보라나오로모Borana Oromo족 출신이다. 이 소녀의 사진이 매일 우리를 지금 우리가 하는 일로 호출해주며, 행운의 부적이 되어주었다.

스태프
상임이사 존 폴리
편집자·저자 폴 호컨
수석작가 캐서린 윌킨슨
디자인 재닛 멈퍼드
웹사이트 채드 어펌
교정교열 크리스천 레이히
집필 보조 올리비아 애슈무어
연구소장 채드 프리슈먼
선임연구원 라이언 앨러드
선임연구원 케빈 바유크
선임연구원 주앙 페드루 구베이아
선임연구원 맘타 메라
선임연구원 에릭 톤스마이어
연구 총괄 크리스털 치슬

연구진
잭 에쿼디
라이한 우딘 아메드
캐럴린 앨카이어
라이언 앨러드
케빈 바유크
르닐드 베케
에리카 보잉
즈바니 캐비니스
조니 체임벌린
델턴 첸
리어나도 커비스
프리양카 데수자
애나 골드스타인
주앙 페드루 고베이아
앨리샤 그레이브스
카란 굽타
젠 한
지크 하우스파더
유일 허버트
어맨다 홍
에어리얼 호로비츠
라이언 허틀
트로이 허틀
데이비드 자베르
다타키란 자구
대니얼 케인
베키 시루 리
수메다 말라비야
우르밀라 말바드카
앨리슨 메이슨
미히르 마투르
빅터 맥스웰
데이비드 미드
맘타 메라
루스 메첼
앨릭스 미칼코
이다 미드지츠
S. 카르티크 무카빌리
카필 나룰라
데메트리오스 파파이오아누
미셸 페드라자
첼시 페트렌코
누리 라즈반시
조지 랜돌프
애비 러빈슨
에이드리언 살라사
에이븐 사트르멜로이
크리스틴 시어러
데이비드 시압
켈리 시먼
레나 테케뫼
에릭 톤스마이어
멜라니 발렌시아
에르네스토 발레로 토마스
앤드루 웨이드
메릴린 웨이트
샬럿 휠러
크리스토퍼 웰리 라이트
량 엠린 양
다프니 인
케네스 제임
안드레아 울프

에세이스트
재닌 베니어스
앤 비클레
프란치스코 교황
마크 헤르츠가르드
데이비드 몽고메리
마이클 폴런
브렌 스미스
페터 볼레벤

이사진
재닌 베니어스
피터 비크
페드루 파울루 디니스
페기 리우
마틴 오맬리
브래들리 파머
로라 터너 세이들
존 윅

투자자, 후원자, 지원자들에게 감사드리며
레이C.앤더슨재단
톰캣채러터블트러스트
페드루 파울루 디니스
리어패밀리재단
록펠러브러더스펀드
리어나도디캐프리오재단
닥터브로너스
오버브룩재단
칼데라재단
인터페이스인바이런멘틀재단
내추럴코프그로서스
제이미 울프
뉴먼스오운재단
레너드C.&밀드러드F.퍼거슨재단
하인츠기금
폴 호컨
저스틴 로젠스타인
루스 먼셀, 수키 먼셀
베터투모로펀드
제시카 롤프, 데커 롤프
고티에 가家
스티븐 미첼, 바이런 케이티 미첼
마이클&제나킹패밀리펀드
콜린 르뒤크
오토데스크
TES재단
재닌 베니어스
오개닉밸리
누티바재단
레슬리 윌스너, 제프리 윌스너
과야키

DRAWDOWN: The Most Comprehensive Plan Ever Proposed to Reverse Global Warming
Edited by Paul Hawken

First published by Penguin Books
An imprint of Penguin Publishing Group
A division of Penguin Random House LLC

플랜 드로다운

기후변화를 되돌릴
가장 강력하고 포괄적인 계획

폴 호컨 Paul Hawken
이현수 옮김

D R A W D O W N
THE MOST COMPREHENSIVE PLAN EVER PROPOSED TO REVERSE GLOBAL WARMING

글항아리/**사이언스**

- '지구온난화global warming' '기후변화climate change' 등 핵심적인 기후 용어는 학계, 언론계, 환경운동계 등의 폭넓은 논의에도 불구하고 저자가 사용한 표현을 따랐다. 그 밖의 기후 및 환경 용어는 기상청 기후정보포털, 국토환경정보센터 등의 용어사전을 두루 참조했다.
- 이 책에서 프로젝트 드로다운의 일환으로 제시하고 분석한 기후위기 대책은 별도의 구분이 필요한 경우 '솔루션'으로 적었다.
- 원서에서 이탤릭체로 강조한 곳은 굵게 표시했다.
- 본문 내 편집자 주는 원서의 편집자가 단 것이다.

차 례

해질 무렵 '골든아워Golden Hour'의 노던캘리포니아 빅서 해안. 이곳에서 대기와 해양, 땅과 생물군의 끊임없는 상호작용이 이루어지는 기후 시스템을 확인할 수 있다.

서문

기후학자로서 지난 수십 년간 지구에서 발생한 여러 변화를 지켜보노라면 가슴이 아프다. 과학자들이 변화하는 우리 행성의 기후에 대해 내린 확고하고도 정밀한 경고는 예측한 대로 현실화하고 있다. 온실가스가 대기의 열을 가두면서 지구 온도는 점차 높아지고 물순환은 빨라졌다.

따뜻해진 공기는 더 많은 수분을 머금어 증발률과 강수량을 높였다. 기록적인 폭염과 극심한 가뭄은 대규모 산불을 일으키기에 완벽한 조건을 제공한다. 해양온난화는 초강력 폭풍을 유발하며, 이에 따라 강수량이 증가하고 폭풍 발생은 급증한다. 우리는 앞으로 수십 년 동안 수많은 인명 피해와 심각한 재정 손실을 야기할 수 있는 극단적인 기상이변을 겪을 것이다.

싫든 좋든, 과학을 믿든 안 믿든, 기후변화의 현실은 우리에게 달려 있다. 기후변화는 단지 날씨 양상뿐만 아니라 생태계와 대륙빙하, 섬, 해안가, 전 세계의 도시, 그리고 모든 살아 있는 사람과 다음 세대의 건강 및 안전에 이르기까지 온갖 것에 영향을 미친다. 전 세계적으로 산호초와 해양생물을 파괴할 수 있는 해양산성화, 주요 작물을 포함한 식물 종의 생화학적 변화와 같은 관련

징후들이 발견되고 있다.

우리는 왜 이런 일이 일어나는지 정확히 알고 있다. 이것을 안 지는 100년이 넘었다.

화석연료(석탄, 석유, 천연가스)를 태우고, 시멘트를 생산하고, 생명력 넘치는 토양을 갈아엎고, 숲을 파괴할 때 열기를 머금은 이산화탄소가 공기 중으로 배출된다. 축산과 농경, 쓰레기 매립과 천연가스 조업은 메탄을 방출하여 지구를 한층 더 뜨겁게 한다. 농경지, 산업 부지, 냉각 시스템, 도시지역으로부터 스며나오는 아산화질소와 불소화가스를 포함한 다른 온실가스는 온실가스 효과를 더욱 악화시킨다. 기후변화는 에너지 생산, 농업, 임업, 시멘트, 화학공업과 같은 여러 부문에서 비롯된다는 것을 기억해야 한다. 따라서 대책도 이와 마찬가지로 여러 부문에서 이루어져야 한다.

우리가 사는 지구에 피해를 주는 것을 넘어, 기후변화는 사회구조와 민주주의의 기초를 손상시킨다. 이러한 영향은 미국에서 두드러지게 나타난다. 연방정부의 핵심 부처가 과학을 부정하며, 화석연료 산업과 밀접하게 연계되어 있다. 대부분의 사람이 아무런 이상이 없다는 듯이 하루하루를 살아가는 동안, 과학적 사실을 아는 다른 사람들은 절망까지는 아니라도 두려움에 떨고 있다. 기후변화에 관한 이야기는 주로 파멸적이고 비관적이기 때문에 사람들은 이를 부정하고 분노하고 체념하는 과정을 거치게 된다.

한때 나도 그런 사람 중 한 명이었다.

그러나 이 책 덕분에 다른 관점을 갖게 되었다. 폴 호컨과 그의 동료들은 지구온난화를 되돌리기 위한 가장 실질적인 솔루션 100가지를 연구하고 제시했다. 이러한 솔루션은 에너지, 농업, 임업, 산업, 건축물, 교통수단 등 여러 분야에 걸쳐 있다. 이들 솔루션은 또한 여성의 권리를 확대하고, 인구 증가를 억제하며, 식단과 소비 패턴을 바꾸는 것과 같은 중요한 사회문화적 해결을 강조한다. 여러 솔루션이 한데 모였을 때 우리는 기후변화를 늦출 뿐 아니라 역전시킬 수 있다.

『플랜 드로다운』은 태양전지판과 고효율 전구를 사용하는 차원을 넘어, 우리가 필요로 하는 대책이 단순히 청정에너지와 관련된 일보다 훨씬 더 다양하며, 지구온난화를 해결하기 위한 효과적인 수단이 많다는 것을 알려준다. 냉매나 검은 탄소와 같이 다소 생소한 온실가스의 배출량을 줄이고, 농업에서 발생하는 아산화질소 배출량을 줄이고, 축산에서 발생하는 메탄 배출량을 줄이고, 삼림 벌채에서 발생하는 이산화탄소 배출량을 줄임으로써 우리가 어떻게 극적인 전환을 이룰 수 있는지 설명한다. 또한 혁신적인 토지이용 실천과 재생농업, 혼농임업 등을 통해 대기 중 이산화탄소를 제거할 수 있는 가능성을 보여준다.

그러나 더 중요한 것이 있다. 이 책은 우리가 기후변화를 둘러싼 두려움과 혼란, 무관심을 극복하고 개인 혹은 이웃으로서 또는 마을·도시·주州·도道·지방 차원에서, 기업·투자회사·비영리단체로서 조치를 취할 수 있는 방법을 조명한다. 프로젝트 드로다운은 기후변화의 위협이 없는 세계를 건설하기 위한 청사진이 되어야 한다. 이 책은 실질적이고, 잘 이해되며, 이미 확장 중인 솔루션을 제시함으로써 지구온난화를 역전시키고 새로운 세대를 위해 더 나은 세상을 물려줄 수 있는 미래를 꿈꿀 수 있게 한다.

대부분의 뉴스와 기사는 우리가 행동하지 않는다면 어떤 일이 일어날지에 초점을 맞추고 있다. 그렇게 보면 우리의 기후 미래가 가혹하리라 생각하는 것도 당연하다. 그러나 이 책은 우리가 무엇을 할 수 있는지를 보여준다. 바로 이 점에서 나는 이 책이 기후변화에 관해 쓰인 책 가운데 가장 중요한 책이라고 생각한다.

『플랜 드로다운』은 내가 미래에 대한 믿음과 놀라운 도전을 해내는 인간 역량에 대한 신뢰를 회복하는 데 도움을 주었다. 우리는 기후변화에 대처하는 데 필요한 모든 도구를 가지고 있으며, 이제 폴 호컨과 그의 동료들 덕분에 그 도구들을 어떻게 사용하면 되는지도 알게 되었다.

그러니 이제 일을 시작해보도록 하자.

조너선 폴리

프로젝트 드로다운 상임이사

기원

프로젝트 드로다운의 기원은 두려움이 아닌 호기심이었다. 2001년에 나는 기후와 환경 분야 전문가들에게 다음과 같은 질문을 하기 시작했다. "지구온난화를 막고 이를 되돌리기 위해 뭘 해야 할까요?" 나는 그들이 실천 목록을 제시할 수 있으리라고 생각했다. 이미 시행된 가장 효과적인 대책과 그것이 확대 시행될 때 불러올 변화에 대해 알고 싶었다. 비용도 알고 싶었다. 내가 연락했던 사람들은 그런 목록은 존재하지 않는다고 대답했다. 그러면서도 그런 목록이 만들어지기만 한다면 엄청난 자원이 될 것이라는 데 동의했다. 다만 목록을 만드는 것은 그들 각자의 전문 분야를 벗어나는 일이었다. 그 후 몇 년이 흘렀고, 난 질문하기를 멈췄다. 내 전문 분야를 벗어나는 일이었기에.

그리고 2013년이 되었다. 기후변화를 야단스럽게 경고하는 기사들이 쏟아졌고, 사람들이 상상도 하지 못했던 소문이 들려오기 시작했다. "게임은 끝났다." 하지만 진짜 그럴까? 이제부터 다시 게임이 시작될 수도 있는 걸까? 우리가 진짜 서 있는 곳은 어디일까? 나는 바로 그때 프로젝트 드로다운을 기획하기로 결심했다. 드로다운drawdown은 기후 용어로 온실가스가 최고조에 달한 뒤 매년 감소하기 시작하는 시점을 말한다. 나는 100개의 구체적인 솔루션을 규명하고 측정하고 제시하는 것을 이 프로젝트의 목적으로 정했다. 그런 다음 30년 안에 우리가 목표를 얼마나 달성할 수 있는지를 확인하는 것이다.

이 책 원서의 부제 '지구온난화를 역전시키기 위해 제안된 가장 포괄적인 계획'은 다소 과장된 것처럼 들릴 수도 있다. 우리가 이런 표현을 택한 것은 온난화를 역전시키기 위한 그 어떤 구체적인 계획도 제안된 적이 없기 때문이다. 전 세계적으로 배출을 늦추고 제한하고 억제하는 방법에 대한 합의와 제안이 있어왔고, 지구 온도가 산업화 이전 수준에 비해 섭씨 2도 이상 높아지는 것을 막기 위한 국제사회의 약속이 존재한다. 195개 국가가 한데 모여 지구상의 문명에 중대한 위기가 닥쳤음을 인정하고 국가 차원의 행동 계획을 수립했다. 유엔 산하 기후변화에 관한 정부 간 협의체IPCC는 인류 역사상 가장 중대한 과학 연구를 완수했다. 또한 계속해서 과학을 발전시키고, 연구를 확장하며, 우리가 상상할 수 있는 가장 복잡한 시스템에 대한 이해를 넓히고자 노력하고 있다. 그러나 아직까지 배출량을 늦추거나 멈추는 것 이상의 로드맵은 없다.

이에 관해 드로다운 연구진이 계획을 세우거나 고안한 게 아니라는 점을 분명히 하고 싶다. 우리에게는 그럴 능력도, 자체적으로 부여한 권한도 없다. 우리는 연구를 수행하면서 이미 세상에 존재하는 계획을 발견했을 뿐이다. 이는 인류의 집단지성 형태로 존재하며, 적용 가능하고 실질적인 사례 및 기술로 구현된 청사진으로서 모두가 이용할 수 있고, 경제적으로 실행 가능하며, 과학적으로 유효한 것들이다. 이 계획은 농부들과 지역사회, 도시, 기업, 그리고 정부가 모두 저마다의 자리에서 이 행성과 이곳의 사람들, 장소들을 걱정하고 있다는 사실을 보여주었다. 전 세계에서 참여하는 시민들은 뭔가 특별한 일을 하고 있다. 이 책은 그들의 이야기다.

프로젝트 드로다운은 신뢰를 얻기 위해 초기 단계에서 연구자와 과학자로 구성된 재단을 설립해야 했다. 예산은 적었지만 포부만은 넘쳤던 우리는 전 세계의 학생과 학자들을 연구원으로 초빙하기 위한 호소문을 보냈다. 반응은 엄청났다. 과학계와 공공 정책 분야에서 내로라하는 전문가들이 답장을 보내왔다. 현재 드로다운 프로젝트에는 22개국에서 온 70명의 연구진이 참여하고 있다. 40퍼센트는 여성이며, 거의 절반은 박사학위를 소지하고 있고, 나머지 연구원은 최소 하나 이상의 석사학위를 보유하고 있다. 이들은 전 세계의 가장 권위 있는 기관에서 폭넓은 학문적·전문적 경험을 쌓고 있다.

우리는 기후 문제를 해결할 수 있는 포괄적인 목록을 취합하고, 배출량을 줄이거나 대기에서 탄소를 격리시키는 데 잠재적으로 가장 효과적인 방법만을 모아 이를 요약했다. 그런 다음, 문헌 조사를 거쳐 각 솔루션에 대한 상세한 기후 및 재무 모델을 고안했다. 그런 뒤 외부 전문가에게 검토를 의뢰해 투입량, 자원, 산출 등 3단계 검증 과정을 거쳐 이를 분석했다. 우리는 120명의 저명한 지질학자, 공학자, 농학자, 정치가, 작가, 기후학자, 생물학자, 식물학자, 경제학자, 재무분석가, 건축가, 운동가로 이뤄진 자문위원회를 구성하여 텍스트를 검토하고 평가하도록 했다.

이 책에서 수집하고 분석한 솔루션들은 안전을 도모하고, 일자리를 창출하고, 건강을 개선하고, 비용을 절감하고, 이동성을 촉진하고, 기아를 해결하고, 공해를 예방하고, 토양을 복원하고, 강을 정화하는 재생 경제 효과를 낸다. 하지만 솔루션들이 실질적인 대책이라고 해서 모두 최선의 대책이라는 뜻은 아니다. 소수의 전문가는 일부 솔루션의 파급효과가 인간과 지구의 건강에 해롭다는 의견을 냈고, 우리는 이 의견을 되도록 명확하게 설명하려고 노력했다. 그러나 솔루션의 절대 다수는 여러 방면에서 우리 사회와 환경에 이익이 된다는 점에서 후회 없는 해결 방안이며, 온실가스 배출과 그것이 기후에 미치는 궁극적 영향에 상관없이 우리가 달성하고자 하는 이니셔티브라고 할 수 있다.

이 책 본문의 마지막 장은 특별히 「매력적인 미래 에너지」라는 제목을 붙여

——— 오리건주 북부의 이끼 낀 솔송나무 가지에 앉아 있는 3주 된 올빼미 새끼.

초기 단계에 있거나 새롭게 떠오르는 20개의 솔루션을 소개했다. 이들 중 일부는 성공할 것이고, 일부는 실패할 것이다. 그럼에도 불구하고 우리는 여기서 기후변화를 해결하기 위해 헌신적으로 노력한 개인들의 독창성과 진취성을 엿볼 수 있다. 그런가 하면 이 책의 내용을 구체적으로 뒷받침해주는 풍부하고 다양한 배경지식도 저명한 언론인, 작가, 과학자들의 에세이(이야기, 역사, 삽화)를 통해 만나볼 수 있다.

우리는 교육기관으로 남고자 한다. 우리 역할은 정보를 수집하고, 이를 유용한 방식으로 정리하고, 모든 사람에게 배포하고, 이 책과 드로다운 웹사이트drawdown.org에서 찾아낸 정보를 추가·수정·확장할 수단을 제공하는 것이다. 드로다운 웹사이트에서 기술보고서와 발전된 사례의 결과를 찾아볼 수 있다.

30년 이후를 예측하는 것이라면 그 어떤 모델이라도 불확정적일 수 있다. 그러나 우리는 이 책에서 언급한 숫자들이 대체로 타당하다고 생각하며, 독자들의 논평과 의견을 기다린다.

가뭄, 해면 상승, 멈출 줄 모르는 기온 상승에서부터 난민 위기와 분쟁, 주민 퇴거에 이르기까지 자연과 사회 전반에 걸쳐 분명한 위험신호가 발견되고 있다. 그러나 이야기는 여기서 끝이 아니다. 우리는 이 책에서 많은 사람이 확고한 의지를 품고 절대로 물러서지 않는다는 것을 보여주기 위해 노력했다. 비록 화석연료와 토지이용으로 인한 탄소배출이 우리가 제시한 솔루션들보다 두 세기나 먼저 시작되었지만, 우리는 이 도전을 받아들인다. 오늘날 우리가 경험하는 온실가스 증가 현상은 인간의 몰이해로 인해 촉발되었다. 우리 조상은 자신들이 환경에 어떤 손해를 입히는지에 대해 전혀 몰랐다. 이런 사실은 지구온난화가 우리**에게** 닥친 일이라고, 선대가 저지른 일로 인해 결정지어진 운명의 희생자가 되었다고 여기도록 우리를 유혹한다. 그러나 말을 살짝 바꿔 지구온난화가 우리를 **위해** 일어나고 있다고, 즉 우리가 만들고 행하는 모든 것을 바꾸고 재해석하게 하는 대기의 전환이라고 생각한다면, 우리는 새로운 세계에서 삶을 다시 시작할 수 있다. 우리는 우리의 행동에 100퍼센트 책임을 지고, 남 탓하기를 그만두기로 한다. 우리는 지구온난화를 불가항력적인 것이 아니라 변화를 이루고, 혁신하고, 영향력을 미칠 수 있는 세계로의 초대장으로 간주한다. 창의력과 연민, 천재성을 일깨우는 길로 보는 것이다. 이것은 진보의 의제도, 보수의 의제도 아니다. 인간의 의제다.

폴 호컨

_____기원전 196년 고대 이집트 로제타석에 새겨진 (프톨레마이오스 5세의 법안을 확인하는) 칙령은 그 독특한 서체의 조합에 비해 내용은 그리 알려져 있지 않다. 이 텍스트는 그리스와 이집트의 상형문자, 민중문자로도 적혀 있는데 각각 당대에 쓰이던 왕족, 성직자들, 평범한 사람들의 언어다. 19세기에 유럽 학자들은 상형문자의 암호를 풀고 고대 그리스 세계에 대한 이해를 넓히는 데 로제타석을 이용했다. 오늘날 옥스퍼드대 이집트학 교수인 리처스 파킨슨은 로제타석을 "암호 해독의 아이콘"이자 "서로를 이해하고자 하는 욕망의 상징"이라고 칭했다. 언어를 통한 의미 전달과 이해는 모든 인간 활동의 중심에 있다.

언어

공자는 사물을 적절한 이름으로 부르는 것이 지혜의 시작이라 했다. 기후변화의 세계에서, 이름은 때때로 혼란의 시작이 될 수 있다. 기후과학은 고유의 학술어, 약어, 특수용어, 전문용어를 포함한다. 이들 용어는 과학자들과 정책입안자들이 고안한 언어로서 간결하고 구체적이며 유용하다. 그러나 더 광범위한 대중과의 의사소통 측면에서 본다면 구분 짓기와 거리 두기가 될 수 있다.

그레셤의 법칙에 대한 정의를 묻던 경제학 교수님이 생각난다. 내가 그 질문에 기계적으로 술술 대답했던 것도 기억난다. 교수님은 나를 (정답을 말했는데도 그다지 탐탁지 않은 눈초리로) 보더니 이제 우리 할머니한테 설명해보라고 했다. 그것은 훨씬 더 어려웠다. 내가 교수님에게 한 대답을 할머니는 못 알아들었을 것이다. 그것은 학자들만이 쓰는 전문용어였다. 기후와 지구온난화에 대해서도 마찬가지다. 기후과학을 이해하는 이는 소수이지만, 지구온난화의 기본 메커니즘은 꽤 간단하다.

우리는 이 책을 어떤 배경과 관점을 가진 사람이든 이해할 수 있도록 만들었다. 기후 소통의 간극을 메우기 위해 단어를 선별하고, 유추는 피하고, 전문

용어는 되도록 사용하지 않으며, 은유를 활용하려고 노력했다. 가능한 한 약어와 덜 알려진 기후 용어는 사용하지 않았다. '이산화탄소'를 줄여서 말하는 대신에 모두 풀어 표기했다. CH_4라고 쓰기보다는 '메탄'이라고 썼다.

예를 들어보자. 2016년 11월, 미 백악관은 21세기 중반까지 본격적인 탈탄소화decarbonization를 달성하겠다는 전략을 발표했다. 우리의 관점에서 보자면, 탈탄소화는 문제를 설명하는 말이 아니라 목표를 설명하는 말이다. 즉 연소된 석탄, 가스, 석유뿐만 아니라 삼림 벌채와 열악한 농업 방식으로 인해 대기로 배출되는 탄소를 없애 지구를 탈탄소화한다는 것. 백악관에서처럼 탈탄소화라는 단어를 쓰는 경우에는 화석연료 에너지를 깨끗하고 재생 가능한 에너지로 대체한다는 의미가 포함된다. 그런데 이 용어는 기후행동의 통괄적인 목표로서도 사용된다. 그러다 보니 고무적이기보다는 혼란스럽게 들린다.

과학자들이 사용하는 또 다른 용어로 '네거티브 배출negative emissions'이 있다. 이 용어는 어떤 언어를 써도 뜻이 통하지 않는다. 네거티브 집 또는 네거티브 나무를 상상해보라. 뭔가가 부재한다는 건 그것이 전혀 없다는 뜻이다. 하지만 네거티브 배출이란 대기 중에 있는 탄소를 분리하거나 감축하는 것을 말한다. 우리는 이것을 격리Sequestration라고 부른다. 이는 탄소가 있다는 뜻이지 없다는 게 아니다. 기후변화에 대한 언급이 평범한 말과 상식에서 벗어나는 또 다른 예다. 따라서 우리의 목표는 기후과학과 대책을 고등학생부터 배관공, 대학원생부터 농부까지 가장 광범위한 일반에 접근 가능하고 매력적인 언어로 제시하는 것이다.

우리는 또한 군사 용어 사용을 피한다. 기후변화에 대한 많은 수사修辭와 글이 폭력적인 형태를 띤다. 가령 탄소와의 전쟁, 지구온난화와의 싸움, 화석연료에 대한 최전선 투쟁 등으로 묘사하는 식이다. 기사에서는 결전에 나서기라도 하듯 배출을 베어버리자slashing emissions(slash는 '대폭 줄이다' '삭감하다'의 뜻도 있다—옮긴이)라고 표현한다. 우리가 직면한 사안의 중대성과 지구온난화를 해결하기 위해 주어진 시간의 긴박함을 전달하기 위해 이런 용어를 사용했다는 건 이해한다. 하지만 '전투' '싸움' '성전聖戰' 등의 용어는 기후변화가 적이고, 물리쳐야 할 대상이라는 뉘앙스를 풍긴다. 그러나 기후란 지구상의 생물활동이자 하늘에서 일어나는 물리적·화학적 작용을 통칭하는 개념이다. 또한 일정 기간 동안 넓은 지역에서 나타나는 기상 조건이다. 기후는 지금도 변하고 있고, 앞으로도 변할 것이다. 기후변화는 계절에서 진화에 이르기까지 온갖 결과를 초래한다. 따라서 우리의 목표는 지구온난화의 인적 요인을 해결하고 탄소의 지위를 회복함으로써 인간이 기후에 미치는 영향을 조정하는 것이다.

'드로다운'이라는 용어도 설명이 필요하다. 이 단어는 전통적으로 군사력 축소나 자본금 삭감 또는 급수지에서 물을 빼내는 것을 가리켰다. 우리는 대기 중 탄소량 감소를 일컫는 데 이 단어를 사용한다. 그러나 여기에는 훨씬 더 중요한 이유가 있다. 드로다운은 지금까지 기후에 관한 대부분의 논의에서 부재했던 목표에 이름을 부여한다. 배출량을 조절하고 감축하고 억제할 필요가 있지만 이것만으로는 불충분하다. 잘못된 길로 가고 있다면, 속도를 늦춘다 한들 여전히 잘못된 길을 가는 것이다. 인류에 의미가 있는 유일한 목표는 지구온난화를 역전시키는 것이다. 만약 부모, 과학자, 청년, 지도자 그리고 우리 시민들이 그 목표에 이름을 부여하지 못한다면 그것이 달성될 가능성은 희박하다.

마지막으로 '지구온난화global warming'라는 용어가 있다. 이 개념의 역사는 유니스 푸트(1856)와 존 틴들(1859)이 각각 기체가 어떻게 대기 중에 열을 가두는지, 기체 농도의 변화가 어떻게 기후를 변화시키는지에 관해 기술했던 19세기로 거슬러 올라간다. 지구온난화라는 용어는 지구과학자 월리스 스미스 브뢰커가 1975년 『사이언스』 지에 실은 「기후변화: 우리는 지구온난화의 위기에 처해 있는가?』라는 제목의 논문에서 처음 사용되었다. 이 논문이 발표되기 전에 사용된 용어는 '의도치 않은 기후 변동inadvertent climate modification'이었다. 지구온난화는 지구의 표면 온도와 관련이 있다. 기후변화는 기온 상승과 온실가스의 증가에 따라 발생할 많은 변화를 아우르는 개념이다. 유엔의 기후 기구를 '지구온난화'가 아닌 '기후변화'에 관한 정부 간 협의체라고 부르는 이유가 여기에 있다. 이 기구는 기후변화가 전체 생물계에 미치는 포괄적 영향을 연구한다. 우리가 『플랜 드로다운』에서 측정하고 제시하는 바는 지구온난화를 막기 위해 온실가스 감축을 시작하는 방법이다.

폴 호컨

숫자

이 책에서 확인할 내용

『플랜 드로다운』의 모든 솔루션 뒤에는 탁월한 지성들이 개발한 수백 페이지 분량의 연구와 정확한 수학 모델이 있다. 각 솔루션의 도입부는 역사, 과학, 주요 사례 및 이용 가능한 최신 정보를 바탕으로 한다. 모든 내용은 드로다운 웹사이트에서 이용할 수 있는 상세한 기술 평가를 통해 더 알아볼 수 있다. 또한 우리는 잠재적인 배출 저감 효과에 따라 각 솔루션의 순위를 매기고 그 결과를 요약해 수록했다. 대기에서 얼마나 많은 온실가스 배출을 방지하거나 없애는지, 그리고 이를 실현하는 데 드는 추가 비용 총액과 순비용 및 (대부분의 경우) 절감 비용은 얼마인지도 설명했다. 이 과정에서 우리는 동료심사를 통해 의견을 수렴했다. 토지이용이나 농업과 같은 몇몇 부문에는 입증할 수 없는 사실과 수치가 더러 있으며, 우리는 그중 일부를 언급하더라도 계산에 활용하지는 않았다.

이 책의 마지막 부분에서는 솔루션의 복합적 영향을 부문별로 요약한 표를 볼 수 있다.

솔루션 순위

솔루션에 순위를 매길 수 있는 몇 가지 방법이 있다. 비용 면에서 얼마나 효율적인가, 얼마나 빨리 실현될 수 있는가, 사회에 얼마나 유익한가 등을 기준으로 삼는 것이다. 모두 결과를 해석하는 흥미롭고 유용한 방법이다. 우리는 목표에 입각해 잠재적으로 대기에서 억제하거나 없앨 수 있는 온실가스의 총량에 기초해 순위를 매겼다. 이 순위는 전 지구에 걸친 것이다. 따라서 한 솔루션이라도 상대적 중요성은 지역, 경제 상황 또는 부문에 따라 다를 수 있다.

수 기가톤의 이산화탄소 감축

이산화탄소가 가장 많은 언론의 관심을 받는지는 몰라도, 유일한 온실가스는 아니다. 다른 온실가스로는 메탄, 아산화질소, 불화가스, 수증기 등이 있다. 각각의 온실가스는 대기 중 얼마나 많은 양이 존재하는지, 얼마나 오래 남아 있는지, 수명이 다할 때까지 얼마나 많은 열을 흡수하거나 방출하는지에 따라 지구 온도에 장기적인 영향을 미친다. 이런 요인들에 기초해 과학자들은 지구온난화에 미치는 잠재적 영향을 수치화할 수 있는데, 각 온실가스의 수치를 이산화탄소 등가물로 환산하여 온실가스에 대한 '공동 통화'를 마련할 수 있다.

이 책의 각 솔루션은 배출을 방지하거나 이미 대기 중에 있는 이산화탄소를 격리함으로써 온실가스를 감소시키는 방식을 취한다. 특정 솔루션이 온실가스와 관련된 정도는 2020년부터 2050년까지 없애는 이산화탄소의 양(기가톤)으로 환산된다. 모두 합치면 2050년까지 달성될 수 있는 온실가스의 총 감소량이 되는데, 이를 고정된 값의 기준 사례(거의 변화가 없는 세계)와 비교했다.

그런데 기가톤이란 무엇일까? 그 규모를 이해하기 위해 40만 개에 달하는 올림픽 규격의 수영장을 상상해보라. 여기에 물을 채우면 약 10억 미터톤,

즉 1기가톤이 된다. 그리고 여기에 36을 곱하면 1440만 개의 수영장이 된다. 36기가톤은 2016년에 배출된 이산화탄소의 양이다.

순비용 및 운영비 절감 총액

이 책에 수록된 각 솔루션의 총 비용은 30년 동안 이 솔루션을 구입, 설치 및 운영하는 데 필요한 금액이다. 이것을 음식, 자동차 연료, 가정에서의 냉난방 등에 일반적으로 들어가는 금액과 비교해, 해당 솔루션에 투자함으로써 얻는 순비용 및 절감액을 결정했다.

우리의 계산은 매우 보수적이다. 즉 고효율의 솔루션을 상정한 뒤, 2020년부터 2050년까지 비교적 일정하게 그 효과를 유지한다는 가정하에 비용을 산출했다. 기술이 빠르게 변화하고 세계 각 지역의 사정도 저마다 다르기 때문에 실제 비용은 더 적게 들고, 절감액도 더 높을 것으로 예상된다. 하지만 보수적인 접근법을 취하더라도 솔루션은 대체로 압도적인 순비용 절감 효과를 가져다준다. 그러나 특정 열대우림을 살리거나 소녀들의 교육을 지원하는 등 일부 솔루션은 비용과 절감액을 계산할 수 없는 경우도 있다.

전 인류에 이익이 되는 결과를 얻기 위해 우리는 얼마나 많은 돈을 쓸 수 있을까? 책 뒷부분에는 비교를 위해 솔루션별로 순비용과 절감액을 요약해 실었다. 순절감액은 솔루션을 이행한 후 2020년부터 2050년까지 들어가는 운영비를 기반으로 한다. 이 계산은 제시된 솔루션의 가격효율성을 나타낸다. 이익의 규모, 잠재적 이익과 절감액 그리고 필요한 투자(조건이 그대로 유지되는 경우)를 고려할 때 총 비용은 무시할 만한 수준이다. 대부분의 솔루션은 투자 회수 기간이 짧은 편이다.

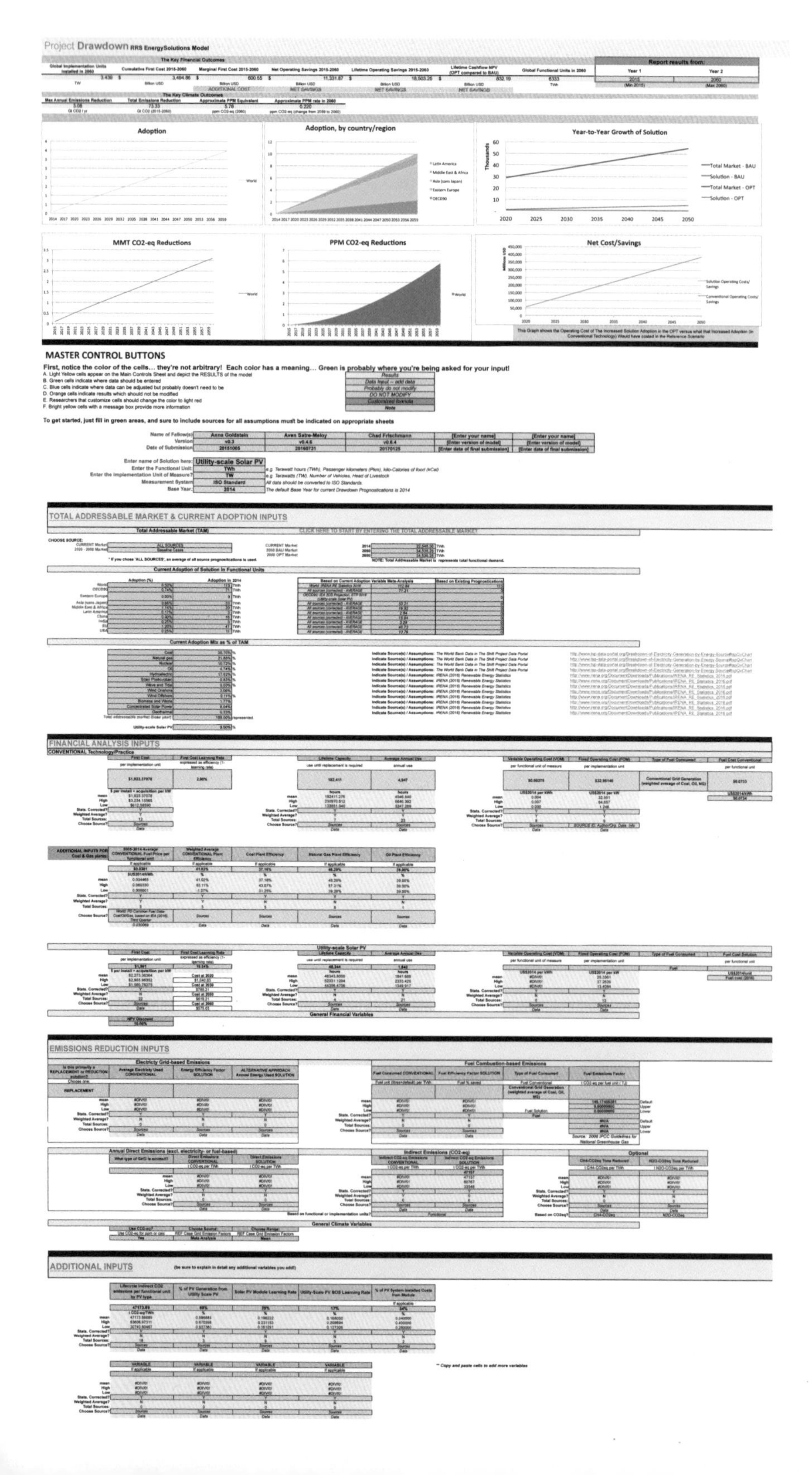

Project Drawdown RRS EnergySolutions Model
Adoption
Adoption, by country/region
Year-to-Year Growth of Solution
MMT CO2-eq Reductions
PPM CO2-eq Reductions
Net Cost/Savings
MASTER CONTROL BUTTONS
First, notice the color of the cells... they're not arbitrary! Each color has a meaning... Green is probably where you're being asked for your input!
To get started, just fill in green areas, and sure to include sources for all assumptions must be indicated on appropriate sheets
Utility-scale Solar PV
TOTAL ADDRESSABLE MARKET & CURRENT ADOPTION INPUTS
FINANCIAL ANALYSIS INPUTS
EMISSIONS REDUCTION INPUTS
ADDITIONAL INPUTS

더 알아보기

이 책에 제시된 솔루션은 우리의 연구 결과를 뒷받침하기 위해 수행된 전체 연구의 요약에 불과하다. 접근법과 가정에 대한 더 자세한 개요는 「분석 방법」에서 찾을 수 있다. 또한 드로다운 웹사이트에는 모든 데이터의 산출 방식, 출처, 가정 설정 등이 자세하게 설명되어 있다.

이 책을 읽으면서 이런 솔루션들이 얼마나 합리적이고 강력한지를 분명하게 알 수 있을 것이다. 『플랜 드로다운』은 기술의 배후에서 과학에 몰두해온 전문가만이 이해할 수 있는 장황하고 전문적인 매뉴얼이 되기보다는, 각자가 할 수 있는 역할은 무엇이고 집단을 이루어 할 수 있는 일은 무엇인지를 알고 싶어하는 사람이라면 누구나 접근할 수 있는 정보를 제공하는 것을 목표로 삼았다.

채드 프리슈먼

에너지

이 장에서는 화력발전을 대체하는 기술과 전략을 역설한다. 한때 에너지 사업 부문에서 무용한 것으로만 여겨졌던 태양에너지와 풍력에너지는 여러 억측에도 끈질기게 살아남아 이제는 석탄과 석유, 가스와 경쟁하고 있다. 재생에너지 비용은 매년 줄어드는 반면, 새로운 자원으로부터 석탄, 석유, 가스를 추출하기는 더욱 어려워져 탄소 기반 연료의 비용 증가를 야기하게 된다. 캐나다, 핀란드 등 4개 국가가 석탄 사용을 금지했고 더 많은 국가가 여기에 합류할 예정이다. 정치적 리더십도 좋지만, 정치적 리더십이 부재한다고 해서 재생에너지로의 전환 속도가 늦춰지지는 않는다. 미국은 2001년에 교토의정서를 탈퇴했고, 교토의정서는 사실상 재생에너지 산업의 성장에 아무런 영향을 미치지 못했다. 우리가 그랬던 것처럼, 누구라도 1년만 에너지 관련 경제 자료를 연구해본다면 단 하나의 결론에 이를 것이다. 작가 제러미 레깃의 말을 빌리자면, 우리는 역사상 가장 위대한 에너지 전환의 중심에 있다. 화석연료의 시대는 끝났고, 언제 완전히 새로운 시대가 열릴 것인가 하는 문제만이 남아 있다. 경제 환경이 그 도래를 불가피하게 만든다. 청정에너지는 더 저렴하다.

풍력발전용 터빈

WIND TURBINES

_____한 운동선수가 영국 노퍽 연안의 셰링엄숄 해상 풍력발전단지를 수영으로 지나고 있다. 이 풍력발전단지는 해안에서 약 18킬로미터 떨어진 거리에 35제곱킬로미터 규모로 조성된 88개의 지멘스 3.6메가와트 터빈으로 구성되어 있다.

2050년까지 감축 결과 및 순위(육상)			2
84.6기가톤 이산화탄소 감소	**1조2300**억 달러 순비용	**7조4000**억 달러 순절감액	

2050년까지 감축 결과 및 순위(해상)			22
14.1기가톤 이산화탄소 감소	**5723**억 달러 순비용	**7625**억 달러 순절감액	

바람은 절대 불지 않는다. 지구 표면의 고르지 않은 열과 지구의 자전 때문에 밀려오는 파도처럼 지형을 따라 넘실거리며 고기압지대에서 저기압지대로 흐를 뿐이다. 변화는 지금 그 흐름을 타고 있다. 풍력에너지는 향후 30년 동안 지구온난화를 해결하기 위한 이니셔티브의 최전방에 위치하며, 그 총체적 영향력에 있어서는 냉매 관리에 버금간다.

영국 리버풀 해안의 버보뱅크익스텐션Burbo Bank Extension에 설치된 32개의 해상 풍력발전 터빈(한 기가 자유의 여신상 높이의 두 배에 달한다)을 생각해보자. 모두에게 깜짝 놀랄 만한 충격을 안겨주며 에너지 사업에 뛰어든 장난감 업체 레고Lego가 소유한 버보는 국제적 노력의 집약체다. 날개는 덴마크의 클라이언트인 베스타스Vestas의 의뢰로 일본 회사가 영국의 아일오브와이트에서 제작했다. 각각의 터빈은 8메가와트의 전기를 생산한다. 약 82미터 길이의 날개는 지름이 축구장 길이의 두 배나 되며 무게는 33톤에 이른다. 날개가 한 번 돌아갈 때마다 한 가구가 하루 사용할 수 있는 전기가 생산된다. 결과적으로 32개의 풍력발전 터빈은 46만6000명의 리버풀 주민에게 전력을 공급하게 된다.

현재 31만4000개의 풍력발전 터빈이 전 세계 전기의 약 4퍼센트를 공급하고 있다. 터빈은 훨씬 더 많아질 것이다. 스페인에서만 1000만 가구가 풍력으로 전기를 공급받는다. 2016년 해상 풍력발전에 대한 투자는 299억 달러로 전년 대비 40퍼센트 증가했다.

인간은 수천 년 동안 순풍과 돌풍, 강풍 등 바람의 힘을 이용해 강과 바다를 건넜고, 물을 퍼올리거나 곡물을 갈았다. 역사상 최초로 기록된 풍차는 500년에서 900년 사이 페르시아에서 만들어졌다. 이 기술은 중세 시대에 유럽으로 퍼져나갔고, 수 세기 동안 네덜란드에서 대부분의 풍차 기술이 혁신적으로 발전했다. 1800년대 후반, 세계의 발명가들은 바람의 운동에너지를 전기로 변환하는 데 성공했다. 최초 형태의 터빈이 글래스고, 스코틀랜드, 오하이오, 덴마크에 세워졌고, 1893년 시카고에서 열린 컬럼비아 세계박람회에서 다양한 제조업체와 디자인을 선보였다. 1920년대와 1930년대에 미국 중서부의 농장들은 주요 에너지원으로서 풍력을 도입했고, 이에 따라 터빈이 곳곳에 세워진 모습을 볼 수 있다. 러시아는 1931년에 유틸리티 규모utility-scale(정격 출력이 100킬로와트 이상인 전력 생산 규모—옮긴이)의 풍력발전을 시작했고, 세계 최초의 메가와트급 터빈이 1941년 버몬트에서 가동을 시작했다.

20세기 중반 풍력에너지는 화석연료에 자리를 내주었다. 1970년대의 석유 파동은 풍력발전에 대한 관심과 투자와 발명에 다시 불을 지폈다. 이렇게 부흥한 덕분에 터빈이 확산되고, 비용이 절감되고, 성능이 향상됨에 따라 오늘날 풍력발전이 나아갈 길을 닦게 되었다. 2015년에는 화석연료 가격의 급격한 하락에도 불구하고 전 세계적으로 기록적이라 할 수 있는 63기가와트의 풍력발전소가 설치되었다. 중국에서만 31기가와트의 새로운 시설이 가동되었다. 덴마크는 현재 전력 수요의 40퍼센트 이상을 풍력발전으로 공급하며, 우루과이에서는 풍력이 전체 전력 수요의 15퍼센트 이상을 충족시키고 있다. 많은 지역에서 풍력 전기는 석탄 전기에 비해 더욱 경쟁력이 높고 가격도 낮다.

미국 내 단 세 개 주(캔자스, 노스다코타, 텍사스)에서 생산되는 풍력에너지의 잠재적 생산량만으로도 미 전역의 전력 수요를 충족시키기에 충분하다. 풍력발전단지는 최소 공간만을 차지하므로 실제로는 부지의 1퍼센트만 사용해도 충분하다. 따라서 발전과 동시에 방목과 농사, 레크리에이션 또는 보존이 이뤄질 수 있다. 터빈이 전기를 생산하는 동안 농부들은 자주개자리와 옥수수를 수확한다. 게다가 풍력발전단지를 짓는 데는 1년이 채 걸리지 않으므로 빠르게 에너지를 생산해 투자에 대한 수익을 거둬들인다.

그러나 풍력에너지에도 도전 과제는 있다. 날씨가 모든 곳에서 같지는 않다. 바람의 가변성은 터빈이 회전하지 않을 때가 있다는 것을 의미한다. 이렇게 풍력(및 태양)에너지 생산이 간헐적일지라도 더 넓은 지역에 걸쳐 있으면 수요와 공급의 변동을 극복하기가 더 쉽다. 상호 연결된 배전망을 통해 전력이 필요한 곳으로 송전할 수 있다. 비판자들은 터빈이 시끄럽고, 보기 흉하며, 때때로 박쥐와 철새들에게 위험하다고 주장한다. 새롭게 설계된 터빈은 날개를 느리게 회전하고 철새 이동 경로를 피해 배치하는 방식으로 이런 우려를 해결한다. 그러나 영국 시골에서부터 매사추세츠의 해안까지 님비 정서는 여전히 걸림돌로 남아 있다.

풍력발전을 막아서는 또 다른 장애물은 불공평한 정부보조금이다. 국제통화기금IMF은 화석연료 산업이 2015년에 직간접적인 지원금으로 5조3000억 달러 이상을 받았다고 추정한다. 이는 분당 1000만 달러 또는 전 세계 국내총생산GDP의 약 6.5퍼센트에 해당된다. 간접 화석연료 보조금에는 대기오염, 환경 피해, 혼잡, 지구온난화로 인한 보건 비용이 포함된다. 풍력발전 터빈에는 이 중 어느 항목도 투입되지 않는다. 미국의 풍력발전 산업은 2000년 이후 123억 달러의 직접 보조금을 받았다. 화력발전에 투입되는 막대한 보조금 규모는 풍력발전의 가격경쟁력을 희석시켜 화석연료 비용이 덜 비싸 보이게 하는 효과가 있다. 또한 화석연료에 명백한 이점을 부여해 투자를 더욱 매력적으로 보이게 한다.

그럼에도 불구하고 지속적인 비용 절감 덕분에 풍력발전은 아마 10년 이내에 가장 저렴한 전력 공급원이 될 것이다. 현재 비용은 풍력발전이 킬로와트시당 2.9센트, 천연가스 복합발전이 킬로와트시당 3.8센트, 유틸리티 규모의 태양발전은 킬로와트시당 5.7센트다. 2016년 6월 발간된 골드만삭스의 한 연구보고서는 "바람이 가장 저렴한 새로운 전력 설비원"이라고 딱 잘라 말했다. 풍력 및 태양 발전 비용은 모두 생산세액 공제를 포함한다. 그러나 골드만삭스는 풍력 터빈 비용의 지속적인 하락이 2023년까지 이뤄지는 세액 공제의 단계적 폐지를 보상할 것이라고 믿는다. 2016년에 세워진 풍력발전단지의 운영비는 킬로와트시당 2.3센트다. 모건스탠리의 분석에 따르면 미 중서부의 새로운 풍력에너지 생산은 천연가스 복합발전 비용의 3분의 1로 나타났다. 마지막으로 『블룸버그뉴에너지파이낸스』는 "풍력과 태양 발전의 생애비용이 새로운 화석연료 공장을 짓는 비용보다 더 적다"고 계산했다. 블룸버그는 2030년이면 전세계적으로 가장 저렴한 에너지가 풍력이 될 것이라고 예측한다(이 계산에 화석연료로 인한 대기질, 건강, 오염, 환경 피해, 지구온난화는 비용으로 포함시키지 않았다).

터빈 건설 부지의 고도가 높아지면서 비용은 더 낮아지고 있다. 이는 바람이 더 많이 불고 날개가 더 길어짐을 의미한다. 이런 조합은 터빈의 전력 생산 능력을 두 배 이상 증가시킨다. 육상 터빈은 조립이 해상에서보다 훨씬 더 쉽기 때문에 더 크게 지을 수 있다. 현재 엠파이어스테이트빌딩보다 더 높은 20메가와트급 터빈을 설계 중에 있다.

미국이 풍력발전을 통해 전력을 자급할 수 있을까? 미국 국립재생에너지연구소NREL는 약 200만7200제곱킬로미터에 달하는 토지 면적이 40~50퍼센트의 설비이용률에 적합하다고 추정하는데, 이는 10년 전 평균 설비이용률의 두 배 이상이다(풍력발전 터빈은 일정한 풍속에서 일정한 양의 전력을 생산할 수 있는 것으로 평가되지만, 설비이용률에는 실제 위치에서 나타나는 풍속의 가변성이 반영된다). 미국이 화석연료와 에너지 자립성을 확보할 수 있는 방법과 수단도 여기에 있다. 빠진 것은 정치적 의지와 리더십뿐이다.

미국 의회의 비판자들은 풍력발전 산업이 보조금을 받고 있는데, 이는 연방정부가 밑 빠진 독에 물을 붓는 격이라며 풍력발전을 폄하한다. 그러나 사회가 환경 영향에 대해 부담하는 비용을 고려하면 석탄은 무임승차자나 마찬가지다. 배출 비용의 차이(풍력은 없는 반면 화석연료는 높음)를 제쳐두고라도, 이들이 주장하는 보조금에는 풍력과 화석연료 간 물 사용량의 차이가 포함되어 있지 않다. 풍력발전은 화력발전에 비해 98~99퍼센트 적은 물을 사용한다. 석탄, 가스, 원자력은 냉각을 위해 엄청난 양의 물을 필요로 해서 농업보다 더 많은 물을 양수하는데, 그 양이 매년 83조~234조 리터나 된다. 연방정부나 주정부에서 많은 화력·원자력 발전소에 물을 '무료'로 제공하지만, 엄밀히 말해 이것을 무료라고 할 수는 없으며, 드러나지 않는 또 다른 보조금일 뿐이다. 화력과 원자력 발전 외에 또 어떤 분야가 미국에서 수십조 리터의 물을 가져다 쓰면서 아무런 비용도 지불하지 않을 수 있을까?

중국이 세계 풍력발전의 선두주자로 부상하게 된 사실은 정부의 지속적인 풍력발전 확대 노력이 (특히 정치적 바람이 어디로 부는지와 무관하게 지원이 일정하게 유지될 경우) 비용 절감 곡선을 가파르게 할 수 있다는 것을 보여준다. 예측 가능한 환경은 산업 발전의 핵심이다. 정책 측면에서, 포트폴리오 표준은 재생 가능한 발전 비율을 의무화할 수 있다. 보조금, 융자 및 세제 혜택은 수직축 터빈 및 해상 시스템과 같은 기술에 더 많은 풍력발전 시설을 구축하고 지

—— 그리스의 스틸리다, 조립 전 풍력발전 터빈의 날개.

속적인 혁신을 촉진할 수 있다. 유럽연합EU과 같이 정부가 풍력에너지를 지원하는 곳에서는 정치적 행동이 재생 가능한 풍력에너지의 성장을 따라가지 못하고 있다. 2015년에 독일에서 송전망의 병목현상으로 4100기가와트시의 풍력 전기가 낭비되었는데, 이는 한 해 동안 120만 가구에 전력을 공급하기에 충분한 에너지였다. 풍력으로 유럽에 충분한 에너지를 공급할 수 없으리라는 우려는 전선망 통합과 유틸리티 및 분산 에너지 저장 시스템이 수요를 따라가지 못할 것이라는 우려로 대체되고 있다.

풍력도 다른 에너지원과 마찬가지로 전력 시스템의 일부분이며, 에너지 저장, 송전 인프라 및 분산 발전에 대한 투자가 성장에 필수적이다. 잉여 전력을 저장할 기술과 인프라는 빠르게 발전하고 있다. 먼 거리의 풍력발전단지와 전력 수요가 높은 지역을 연결하는 송전선이 건설되고 있다. 세계를 생각한다면 선택은 간단하다. 미래에 투자할 것인가, 과거에 투자할 것인가.

효과

전 세계 전기 사용량 중 육상 풍력발전 비율을 3~4퍼센트에서 2050년까지 21.6퍼센트로 끌어올리면 84.6기가톤의 이산화탄소 배출량을 줄일 수 있다. 해상 풍력발전은 0.1퍼센트 수준인 것을 4퍼센트로 끌어올리면 14.1기가톤의 배출이 줄어든다. 총 1조8000억 달러의 비용으로 30년 동안 운영할 때 풍력 터빈이 가져다주는 순절감액은 8조2000억 달러다. 그러나 이는 보수적인 추정이다. 비용은 매년 감소하고 있고 새롭게 개선된 기술도 이미 반영되고 있어, 같은 비용 혹은 더 낮은 비용으로 더 많은 전기를 생산할 수 있는 설비가 확충되고 있다.

마이크로그리드

MICROGRIDS

'매크로그리드macrogrid'는 유틸리티 기업, 발전기, 전력저장소, 수요와 공급을 24시간 감시하는 제어 센터를 연결하는 에너지 공급원의 대규모 전력 네트워크다. 매크로그리드의 중앙 전원에 플러그가 꽂혀 있기만 하면, 낮이나 밤이나 맑은 날이나 비 오는 날이나 대규모 화력발전소에서 전기를 끌어다 쓸 수 있다. 이런 구조는 발전소들이 집약되어 있을 때나 유효했다. 오늘날에는 몇몇 장소에서만 생산하는 더러운 에너지dirty energy를 어디서나 생산하는 청정에너지로 바꾸려는 사회 전환에 걸림돌이 될 뿐이다.

마이크로그리드를 도입하자. 마이크로그리드란 태양, 풍력, 조력, 바이오매스 등 각기 다른 에너지원에서 생산된 에너지를 지역 단위로 모아 전력저장소 또는 예비발전소에 저장하고 부하를 관리하는 시스템을 말한다. 이 시스템은 독립형 시설로 가동되거나, 사용자가 필요에 따라 더 큰 전력망에 연결할 수 있도록 되어 있다. 마이크로그리드는 더 작고 다양한 에너지원을 기반으로 설계한 대규모 전력망의 축소판으로 빠르고 효율적이다. 재생에너지와 저장소를 결합함으로써 중앙 발전을 보강하거나, 비상 상황에서 독립적으로 작동해 신뢰할 수 있는 전력을 공급한다.

2050년까지 감축 결과 및 순위 78

구현 기술: 비용 및 절감액은 재생 가능한 에너지에 반영

마이크로그리드는 유연하고 효율적인 전력망 발전에 중요한 역할을 할 것으로 예측된다. 지역 내 전기 수요를 지역 내 공급으로 충족시키면 전송과 분산에 소요되는 에너지 손실을 줄일 수 있고, 중앙 발전식 전력망에 비해 전달 효율성도 증대된다. 석탄을 태워 터빈을 돌리면 생산된 에너지의 3분의 2는 폐열廢熱로, 혹은 선로에서 소실된다.

전력망으로 연결된 지역에 마이크로그리드를 설치하면 몇 가지 주요 이점을 누릴 수 있다. 문명은 전기에 의존하며, 블랙아웃으로 인해 전기를 얻을 수 없게 되는 상황은 큰 위험이다. 선진국에서는 이런 현상으로 인해 매년 수십억 달러의 경제적 손실이 발생할 수 있다. 관련된 사회적 비용에는 디젤 연료 예비전력의 환경부담금과 더불어 범죄 증가, 교통 마비 및 음식물 낭비도 포함된다. 연구에 따르면 에어컨과 전기차의 사용으로 인해 전력 수요가 전반적으로 증가함에 따라, 기존의 전력 시스템은 더 취약해지고 블랙아웃은 더욱더 빈번해진다. 마이크로그리드는 지역화된 시스템이기 때문에 복원력이 더 뛰어나며 지역 수요에 더 잘 대응할 수 있다. 전력 공급이 중단됐을 때 마이크로그리드는 병원과 같이 중단 없는 서비스를 필요로 하는 중요 사용처에 집중할 수 있으며, 전력 공급이 정상화될 때까지 중요하지 않은 부하를 줄일 수 있다.

저소득 국가에서의 이점은 더욱 크다. 전 세계적으로 11억 명의 인구가 송전망 또는 전기에 접근할 수 없는 환경에 있다. 이들 중 95퍼센트 이상이 사하라 이남 아프리카와 아시아에 살고 있는데, 대다수의 인구가 여전히 환경오염

_____이곳은 독일 프라이부르크의 태양발전 주택단지다. 59가구로 이뤄진 공동체로, 세계 최초로 양의 에너지 균형을 이룬 곳이다. 각 가정은 연간 5600달러의 태양에너지 수익을 낸다. 양의 에너지를 달성하는 방법은 초고효율 주택을 설계하는 것으로, 디자이너 롤프 디시는 이를 플러스에너지PlusEnergy라고 부른다.

의 주범인 등유로 불을 밝히고, 가장 기초적인 풍로 구조로 음식을 해 먹는 시골지역에 거주한다. 전화電化와 인간 발전 사이의 연결은 명확하지만, 전력망을 멀리 떨어진 지역까지 확장하는 데 드는 높은 비용 때문에 발전은 느리게 진행된다. 아시아와 아프리카의 시골지역 주민들은 마이크로그리드(외딴 지역에서는 독립형 태양발전)에서 전기를 가장 원활하게 공급받는다.

소득이 낮은 시골지역에 마이크로그리드를 설치하는 것은 에너지가 풍부한 고소득 지역에서 마이크로그리드를 운영하는 것보다 더 쉽다. 많은 지역에서, 대형 유틸리티 기업의 사업 모델은 분산 에너지 및 저장 설비와 호환되지 않는다. 점점 더 쓸모없어지는 발전·송전 시스템에 매몰비용이 든다. 유틸리티 기업이 바뀌길 거부한다면, 기술이 아닌 독과점이 마이크로그리드의 가장 큰 적이다. 방법은 절충이다. 매크로그리드는 융통성 있게 변화하는 세계에 적응할 필요가 있다. 마이크로그리드는 장기적인 성공을 위해 강력한 기술 표준을 채택할 필요가 있다. 기술 혼란의 시대에 기술 제휴를 맺는 것은 당연한 이치다.

효 과

우리는 현재 전기에 접근할 수 없는 지역의 마이크로그리드 성장을 분산 에너지 저장 설비와 함께 조력발전, 마이크로 풍력발전, 지붕형 태양광발전, 바이오매스 등의 재생에너지 대안을 사용하는 방식으로 모델링한다. 이런 시스템은 기존의 더러운 에너지 전력망의 확장 또는 독립형 석유·디젤 발전기의 지속적인 사용을 대체할 것으로 예상된다. 배출 영향은 개별 솔루션 자체에서 확인할 수 있기 때문에 중복으로 고려하지 않아도 된다. 고소득 국가에 대한 마이크로그리드 시스템의 이점은 「전력망 유연성」을 참고하라.

지열

GEOTHERMAL

_____ 아이슬란드의 레이캬네스반도에 있는 스바르트셍기('검은 목초지') 지열발전소는 전기를 생산하고 지역난방으로 온수를 공급하도록 설계된 최초의 지열발전소다. 총 여섯 개의 발전소에서 75메가와트의 전기를 생산해 2만 5000가구에 공급한다. '버려진' 온천수는 블루라군 지열 온천으로 보내진다. 이 온천에는 매년 40만 명이 방문한다.

2050년까지 감축 결과 및 순위

18

16.6기가톤 이산화탄소 감소	-1555억 달러 순비용	1조200억 달러 순절감액

지구는 활동적인 행성이다. 열이 지속적으로 지각 쪽으로 이동하면서 판구조가 변화하고 지진을 일으키고, 화산활동을 촉발하며, 산을 만든다. 지구 내열의 약 5분의 1은 46억 년 전 지구 형성과 함께 생겨났다. 지구는 지각과 맨틀에 있는 칼륨, 토륨, 우라늄 동위원소의 지속적인 방사성 붕괴를 통해 열의 균형을 이룬다. 이로 인해 발생하는 열에너지는 현재 세계 에너지 소비량의 약 1000억 배다. 지열에너지(문자 그대로 '땅의 열')는 증기를 내뿜는 뜨거운 지하 저수지를 만든다. 옐로스톤 국립공원의 간헐 온천은 우리 발밑에서 끓고 있는 뜨거운 지열 지하수를 만날 수 있는 대표적인 장소로, 이따금 온천수가 땅 위로 솟구치기도 한다. 불과 얼음으로 뒤덮인 땅 아이슬란드 곳곳에 흩어져 있는 온천은 그 또 다른 예다.

열수 저수지hydrothermal reservoir 내 온수와 증기는 관을 타고 표면으로 올라와 터빈을 구동시키고 전기를 생산한다. 이런 업적은 1904년 7월 15일 이탈리아 라르데렐로에서 처음 이뤄졌다. 프린스 피에로 지노리 콘티가 지열 증기로 다섯 개의 전구를 밝히면서 최초로 발명했다. 그로부터 한 세기가 넘는 시간이 흘렀지만 라르데렐로 발전소는 여전히 운영 중이다. 전 세계의 13기가와트급 지열발전소 대부분은 어떤 식으로든 물줄기가 지표면에 드러나는 판의 경계를 따라 위치해 있다. 한편 22기가와트급 직접 이용식 지열에너지는 지역난방, 온천, 온실, 산업 공정 및 기타 용도에 열을 공급한다.

지열에너지는 지구의 에너지로 지표면까지 열을 운반하기 위해 열, 지하 저수지, 물 또는 증기에 의존한다. 비록 적합한 지열 조건을 갖춘 곳은 지구의 10퍼센트 미만인 것으로 밝혀졌지만, 새로운 기술이 발전하면서 이제껏 유용한 자원이 알려지지 않았던 지역에서 생산 가능성을 극적으로 확장할 수 있게 됐다. 전통적으로 열수 웅덩이의 위치를 찾는 것이 첫 단계인데, 지열에너지의 원천을 정확히 파악하는 일은 도전이자 한계였다. 저수지가 어디 있는지 알아내기 어렵고 천공을 해서 알아내는 데 비용이 많이 들기 때문이다. 그러나 새로운 탐사 기술이 지평을 확장하고 있다.

새로운 접근법 중 하나는 대개 깊은 지하 공동空洞을 찾아내 원래는 존재하지 않았던 열수 웅덩이를 만드는 심부지열발전EGS이다. 심부지열발전은 자연의 공급에 의존하기보다는 공학기술을 활용해 충분한 열이 있지만 물이 거의 없거나 아예 없는 지역을 찾아 물을 주입한다. 심부지열발전 기술은 고압수를 주입함으로써 뜨거운 암반을 파괴하고 분쇄하여 투과와 접근을 용이하게 한다. 일단 암반이 다공성 상태가 되면, 시추공으로 물을 퍼내려 지하에서 가열한 후 다른 시추공으로 다시 퍼올린다. 이 열을 전기 생산에 사용한 후, 주입정에서 사용한 물을 저수지로 돌려보낸다. 아이슬란드의 블루라군 지열 온천은 스바르트스셍기 발전소의 폐수를 주민과 관광객 모두를 위한 목욕물로 사용한다. 그리고 재순환 기능을 사용해 이 과정이 반복된다.

이런 혁신은 지열에너지의 지리적 범위를 극적으로 넓힐 수 있으며, 특정 지역에서 재생에너지 관련 중요 과제를 해결하는 데 도움이 된다. 기저부하 또는 즉시 분배 가능한 전력을 제공하는 식이다. 풍력발전은 바람이 불지 않으면 발전량이 감소한다. 태양발전은 밤에는 쉰다. 반면 지열발전은 지하자원이 흐르는 한 1년 365일 내내 잠깐의 쉼도 없이 거의 어떤 날씨 조건에서든 가능하다. 지열은 안정적이고 효율적이며, 열원 자체가 무료다.

지열발전의 가능성을 조사해나가는 과정에서 부정적인 면의 관리도 이뤄

보호복을 착용한 유지 관리 기술자가 섭씨 105도의 증기가 뿜어져 나오는 파이프 연결부를 수리하고 있다.

져야 한다. 자연적으로 발생하든 펌프를 사용하든, 물과 증기는 이산화탄소를 포함한 용존 가스와 수은, 비소, 붕산 같은 독성 물질로 오염될 수 있다. 지열발전은 1메가와트시당 배출량이 석탄발전의 5~10퍼센트에 불과하지만, 그렇다고 온실효과가 없는 것은 아니다. 또한 열수 웅덩이에서 물을 고갈시키면 토양 침강이 야기될 수 있고, 수압파쇄는 미소지진을 발생시킬 우려가 있다. 소음 공해, 악취, 경관 손상을 일으킬 수 있는 토지용도변경 등도 우려 사항이다.

24개 국가에서 지열에너지가 생애 기간 신뢰할 만하고, 풍부하며, 저렴한 전기를 낮은 운영 비용으로 제공할 수 있기 때문에 이런 단점을 해결하기 위해 노력할 가치가 있다는 것이 입증되고 있다. 엘살바도르와 필리핀에서는 지열발전이 국가 전력량의 4분의 1을 차지한다. 화산 지형의 아이슬란드에서는 3분의 1이다. 케냐에서는 아프리카 대지구대의 활동 덕분에 전력 생산의 절반 정도를 지열로 충당하고 있으며, 계속 성장 중이다. 미국의 지열발전소는 생산량이 전체 전력 생산량의 0.5퍼센트에도 미치지 못하지만, 3.7기가와트의 설치 용량으로 세계를 선도하고 있다.

더 많은 증기가 발생되는 더 많은 장소에서 지열발전의 기회를 엿볼 수 있다. 지열에너지협회GEA에 따르면 39개국에서 지열에너지만으로 전력 수요의 100퍼센트를 공급할 수 있지만, 실제 사용량은 전 세계적으로 잠재된 지열에너지의 6~7퍼센트 수준에 그친다. 아이슬란드와 미국의 지질학적 조사에 기초해 이론적으로 추정하면 미발굴 지열 자원은 1~2테라와트, 즉 현재 인간 소비 전력의 7~13퍼센트를 공급할 수 있다. 그러나 자본 요건이나 그 밖의 비용 및 제약 조건을 고려할 때 이 수치는 크게 낮아진다.

전 세계의 지열대는 우리에게 나아갈 길을 제시한다. 또한 성장하는 발전 사업에 정부가 개입하는 것이 중요함을 보여준다. 지열발전소는 당장 실용성을 띤다 하더라도 가동까지는 비용이 많이 들 수 있다. 특히 불확실하고 복잡한 환경에서 시추에 드는 초기 비용이 매우 높다. 그렇기 때문에 공공투자, 국가 생산 목표, 개발 회사가 전력을 구매할 것이라는 확약 등이 사업 확장에 있어 중요한 역할을 한다. 이런 조치는 투자의 위험 수준을 낮추는 데 도움이 된다. 한편 심부지열발전과 같은 새로운 기술이 발전하고 있다 하더라도 지구가 가장 활동적이고 '지열'이 풍부한 곳인 인도네시아, 중앙아메리카, 동아프리카에서는 여전히 전통적 지열발전의 지속적인 개발이 필수다.

효과

우리 계산은 지열발전이 2050년까지 전 세계 발전량의 0.66퍼센트에서 4.9퍼센트로 증가한다고 가정한다. 이런 성장은 16.6기가톤의 이산화탄소 배출량을 줄일 수 있고 30년 동안 1조 달러의 에너지 비용을 절약할 수 있으며 인프라의 수명이 다할 때까지 2조1000억 달러를 절약할 수 있다. 지열은 기저부하 전력을 제공함으로써 가변적 재생에너지의 확장을 지원한다.

태양광발전단지
SOLAR FARMS

지구온난화를 역전하기 위한 그 어떤 시나리오에서도 21세기 중반까지 태양발전의 대규모 확대는 빠지지 않는다. 그 이유는 간단하다. 태양은 매일 빛난다. 사실상 무제한적이고, 깨끗하며, 절대불변의 가격으로 연료를 제공한다. 소규모로 나뉘어 조성된 지붕형 태양전지판은 태양광발전PV으로 가동되는 재생에너지 혁명을 가장 잘 보여주는 증거다. 비교적 덜 새로운 사례로는 수십에서 수백 메가와트의 발전량을 달성하는 수백, 수천, 수백만 개의 대규모 태양광전지판이 있다. 이 태양광발전단지는 유틸리티 규모로 운영되는데, 생산하는 전력량은 기존 발전소와 비슷하지만 배출량에서 큰 차이를 보인다. 전체 수명을 고려할 때 태양광발전단지는 석탄발전소에서 배출되는 탄소배출량의 94퍼센트를 줄이고 이산화황, 아산화질소, 수은, 분진 등을 완전히 없앤다. 이런 오염물질은 생태학적 피해 외에, 2012년에 370만 명의 조기 사망을 일으킨 대기오염의 주요 원인이기도 하다.

최초의 태양광발전단지는 1980년대 초에 세워졌다. 현재 이런 유틸리티 규모의 설비는 전 세계 태양광발전 용량의 65퍼센트를 차지하고 있다. 발전단지는 사막, 군사기지, 폐쇄된 매립지 꼭대기에도 설치할 수 있으며, 심지어 저수지

_____ 캘리포니아주 새크라멘토전력공사가 소유한 태양광 발전단지. 캘리포니아주의 의무 재생에너지 표준을 준수하는 최초의 지역이다. 이 전력공사는 태양광발전단지의 솔라셰어 SolarShare를 지방세 납세자에게 판매하는 식으로 재생에너지 혁신을 이뤄 금전적 수익까지 얻고 있다.

2050년까지 감축 결과 및 순위			8
36.9기가톤 이산화탄소 감소	**-806**억 달러 순비용	**5조200**억 달러 순절감액	

에 띄워 물의 증발을 억제하는 추가 이점도 누릴 수 있다. 만약 우크라이나 정부가 승인하기만 하면, 1986년 대규모 원전 폭발 사고가 있었던 체르노빌에 세계 최대 규모인 1기가와트급 태양광발전단지가 들어설 수 있다. 위치가 어디든 광발전은 문자 그대로 에너지를 수확하는 수단이므로, 단지farm는 이 광대하게 펼쳐진 태양전지판에 딱 들어맞는 용어다. 태양광발전단지를 구성하는 실리콘 패널은 태양으로부터 지구로 흐르는 광자를 포집한다. 전지판의 밀봉된 환경에서 광자는 전자에 동력을 공급하고 이름에서 암시하는 것과 같이 전류(빛에서부터 전압까지)를 발생시킨다. 입자를 벗어나면 움직이는 요소는 필요치 않다.

실리콘전지 기술은 오늘날 사용되는 거의 모든 전자 장치에 장착된 실리콘 트랜지스터의 발명과 함께 1950년대에 우연히 발견되었다. 이 작업은 미국 벨 연구소의 후원을 받아 이뤄졌으며, 배터리가 고장나고 전력망에 도달할 수 없는 덥고 습한 외딴 지역에서도 작동 가능한 분산 전력 공급원을 찾다가 가속화되었다. 벨연구소 과학자들은 1800년대 후반부터 실험용 태양전지판에 표준으로 사용하던 셀레늄에 비해 실리콘이 크게 발전된 형태라는 사실을 발견했다. 빛을 전기로 전환하는 효율성이 10배 이상 높았던 것이다. 1954년 벨의 '태양전지'가 등장했을 때, 이 작은 실리콘패널은 21인치의 페리스 대관람차와 라디오 송신기를 작동시켰다. 『뉴욕타임스』는 이를 두고 "새로운 시대의 시작이다. 인류가 가장 바라던 꿈, 즉 무한한 태양에너지를 문명화에 활용하는 꿈을 드디어 실현하게 된 것"이라고 선언했다.

당시 태양광발전은 매우 비쌌기 때문에(현재 통화로 환산하면 와트당 1900달러 이상), 사용할 수 있는 분야라고는 위성밖에 없었다. 태양광발전은 우주까지 진출했지만, 다른 곳에서는 거의 사용할 수 없었다. 아이러니하게도 지구에서 사용하기 위한 태양전지의 첫 주요 구매처는 석유산업이었는데, 석유산업은 굴착과 추출 작업을 위해 분산 에너지원을 필요로 했다. 그 뒤 공공투자, 세제 혜택, 기술 진화 그리고 우수한 제조력이 태양광발전 생산비를 줄였고, 현재는 와트당 65센트까지 하락했다. 가격 하락은 항상 예상을 뛰어넘었고 앞으로도 계속될 것이다. 태양광발전의 비용과 성장을 예측해보면, 곧 세계에서 가장 저렴한 에너지가 될 것이다. 태양광발전은 이미 가장 빠른 성장을 보이고 있다. 태양광발전은 하나의 해결책이지만, 혁명이라고 말해도 좋을 듯하다. 태양광발전단지 건설에 드는 비용도 점점 더 감소하고 있는데, 그 속도는 새로운 석탄·천연가스·원자력발전소 건설보다 더 빠르다. 전 세계 여러 지역에서 태양광발전은 현재 기존 발전보다 가격경쟁력이 우세하거나 비용이 덜 든다. 개발업자들은 킬로와트시당 고작 몇 페니 수준의 단가로 수주 업체 선정에 참여하는데, 이는 몇 년 전만 해도 상상할 수 없던 일이다. 연료를 전혀 사용하지 않고, 시간이 지나도 유지 보수가 많이 필요하지 않으며 경성 비용 및 연성 비용이 급감하면서, 대규모 태양광발전의 성장은 가장 낙관적인 기대치까지도 능가했다.

태양광발전단지는 지붕형 태양광발전에 비해 와트당 설치 비용이 낮고, 태양광을 전기로 변환하는 효율(효율 등급으로 알려져 있음)도 높다. 태양광선을 최대한 활용하기 위해 전지판이 회전하면, 발전량은 40퍼센트 이상 개선될 수 있다. 동시에 태양광전지판이 어디에 설치되든 이들 패널은 태양복사의 일주운동과 가변적 특성의 영향을 받으며, 실제 전기 사용과 불일치한다. 태양복사는 정오에 최고조에 달하지만 수요는 몇 시간 뒤 최고조에 달한다. 그렇기 때문에 태양광발전이 계속 성장하는 동안, 지열과 같이 일정하거나 풍력처럼 밤에 더 강해지는 등 태양과 다른 리듬을 가진 보완적 재생에너지도 함께 발전되어야 한다. 에너지 저장 설비와 태양광발전단지의 불규칙한 생산량을 관리할 수 있는 좀더 유연하고 지능적인 전력망도 필수적이다.

국제재생에너지기구IRENA는 연간 2억2000만 톤에서 3억3000만 톤에 달하는 이산화탄소 절감량의 공을 태양광발전에 돌리고 있지만, 태양광발전이 전 세계 전력 생산량에서 차지하는 비중은 2퍼센트 미만이다. 그렇다면 일부 옥스퍼드대 연구원들이 계산하듯이, 2027년까지 전 세계 에너지 수요의 20퍼센트를 충족시킬 수 있을까? 정부의 보완적 개입과 시장 성장 덕분에 긍정적인 징후가 많이 발견되고 있다. '그리드 패리티grid parity(화력발전과 신재생에너지 발전 원가가 같아지는 시점—옮긴이)'에 도달한 뒤 하락하는 비용, 매년 수백 메가와트를 생산하는 일반 태양발전 시설, 수십 년은 아니더라도 25년은 거뜬히 유지되는 전지판 등이 그 예다. 2015년 태양광발전 부문은 이탈리아에서 거의 8퍼센트의 전력 수요를 충족시켰고, 태양광 혁명을 주도하는 독일과 그리스에서는 6퍼센트 이상의 전력 수요를 충족시켰다. 태양광발전은 예상을 뛰어넘는 역사를 자랑하며 기대 이상의 도약을 해왔다. 분산 발전과 적절한 기술 구현의 도움으로 1954년 『뉴욕타임스』가 인용한 '새로운 시대'가 현실화되고 있다.

효과

분석 결과, 현재 전 세계 전력 생산량의 0.4퍼센트를 차지하는 유틸리티 규모의 태양광발전량은 10퍼센트로 증가하고 있다. 우리는 실행 비용이 킬로와트당 1445달러이고 학습률이 19.2퍼센트이므로 화력발전소와 비교할 때 810억 달러를 절감할 수 있다고 가정한다. 이를 통해 36.9기가톤의 이산화탄소 배출량을 막을 수 있을 뿐만 아니라 2050년까지 5조 달러의 운영 비용을 절감할 수 있다. 연료 없이 에너지를 생산함으로써 가능한 것이다.

지붕형 태양광발전

ROOFTOP SOLAR

＿＿＿사진 속 우로스족 모녀는 티티카카호의 토토라갈대로 만들어진 42개의 떠다니는 섬 중 하나에 살고 있다. 처음 태양광전지판을 받았을 때의 기쁨이 전해진다. 해발 3812미터에 설치된 전지판은 등유를 대체하여 가족에게 처음으로 전기를 공급할 것이다. 첨단 기술이긴 하지만, 태양광은 이들 문화와 완벽하게 어울린다. 우로스족은 스스로를 루피아케Lupihaque, 즉 태양의 자식으로 여긴다.

2050년까지 감축 결과 및 순위			10
24.6기가톤 이산화탄소 감소	4531억 달러 순비용	3조4600억 달러 순절감액	

1884년 뉴욕시 지붕에 태양전지판이 처음으로 등장했다. 실험주의자 찰스 프리츠는 금속판의 얇은 셀레늄 층이 빛에 노출되면 전류를 생성할 수 있다는 것을 발견한 후 이를 설치했다. 빛이 어떻게 전구를 켤 수 있는지 그와 그의 동시대 태양광 개척자들은 알지 못했다. 왜냐하면 알베르트 아인슈타인이 지금 우리가 광자라고 부르는 혁명적인 연구를 발표한 20세기 초까지 기술자들은 이 원리를 이해하지 못했기 때문이다. 프리츠 시대의 과학적인 기틀은 발전이 열에 의해 발생한다고 믿었지만, 프리츠는 '광전지' 모듈이 결국 석탄발전과 경쟁하게 될 것이라고 확신했다. 그 최초의 발전소는 2년 더 일찍 토머스 에디슨에 의해 역시 뉴욕에서 처음으로 가동되었다.

오늘날 태양광은 석탄뿐만 아니라 천연가스로 발전된 전기까지 대체하고 있다. 또한 전 세계의 10억 명 이상이 전력망에 접근할 수 없는 곳에서 등유 램프와 디젤 발전기를 대체하고 있다. 어떤 지역은 전력 생산으로 인한 과도한 오염 문제로 고심하는가 하면, 어떤 지역은 전기가 턱없이 부족해서 고통받는다. 그런 와중에 태양광의 신비로운 파장과 입자는 전 세계 총 사용량의 1만 배에 달하는 에너지로 계속해서 지구 표면에 조사된다. 일반적으로 옥상에 설치되는 소규모 태양광발전 시스템은 지구상에서 가장 풍부한 자원인 빛을 이용하는 데 중요한 역할을 하고 있다. 진공 태양전지에 있는 얇은 결정질 실리콘 웨이퍼에 광자가 닿으면 전자가 발생하여 자유롭게 태양전지 속을 돌아다니며 전류를 일으킨다. 이 아원자입자는 태양전지판에서 유일하게 움직이는 요소인데, 연료가 필요 없다.

태양광발전은 현재 전 세계 전기의 2퍼센트 미만을 공급하지만, 지난 10년 동안 기하급수적으로 성장했다. 2015년에 100킬로와트 미만의 분산 시스템은 전 세계적으로 설치된 태양광발전 용량의 약 30퍼센트를 차지했다. 태양광발전의 선두 주자인 독일에서는 150만 대의 태양광발전 시설 대부분이 지붕 위에 설치되었다. 인구가 1억5700만 명인 방글라데시에서는 가정용 태양광 시스템이 360만 대 이상 설치되었다. 호주의 경우 16퍼센트의 가정에서 태양광 시스템을 사용하고 있다. 지붕의 작은 부분을 소형 발전소로 바꾸는 일은 거스를 수 없는 시류가 되었다.

1884년 찰스 프리츠가 뉴욕에서 설치한 최초의 태양전지판. 프리츠는 1881년에 첫 번째 태양전지판을 만들었고, 전류가 "햇빛뿐만 아니라 어둡고 흐린 일광, 심지어 등불에 노출되었을 때도 지속적이고 일정하며 상당하다"고 보고했다.

지붕형 모듈은 저렴한 가격 덕분에 전 세계로 확산되며 태양광발전 가격 하락이라는 선순환을 통해 이익을 얻는다. 이는 주로 개발과 구현을 가속화하기 위한 인센티브, 제조 과정에서 달성되는 규모의 경제, 전지판 기술 발전, 일반 사용자 자금 조달에 대한 혁신적 접근(미국의 주류 태양광발전에는 제3자 소유TPO 형태가 도움이 되었다) 덕분이다. 수요가 증가하고 이를 충족시키기 위해 생산량이 증대되자, 가격은 내려갔다. 가격이 하락함에 따라 수요는 더욱 증가했다. 중국에서 태양광전지판 제조 붐이 일면서 저렴한 상품이 전 세계적으로 쏟아져나오고 있다. 그러나 경성 비용은 비용 방정식의 한 측면일 뿐이다. 지붕형 시스템 비용의 절반에 해당되는 자금 조달, 인수, 허가와 설치 등의 연성 비용은 전지판 자체만큼 하락하지 않았다. 이것이 지붕형 태양광발전이 유틸리티 규모의 유사한 발전보다 더 비싼 이유 중 하나다. 그럼에도 소규모 태양광발전은 이미 미국의 일부 주, 작은 섬나라들, 호주, 덴마크, 독일, 이탈리아, 스페인 등의 국가에서 전력망을 구축하는 것보다 더욱 저렴하게 전기를 생산하고 있다.

지붕형 태양광의 장점은 가격에서 그치지 않는다. 다른 제조 공정과 마찬가지로 태양전지판을 생산하는 데도 배출이 발생하지만, 유일한 연료로서 무한한 태양광을 사용하며 온실가스나 대기오염을 발생시키지 않고 전기를 생산한다. 전력망이 연결된 지붕에 배치할 때는 전송에 뒤따르는 불가피한 손실을 방지하여 소비되는 그 자리에서 에너지를 생산한다. 특히 태양빛이 최고조에 달하며 전력 수요가 가장 높은 여름에 사용하지 않은 전기를 전력망에 공급함으로써 유틸리티 기업이 더 높은 수요를 충족하도록 할 수 있다. 잉여 전력을 전력망에 다시 판매하는 '넷미터링net metering' 방식은 밤이나 태양이 빛나지 않을 때 구매하는 전기를 상쇄하는데, 이런 방식은 주택 소유자들에게 경제적으로 매력적인 선택이 될 수 있다.

많은 연구를 통해 지붕형 태양광의 재정적 이익이 양방향으로 작용한다는 것을 알 수 있다. 유틸리티 기업은 이를 에너지 발전 포트폴리오의 일부로 보유함으로써 고객이 지불해야 하는 석탄 또는 가스 발전비를 벌충할 수 있으며, 사회는 환경과 공중보건에 미치는 악영향을 피할 수 있다. 전력 수요가 가장 높을 때 태양광 전기를 추가적으로 공급하면 가격 상승과 오염도가 높은 발전의 이용을 억제할 수 있다. 일부 유틸리티 기업은 이런 제안을 거부하며, 분산 태양광발전의 증가 및 수입과 수익성에 미치는 영향을 차단하려는 목적으로 지붕형 태양광이 '무임승차자'라는 모순된 주장을 내세운다. 그 외 기업은 태양광발전의 불가피성을 받아들이고 이에 따라 사업 모델을 바꾸려 한다. 어떤 경우든 전력망 '공유'는 계속 필요하기 때문에 이와 관련해 유틸리티 기업, 규제 기관 및 모든 계층의 이해관계자가 비용을 충당하기 위한 접근 방식을 진화시키고 있다.

전력망을 벗어난 지붕형 전지판은 저소득 국가의 시골지역에 전기를 공급할 수 있다. 휴대전화가 유선전화 사용을 뛰어넘고 통신을 더욱 민주화했던 것처럼 태양광 시스템은 대규모 중앙집중식 전력망이 더 이상 필요하지 않게 만들었다. 2014년까지는 고소득 국가들이 분산 태양열발전에 대한 투자를 지배했다면 지금은 칠레, 중국, 인도, 남아프리카공화국 같은 국가가 동참 중이다. 지붕형 태양광이 저렴하고 깨끗한 전기에 대한 접근을 가속화하여 빈곤을 퇴치하는 강력한 도구가 되고 있다는 의미다. 또한 일자리를 창출하고 지역 경제에 활력을 불어넣는다. 방글라데시에서만 360만 개의 가정용 태양광 시스템이 11만5000개의 직접 일자리와 5만여 개의 간접 일자리를 창출했다.

19세기 후반부터 인류는 여러 곳에서 화석연료를 태우고 전선, 송전탑, 전주를 세워 전기를 보내는 중앙집중식 발전에 의존해왔다. 그러나 가정에서 지붕형 태양광발전(분산 에너지 저장 설비와 함께 사용 가능)을 채택함에 따라 발전과 소유 방식이 바뀌었고 유틸리티 기업의 독점에서 벗어나 독자적으로 전력을 생산하게 되었다. 전기차가 확산되면서 정유사를 이용하지 않아도 충전이 가능해졌다. 생산자와 사용자가 하나가 되면서 에너지가 민주화되었다. 1880년대에 찰스 프리츠는 뉴욕의 지붕 풍경을 바라보며 이미 이를 전망했다. 오늘날 그 전망은 결실을 보고 있다.

효 과

우리의 분석은 지붕형 태양광발전량이 전 세계적으로 현재 0.4퍼센트수준에서 2050년 7퍼센트까지 증가할 수 있다고 가정한다. 이렇게 되면 24.6기가톤의 배출을 막을 수 있다. 킬로와트당 1883달러인 실행비는 2050년까지 킬로와트당 627달러로 감소할 것으로 추정된다. 30년 동안 이 기술은 가정용 에너지 발전 비용을 3조4000억 달러 절감할 수 있다.

파력과 조력

WAVE AND TIDAL

29

2050년까지 감축 결과 및 순위

9.2기가톤	**4118**억 달러	**-1**조 달러
이산화탄소 감소	순비용	순절감액

바다는 끊임없이 움직이고, 물결을 일으키며, 소용돌이치고, 부풀어오르고, 밀려왔다 밀려간다. 바람이 수면 위를 가로질러 불면서 파도가 일어난다. 지구, 달, 태양의 중력이 상호작용하면서 조수가 형성된다. 이들은 지구상에서 가장 강력하고 지속적인 역학이다.

파력 및 조력 시스템은 자연적인 바다의 물결을 이용해 전력을 생산한다. 유틸리티 기업과 회사, 대학, 정부는 현재 전 세계 전력 생산의 일부를 차지하는 해양에너지를 일관적이고 예측 가능한 에너지로 구현하기 위해 노력하고 있다. 초기 기술은 200년 전으로 거슬러 올라가며, 특히 일본 해군사령관 마스다 요시오와 그의 1947년 발명품인 진동수주OWC와 함께 1960년대에 등장한 현대 디자인의 도움을 받았다. 진동수주 안에서 파도나 조수가 높아지면 공기는 터빈을 통해 분산되고 압력을 받아 전기를 발생시킨다. 바닷물의 지속적인 움직임으로 가압과 감압이 반복된다. 이는 압축 공기를 사용해 위험한 모래톱 또는 노출 암석 근처에서 경고음을 발생시키는 기적 부표와 같은 원리다. 현재 전 세계적으로 여러 진동수주발전소가 있다.

파력과 조력의 매력은 항상성에 있다. 에너지 저장이 필요치 않다는 뜻이다. 또한 지역사회가 경관을 해친다는 이유로 능선이나 해안선을 따라 풍력 터빈을 건설하는 일은 주민 반대에 부딪히지만, 수중에 잠겨 보이지 않는 파력·조력발전 시스템은 해안가 주민들에게 어느 정도 받아들여질 수 있는 방식이다(그러나 같은 수역에서 생계를 꾸려가는 어부들에게는 우려의 대상이 될 수 있다).

에너지 발전에 관한 한 모든 파도와 조수가 동일한 것은 아니다. 동서무역풍은 위도 30도에서 60도 구간에서 불며, 모든 대륙의 서해안에서 엄청나게 큰 파도를 일으킨다. 서핑으로 유명한 해안은 파력에너지 효과를 가장 많이 볼 수 있는 곳이기도 하다. 가장 활발한 조력에너지를 볼 수 있는 곳은 미국의 동북부 해안, 영국의 서부 해안과 한국의 해안이다. 또한 많은 전문가가 고립된 지리적 특성과 제한된 에너지 자원을 감안해 파력·조력발전 후보지로 작은 섬들을 꼽는다.

바다의 영구적인 힘은 파력·조력발전을 가능하게 하는 동시에 방해 요소가 되기도 한다. 거칠고 복잡한 해양 환경에서의 운영은 매우 어려운 과제다. 가장 효과적으로 시스템을 설계하는 것부터 구현을 위한 설비 구축, 시간 경과에 따른 유지 관리에 이르기까지 모두 쉬운 일이 아니다. 염수는 장비를 부식시키고 파도는 바람보다 다차원적이다. 즉 파도가 요동이라도 치면 상하좌우 할 것 없이 전 방향에서 몰아친다. 소음을 일으키거나, 오염물질을 방출하거나, 해양생물을 잡거나 죽여 생태계에 피해를 주지 않도록 하는 것도 중요하다. 모든 것을 종합해볼 때, 염수에서 운영하는 것이 단단한 땅에서 운영하는 것보다 더욱 까다롭고 비용도 많이 든다.

해양 기술은 여전히 초기 단계에 있으며, 태양발전이나 풍력발전 기술보다 거의 수십 년 뒤처져 있다. 현재는 더 많은 프로젝트가 가동되면서 조력에너지가 파력에너지보다 더 빠르게 발전하고 있다. 조력발전소의 위치는 일주기日週期로 바닷물이 들어오고 나가는 천연 만, 작은 만, 석호 등에 적합하며, 조력을 이용해 전기를 발생시킨다. 일부는 댐과 유사하며, 조수가 내부로 밀려들거나 밖으로 밀려나면서 터빈을 구동한다. 좀더 실험적인 조력발전 시스템은 수중 풍력 터빈과 같은 원리로 조류가 날개를 회전시켜 전기를 생산한다.

전 세계적으로 파도의 운동에너지를 전기로 전환하기 위한 이상적인 설계

——아나폴리스로열발전소는 노바스코샤의 아나폴리스강에 위치한 20메가와트 규모의 발전소다. 1984년에 지어진 이곳은 북미에 남아 있는 유일한 조력발전소이며 세계에서 가장 높은 조수간만차를 자랑한다. 조수가 높을 때와 낮을 때의 수위 차이는 15미터를 넘는다. 이곳에서는 주변 환경에 미치는 영향이 훨씬 적고 단순한 설계의 조류식 터빈in-stream turbine을 시험 가동하고 있다.

를 찾아 다양한 파력발전 기술을 시험하는 중이다. 어떤 설계는 해수면에서 오르락내리락 움직이는 노란 부표처럼 보인다. 또 다른 설계는 파도를 타는 커다란 붉은 뱀 같기도 하고 앞뒤로 긴 팔을 흔드는 것 같기도 하다. 또 어떤 것은 바닷속에 완전히 가라앉아 있는 원반 형태로 수중에서 발전까지 이뤄진다. 어떤 기술이 가장 효과적인지는 아직 확실하지 않다. 그러나 어떤 형태든 간에 이 시스템은 상하좌우로 움직이는 파도의 운동을 활용해 전기를 발생시킨다. 진동이 핵심이기 때문에 파도가 높을수록 전력 잠재력은 더 향상된다.

해양 기반 에너지의 기회는 엄청나지만 상당한 투자와 연구가 요구된다. 찬성론자들은 파력발전으로 미국 전력 소비량의 25퍼센트, 호주 전력 소비량의

30퍼센트 이상을 공급할 수 있다고 믿는다. 스코틀랜드에서는 그 수치가 70퍼센트를 넘을 것이라 예상한다. 파력에너지와 조력에너지는 현재 모든 재생에너지 중 가장 비싸며, 풍력과 태양 발전의 가격이 급격히 하락함에 따라 그 차이는 더 벌어질 것이다. 그러나 기술이 발전하고 실행을 뒷받침해줄 정책이 시행된다면 해양 재생에너지는 민간 자본 투자와 제너럴일렉트릭, 지멘스 같은 대기업의 관심을 끌면서 풍력이나 태양 발전과 유사한 길을 따를 수 있다. 이대로만 진행된다면, 파력과 조력 에너지는 화석연료에 비해 비용 면에서 경쟁력을 가질 수 있다.

효과

2050년까지 파력·조력발전의 영향에 대한 예측은 많지 않다. 몇 안 되지만 그 예측에 근거해 볼 때, 파력·조력발전은 2050년이면 전 세계 전기 생산량의 0.0004퍼센트 수준에서 0.28퍼센트까지 성장할 수 있을 것으로 추정된다. 그 결과 이산화탄소 배출량을 30년 동안 9.2기가톤 감소시킬 수 있다. 실행 비용은 4120억 달러이며, 30년 동안 1조 달러의 순손실을 불러오겠지만, 이 투자는 장기적인 규모 확대와 배출량 감소를 위한 길을 열어줄 것이다.

집광형 태양열발전

CONCENTRATED SOLAR

지금까지 집광형 태양열발전CSP은 "스페인 대 미국, 두 나라의 이야기였다". 국제에너지기구는 집광형 태양열발전 이야기를 시작할 때 이렇게 요약한다. 집광형 태양열발전은 태양열전력STE이라고도 알려져 있다. 집광형 태양열발전소는 1980년대에 캘리포니아에서 최초로 가동되었고, 여전히 가동 중에 있다. 태양광발전처럼 태양광선으로부터 에너지를 획득하여 전기로 직접 변환하는 대신에, 집광형 태양열발전은 전통적인 화력발전인 증기 터빈의 핵심 기술에 의존한다. 차이점은 집광형 석탄이나 천연가스를 사용하는 대신 태양복사를 1차 연료로 사용한다는 것이다. 즉 탄소가 없다. 집광형 태양열발전의 필수 구성 요소인 거울은 특정한 방식으로 구부러지거나 꺾여 있어 태양광선을 하나로 모으고, 이를 통해 물을 가열하고 증기를 발생시키고 터빈을 돌린다. 2014년 기준으로, 이 기술을 통한 발전량은 전 세계적으로 4기가와트에 그쳤다. 대략 절반은 스페인에서 이뤄졌는데, 스페인은 집광형 태양열발전이 국가 발전 통계(약 2퍼센트)에 반영될 정도로 중요한 국가다. 특유의 장점들 덕분에 집광형 태양열발전은 확대될 것이고 통계도 변화하리라 기대된다. 사하라 사막 가장자리에 위치한 모로코의 거대한 누르와르자자트 태양열발전단지는 이

2050년까지 감축 결과 및 순위 **25**

10.9기가톤	1조3200억 달러	4139억 달러
이산화탄소 감소	순비용	순절감액

미 태양열발전의 풍경을 바꾸고 있으며, 완성되면 세계에서 가장 큰 태양열단지가 될 것으로 기대된다.

집광형 태양열발전소는 엄청난 양의 직사광선에 의해 가동되는데, 이를 법선면 직달입사량DNI이라고 한다. DNI는 하늘이 맑고 일반적으로 위도가 15~40도인 덥고 건조한 지역에서 가장 높다. 중동부터 멕시코, 칠레, 중국 서부, 인도, 호주 등이 최적의 지역이라고 알려져 있다. 2014년 학술지 『네이처 클라이밋 체인지』에 실린 연구에 따르면, 지중해 분지와 남아프리카의 칼라하리 사막은 상호 연결된 대형 집광형 태양열 전력망이 들어설 수 있는 잠재력이 가장 큰 곳들로, 특히 화석연료와 비슷한 비용으로 전력을 공급할 수 있다. 태양열발전에 적합한 많은 지역에서 기술 발전 용량(생산할 수 있는 전력량)은 수요를 훨씬 능가한다. 이곳들은 송전 기술의 발전으로, 전기를 지역 주민에게 공급하고 집광형 태양열발전소가 들어서기에 제약이 있는 장소로 전기를 수출할 수 있었다.

다소 아이러니하게도, 최근 태양광발전의 성공으로 인해 집광형 태양열발전의 성장에 제동이 걸렸다. 태양전지판 가격이 집광형 태양열발전을 밀려나게 할 정도로 급속히 낮아졌고, 철강과 거울 가격의 하락은 이 속도를 따라잡지 못했다. 하지만 태양광발전이 더 큰 비중을 차지하게 되면서 집광형 태양열발전의 단점보다는 장점이 부각되기도 했다. 그 이유는 태양광발전의 경우, 에너지 저장 시설이 반드시 필요하고 해결해야 할 문제점이 있기 때문이다. 반면

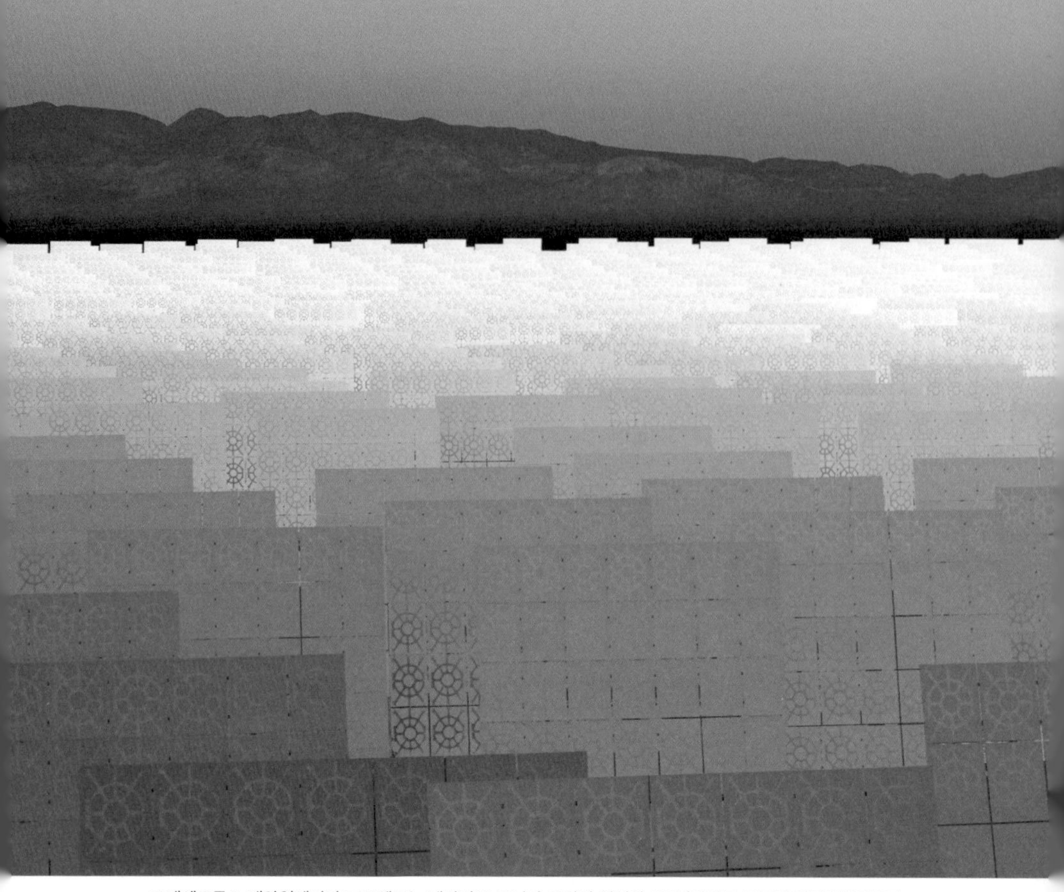

——크레센트듄스 태양열에너지 프로젝트는 네바다주 토너파 근처에 위치한 110메가와트 규모의 태양열발전소다. 11억 킬로와트시의 에너지를 저장할 수 있는 용융염 저장 시설이기도 하다. 1만347개의 헬리오스탯(일광 반사 장치)이 중앙의 195미터 높이의 탑을 둘러싸고 있으며 총 면적은 11.52헥타르다. 10억 달러 규모의 이 발전소는 킬로와트

집광형 태양열발전은 이 점에서 태양광발전에 비해 매우 유리한 위치에 있다. 태양전지판이나 풍력 터빈과 달리, 집광형 태양열발전은 전기를 만들기 전에 열을 발생시키며, 열은 저장이 훨씬 쉽고 효율적이기 때문이다. 실제로 열은 전기보다 20~100배 더 저렴하게 저장할 수 있다. 지난 10년 동안 용융염 탱크의 형태로 저장 시설이 있는 집광형 태양열발전소를 짓는 것이 거의 표준이었다. 낮 동안 강렬한 열로 데워진 용융염은 특정 위치의 DNI에 따라 5~10시간 동안 뜨겁게 유지된 후, 태양광이 약해지면 전기를 발생시키는 데 사용된

시당 13.5센트로 전기를 생산하는데, 확실히 풍력발전단지와 태양광발전단지보다 비싸다. 그러나 토너파는 지속적으로 기저부하 전력을 공급하는데, 이는 다시 재생 가능한 풍력발전과 태양광발전으로 생산되는 간헐적인 에너지를 전선망에 매끄럽게 통합시킬 수 있다.

다. 이 설비는 사람들이 깨어 있고 전기를 소비하는 시간에는 절대적으로 중요하지만, 해는 진다. 용융염이 없어도 집광형 태양열발전소는 열을 더 짧은 시간 동안 저장할 수 있어 흐린 날과 같은 일조량의 변화에 대비할 수 있다. 이는 태양전지판에는 없는 기능이자 능력이다. 다른 재생에너지보다 유연성이 더 높고 간헐적 중단이 드문 집광형 태양열발전은 기존 전력망에 통합하기가 더 쉽고, 태양광발전에 대한 강력한 보완물이 될 수 있다. 어떤 발전소는 두 기술을 결합하여 이들 기술의 가치를 강화한다.

현재까지 집광형 태양열발전의 가장 큰 단점은 풍력 또는 태양광 발전에 비해 에너지와 경제적 측면에서 효율성이 떨어진다는 것이다. 태양열발전은 태양광발전보다 더 낮은 비율로 태양에너지를 전기로 전환하며, 특히 거울이 사용되기 때문에 매우 자본 집약적이다. 전문가들은 집광형 태양열발전의 신뢰성이 성장을 촉진할 것으로 예상하는데, 기술이 확장되면서 비용은 빠르게 감소할 수 있다. 에너지 전환 효율성도 개선될 것으로 예상된다(현재 개발 중인 기술이 이미 이를 입증하고 있다).

또 다른 단점도 있다. 태양열은 전형적으로 생산량을 예비하거나 어떤 경우에는 일관성 있는 생산량 증대를 위해 천연가스를 사용하기 때문에 이산화탄소 배출이 동반된다. 열을 사용하는 것은 냉각을 위해 물을 사용하는 것을 의미하는데, 물은 집광형 태양열발전에 이상적인 뜨겁고 건조한 장소에서 희소한 자원일 수 있다. 건식 냉각도 가능하지만, 덜 효율적인 데다 더 비싸다. 마지막으로, 강력한 열 채널이 집중되어 있기 때문에 발전소 근처에서 박쥐와 새들이 죽는다. 말 그대로 공중에서 연소되는 것이다. 솔라리저브Solar Reserve라는 회사는 새의 죽음을 막기 위한 효과적인 전략을 개발했다. 더 많은 발전소가 가동되고 있으니 집광장치 조작에 있어 이 방법을 널리 확산하는 것이 매우 중요하다.

인간은 오랫동안 거울을 사용해 불을 피워왔다. 중국인, 그리스인, 로마인은 모두 '태양열을 전하는 거울'을 개발했는데, 이것은 태양광을 집열해 불을 붙이는 오목거울이다. 3000년 전 청동기시대 중국에서는 '태양발화기solar igniter'가 대량생산되었다. 고대 그리스인들도 올림픽 성화를 밝힐 때 같은 방식을 썼다. 16세기에 레오나르도 다빈치는 산업용수를 끓이고 수영장 물을 데우는 거대한 포물면 거울을 설계했다. 다른 많은 기술과 마찬가지로 태양에너지를 활용하기 위해 거울을 사용하는 방법은 시대를 거치면서 실험가와 주석공들을 매혹하며 나타났다 사라지곤 했는데, 이는 오늘날에도 계속되고 있다.

효과

집광형 태양열발전은 2014년 전 세계 발전량의 0.04퍼센트를 차지했다. 최근 몇 년간 느리게 적용되는 와중에도, 2050년까지 전 세계 발전량에서 차지하는 비중이 4.3퍼센트까지 상승하며, 10.9기가톤의 이산화탄소 배출을 방지할 것으로 추정된다. 투입 비용은 1조3000억 달러에 달하지만, 2050년까지 순절감액 비용은 4140억 달러이며, 사용 기간 동안 1조2000억 달러까지 절감할 수 있다. 집광형 태양열발전의 또 다른 장점은 쉽게 에너지 저장 시설을 통합할 수 있어 어두워진 후까지도 사용할 수 있다는 점이다.

바이오매스

BIOMASS

인류는 어떻게 화석연료로 돌아가는 세계에서 전적으로 바람과 태양, 지열, 물에서 얻는 에너지로 돌아가는 세계로 전환할 수 있을까? 그 답은 얼마간 바이오매스에 있다. 바이오매스는 현 상태에서 우리가 원하는 상태에 이르는 '교량' 역할을 한다. 불완전하고, 경고로 가득 차 있지만, 반드시 필요하다. 바이오매스에너지가 필요한 이유는 수요에 따라 전기를 생산할 수 있고, 전망이 예측 가능한 부하 변화를 충족하도록 도와주며, 풍력이나 태양에너지와 같은 가변적 전력원을 보완할 수 있기 때문이다. 바이오매스는 화석연료에서 벗어나 유연한 전력망 솔루션이 본격적으로 가동되기까지 시간을 벌어주며, 환경 문제를 일으킬 폐기물을 활용할 수 있다. 단기적으로 화석연료를 바이오매스로 대체하여 대기 중의 탄소배출량 증가를 막을 수 있다.

광합성은 에너지가 전환되고 저장되는 과정이다. 태양에너지는 포집되어 바이오매스의 탄수화물로 저장된다. 수백만 년 동안 적절한 조건하에서 손상되지 않은 바이오매스는 석탄이나 석유, 천연가스가 된다. 이는 탄소 농도가 높은 화석연료로, 현재 전기 생산과 수송 체계를 책임지고 있다. 또는 열을 발생시키고 전기 생산에 필요한 증기를 만들기 위해 채집되거나 기름 또는 가스로

2050년까지 감축 결과 및 순위

34

7.5기가톤 이산화탄소 감소	**4023**억 달러 순비용	**5194**억 달러 순절감액

가공될 수 있다. 지하 깊숙한 곳에서 수십억 년 동안 저장되어온 화석연료 탄소를 방출하는 대신, 바이오매스를 통해 이미 순환 중인 탄소와 교체한 후, 대기에서 식물로 다시 순환시킬 수 있다. 식물을 성장시키고 탄소를 격리시킨 후 바이오매스를 처리하고 연소하며, 최종적으로 탄소를 배출하는 과정을 반복한다. 이는 사용과 보충이 균형을 유지하는 한 지속적이고 중립적인 교환이다. 에너지 효율과 열병합 발전은 특정 연도에 바이오매스 연소에서 발생하는 탄소가 이식된 식물의 탄소 흡수량과 동일하거나 그 이하가 되게 하는 데 필수적이다. 이런 균형이 이뤄지면 대기에 배출되는 양은 제로가 된다.

그러나 조건이 있다. 바이오매스는 산업폐기물과 같은 적절한 공급 원료 또는 지속가능하게 재배된 적절한 에너지 작물을 사용해야만 실행 가능한 해결책이 된다. 이상적으로, 바이오매스에너지는 또한 가스화나 소화와 같은 저배출 변환 기술을 사용한다. 에너지 생산을 위해 옥수수나 수수 같은 일년생 작물을 사용하면 지하수가 고갈되고 침식이 발생하며 비료를 주고 장비를 투입하는 데 많은 에너지가 필요하다. 지속가능한 대안은 다년생 작물 또는 소위 단벌기 목본 작물이다. 큰개기장, 억새속*Miscanthus* 식물과 같은 다년생 초본식물은 이식이 필요해지기 전에 5~10년간 수확할 수 있고, 더 적은 양의 물과 노동력을 필요로 한다. 관목 버들, 유칼립투스, 사시나무와 같은 목본 작물은 식량 생산에 적합하지 않은 한계지에서도 자랄 수 있다. 이들 작물은 땅에 가깝게 잘린 후 다시 자라기 때문에 10~20년간 반복적으로 수확할 수 있다. 관목 작물은 숲을 연료로 사용함으로써 오는 삼림 파괴를 피하고 대부분의 다른 나무보다 더 빨리 탄소를 격리하지만, 이는 삼림지대가 이미 관목으로 대체되어 있지 않을 때 얘기다. 한편 억새와 유칼립투스는 침입종이므로 특별한 주의가 필요하다.

또 다른 중요한 원료로는 목재와 농업 처리 과정에서 발생하는 폐기물이 있다. 제재소와 제지 공장에서 나온 폐기물은 귀중한 바이오매스다. 음식이나 동물 사료를 위해 작물을 재배하고 남은 줄기, 껍질, 잎, 이삭 등도 마찬가지다. 토양 건강을 증진시키기 위해 초개를 밭에 두는 것도 중요하지만, 그런 농업폐기물 일부는 바이오매스에너지 생산을 위해 전용될 수 있다. 많은 유기 잔여물은 현장에서 분해되거나 더미로 태워지면서 저장된 탄소를 (어쩌면 더 오랜 시간 동안) 배출할 수 있다. 유기물이 분해될 때는 종종 메탄을 방출하고, 더미로 태우면 검은 탄소(검댕)를 방출한다. 메탄과 그을음 모두 이산화탄소보다 더 지구온난화를 가속화한다. 단순히 이런 배출을 막는 것만으로도 바이오매스의 에너지를 생산적인 용도로 사용하는 것 이상의 상당한 이득을 얻을 수 있다.

미국에서는 현재 건설 중이거나 공정 허가를 받은 115군데 이상의 대다수 바이오매스발전소가 목재를 연료로 연소시키는 계획을 가지고 있다. 찬성론자들은 이들 발전소가 상업적 벌목 후 남은 가지와 우듬지로 동력을 공급할 것이라고 말하지만, 조금 더 자세하게 파고 들어가면 얘기가 달라진다. 워싱턴, 버몬트, 매사추세츠, 위스콘신, 뉴욕에서는 벌목 작업에서 발생하는 벌목재 양이 바이오매스발전소를 가동하는 데 필요하다고 하는 양보다 훨씬 더 적다. 오하이오와 노스캐롤라이나에서는 유틸리티 기업이 좀더 솔직한 모습을 보였고, 바이오매스발전이 나무를 자르고 태우는 것을 의미한다고 인정했다. 나무들은 다시 자라나지만, 거기엔 수십 년이 걸린다. 이는 탄소중립을 달성하려면

_____ 독일 '에너지 전환'의 일부인 탄소중립 바이오매스발전소용으로 빠르게 성장하는 버들을 수확하는 단일 패스 임목 벌채 수확용 기계. 독일은 현재 목재로부터 에너지의 30퍼센트 이상을 생산하지만, 나무를 수확하고 처리하는 총 비용을 계산할 때, 이는 탄소중립이 아니다. 바이오매스 산업은 정부의 상당한 보조금 덕분에 유지된다.

너무나 길고 불확실한 지연 시간이다. 나무에 의존하는 바이오매스에너지는 진정한 해결책이 아니다.

바이오매스는 논란의 여지가 있다. 어떤 이들에게는 친구이지만, 또 다른 이들에게는 적이다. 환경과 사회에 미치는 바이오매스의 영향을 좀더 정확하게 평가하기 위한 많은 학문적 노력이 진행되고 있다. 논쟁은 세 가지 주요 이슈인 전 과정에 걸친 탄소배출(앞서 설명한 대로), 간접적인 토지이용도 변화와 삼림 파괴, 그리고 식량 안보에 미치는 영향들을 중심으로 이뤄진다. 종종 후자의 두 문제는 삼림 대 연료, 식품 대 연료의 문제가 되기도 한다. 실제로 토지 관리, 식량 재배와 바이오매스 원료 생산은 동력학적으로 상호작용하며, 항상 통념과 일치하는 것은 아니다. 이 세 가지는 상호 보완적이거나 서로 손해를 메꿀 수 있기 때문에, 주어진 지역적 맥락에서 바이오매스 원료에 어떻게 접근하는지가 매우 중요하다. 현재 바이오매스는 세계 전기 생산량의 2퍼센트를 차지하는데, 이는 다른 어떤 재생에너지보다 더 많은 양이다. 스웨덴, 핀란드, 라트비아와 같은 일부 국가에서는 바이오에너지가 자국 내 발전 형태의 20~30퍼센트를 차지하며, 거의 전적으로 나무에 의해 생산된다. 중국, 인도, 일본, 한국, 브라질에서도 바이오매스발전이 증가하고 있다. 더 많은 장소에서 더 큰 규모에 도달하려면 바이오매스 생산 시설과 수집·운송·저장을 위한 인프라에 투자를 해야 한다. 또한 규제를 통해 바이오매스에너지의 문제점을 관리하는 것이 중요하다. 바이오매스를 위해 자생 임지를 펠릿화pelletizing하는 것은 계속 퇴보한다는 의미다. 그러나 적절한 생태학적 안전장치를 갖춘 삼림에서 침입종들을 추출하는 방식은 바이오매스에너지의 긍정적인 요소가 될 수 있다. 인도에서는 시킴 정부가 이 방법을 테스트하고 있으며 안전한 취사 스토브용 '바이오 조개탄'을 만들고 있다. 또한 바이오매스발전에 산업적 규모로 접근하면서 자리를 잃는 소규모 자작농도 보호할 필요가 있다. 기억해야 할 가장 중요한 것은 바이오매스는 그 자체로 우리가 도달해야 할 목적지가 아니며, 청정에너지 미래에 도달하기 위한 '가교'라는 점이다.

효과

바이오매스는 '가교' 역할을 하는 솔루션이며, 청정에너지원을 위해 시간이 지남에 따라 단계적으로 폐지되어야 한다. 이 분석에서는 모든 바이오매스가 산림, 일년생 식물, 폐기물이 아닌 다년생 바이오에너지 원료에서 추출되어 전기 생산 시 석탄과 천연가스를 대체한다고 가정한다. 2050년까지 바이오매스에너지는 7.5기가톤의 이산화탄소 배출을 줄일 수 있다. 깨끗한 풍력과 태양열 에너지를 유연한 전력망에서 더 많이 이용할 수 있게 되면서 바이오매스에너지의 필요성은 줄어들 것으로 예측된다.

원자력

NUCLEAR

실제로 원자력발전소는 물을 끓인다. 핵분열은 원자핵을 분열시키고 양자와 중성자를 결합하는 에너지를 방출한다. 방사능에 의해 방출되는 에너지는 물을 가열하는 데 사용되며, 가열된 물은 터빈에 동력을 공급하는 데 사용된다. 이는 증기를 만들기 위해 발명된 방식 중 가장 복잡한 과정이다. 그러나 원자력은 탄소발자국이 적다. 그래서 일각에서는 원자력이 중요한 지구온난화 해결책이라고 주장한다. 반면 또 다른 편에서는 다른 저탄소 대안들과 비교했을 때, 원자력이 현재는 물론 미래에도 가격 효율적인 해결책이 될 수 없다고 믿는다. 증기 터빈에 동력을 공급하기 위해 사용되는 보편적인 방법은 가스 또는 석탄 화력이다. 전기를 발생시키기 위해 배출되는 온실가스는 석탄이 원자력보다 10배에서 100배 더 높게 계산된다.

현재 원자력은 전 세계 전기의 약 11퍼센트를 생산하며 이는 세계 총 에너지 공급량의 약 4.8퍼센트에 달하는 양이다. 30개국에 440기의 가동 중인 원

——원자력발전소의 규모를 짐작할 수 있는 사진으로, 한 노동자가 핸퍼드사이트Hanford Site 원자로의 격자무늬 강철봉을 올라가고 있다.

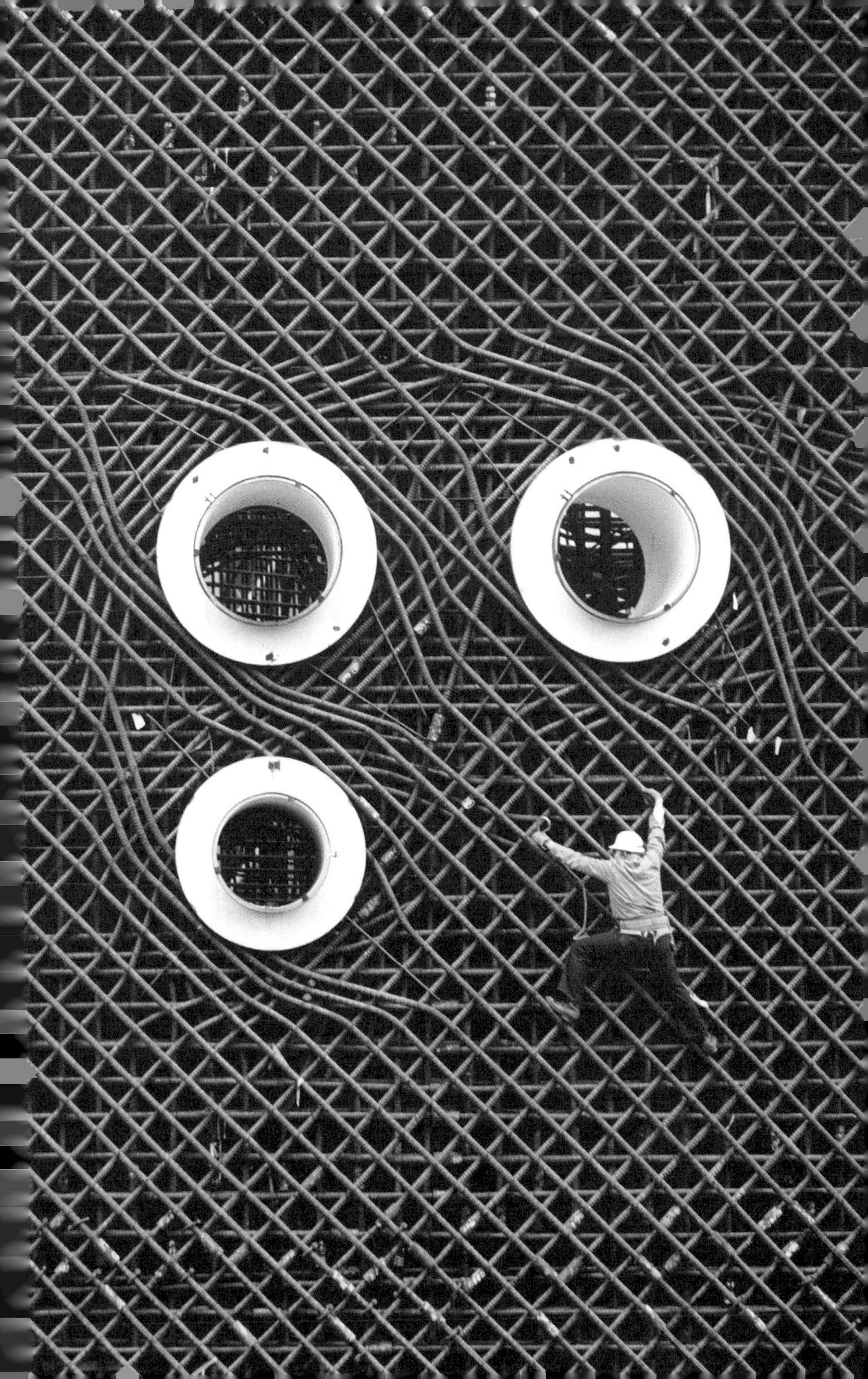

16.09기가톤 이산화탄소 감소 | 8억8000 달러 순비용 | 1조7000억 달러 순절감액

자로가 있으며, 60기 이상의 원자로가 건설 중이다. 전력 공급에서 원자력이 차지하는 비중은 원자력발전소를 가동하는 30개국 중 프랑스가 76퍼센트 이상으로 가장 높다.

원자로는 세대별로 광범위하게 분류된다. 가장 오래된 1세대는 1950년대에 처음으로 가동되었고, 지금은 거의 전부 가동이 중단됐다. 현재 원자력 시설의 대부분은 2세대 범주에 속한다(체르노빌은 1세대와 2세대로 구성되었다. 4기의 후쿠시마 다이이치 원자로는 미국과 프랑스의 모든 원자로와 마찬가지로 2세대 원자로다). 2세대는 (흑연 대신) 물을 사용해 핵 연쇄반응의 속도를 늦추고, 연료로 천연 우라늄 대신 농축 우라늄을 사용한다는 점에서 앞선 세대와 차별화된다. 전 세계에서 총 5기가 가동 중이며 추가로 여러 기가 건설되고 있는 3세대 원자로는 현재 연구 중인 4세대 원자로와 함께 '신형 원자력advanced nuclear'으로 알려져 있다. 이론적으로 신형 원자력은 건설 기간이 짧고, 운영 수명이 더 길며, 안전성이 개선되고, 연료 효율이 높은 데다 폐기물이 적게 발생하도록 표준화된 설계다.

원자력에너지의 미래를 예측하기 어려운 이유는 비용 문제 때문이다. 사실상 다른 모든 형태의 에너지는 시간이 지남에 따라 비용이 낮아졌지만, 원자력발전소는 40년 전에 비해 4~8배나 높아졌다. 미국 에너지부에 따르면, 신형 원자력은 비교적 비효율적인 기존의 가스 터빈을 제외하면 가장 비싼 형태의 에너지다. 육상 풍력발전비는 원자력발전 비용의 4분의 1이다.

비용, 시기, 안전상의 이유로 원자력에 반대하는 의견에 대해 한때 가장 활발히 제기된 반론은 새로운 석탄발전소가 지칠 줄 모르는 속도로 건설되고 있다는 사실이었다. 수백 개의 석탄발전소가 주로 남아시아와 동아시아에 건설되거나 계획되었고, 그중 4분의 3은 중국, 인도, 베트남, 인도네시아에 건설될 예정이었다. 석탄 붐이 멈추지 않는다면 지구온난화는 우리가 받아들일 수 있는 수준을 훨씬 넘어설 것이다. 그렇기 때문에 기후 보고서는 주로 에너지에 초점을 맞추고 있고, 원자력을 지지하는 사람들은 새로운 발전소 건설이 늦어지는 데 좌절한다. 미국에서는 인허가 및 융자 과정이 원자력발전소 건설을 거의 마비시켰고, 독일은 발전소를 폐쇄, 해체하고 있다. 반면에 중국은 37개의 원자력발전소를 가동하고 20개의 발전소를 건설하고 있다. 이는 2030년에 이산화탄소가 최대치에 달할 것이라는 의미이며, 탄소발자국은 그 이후로 줄어들 것으로 예측된다.

원자력에 대한 논의는 탄소배출에 관한 기후 딜레마의 핵심을 찌른다. 원자력의 모든 문제점과 위험성에도 불구하고 발전소의 수를 늘릴 가치가 있는가? 일부 찬성론자들이 주장하듯이, 원자력 사용을 제한하는 일이 기후에 악영향을 미칠 것인가? 원자력은 찬성론자들과 비판자들의 의견이 언제나 불일치했던 주제다. 찬반양론은 저마다 설득력이 있고 복잡하며 극단적으로 대립하고 있다. 환경 부문에서 널리 존경받는 다음 세 과학자의 말을 예로 들어보자. 이들의 의견은 첨예하게 갈리고 있다.

물리학자인 에이머리 러빈스에 따르면 “원자력은 사고나 실수로 수없이 많은 가치를 파괴하고 광범위한 지역의 수많은 사람을 죽일 수 있는 유일한 에너지원이다. 원료와 기술, 방법에 있어 핵무기를 만들고 숨길 수 있는 유일한 에너지원이다. 기후 해법 중 유일하게 핵 확산, 대형 사고, 방사능폐기물을 발생시킨다. (…) 원자력발전은 수십 년 동안 존재해온 세계시장에서 계속 퇴보하

——— 독일의 그라펜라인펠트 원자력발전소에서 증기가 뿜어져나오고 있다. 이 발전소는 1981년부터 가동되어 2015년 6월에 가동을 중단했다. 독일은 현재 탈원전을 위해 노력 중이며, 2022년까지 모든 원자력발전을 중단할 계획이다.

고 있다. 왜냐하면 경쟁력이 한참 떨어지고 불필요하며 쓸모없기 때문이다. 따라서 완전히 비경제적이다. 동일한 자금과 시간을 들인 다른 효율적인 대안과 비교했을 때 원자력이 깨끗하고 안전한지를 토론할 필요조차 없다. 그것은 전기에 대한 신뢰도와 국가 안보를 약화시키며, 기후변화를 악화시킨다."

1988년 기후변화에 대한 의회 증언에서 미국을 주목한 미국 항공우주국 NASA의 과학자 제임스 핸슨은 다른 관점을 취한다. 그는 세 명의 기후학자와 함께 공개 서신을 작성했다. 서신에서 그는 다음과 같이 밝혔다. "풍력, 태양광, 바이오매스와 같은 재생에너지는 미래 에너지 경제에서 확실히 제 역할을 하겠지만, 그런 에너지원은 세계 경제가 요구하는 규모로 값싸고 믿을 만한 전력을 전달할 만큼 충분히 빠르게 확장할 수 없다. 이론적으로는 원자력 없이 기후를 안정시키는 것이 가능하지만, 현실세계에서는 원자력의 실질적인 역할이 포함되지 않으면 기후 안정화를 위한 확실한 방법은 없다." 이들은 35년간 매년 115기의 원자로를 건설해야 한다고 제안한다.

가장 존경받는 기후 작가이자 블로거인 조지프 롬은 이를 믿지 않는다. 원자로는 지나치게 비싸고 다루기 어려우며, 곤두박질치는 풍력·태양광발전 비용과 견줄 때 에너지 가격을 터무니없이 비싸게 매겨 시장에서 배척당할 지경이다. 국제에너지기구IEA는 원자력이 "중요하지만 제한된 역할"만을 할 수 있다고 말했다. 이들의 추정에 따르면, 원자력 전기 생산량은 현재 11퍼센트에서 2050년까지 17퍼센트로 성장할 수 있다고 한다.

여기엔 두 개의 다른 세계가 있는 것 같다. 원자력은 비싸다. 그리고 유럽연합과 미국에서 규제가 심하므로 계속해서 예산을 초과하고 느리게 발전할지 모른다. 프랑스 기업인 아레바Areva는 핀란드의 올킬루오토 원자로보다 10년이나 뒤처졌고 예산도 54억 달러를 초과했다. 노르망디에서는 2012년에 가동될 예정이었던 34억 달러 규모의 가압수형 원자로가 2018년까지 건설에 착수하지 않고 있으며, 수리 비용은 113억 달러에 이른다. 지구 반대편에서는 세계에서 가장 큰 탄소배출국이 원자로를 더욱더 빠른 속도로 건설하고 있다. 그 이유는 역설적이게도 도시들이 자동차와 석탄발전소로 인해 엄청나게 오염되었기 때문이다. 중국의 원자력 산업은 자급자족이 가능해 수출할 수준까지 왔으며, 2~3년 내로 새로운 발전소를 준공할 수 있다. 그러나 원자력이 '기능'하는 것처럼 보이는 곳에서도 재생에너지로의 극적인 변화가 발견된다. 중국은 현재 세계 최고의 재생에너지 설비를 자랑한다. 또한 수십 건의 석탄발전소 계획을 취소하고 2020년까지 320기가와트의 풍력과 태양열 복합 발전량을 기대하고 있다.

아니, 어쩌면 다른 가능성이 있을지도 모른다. 원자력발전소를 더 작고, 더 가볍고, 더 안전하고, 더 싸게 재설계할 수 있을까? 이는 여러 스타트업 기업이 연구 주제로 삼고 있는 질문이다. 3세대 원자로라 할지라도, 전 세계의 원자로는 과거보다는 낫다 하더라도 여전히 과거를 반복하는 크고, 비싸고, 매우 복잡한 시스템에 갇혀 있다. 비용이 낮은 재생에너지, 분산 저장 방식과 발전된 축전지를 사용하는 세계에서 대규모 중앙집중식 발전소의 존재가 타당한가? 거의 50여 개의 회사가 소위 '4세대 원자로'를 만들면서, 원자력 문제를 해결하기 위해 경쟁하고 있다. 이런 기술에는 용융염원자로, 고온가스냉각형원자로, 페블베드형원자로PBMR와 핵융합로(수소-붕소 원자로)가 포함된다. 또한 원자력에너지에 대한 비판과 우려를 해결할 수 있는 새로운 원자로 설계가 있다. 무인 시스템(돌보지 않는 안전walk-away safety)으로 신속하고 안전하게 셧다운하도록 설계하는 것이다. 더 나은 냉각제를 채택하고 규모를 기존 발전소의 500분의 1 크기로 축소할 수도 있다. 건설 기간도 1~2년으로 단축한다. 세계는 과거보다 원자력에너지에 관한 한 더 나은 선택을 할 수도 있을 것이다. 그러나 재생에너지 기술의 가격적·건설적 이점이 빠르게 커지고 있음을 고려하면 너무 늦은 것일 수도 있다.

효과

안전과 대중 수용을 감안한 원자력의 복잡한 역학관계가 미래의 향방(확대일지 축소일지)에 영향을 미칠 것이다. 우리는 세계 전력 생산에서 원자력발전이 차지하는 비율이 2030년까지 13.6퍼센트로 증가하다 2050년에는 12퍼센트까지 서서히 감소할 것으로 추정한다. 원자력발전소는 킬로와트당 4457달러의 높은 건설비에도 불구하고 화력발전소보다 수명이 길기 때문에 전체 설비가 줄어들면서, 추가 비용은 9억 달러 정도가 들 수 있다. 30년 동안 순운영비 절감액은 1조 7000억 달러에 이를 것으로 예상된다. 이 시나리오는 16.1기가톤의 이산화탄소 배출을 줄일 수 있다.

편 집 자 주

『플랜 드로다운』에는 100가지 솔루션이 나와 있다. 이 중 거의 모든 솔루션은 우리 사회가 탄소 영향과 관계없이 추구할 수 있는 후회 없는 해결책이다. 그 이유는 이들 방안이 여러 유익한 사회적·환경적·경제적 효과를 가져다주기 때문이다. 그러나 원자력은 후회막심한 해결책이다. 이미 체르노빌과 스리마일섬, 로키 플래츠, 키시팀, 브라운스페리, 아이다호폴스, 미하마, 뤼상스, 후쿠시마, 다이이치, 도카이무라, 마르쿨, 윈즈케일, 보후니체, 처치록에서 후회스런 일들이 발생했다. 또한 3중수소 방출, 폐우라늄 광산, 광산폐기물 오염, 사용 후 핵폐기물 처리, 불법 플루토늄 밀매, 핵분열 물질 도난, 냉각 시스템으로 빨려 들어간 수생생물들의 파괴, 수백수천 년 동안 핵폐기물을 철저하게 관리해야 하는 필요성 등도 무시할 수 없다.

열병합발전

COGENERATION

미국의 석탄 혹은 원자력 발전소는 전기 생산 측면에서 약 34퍼센트의 효율성을 보이는데, 이는 에너지의 3분의 2가 굴뚝을 타고 올라가 대기를 덥힌다는 의미다. 결국 미국의 발전 부문은 일본의 전체 에너지 예산에 상응하는 양의 열을 낭비하고 있다. 엔진이 구동 중일 때 자동차의 배기관 뒤에 손을 대보라. 이와 같은 원리이지만, 더 최악은 내연기관에서 발생하는 에너지의 75~80퍼센트가 폐열이라는 것이다. 석탄과 단일 사이클 가스발전소는 열병합발전CHP을 통해 낭비되는 에너지를 포집하는 데 가장 적합한 후보다.

버려지던 에너지를 열병합발전을 통해 난방 및 냉방 또는 추가 발전에 사용하게 되었다. 열병합발전 시스템은 전기 생산 시 발생하는 과도한 열을 포집하여 지역난방 및 기타 목적에 열에너지를 사용한다. 전력 생산 과정에서 발생하는 특유의 저효율성 때문에 열병합을 통해 배출량을 줄이고 비용을 절감할 기회는 매우 중요하다.

현재 가동 중인 열병합발전 시스템은 산업 분야에서 많이 발견된다. 미국에서는 87퍼센트가 화학·제지·금속 제조업, 식품 가공 등과 같이 에너지 집약적인 산업에서 사용된다. 덴마크와 핀란드 같은 국가에서는 열병합발전이 주

2050년까지 감축 결과 및 순위

50

3.97기가톤	2793억 달러	5670억 달러
이산화탄소 감소	순비용	순절감액

로 지역난방 시스템에 사용되면서 전력 생산에서 상당한 비중을 차지한다.

덴마크와 핀란드처럼 전체 세대에서 열병합발전 비율이 높은 국가에서는 에너지 안보를 해결해야 할 필요성이 결정적인 역할을 했다. 덴마크에서는 대개 정부 정책 덕분에 진척이 이뤄졌고, 핀란드에서는 더욱 시장 주도적이었다. 핀란드는 거대한 제지업과 임업의 규모 덕분에 목재 에너지 자원의 현장 가용성에 따라 자연스럽게 바이오매스 기반 열병합발전을 활용하게 되었다. 게다가 핀란드의 한랭기후는 난방 공급 인프라에 대한 근거를 제공하며 높은 투자 수익률을 보였다. 2013년 기준, 핀란드 지역난방의 69퍼센트는 열병합발전 시스템으로 공급되고 있다.

덴마크는 정책 중심으로 에너지 공급에 접근한다. 열병합발전을 사용한 것은 1903년으로 거슬러 올라가지만, 본격적으로 박차를 가하기 시작한 것은 1970년대 석유 위기 무렵이었다. 그 이후로 지역 당국이 에너지 효율적인 열 생산을 위한 기회를 발견하고, 발전소를 중앙집중식 네트워크에서 분산형 네트워크로 이전하며, 특히 조세 정책을 통해 열병합발전소와 재생에너지 기반 시스템의 사용을 장려하는 정책을 펼쳤다. 또한 덴마크는 유엔 기후변화 협의에 적극적으로 참여했고 온실가스 배출량을 줄이는 데 괄목할 만한 진전을 이뤘다. 현재 지역난방의 약 80퍼센트와 전기 수요의 60퍼센트 이상이 열병합발전으로 충족되고 있으며, 가정에서도 소형 열병합발전 장치를 이용할 수 있다. 이들 장치는 보통 천연가스를 연료로 사용하며, 전기·난방·환기·냉방 장치를 공급하는 연료전지나 열발생기 역할을 한다. 매우 효율적인 방식이지만, 가격과 몇몇 요인이 적극적인 도입에 방해 요소가 되고 있다.

열병합발전에서 미국은 오랫동안 유럽에 뒤처졌는데, 유틸리티 기업의 반발에서 원인을 얼마간 찾을 수 있다. 때는 20년 전, 매사추세츠공과대MIT에서 고안한 열병합발전 계획이 지역 유틸리티 기업의 반발에 부딪혔다. 소송이 뒤따랐고, 결국 법원은 대학의 손을 들어줬다. 오늘날처럼 에너지에 대한 의식이 제고된 환경에서 이 같은 방해는 드물다. 게다가 좋은 소식은 매사추세츠공대의 최첨단 열병합발전 시스템이 거의 완성 단계에 있다는 것이다.

경제적인 관점에서 열병합발전 시스템의 채택은 일부 주거용뿐만 아니라 많은 산업적·상업적 용도에도 당연한 일로 받아들여진다. 재생에너지에 접근할 수 없는 사용자도 열병합발전을 통해 동일한 양의 연료와 비용으로 더 많은 에너지를 생산할 수 있다. 분명한 경제적 이익 외에도, 열병합발전을 채택함으로써 난방 및 전기 사용에 있어 화석연료에 대한 의존도를 감소시키는 수준까지 온실가스 배출을 감소시킬 것이다. 또한 스마트 에너지 네트워크, 분산 에너지 네트워크 및 재생에너지 네트워크의 시대를 알리는 데 매우 중요한 역할을 할 것으로 기대된다. 분산 시스템은 반드시 발전소 가까이에 배치되어야 하므로, 송전선이 덜 필요하다. 열병합발전 시스템은 사용자 선호도에 쉽게 적응할 수 있어 다양한 에너지원을 제공한다. 이뿐만이 아니다. 열병합발전 시스템은 연소 기반의 개별 에너지 공급 방식과 비교할 때 물을 적게 사용하고 열로 인한 수질오염이 덜하기 때문에, 또 다른 중요 천연자원에 대한 수요 압박을 감소시키는 데 도움이 될 수 있다.

효과

우리의 분석에서 열병합발전이란 상업, 산업 및 교통 부문에서 천연가스를 주로 사용하는 분산형 열병합발전을 말한다. 2014년 천연가스를 사용한 산업용 열병합발전량은 전 세계 발전량의 약 3.2퍼센트, 열발전의 1.7퍼센트를 차지했다. 열병합발전의 채택으로 2050년까지 발전량이 5.4퍼센트, 열발전량이 3.3퍼센트로 증가한다면, 4기가톤의 이산화탄소 배출을 피할 수 있다. 평균 설치 비용이 킬로와트당 1851달러라고 할 때 총 설치 비용은 2790억 달러가 될 것으로 예상된다. 전력망 기반 전기와 분산 열발전을 더 효율적이고 덜 비싼 기술로 대체함으로써, 열병합발전 성장은 30년 동안 5670억 달러의 운영 비용을 절감할 수 있고 수명이 다할 때까지 1조7000억 달러를 절감할 수 있다.

마이크로 풍력발전

MICRO WIND

100킬로와트 용량 이하의 마이크로 풍력 터빈은 오래된 풍차와 비슷하다. 캔자스주의 옥수수밭에 덩그러니 서 있거나, 가정집 또는 소규모 농장이나 사업체의 전기 수요를 충족한다. 풍력 터빈은 물을 퍼올리고, 배터리를 충전하고, 시골지역에 전기를 공급하기 위해 사용된다. 대개 0.4헥타르 규모의 작은 구역에 설치되므로, 상업적인 풍력발전소에서 볼 수 있는 대규모 터빈이 여러 대 설치돼 있는 모습과는 대조된다.

미국의 많은 시골지역에서 전력망이 아직 널리 깔리지 않았을 때, 분산형 풍력에너지가 종종 전력 격차를 메우는 데 사용되었다. 오늘날 개발도상국에서도 마이크로 풍력이 이와 유사한 역할을 하는데, 주로 전력망에 접근할 수 없는 사하라 이남 아프리카의 시골지역과 아시아 개발도상국의 11억 인구에게 전기를 공급한다. 마이크로 풍력 터빈은 가정에서 불을 밝히고 저녁 식사를 요리할 수 있는 괄목할 만한 전화電化 확산 기술로, 사람들의 삶의 질과 경제 발전에 여러모로 도움이 된다. 동시에 고소득 국가의 마이크로 풍력은 유틸리티 규모의 재생에너지와 결합되어 생산을 증대시킬 수 있다. 설치 장소는 매우 다양하지만, 마이크로 풍력 터빈은 동일한 기후 편익을 달성한다. 즉 온실가스

2050년까지 감축 결과 및 순위

76

0.2기가톤	361억 달러	199억 달러
이산화탄소 감소	순비용	순절감액

를 배출하지 않고 에너지 생산에 기여한다.

바람은 속도에 따라 일정한 양의 운동에너지를 가진다. 터빈이 바람으로부터 동력을 추출하는 효율을 설비이용률이라 한다. 소규모 풍력 터빈의 경우, 실제 용량은 일반적으로 25퍼센트 이하다. 생산량을 극대화하기 위해서는 부지 선정이 절대적으로 중요하지만, 이를 위한 기술은 상업적 풍력발전에 비하면 지극히 초기 단계에 있다. 동시에 마이크로 풍력 터빈은 유틸리티 규모의 풍력 터빈이 가지는 문제점에서 자유로울 수 있다. 규모가 작다는 것은 미관 문제(능선이나 해안 경관을 해친다는 주장)와 소음으로 인한 불만 사항을 피할 수 있다는 의미다. 마이크로 풍력 터빈은 소음이 거의 발생하지 않는다.

현재 마이크로 풍력 터빈의 수요는 주로 전력망 밖에서 발생한다. 이는 바람이 불지 않을 때에 대비해 디젤발전기와 함께 설치한다는 의미다. 탄소 관점에서 보면, 화석연료에 의존하는 것은 이상적이지 않다. 이미 시장에서는 태양광과 마이크로 풍력발전 시스템이 결합된 형태가 출시되고 있는데, 이것이 하나의 효과적인 대안이 될 수 있다. 축전지 저장 기술을 개선함으로써 소규모 풍력발전 시스템의 실행 가능성을 증대시킬 수 있다. 이런 터빈이 전력망에 연결되어 있는 경우, 소유주들은 필요 없는 전자를 더 큰 네트워크로 보내 넷미터링을 통해 수익을 돌려받을 수 있다.

전문가들은 현재 전 세계적으로 100만 개 이상의 마이크로 풍력발전 터빈이 사용되며 대다수는 중국, 미국, 영국에서 가동되고 있다고 추정한다. 이 정

——비전에어5VisionAIR5는 수직축 풍력 터빈으로 저속에서 인간의 속삭임보다 더 조용하다. 이 터빈은 높이가 3.2미터이고 정격전력은 3.2킬로와트다. 필요한 최소 풍속은 시속 14.5킬로미터이며 최대 시속 177킬로미터까지 견딜 수 있다.

도 수로 늘어난 주요 요인은 비용인데 이는 저소득 국가와 고소득 국가 모두에 해당된다. 현재 소규모 풍력에너지의 킬로와트당 가격은 유틸리티 규모 터빈의 가격보다 훨씬 높고, 소규모 풍력발전 시설은 개별적으로 설치되기 때문에 투자금 회수 기간도 길어질 수 있다. 아직 마이크로 풍력 기술이 많은 이에게 혜택을 줄 수 있는 것도 아니다. 다만 발전 차액 지원, 세금 공제, 자본 비용 보조금, 넷미터링 등과 같은 공공 지원제도가 지형을 바꿀 수 있고, 이를 통해 수요가 커지면 뿌리를 내릴 수 있다. 소형 터빈 제조업체들이 규모의 경제에 도달할 때까지 일반 사용자 비용은 여전히 큰 장애물로 남을 가능성이 높다. 터빈 기술 자체의 지속적인 진화 역시 가격을 낮추는 중요한 역할을 할 것이다.

기존 환경 내에서 마이크로 터빈을 큰 구조물에 통합하는 기술은 특별한 가능성을 보여준다. 고층건물처럼 높은 고도에 터빈을 배치할 수 있는 구조물에서는 더 강하고 안정된 바람을 이용할 수 있다. 이 기술 덕분에 에펠탑 방문객들은 지상 120미터 높이에 있는 2층에서 마르스 광장을 내려다보면서 수직축 터빈을 찾을 수 있다. 어떤 방향에서 불어오든 바람을 활용해 전기를 생산하고 에펠탑의 식당과 매장, 전시물에 전력을 제공할 수 있다. 공학 혁신의 상징인 에펠탑은 청정에너지 미래를 추진하는 데 도움을 주는 기술에 적합한 건물이다.

효 과

마이크로 풍력발전은 2050년까지 5배가 증가해 전 세계 전기 발전량의 1퍼센트를 차지하게 되고, 0.2기가톤의 배출량을 줄일 수 있다. 조력발전과 마찬가지로, 마이크로 풍력 터빈은 전력망에 접근할 수 없는 지역에서 깨끗하고 재생 가능한 전기 생산을 확대할 수 있다.

1800년에 알렉산더 폰 훔볼트는 인간이 초래한 기후변화를 최초로 밝혀냈다. 이후 1831년에 역시 훔볼트가 이를 다시 확인했다.

알렉산더 폰 훔볼트

안드레아 울프

오늘날 잘 알려지지도 않았고, 연구되지도 않지만 살아생전에는 전설이었던 알렉산더 폰 훔볼트(1769년 9월 14일 출생)는 역사상 가장 중요한 과학자 중 한 사람이다. 그 어떤 사람의 이름보다 훔볼트의 이름을 따서 명명된 장소와 생물 종이 많다. 그의 탄생 100주년에는 축제와 퍼레이드가 열렸고 전 세계가 이를 기념했다. 2만5000명 이상의 사람이 센트럴파크에 모여 그에게 경의를 표했다. 피츠버그에는 1만 명, 시러큐스에는 1만5000명, 베를린에는 8000명, 부에노스아이레스, 멕시코시티, 런던, 시드니에서도 수천 명이 모였다. 지구의 생물계가 지구온난화에 얼마나 취약한지를 더 많이 알게 되면서, 훔볼트의 통찰력과 저술에 얼마나 선견지명이 있었는지를 새삼 깨닫는다. 그는 1800년과 1831년에 여행 중 관찰한 내용을 바탕으로 인간이 초래한 기후변화의 현상과 원인을 처음으로 설명한 과학자였다.

그는 1799년에 처음 여행을 시작해 이후 5년간 라틴아메리카 전역을 모험했다. 이 여행은 그의 사고방식과 세계관을 완전히 바꿔놓았다. 훔볼트는 여기서 등온선(기상도에서 기압과 온도 변화를 묘사하는 선)이라는 개념을 처음 생각해냈다. 기후대에 대한 개념은 에콰도르에 있는 해발 6268미터 높이의 휴화산인 침보라소 등정에서 비롯됐다. 그는 온갖 도구를 가득 채운 짐가방을 짊어지고 산에 올랐다. 거의 완벽에 가까운 기억력으로 그곳에서 본 모든 동식물과 숲, 사람과 땅을 측정하고 조사했으며, 자신이 관측한 바를 그림으로 그리고 설명으로 남겼다. 그럼으로써 거의 백과사전이나 다름없는 능력으로 어떤 종이든 이전에 봤던 다른 종과 비교할 수 있었다. 훔볼트는 5년 동안 이 오염되지 않은 자연에 몰두하면서, 자연이 인간의 지식을 뛰어넘는 방식으로 복잡하게 얽혀 있다는 사실을 깨달았다. 그는 생물계, 그리고 지구 전체가 실로 인간이 저지른 교란에 매우 취약하다는 사실을 알게 되었다. 다윈, 뮤어, 에머슨, 소로가 다양하게 묘사한 생명의 거미줄 원리는 훔볼트의 라틴아메리카 탐험과 그의 후속 저술에서 직접적인 영감을 받았다.

1829년에 60세의 훔볼트는 마지막 여정을 떠났다. 그는 니콜라이 1세와 외무장관 게오르크 폰 칸크린 백작으로부터 초대를 받은 후 러시아 탐험 대장정의 계획을 세웠다. 훔볼트 일행은 25주 동안 1만5472킬로미터를 여행했다. 여행을 마치고 돌아온 그는 대기가 지상의 변화에 얼마나 민감한지 인식하지 못한다면 문명사회에 어떤 큰일이 일어날지를 정확하게 설명하고 예측했다. 안드레아 울프의 훌륭한 전기에서 발췌한 이 글은 훔볼트가 여정 끝에 모스크바와 상트페테르부르크로 돌아온 장면을 묘사한다. — 폴 호컨

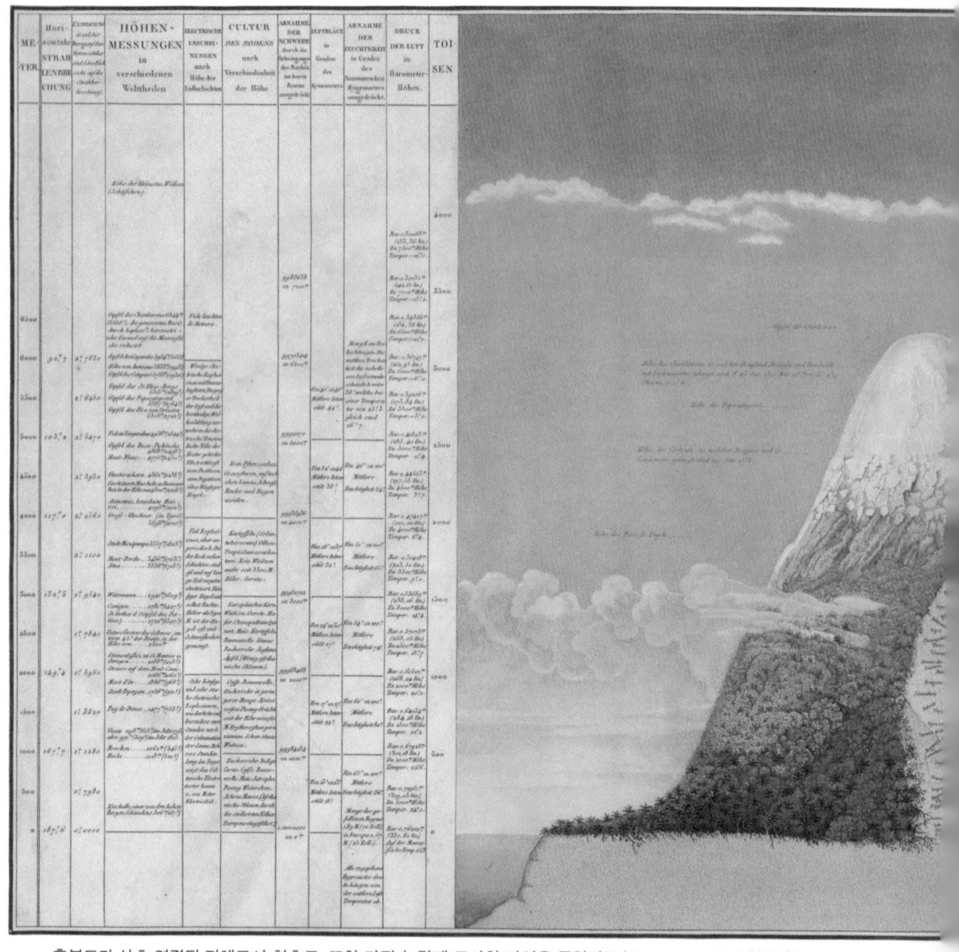

_____홈볼트가 상호 연결된 전체로서 최초로, 또한 가장 놀랍게 묘사한 자연은 독일어로 'Naturgemälde'라 불리는데, '자연의 그림'이란 뜻으로 통합 또는 전체라는 이중적 의미도 담고 있다. 훔볼트는 이것을 나중에 "한 페이지의 소

10월 말이 되자, 러시아에는 겨울색이 완연해졌다. 훔볼트는 모스크바와 상트페테르부르크에서 각각 한 번씩 탐험보고서를 발표할 예정이었다. 그는 마냥 행복했다. 깊은 광산과 눈 덮인 산봉우리는 물론, 세계 최대의 건조한 초원과 카스피해까지 봤기 때문이다. 중국과 몽골의 국경선에서는 검문소장들과 함께 담소를 나누며 차를 마시고, 카자흐 스텝에서는 키르키스족과 발효된 말젖을

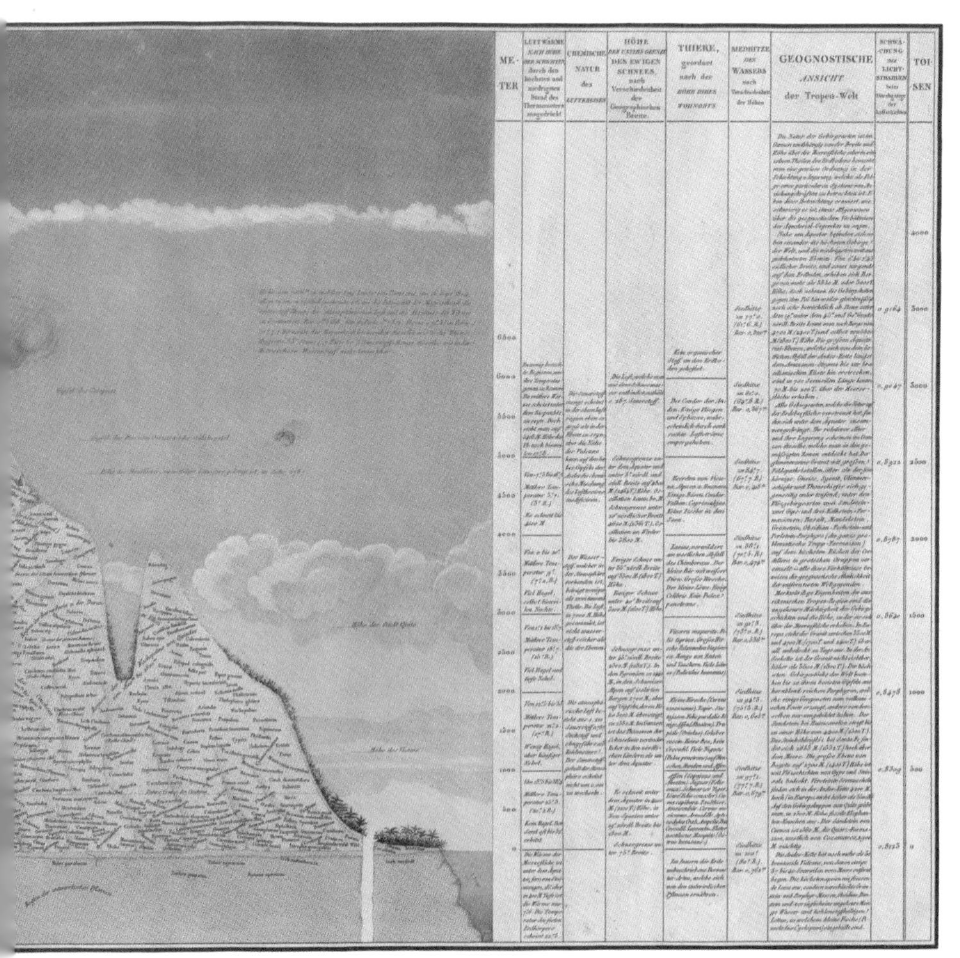

우주"라고 설명했다. 오늘날의 용어로 말하자면 아마 최초의 인포그래픽일 텐데, 역시 훔볼트가 창시자다.

마셨다. 아스트라한과 볼고그라드 사이에서는 칼미크Kalmyk의 박식한 칸khan이 훔볼트를 위해 연주회를 열고, 칼미크 합창단이 모차르트의 서곡을 불렀다. 카자흐 스텝에서는 사이가 산양Saiga antelope이 뛰어다니고, 볼가강의 섬에서는 뱀이 일광욕을 하고, 아스트라한에서는 벌거벗은 인디언이 고행하는 것을 봤다. 훔볼트는 시베리아에서 다이아몬드가 발견될 거라고 정확히 예측했고, 칸크린의 경고를 무시하고 정치적 망명자에게 말을 걸었으며, 오렌부르크로 추방된 폴란드인은 그에게 『뉴스페인에 관한 정치적 고찰』을 자랑스럽게 보여줬다. 탄저병을 피하느라 몹시 고생한 적이 있었고, 시베리아 음식을 소화시키지 못해 체중이 감소한 적도 있었다. 측정기구를 들고 러시아제국 전역을 돌아다니며 수천 번이나 측정을 했고, 그러다가 실수로 온도계를 깊은 우물 속에 빠뜨린 적도 있었다. 베를린에 돌아올 때는 암석, 식물, 물고기, 동물을 가져왔고, 빌헬름을 위해 고문서와 책도 챙겨왔다.

늘 그렇듯, 훔볼트는 식물학, 동물학, 지질학은 물론 농업과 산림 관리에도 관심이 있었다. 광업단지 주변에서 숲이 급격히 사라지는 것을 발견하고 칸크린에게 편지를 써서, "광산에 범람하는 물을 퍼낼 때는 증기기관을 사용하지 마십시오"라고 권고했다. 왜냐하면, 증기기관을 사용할 경우 나무가 너무 많이 들어 목재가 고갈될 수 있기 때문이다. 탄저병이 극성을 부렸던 바라빈스크 스텝에서는, 과도한 농지 개발이 환경에 악영향을 미친다는 사실을 발견했다. 바라빈스크 스텝은 예나 지금이나 시베리아의 중요한 농업 중심지인데, 농부들은 틈만 나면 호수와 습지의 물을 끌어들여 건조한 땅을 밭고 목초지로 탈바꿈시키려고 한다. 그러다 보니 축축하던 초원이 점점 더 메마른 땅으로 변할 수밖에.

훔볼트는 지금껏 모든 자연현상과 자연력들을 이어주는 연결고리를 찾으려고 노력해왔는데, 러시아는 그런 노력의 피날레를 장식하는 무대였다. 그는 지난 수십 년 동안에 수집한 자료와 러시아에서 수집한 자료를 통합하여, 다양한 자연현상과 자연력 간의 관련성을 확립했다. '데이터를 수집하는 데 그치지 말고, 반드시 비교·검토를 해야 한다'는 것이 그의 지론이었다. 후에 러시아 탐험 결과를 두 권의 책으로 펴냈을 때, 그는 "인간이 삼림을 파괴하고 환경을 장기적으로 변화시켰다"는 점을 지적했다. 그는 인류가 기후에 영향을 미친

원인을 세 가지로 요약했는데, 첫째는 삼림 파괴, 둘째는 무리한 물대기ruthless irrigation, 셋째는 산업 중심지에서 생성되는 엄청난 증기와 가스였다(셋 중에서 통찰력이 가장 돋보이는 것은 세 번째였다). '인간과 자연 간의 관계'를 이런 식으로 설명한 사람은 훔볼트가 유일했다.

안드레아 울프, 『자연의 발명: 잊혀진 영웅 알렉산더 폰 훔볼트』(양병찬 옮김, 생각의 힘, 2016)에서 발췌.

메탄 소화조

METHANE DIGESTERS

토머스 제퍼슨이 미국 독립선언문을 쓰던 그해, 이탈리아의 물리학자 알레산드로 볼타는 메탄가스를 발견했다. 마조레호 부근의 진흙탕에서 올라오는 인화성 기체에 호기심이 생긴 볼타는 약간의 기체를 채집한 후 실험을 통해 발견한 결과를 일련의 편지에 기록하여 친구이자 역시 호기심 많은 동료인 카를로 캄피에게 보냈다. 볼타는 1776년 11월 21일 편지에 "습한 토양에서 나오는 기체보다 가연성이 더 높은 기체는 없습니다"라고 쓰고, 기체와 말라 죽어가는 식물 사이의 연관성을 파고들기 시작했다. 그는 계속해서 자신이 개발한 권총과 메탄의 강력한 힘을 연관 지어 연구했다. 그러나 과학자들이 볼타의 가연성 기체 생성의 원인이 미생물이었다는 사실을 알게 된 것은 그로부터 100년이 지나서였다. 이 미생물은 현재 유기성 폐기물로 인해 발생하는 온실가스인 메탄 배출을 관리하는 데 사용되고 있으며, 그 과정에서 청정에너지를 만들어낸다.

농업, 산업 및 인간의 소화 과정은 지속적인(그리고 증가하는) 유기성 폐기물의 흐름을 생성한다. 전 세계적으로 사람들은 농작물을 재배하고, 가축을 기르고, 음식을 만들고, 스스로 영양을 공급한다. 이런 모든 활동은 잔류물부터

2050년까지 감축 결과 및 순위(대형) **30**

8.4기가톤 이산화탄소 감소	**2014**억 달러 순비용	**1488**억 달러 순절감액

2050년까지 감축 결과 및 순위(소형) **64**

1.9기가톤 이산화탄소 감소	**155**억 달러 순비용	**139**억 달러 순절감액

배설물까지 부산물을 생성한다. 최대한 줄이기 위해 노력함에도 불구하고 낭비는 피할 수 없다. 불가피한 부패도 발생한다. 그리고 받아들여야지 별수 없다고들 한다. 세심하게 관리하지 않으면, 유기성 폐기물은 분해되면서 일시적 메탄가스를 방출할 수 있다. 대기 중에 섞이는 메탄 분자는 100년이라는 시간 동안 이산화탄소보다 34배 더 강력한 온난화를 일으킨다. 하지만 이렇게 놔둘 필요는 없다. 한 가지 방법은 혐기성 소화조라 불리는 밀봉된 탱크에서 부패를 조절하는 것인데, 이것은 마조레호의 습한 호반을 따라 볼타가 발견한 자연적 과정을 활용한 것이다. 이들 소화조는 미생물의 힘을 활용해 폐기물과 슬러지를 변형함으로써 두 가지 주요 부산물을 생산한다. 에너지원인 바이오가스와 영양분이 풍부한 비료인 소화 슬러지라 불리는 고체가 생긴다.

유기성 폐기물을 에너지원으로 활용한 역사는 이미 오래전부터 있어왔다. 20세기에 접어들기 직전, 하수 가스로 불을 밝힌 램프가 영국 엑서터 거리를 비추었다. 1000년 전에는 바이오가스로 아시리아의 목욕물을 데웠다. 베네치아의 탐험가 마르코 폴로가 고대 중국에 머물렀을 때 뚜껑을 덮은 하수 탱크를 본 적이 있는데, 이는 조리용 연료를 생산하는 데 사용되었다. 뭄바이 근처의 나환자 보호소는 1859년에 조명용 바이오가스 시스템을 설치했다. 오늘날 혐기성 소화조는 뒷마당에서, 농원에서, 그리고 산업용으로 전 세계에서 사용되고 있으며, 증가하는 추세다. 독일은 전폭적인 환경 규제책 덕분에 2014년을 기준으로 약 8000기의 메탄 소화조(총 4000메가와트의 설치 용량)를 보유하며 세계를 선도하고 있다. 특히 메탄 배출에 대한 관심이 커지면서 미국에서도 이를 채택하는 사례가 늘고 있다. 아시아에서는 소규모 소화조가 지배적이다. 중국 시골지역에 사는 1억 명 이상의 주민이 소화조 가스를 사용하고 있다.

크기나 모양과 관계없이 소화조 내부의 역학은 모두 같다. 유기성 폐기물이 산소가 부족한 밀폐 탱크 안에서 섞이면서, 박테리아와 기타 미생물들이 단계별로 분해된다. 며칠 혹은 몇 주 동안, 바이오가스가 위로 걸러지면서 질소 같은 영양분이 응축된 고체 소화액이 바닥으로 떨어진다. 바이오가스는 메탄과 이산화탄소의 혼합물로, 그대로 사용하거나 천연가스와 유사한 바이오메탄으로 한층 더 정제될 수 있다. 원료 공급이 지속되고 미생물이 만족스럽게 유지되는 한 소화 공정은 계속해서 진행된다.

소화조의 전력량을 어떻게 사용하느냐에 따라 추가적인 배출 절감 효과를 얻을 수 있다. 그 최종 용도는 생산 규모에 따라 달라진다. 주로 아시아와 아프리카의 시골이나 전기가 들어오지 않는 지역의 가정에서 사용하는 경우, 바이오가스는 요리, 조명, 난방용으로 이용되는 한편, 소화액은 텃밭과 소규모 농경지를 풍족하게 해준다. 중요한 것은, 바이오가스가 연료 공급원으로서 나무, 목탄, 분뇨에 대한 수요를 줄일 수 있고, 따라서 지구 및 인간의 건강에 영향을 미치는 유해 가스 배출을 줄일 수 있다는 점이다. 산업용 규모로 생산될 때 바이오가스는 난방과 전기 발전에 있어 더러운 화석연료를 대체할 수 있다. 오염물질을 없애면, 천연가스에 의존해야 하는 차량에도 사용할 수 있다. 고체 소화액은 화석연료 기반 비료를 대체하면서 토양 건강을 증진시킨다. 메탄 소화조는 온실가스를 줄이는 것 외에도 매립지의 면적과 물을 오염시키는 유출물을 줄이고 냄새와 병원균을 없앤다.

볼타가 가스를 연소시킬 즈음, "낭비하지 않으면 부족함도 없다"라는 말이 유행했다. 영어로 '낭비하다'를 뜻하는 waste의 라틴어 어원은 vastus로 '경작되지 않은'이라는 뜻이다. 유기성 폐기물을 소화할 기회는 사실상 거의 미개척 분야나 다름없다. 계속해서 양산되는 동물과 인간의 배설물, 식량 생산과 소비로 인한 유기성 폐기물의 흐름과 이에 동반하는 에너지 수요의 급증에 직면해 우리가 할 일은 낭비하지 않으면서, 부족함을 걱정하지 않을 기회를 잡는 것뿐이다.

효과

우리 분석은 소형 메탄 소화조와 대형 메탄 소화조를 모두 포함한다. 2050년까지 소형 소화조는 저소득 국가에서 5750만 개의 비효율적인 조리용 난로를 대체할 수 있으며, 대형 소화조는 69.8기가와트의 설치 용량으로 성장할 수 있을 것으로 예측된다. 결과가 누적되면 2170억 달러의 비용으로 10.3기가톤의 이산화탄소 배출을 피할 수 있다.

조류식 수력발전

IN-STREAM HYDRO

운동에너지는 움직이는 에너지다. 중력 덕분에 시내와 개울이 분수계로 모이고, 이 물은 더 큰 지류로 나아가, 강물이 바다가 되면서 전 세계의 수로가 이 운동으로 가득 찬다. 수천 년 동안 우리는 그 에너지를 이용해왔다. 처음에는 수차와 동력 기계를 돌렸고, 그 후 19세기에는 전기를 발생시켰다. 오늘날 수력발전이라 하면 주변 경관을 압도하는 거대한 댐이 연상된다. 중국 양쯔강 상류의 싼샤댐, 미국 콜로라도강의 후버댐, 파라과이와 브라질 사이로 흐르는 파라나강의 이타이푸댐 등을 보면 알 수 있다. 발전에 이용 가능한 운동에너지를 극대화하기 위해 댐은 수직 거리 또는 '수두head'를 사용한다. 즉 댐의 구조물 상단에서 바닥으로 물이 떨어지면서 엄청난 유량과 속도로 터빈의 날개를 덮친다. 수력발전 댐은 어마어마한 양의 전기를 생산한다. 그러나 이들 댐은 자연과 인간의 거대한 서식지를 삼켜버렸다. 싼샤댐만 해도 120만 명에 가까운 주민이 이주해야 했다. 또한 물의 흐름과 수질, 침전 패턴, 어류 이동에도 영향을 미쳤다.

이런 단점 때문에 자연스럽게 거대한 댐에서 더 작은 조류식 터빈으로 관심이 옮겨갔다. 조류식 터빈은 발전된 형태의 수차와 유사하며, 자유롭게 흐르는

2050년까지 감축 결과 및 순위

48

4기가톤 이산화탄소 감소	2025억 달러 순비용	5684억 달러 순절감액

강이나 개울에 설치되어 저수지나 그와 관련된 주변 환경에 영향을 주지 않고 유체동력에너지를 포집할 수 있다. 바람으로 움직이는 풍력 터빈의 수중 버전이라고 생각하면 쉽게 이해할 수 있다. 물이 빠르게 흐르면서 수중 날개가 회전한다. 방벽, 전환 또는 저장이 필요하지 않으며, 최소한의 구조적 지지대만 있으면 된다. 배출 과정도 없다. 조류식 수력발전은 생태학적으로 건강한 재생에너지를 생산할 수 있다. 하지만 그렇다 해도 수중에 움직이는 기구가 있다는 사실만으로 강이나 하천의 생명에 어느 정도 영향을 미칠 것이고, 어류의 개체 수를 감소시키고 어류 이동을 방해할 것이라는 우려는 언제나 존재한다. 따라서 세심한 설계와 설치가 가장 중요하다.

물의 흐름은 계절마다, 해마다 바뀔 수 있지만, 유체동력 터빈은 비교적 지속적으로 에너지를 공급한다. 여기에는 부유물이 없어야 하지만, 최소한의 관리로 유지할 수 있으며 초기 비용이 낮다. 조류식 수력발전은 물이 흐르면서 발생하는 강력하고 집중적인 에너지가 그대로 유지된다면 더 작은 수로에서도 작동할 수 있기 때문에 외딴 지역에 전기를 공급할 수 있는 유력한 후보다. 이 기술은 현재 알래스카의 외딴 시골지역에서부터 관개를 필요로 하는 논밭에 이르기까지 시범적으로 적용되어 가동 중에 있는데, 이 지역은 과거에 비싸고 더러운 디젤발전기가 전통적인 전력 공급원이었던 곳이다. 히말라야의 해설이 만든 수로는 조류식 발전의 거점으로 농촌 경제 발전을 촉진할 잠재력을 지녔다. 한편 도시에서는 또 다른 유체동력원인 수도 본관을 활용할 수 있다. 오리

_____ 영국 서머싯 브루턴에서는 설비 전력 12킬로와트의 소수력발전소가 연간 3만3000킬로와트의 전기를 생산한다.

건주 포틀랜드에서는 약 1미터 너비의 터빈이 지하 파이프 안에 완벽하게 들어맞는다. 또한 물이 캐스케이드산맥에서 도시로 흐르기 때문에 흐름을 방해하지 않으면서도 지역 유틸리티를 위해 전력을 생산한다. 이 조류식 기술의 하위 범주를 도수관 수력발전conduit hydropower이라고 한다.

유체동력 자원에 대한 미 당국의 평가에 따르면, 기술적으로 회수할 수 있는 조류에너지는 연간 100테라와트시 이상이라고 한다. 이 에너지의 약 95퍼센트는 미시시피, 알래스카, 태평양 서북부, 오하이오 그리고 미주리의 수문학적 지형에 위치한다. 이 기회를 잡기 위해 필요한 기술은 꽤 새롭고 희귀한 것으로, 15년 전 풍력발전 상태와 비교된다. 소규모 업체들이 이 산업에 모여 있지만, 이들의 노력은 조류에너지와 조석에너지 간의 유사성, 그리고 조석에너지에 대한 연구 및 투자의 급증으로 결실을 보고 있다. 기업가와 기술자들이 조류 기술을 개발하고 정부가 이런 노력을 지원함에 있어서는, 모든 '수로식' 프로젝트가 실제로 강을 흐르게 하는 것이 아니라는 점을 명심해야 한다. 일부 프로젝트는 수로의 흐름을 바꿔서 원래의 생명력을 손상시킨다. 또 다른 일부는 수위가 높을 때 홍수가 날 정도로 너무 가깝게 배치, 설계되기도 했다. 아직 드러나지 않은 오류를 철저히 관리하고 강의 잠재력을 제대로 활용한다면, 고대부터 활용해온 이 에너지는 미래를 기약할 중요할 자원이 될 것이다.

효 과

조류식 수력발전이 2050년까지 증가해 세계 전기의 3.7퍼센트를 공급하게 된다면 4기가톤의 이산화탄소 배출량을 줄일 수 있고 5684억 달러의 에너지 비용을 절감할 수 있다. 외딴 산악지역의 마을은 아마 마지막으로 전기가 공급되는 지역일 것이다. 조류식 수력에너지는 신뢰할 수 있고 경제적인 발전 방법을 제공한다.

폐기물에너지

WASTE-TO-ENERGY

2050년까지 감축 결과 및 순위 **68**

1.1기가톤	**360**억 달러	**198**억 달러
이산화탄소 감소	순비용	순절감액

어떤 사람들은 이를 해결책이라고 부르는 반면, 또 다른 사람들은 오염이라고 부른다. 폐기물에너지는 확실히 후자이지만, 여기서는 너무 많이 낭비하는 세상에 대한 과도기적 전략으로서 설명한다. 이 책에서 우리가 '후회스러운 해결책'이라고 부르는 몇 가지 솔루션이 있는데, 폐기물에너지가 그중 하나다. 이 후회스러운 해결책은 탄소배출에 전반적으로 긍정적인 영향을 끼친다. 반면 사회적·환경적 비용이 비싸고 유해하다.

미국의 쓰레기 소각 산업은 1970년대와 1980년대에 원자력 산업이 붕괴하면서 생겨났다. 원전 건설로 이익을 본 기업들은 '자원 회수' 또는 '쓰레기를 현금으로 바꾸는' 별명으로 불리는 이 사업에 뛰어들었다. 이 솔루션은 쓰레기를 제거하지 않는다. 대신 플라스틱, 종이, 식료품 그리고 쓰레기에 포함된 에너지를 방출하고, 재를 남긴다. 다시 말해 이는 쓰레기의 형태를 바꾸는 것일 뿐이다. 쓰레기 속에 있는 일부 중금속과 유독성 화합물은 공기 중으로 방출되고, 일부는 제거되며, 일부는 그 결과로 생긴 재 속에 남는다. 당시 100톤의 도시 폐기물이 30톤의 비산재를 만들어냈는데, 비산재는 유독한 미세물질이다. 재에서 나오는 침출수가 지하수로 스며들어가지 않도록 비산재는 플라스틱으로 안을 댄 매립지로 보내진다. 이 플라스틱 재질의 수명이 얼마나 오래 갈지는 알려지지 않았다. 오늘날 생성되는 재의 양은 새로운 기술 덕분에 훨씬 더 적어졌다.

업계에서 폐기물을 에너지로 전환하는 데는 소각, 가스화, 열분해, 플라스마 등 네 가지 방법이 있다. 더 작은 전환 시설, 즉 정부 기관, 회사 또는 병원에서는 타이어, 하수 오물, 실험실 화학물질 및 생활 쓰레기뿐만 아니라 의료, 제조 또는 방사능 폐기물을 처리하기 위해 이들 네 가지 기술 중 하나를 활용하기도 한다. 그렇다면 이 책에 왜 폐기물에너지가 등장할까? 지속가능한 세계에서는 폐기물이 퇴비화되거나, 재활용·재사용될 수 있다. 폐기물은 애초부터 잔존 가치를 가지며 시스템적으로 이를 포집할 수 있도록 고안되었기 때문에 절대 버려질 수 없다. 그러나 일부 도시와 육지가 부족한 일본과 같은 국가들은 딜레마에 빠져 있다. 폐기물을 어떻게 처리해야 하는가? 화학물질을 포함한 수만 가지의 물질로 구성된 이 진정한 바벨탑을 어찌할 것인가? 매립지는 우선 광대한 땅을 필요로 하는데, 일본과 같은 나라는 이를 감당할 여력이 없다. 매립지를 활용할 수 있다 해도, 유기물질이 분해되면서 메탄가스를 발생시킨다. 이는 100년이라는 기간을 감안해도, 이산화탄소보다 34배 더 강력한 온실가스다. 폐기물발전소가 없었다면 석탄 또는 가스 발전소에서 그 에너지가 조달되었을 것이다. 폐기물발전소는 메탄을 생성하는 매립지에 비해 온실가스에 미치는 영향이 긍정적이다.

오늘날 미국은 연간 3000만 톤의 쓰레기를 태운다. 이는 발생되는 총 폐기물의 13퍼센트에 해당된다. 미국은 소각을 선택했고, 그 결과는 유독성 참사였다. 1980년대에 뉴저지에서 수행된 한 연구는 다음과 같은 결과를 보여주었다. 2250톤의 쓰레기를 매일 소각한다면, 연간 납 5톤, 수은 17톤, 카드뮴 263킬로그램, 아산화질소 2248톤, 이산화황 853톤, 염화수소 777톤, 황산 87톤, 불소 18톤, 폐에 영구히 잔류할 수 있을 정도로 작은 입자상 물질 98톤이 배출된다. 또한 이 연구는 소각되는 종이와 나무의 양에 따라 잔류성 독성 오염물질인 다이옥신의 양이 달라진다고 밝혔다. 기본적으로 불활성 유해 폐기물이 소각로로 들어가면 생물학적으로 이용할 수 있는 독성 유해 배출물이 발생한다.

현대 소각로들은 부분적으로 이런 우려를 해소한다. 온도를 상당히 높은 수준으로 유지하고 세정기와 필터를 갖추면 거의 모든 오염물질의 흔적을 지울 수 있지만, 전부는 아니다. 도시나 도시 공동체에 폐기물발전소의 유혹은 매력적으로 다가온다. 유럽에는 450개 이상의 폐기물발전소가 존재하며, 이곳에서 전체 폐기물의 25퍼센트가 소각된다. 스웨덴은 이 분야의 선두 주자로, 세계에서 가장 광범위한 네트워크를 자랑하는 지역난방 설비에 연료를 공급하기 위해 탄소배출에 상당한 비용을 들여가며 다른 나라로부터 80만 톤의 쓰레기를 수입하고 있다. 스웨덴인들은 매우 신중하게 폐기물을 수입한다고 주장한다. 음식물을 포함한 모든 재활용품을 잘 분류하고 제거해야 한다. 매립지는 금지되기 때문에 재활용되지 않으면 소각된다.

현대 스웨덴의 폐기물발전소에서는 잔재를 여과해 금속 조각을 모두 수거한 후 재활용에 사용한다. 도로를 만들 때 자갈로 사용하기 위해 타일이나 세라믹 조각을 모은다. 전기 필터의 사용은 음전하를 띠고 모든 입자상 물질을 제거한다. 잔여 연기는 독소가 없는 것으로 간주되며, 거의 물과 이산화탄소로만 구성된다. 높은 온도 때문에 총 비산재의 양은 크게 감소한다. 그리고 나머지 적은 양의 잔여물이 매립지로 보내진다. 스웨덴 지자체 협회는 수입 또는 자국 내 쓰레기가 1톤당 매립되는 쓰레기와 비교할 때 500킬로그램의 이산화탄소를 줄일 수 있다고 믿는다.

첨단 시설을 적용하는 경우, 쓰레기 관리를 위한 전략으로서 폐기물에너지로 활용하는 편이 매립보다는 낫다. 유럽에서는 폐기물 시장에도 불구하고(독일, 덴마크, 네덜란드, 벨기에에도 폐기물 수입 사업이 있다), 친환경 쓰레기를 비롯해 재활용률이 증가하고 있으며, 2050년까지 재활용률 50퍼센트가 의무화된다. 유럽연합에서는 전체 폐기물 흐름을 가능한 한 효율적으로 관리하기 위한 전략을 세웠다. 더 많은 쓰레기를 줄이거나, 재사용하거나, 재활용하거나, 퇴비화할 수 있다면 반드시 그렇게 해야 한다.

폐기물에너지에 대한 감정은 둘로 나뉜다. 이를 옹호하는 사람들은 쓰레기로부터 토지를 보호할 수 있다는 점과, 더 깨끗하게 연소되는 동력원을 장점으로 꼽는다. 1톤의 폐기물은 석탄 3분의 1톤만큼의 전기를 생산할 수 있다. 그러나 반대론자들은 여전히 오염에 대해 비난한다(아무리 미량이라도). 또한 높은 자본 비용과 재활용이나 퇴비에 대한 부정적 영향의 가능성을 우려한다. 다른 대안들보다 더 저렴하기 때문에, 적어도 비용에 관한 한 지자체 입장에서는 소각이 매력적일 수 있다. 자료에 따르면 높은 재활용률은 높은 폐기물에너지 사용률과 밀접한 관련이 있는 것으로 나타나지만, 일부는 쓰레기를 소각하지 않으면 재활용률이 더 높을 수 있다고 주장하기도 한다. 이것이 소각 기술의 진화에도 불구하고 미국에서 신규 발전소 건설이 수년 동안 거의 중단되어 온 이유 중 하나다.

폐기물에너지가 유독한 초기 소각장과 유사하게 쓰일 수 있는 저소득 국가들에는 훨씬 더 큰 우려 요인이 있다. 중국과 동아시아에서는 특히 공중보건이 큰 문제다. 이들 지역에서는 폐기물에너지 시장이 가장 빠른 속도로 성장하고 있지만, 공해 규제와 행정적 처분이 약하다. 유엔이 설립한 녹색기후기금은 저소득 국가의 폐기물발전소에 투자하지만, 폐기물 분류, 재활용, 독성 제거에 대한 문제는 따로 생각해야 한다.

일부 기관과 투자자들은 폐기물에너지가 재생 가능한 에너지 공급원이라고 믿고 있지만, 이는 사실이 아니다. 태양이나 바람과 같은 진짜 재생 가능한 자원은 고갈될 수 없다. 플라스틱 운동화, CD, 스티로폼 충전재, 자동차 덮개를 태우는 행위에 재생 가능성이라곤 없다. 지금 시점에서 폐기물은 확실히 반복 가능한 자원이다. 하지만 그 이유는 단지 우리가 그만큼 많이 생산하기 때문이다.

이 책은 '가교적' 해결책으로서 폐기물에너지를 포함한다. 폐기물에너지는 가까운 미래에 우리가 화석연료에서 벗어날 수 있도록 도와주지만, 청정에너지 미래의 일부는 아니다. 비록 소각 시설이 최첨단일지라도(많은 소각 시설이 그렇지 않다), 진정한 의미에서 깨끗하고 독성이 없는 것은 아니다. 스코틀랜드 덤프리스의 스코트젠 가스화 소각장은 선진화된 시설인 줄 알았지만, 영국 내 최악의 오염물질과 다이옥신 배출 시설 중 한 곳으로 판명되었다. 영국 정부는 2013년에 이곳을 폐쇄했다. 모든 다이옥신 배출을 기술적으로 막을 수는 있지만, 전 세계의 폐기물에너지 시설에서 상당한 다이옥신 배출 허용치를 위반하고 있는 게 현실이다. 그러므로 발전소, 특히 최고 기준을 충족하지 못하는 기존 설비에 반대할 이유는 많다. 하지만 우리가 이것을 후회스러운 해결책으로 꼽는 또 다른 이유가 있다. 폐기물에너지는 더 나은 대안의 출현을 방해할 수 있다. 그것은 바로 매립지와 소각장의 필요성을 완전히 제거하는 제로 폐기물 계획이다. 이것이 비현실적으로 들리는가? 하지만 인터페이스, 스바루, 도요타, 구글 등 10개의 대기업에서 매립할 쓰레기를 없앨 것이라고 공약했다.

제로 폐기물은 폐기물의 성격과 사회가 그 가치를 회복하는 방법을 바꾸기 위해 생성물을 얻는 공정(분리하는 공정이 아닌)으로 가고자 하는 움직임이다. 본질적으로 사회의 물질 흐름은 우리가 숲과 초원에서 보는 것을 모방하려 한다. 자연에는 다른 형태의 생명체를 위한 원료가 아닌 폐기물은 없다. 제로 폐기물 기술은 시작뿐 아니라 끝도 염두에 둔 친환경 화학적·물질적 혁신에 의존한다. 한때는 비실용적이고 비경제적이었던 태양열에너지나 풍력에너지처럼 제로 폐기물 기술은 공학과 설계의 혁명이다. 즉 폐기물에 가치를 부여해 그 누구도 폐기물을 태우거나 묻어버리고 싶지 않게 만드는 것이다. 이탈리아 루카의 로사노 에르콜리니는 제로폐기물국제연맹ZWIA의 책임자 중 한 명이다. 학교 근처에 소각로가 건설되려 하자, 교사였던 에르콜리니는 당장 행동에 나섰다. 그는 소각로 건설을 중지시키는 데 성공했지만, 거기서 멈추지 않았다. 재활용과 폐기물 감축을 촉진하기 위한 그의 노력을 통해, 117곳의 이탈리아 지방자치단체가 폐기물발전소를 폐쇄하고 제로 폐기물 실천에 앞장서기로 다짐했다. 이것이야말로 후회 없는 진정한 해결책이 아니고 무엇이겠는가.

효 과

폐기물에너지는 그 위험을 무시할 수 없지만 장점도 있다. 우선 쓰레기 매립지에서 발생하는 메탄 배출량을 줄임으로써 2050년까지 1.1기가톤의 이산화탄소 배출을 막을 수 있다. 단점은 이 에너지가 '가교적' 해결책으로서 전 세계적으로 제로 폐기물, 퇴비, 재활용 등을 포함해 더욱 환경친화적인 폐기물 관리 솔루션이 채택됨에 따라 점점 사라지게 될 것이란 사실이다. 토지이용에 제약이 큰 섬 국가들은 매립의 대안으로 폐기물에너지를 계속 사용할 수도 있다. 이 경우 부정적인 영향을 없애기 위해 플라스마 가스화 같은 더욱 고도화된 기술을 채택할 수 있다. 실행 비용으로 360억 달러가 소요되며, 30년 동안 200억 달러를 절감할 수 있다.

전력망 유연성

GRID FLEXIBILITY

존 뮤어는 시에라네바다를 탐험한 첫 여름, 일기에 "우리가 어떤 것을 그 자체로 골라내려고 할 때, 그것이 우주의 다른 모든 것과 연결되어 있다는 사실을 깨닫는다"라고 썼다. 한 세기가 넘도록 사람들은 이 인용구를 활용해 생태계의 상호 연결성과 음식에서부터 교통 체계에 이르는 모든 것의 전 지구적 파급효과를 설명해왔다. 이 인용구는 또한 전 세계의 85퍼센트가 의존하는 전력 생산, 송전, 저장 및 소비 등이 역동적으로 얽혀 있는 전력망의 본질을 설명하는 데도 유용하다. '글로벌 에너지 전환'이라는 문구는 보통 화석연료에서 재생 가능한 청정에너지원으로의 대대적인 전환을 설명하는 데 점점 더 많이 사용된다. 이런 공급원의 변화가 온실가스 배출에 관한 문제의 핵심이긴 하지만 더 광범위한 변화, 그것은 바로 전체 전력망 시스템의 변화다.

일부 재생에너지 전력의 공급원은 지열 증기, 급류 또는 연소된 바이오매스 등 화석연료로 생성된 전기와 유사한 항상성을 가진다. 그러나 바람과 태양으로부터 전기를 생산하는 일은 간헐적으로 시도된다. 매일의 리듬이 있고 바람이 변화하기 때문에 분마다, 날마다, 계절마다 달라진다. 예를 들어 독일의 11월은 바람도 적게 불고 햇볕도 약하기로 유명하다. 따라서 다른 곳에서 여분의 에너지를 얻어야 한다. 이런 가변성 외에도 태양열 및 풍력 발전의 규모는 중앙집중식 유틸리티 규모에서 지붕형 태양광과 같은 소형 분산 시스템까지 실로 다양하다. 지열을 전력망에 통합하는 것은 표준적인 절차이지만, 풍력은 사용되도록 설계되지 않았다. 전 세계의 유틸리티 기업과 규제 당국은 이 문제를 해결하기 위해 노력하고 있다. 급변하는 환경에서 전력망은 어떻게 전기 공급과 일반 사용자 수요를 최상으로 조율하면서 불도 켜고 비용도 억제할 수 있을까?

답은 유연성이다. 전력 공급이 압도적으로 또는 전체적으로 재생 가능하게 이루어지려면, 전력망의 적응성이 제고되어야 한다. 미국 캘리포니아, 덴마크, 독일 및 남부 호주와 같은 재생에너지 통합의 선두 주자들은 전력망 유연성이 다양한 측정(유틸리티 운영뿐만 아니라 공급 및 수요 측면 모두)에서 기인하며, 장소마다 다르게 보인다는 것을 알려준다. 이 책에서 소개한 많은 솔루션은 더욱 유연한 전력망을 지원한다. 매립지에서 포집된 메탄과 같은 비가변적 재생에너지constant renewables는 풍력발전과 태양광발전을 보완하는 귀중한 보완재다. 특히 대형 수조에 여분의 열을 저장할 경우, 열병합발전소에 신속히 접근할 수 있다. 오랜 역사의 양수발전부터 용융염과 압축 공기 같은 새로운 기술에 이르기까지 다양한 유틸리티 규모의 저장 수단이 점점 더 중요해질 것이다. 전기차 배터리를 포함한 소규모 배터리도 핵심 기술이다. 웹에 연결된 스마트 온도조절장치와 가전제품 등의 수요 반응 기술은 전력 수요가 많은 시간을 피

하기 위해 전력망에서 소비자의 에너지 소모를 실시간으로 조정할 수 있다.

전송과 분산 네트워크(발전과 소비 사이의 결합 조직)는 유연하면서도 강력해질 필요가 있다. 전력망 연결이 더 넓은 지역에 걸쳐 있는 경우, 더 큰 패턴의 바람과 햇빛을 모을 수 있다. 공기가 어떤 곳에서는 정체되어 있다면, 다른 곳에서는 움직이고 있을 것이다. 따라서 언제든지 재생에너지의 총 결과물은 덜 가변적이다. 스페인에서는 전력망 업체인 레드 엘렉트리카 데 에스파냐Red Eléctrica de España가 그 나라의 거의 모든 풍력 생산을 관리한다. 전사적으로 작업한다면, 총 15분 안에 풍력을 특정 수준으로 조절할 수 있다. 서북 유럽에서와 같이 인접 전력 시스템과 상호 연결되면 생산 파급 효과 및 예비 전력 공급도 추가적으로 가능하다.

유연성에 도움이 되는 다양한 운영 방식이 있다. 풍력과 태양 발전처럼 기후와 전기 발전이 병행될 때, 예보와 예측은 유틸리티 기업의 가장 중요한 도구가 될 수 있다. 덴마크에서는 여전히 하루 앞서 예측이 이뤄지지만, 실시간으로도 업데이트된다. 예보를 낮과 밤에 생성된 실제 풍력과 비교하면 예측성은 지속적으로 개선된다. 전력망 사업자는 사전에 발전 예정 범위와 생산 부문별 기간을 조정할 수 있다. 필요한 경우 공급자에게 전력 생산을 줄이도록 요구할 수 있으며, 과잉 생산을 억제하기 위해 마이너스 가격을 사용할 수도 있지만, 그런 조치는 경제적으로 바람직하지 않을 수 있다.

2050년까지 80퍼센트의 재생에너지 발전이 세계적인 현실이 될 수 있다. 전 세계의 많은 전력망에서 가변적·비가변적 재생에너지를 포함해 그 규모가 이미 20~40퍼센트 규모에 달한다. 현재까지 이런 균형 잡기가 효과를 발휘하고 있으며, 사실 많은 사람이 예상했던 것보다 상황은 훨씬 더 좋다. 점점 더 많은 관할 당국이 머지않아 상황별로 가장 적합한 방법을 통합하여 선진화된 전력망 유연성을 추구할 것이다. 유연한 전력망과 재생 가능한 자원은 전 세계의 에너지 전환을 가능하게 한다. 광전지판과 높이 솟은 터빈이 가장 많은 관심을 받을 수 있겠지만, 유연성은 재생에너지를 지구상에서 가장 우세한 에너지 형태로 만들 수단이다.

효과

전력망 유연성은 복잡하고 역동적인 시스템이며, 전 세계적 규모에서 모든 국지적 요인을 설명하는 것이 거의 불가능하기 때문에 여기서 모델링하지 않는다. 그러나 가변적 재생에너지원이 25퍼센트 이상의 발전 점유율을 달성하려면, 전력망 유연성이 필요하다. 이 솔루션으로 인한 배출 감소는 전력망 유연성 없이는 최대 잠재력에 도달할 수 없는 가변적 재생에너지 솔루션에 반영된다.

에너지 저장(유틸리티)

ENERGY STORAGE(UTILITIES)

약 1만1000년 전, 인류는 수렵 채집 방식에서 영구적인 정착생활과 농업 방식으로 전환하면서 저장에 대해 배우기 시작했다. 사실 선택의 여지가 없었다. 왜냐하면 처음 수확한 작물의 여분을 쥐와 습기로부터 보호해야 했기 때문이다. 최초의 해결책은 흙과 나무, 그다음에는 도기로 된 곡물 창고였다. 오늘날 우리는 저장에 뛰어나다. 우리는 뭔가를 만들고 나면 반드시 그것을 저장한다…… 하지만 단 하나의 예외가 있다. 산업화된 세계에서 가장 기본적인 원자재인 전력을 대량 저장할 생각을 하지 않은 것이다. 전압 저하, 정전, 비효율성에 대한 대비책이 있는가? 대규모의 에너지 저장소가 없다면, 유틸리티 기업은 높은 수요를 충족시키기 위해 가동되는 (오염이 심한) '피커(일반적으로 연중 전력 수요가 최고치로 급증할 때에만 가동하는 발전 형태—옮긴이)' 발전소에 의존할 수밖에 없다. 전기 생산으로 인한 배출량을 줄이고 가변적 재생에너지원으로 전환하려는 노력에 있어 저장은 두 배로 중요하다.

1879년 샌프란시스코에서 유틸리티 기업이 유료 고객들에게 처음으로 전기를 공급한 이래, 실시간으로 수요를 충족할 수 있는 충분한 전력 생산은 줄곧 사업 계획의 목표였다. 전력을 생산하지 못하면 전등과 모터가 꺼졌다. 일부 국가에서는 이런 일이 여전히 발생한다. 경제가 가변적 재생에너지로 전환함에 따라 에너지 저장장치를 포함하는 전력망의 관리가 중요해졌다. 에너지는 하루, 며칠, 장기간 또는 계절 단위로 저장할 수 있다. 태양과 풍력 발전이 전력망의 총 공급량에서 극히 일부를 차지했을 때는 두 에너지의 가변성이 큰 문제가 되지 않았다. 전통적인 화력발전소에서 무리 없이 부족한 부분을 조절할 수 있었다. 그러나 재생에너지가 총 전력의 30~40퍼센트를 차지하기 시작하면서 가변성은 복잡한 문제가 되었고, 전력망은 이에 안정적, 경제적으로 대응할 수 없었다. 2016년 5월, 수 시간 동안 88퍼센트의 재생에너지만으로 전국의 전기를 충당하면서 독일은 세계 기록을 세웠다. 대부분 태양광발전으로 생산된 에너지였다. 미국의 재생에너지는 2015년 2월 어느 날 저녁 텍사스에서 기록을 세웠다. 이때 40여 곳의 풍력발전단지가 전력망 전체 발전량의 45퍼센트를 차지했다. 재생에너지를 사용하거나 수출할 수 없는 한, 최대 전력 생산은 버릴 수밖에 없는 잉여 전력을 만든다. 재래식 발전소 가동을 중단할 수는 없기에 선로 손실을 줄이면서 수천 킬로미터에 걸쳐 에너지를 확장할 수 있는 초고압직류송전HVDC 방식을 통해 이에 대처할 수 있다. 추가로, 이런 문제를 확실하게 해결해주는 여러 에너지 저장 기술도 있다.

유틸리티 기업은 어떻게 대량의 전기를 저장할까? 한 가지 방법은 물을 더 낮은 저수지에서 더 높은 저수지로 끌어올리는 것인데, 이상적으로는 460미터 정도 차이가 난다. 이 물은 필요에 따라 다시 낮은 저수지로 흘러 들어가 발전용 터빈으로 흐른다. 유틸리티 기업은 전력이 남아도는 밤에 물을 끌어올

_____더하기(+)와 빼기(-) 기호는 독일 마그데부르크에 있는 프라운호퍼협회의 새로운 에너지 저장장치의 양극을 나타낸다. 풀스케일full-scale 시험이 진행되는 동안 프라운호퍼 연구센터 전체가 이 배터리로부터 에너지를 공급받았다. 리튬 기반 저장장치의 가용 용량은 시간당 0.5메가와트, 출력은 1메가와트다. 저장 배터리는 26톤 무게의 수송 가능한 용기에 담겨 있다. 이런 유형의 장치는 간헐적이고 가변적인 에너지를 안정화하도록 설계되었다.

리고 수요와 가격이 최고조에 달할 때 다시 내려보낸다. 예를 들어 제너럴일렉트릭은 독일의 한 회사와 협력하여 바람이 없을 때 에너지를 생산했다. 이 프로젝트는 낮은 고도에 있는 저수지에서 높은 고도에 있는 저수지로 물을 퍼올릴 에너지를 생산하기 위해 4개의 풍력 터빈이 함께 작동하는 경사진 지형을 필요로 한다. 바람이 부족하거나 수요가 높을 때는 저지대로 흐르는 물이 재래식 수력발전소에 동력을 공급한다. 모두 종합해볼 때, 현재 전 세계적으로

200대의 양수 저장장치가 있으며, 이는 전 세계 저장 용량의 97퍼센트를 차지한다. 물론 지형 조건이 적합할 때 누릴 수 있는 기회다.

네바다주는 철도를 동원한 에너지 저장장치를 실험하고 있다. 물이 부족한 이곳에서도 중력은 여전히 동원될 수 있다. 이 장치는 큰 바위를 끝없이 산 위로 밀어올리는 일화로 유명한 시시포스의 신화에서 영감을 얻었다. 전력이 충분한 경우, 갱도 열차는 230톤의 바위와 시멘트의 화물을 싣고도 914미터나 높은 조차장까지 올라간다. 열차에는 올라가기까지 엔진 역할을 하는 2메가와트 발전기가 장착되어 있다. 내리막에서는 회생 제동장치가 구름 저항을 전력으로 변환하는 원리다.

이 두 솔루션의 핵심 기술은 100년전의 것이다. 열차는 높은 곳에 정차된 채 1년이고 머물러도 전력을 잃지 않을 수 있지만, 저수지의 물은 1년 후면 증발한다. 두 시스템은 모두 수요에 신속하게 대응할 수 있다는 주요 장점이 있다. 최대 전력을 내는 데는 단 몇 초밖에 걸리지 않는다. 화력발전소는 몇 분 또는 몇 시간이 걸린다. 전력망은 빠른 저장 속도를 갖추어야 한다.

집광형 태양열발전소 역시 에너지 저장 시설의 최전선에 있다. 이곳은 용융염의 전기 생산에 필요한 열을 유지한다. 나트륨과 질산칼륨이 혼합된 염은 섭씨 224도 이상의 온도에서 용해되고, 태양광 집광경이 반사하는 열을 흡수할 수 있다. 용융염은 5~10시간 동안 뜨겁게 유지되고 흡수한 에너지의 93퍼센트를 반환한다. 현재 집광형 태양열발전소의 가장 일반적인 요소인 용융염은 발전기가 일몰 후에도 수 시간 동안 작동할 수 있게 해준다.

충분한 규모의 배터리도 있다. 일부 유틸리티 기업은 최대 수요 전력을 충족하기 위해 리튬이온 배터리 은행을 설치했다. 2021년까지 로스앤젤레스는 천연가스 피커 발전소의 가동을 중단하고, 에너지 수요가 낮은 밤에는 풍력발전으로, 아침에는 태양발전으로 충전되는 1만8000대의 배터리로 이를 대체할 예정이다. 그리고 수십여 곳의 스타트업 기업과 기존 기업은 손전등에서 유틸리티 배터리까지 에너지 저장에 혁명을 일으킬 저비용, 저독성, 고안전(자연 발화 없는) 미래형 배터리를 만들기 위해 경쟁하고 있다.

효 과

에너지 저장장치가 그 자체로 배기가스를 감소시키지는 않는다. 대신에 바람과 태양 에너지를 채택할 수 있다. 가변적 재생에너지 솔루션 자체 수치와 이중으로 집계되지 않도록 여기서는 탄소 영향 수치를 포함하지 않았다. 다른 형태의 전력망 유연성과 마찬가지로, 비용과 총 증가율도 직접 모델링하지 않았다.

에너지 저장(분산형)

ENERGY STORAGE(DISTRIBUTED)

산업혁명 초기의 석탄과 석유, 가스 사용만큼이나 급진적인 에너지 전환이 진행되고 있다. 대부분의 사람은 탄소 기반 연료에서 재생에너지로의 전환을 떠올릴 텐데, 부분적으로는 이것도 맞다. 그러나 또 다른 혁신 기술로 분산형 에너지 저장장치가 있다. 이는 가정이나 직장에서 양에 관계없이 생산된 에너지를 보유하는 기술이라고 할 수 있다. 사회학과 인문지리학 교수인 캐런 오브라이언이 관찰한 것처럼 지구온난화가 "모든 것을 바꾸는 변화"라면, 분산형 에너지 저장장치는 에너지 산업을 바꾸는 변화일 것이다.

우리가 사용하는 전기는 어디에서 온 것일까? 가스, 석탄, 원자력, 수력 등 대형 발전소를 통해 에너지를 중앙에서 생성하고 분배하면 이 에너지는 전국을 가로지르는 고압 송전선으로 유입되고 이어 체감 변압기를 거쳐 지역 전력망으로 흘러 들어간 후, 최종적으로 가정이나 직장에 공급된다. 분산형 에너지 시스템은 이 순서를 뒤바꿔놓는다. 고객이 더 이상 수동적인 소비자가 아닌 생산자가 되어 전력망에서 또는 전력망으로 전력을 사고팔 수 있다. 그들은 최대 수요 시 가격을 피할 수 있고, 더욱 탄력성 있는 전력망 성능을 가능하게 하여, 전압 저하 또는 전력망 고장을 야기할 만한 수요 급증을 방지할 수 있다.

2050년까지 감축 결과 및 순위 **77**

구현 기술: 비용 및 절감액은 재생 가능한 에너지에 반영

바람과 태양은 불고 쬐는 시간이 따로 있기 때문에 재생에너지에 가변성이 생긴다. 이 가변성은 공급과 수요를 면밀히 모니터링해야 하는 유틸리티 기업에 엄청난 부담을 지운다. 전력망이 끊기지 않도록 예비 발전소를 가동할 수 있는 용량이 매우 중요하다. 분산형 에너지 저장장치 또는 전력망 독립성을 구축하려면 저렴한 저장장치가 갖춰져야 하는데 배터리 가격은 지금도 엄청나게 비싸다. 하지만 이제 변하고 있다. 기본적으로 독립형 배터리와 전기자동차라는 두 가지 저장 방식이 있다. 저장 비용은 킬로와트시 단위로 측정하는데, 킬로와트시당 2009년에 1200달러에서 2016년에는 약 200달러로 떨어졌다. 기업들은 몇 년 안에 킬로와트시당 비용을 50달러까지 낮출 것으로 예측하고 있다. 킬로와트시당 1200달러에 24킬로와트짜리 에너지 저장장치를 구입하면 덤으로 자동차 한 대를 무료로 얻을 수 있다. 그것도 닛산 전기차 리프를.

자동차, 차고, 사무실 건물의 지하 등 어디에 있든지 분산형 에너지 저장장치는 예상보다 빨리 현실화하고 있다. 지난 20년 동안 모든 비용 예측과 태양발전 성장 예측이 과소평가된 것처럼 배터리 가격에 대한 예측도 계속 빗나가고 있다. 2012년 글로벌 컨설팅 업체인 매킨지앤드컴퍼니는 2020년까지 킬로와트시당 축전 비용을 200달러로 예상했으나 제너럴모터스와 테슬라는 2016년에 이미 이를 달성했다.

현재 비용을 기준으로, 분산형 에너지 저장장치에 5000억 달러를 투자하면 향후 30년 동안 미국 기업과 가정에서 최대 수요 시 전력 요금에서 4조 달러를 절약할 수 있다. 축전 비용은 향후 4년 안에 절반으로 떨어질 수 있고, 이

——뉴질랜드 오클랜드의 롱고마이 학교에 설치된 테슬라 파워월(일반 가정에서 벽에 붙이는 대용량 배터리-옮긴이). 이 초등학교는 마오리족의 문화적 가치를 중심으로 설계된 교과과정을 전문으로 하고 있다. 이 배터리는 방과 후부터 저녁까지 태양전지판을 통해 전력을 공급한다.

익은 더욱 증폭될 수 있다. 재생에너지에 대한 의존도를 높이기 위해 저장장치를 사용할 경우 기후에도 상당히 도움이 된다. 그러나 석탄에 많이 의존하는 시스템에서는 최대 수요를 야간으로 전환하기 위해 저장장치를 사용하는 경우 거의 이점이 없을 것이다.

얼마 전까지만 해도 태양광발전소는 탄소 비용이 매우 높았다. 유리, 알루미늄, 가스 조달, 설치, 섭씨 1980도의 소결로 유지에 너무 많은 석탄화력이 필요했기 때문이다. 오늘날 태양에너지를 만드는 데 드는 비용은 현저하게 떨어졌다. 축전도 이 선례를 따를 것으로 예상된다. 가격 폭락은 에너지 집약이 덜한 발전 방식을 수반할 것이다. 이런 때가 오면 완전히 새로운 에너지 전력망

이 가동될 것이다. 아직 발명되지 않은 감지기와 앱, 소프트웨어로 작동되는 더욱 탄력적이고 민주적인 에너지 전력망을 만나게 될 것을 예상해본다.

효과

분산형 에너지 저장장치는 여러 솔루션에 반드시 필요한 지원 기술이다. 마이크로그리드, 넷제로 건물, 전력망 유연성 및 지붕형 태양광은 모두 분산형 저장장치의 사용으로 증폭되고 이에 의존한다. 분산형 저장장치는 재생 가능 에너지를 십분 활용하고 석탄, 석유, 가스 발전의 확대를 막는다. 분산형 저장장치는 도시 또는 시골 환경에 따라 적용 방식이 달라지기에 이런 역동성을 감안해 명시적으로 모델링하지 않았다.

태양열 온수

SOLAR WATER

인류는 목욕을 시작하면서부터 목욕물을 데울 방법을 찾았다. 태양열을 사용한 19세기의 가장 초보적인 가열 기술은 어두운 색의 금속 탱크를 태양에 노출시키는 것이었다. 이 방법은 효과가 있긴 했으나 강력하지는 않았다. 1891년 미국의 발명가 겸 제조업자인 클래런스 켐프는 온실효과를 이용해 성능을 획기적으로 향상시킨 온수설계로 특허를 받았다. 세계 최초의 상업용 태양열 온수기인 클라이맥스는 유리로 덮인 단열 상자 안에 강철 물탱크를 넣은 구조로, 태양열을 집열하고 보존하는 탱크의 기능을 향상시켰다. 켐프는 "관대한 자연이 주는 힘을 사용한다"고 광고하면서 클라이맥스가 "밤낮없이 뜨거운 물을 제공하고 지연이 없으며 언제나 충전 가능하고 언제나 준비되어 있음"을 주장했다. 이 가정용 모델은 25달러였다.

20세기 초, 기업가들은 켐프의 발명품을 앞다투어 개선하려 했고, 태양열 온수기SWH가 남부 캘리포니아 전역에 퍼졌다. 윌리엄 베일리의 데이앤드나이트Day and Night 모델은 지붕형 태양열 집열기에 별도의 저장 탱크를 추가해 업계에 혁명을 일으켰다. 1920년대에 마이애미 붐이 일면서 태양열 집열기도 덩달아 호황을 누렸다. 오늘날에도 여전히 그 일부가 아르데코 빌딩 옥상에서 가동

2050년까지 감축 결과 및 순위

41

6.08기가톤	30억 달러	7737억 달러
이산화탄소 감소	순비용	순절감액

되고 있다. 1930년대에는 태양열 집열기가 미국 남부 공공주택에 기본으로 설치되었다. 제2차 세계대전 이후 미국의 값싼 에너지 때문에 발전이 더뎌졌지만, 이 기술은 이스라엘, 일본, 남아프리카와 호주의 일부 지역에서 자리를 잡기 시작했다. 태양열 온수기는 사용되는 내내 에너지 가격뿐만 아니라 이를 지원하기 위한 정부 개입에 따라 수시로 부침을 거듭했다.

오늘날에는 중국이 세계 태양열 온수기 사용율의 70퍼센트 이상을 차지하고 있긴 하지만, 이 기술은 겨울에 얼거나 여름에 과열되는 일이 없기 때문에 여러 나라의 거의 모든 기후에서 사용된다. 1980년대부터 태양열 온수기 사용이 의무화된 키프로스와 이스라엘에서는 90퍼센트의 가정이 이 설비를 갖추고 있다. 대규모 설비가 증가하고 있긴 하지만, 태양열 온수 방식은 주로 가정용으로 사용되었다. 어떤 시스템은 튜브를 사용하는 반면, 또 다른 시스템은 평판을 사용한다. 또 펌프를 사용하는가 하면, 자연형 방식을 사용하기도 한다. 태양열 온수는 베일리가 발견한 것처럼 좋은 저장 탱크를 기본으로 갖추어야 한다. 종합하면 '태양에너지를 열에너지로 전환하는 가장 효과적인 기술 중 하나'로 간주되며, 설비, 위치, 대안 방식에 따라 투자액 회수 기간이 2~4년으로 짧다.

오늘날에도 태양열 온수는 주요 에너지원으로 널리 사용된다. 샤워, 세탁, 설거지에 사용되는 온수는 전 세계적으로 주거용 에너지의 4분의 1을 소비한다. 상업용 건물의 경우는 대략 12퍼센트다. 태양열 온수는 연료 소비를

____주택 및 지역 난방용으로 사용된 덴마크 에스비에르의 태양열 온수 집열판. 열 저장을 위해 완충 탱크를 사용한다. 유틀란트반도의 항구 도시인 에스비에르는 거의 전적으로 재생에너지를 사용하며, 덴마크의 해상 풍력 및 조력 에너지 산업의 중심에 있다.

50~70퍼센트까지 줄일 수 있다. 그러나 가스나 전기 보일러보다 높은 선행 투자 비용과 설치의 복잡성 때문에 아직 자원으로 널리 활용되지는 못하고 있다. 그러나 태양광발전과 더불어 태양열 온수 사용은 점점 증가하고 있다. 지붕 공간, 투자 그리고 둘 사이의 잠재적 시너지나 균형의 관점에서 충분히 고려될 수 있는 에너지다. 키프로스와 이스라엘이 달성한 수준을 따라잡기 위해 정부는 새로운 건축물에 태양열 온수 사용을 요구하거나 장려할 수 있으며, 시행 사례는 점점 증가하는 추세다. 미국이 태양열 온수의 잠재 가치를 극대화한다면, 천연가스 소비를 2.5퍼센트, 전기 사용량을 1퍼센트 줄일 수 있으며, 매년 5700만 톤의 탄소 발생을 피할 수 있다. 이는 13개의 석탄발전소 또

는 990만 대의 자동차가 내뿜는 탄소량과 맞먹는 수치다. 말라위, 모로코, 모잠비크, 요르단, 이탈리아, 타이 등에서는 태양열 온수 성장을 향한 국가적 열망이 매우 크다. 125년 전 클라이맥스가 최초로 고안된 이래로 태양열 온수는 아직 그 정점에 이르지 못했다.

효 과

태양열 온수의 시장 규모가 5.5퍼센트에서 25퍼센트로 증가한다면, 이 기술은 2050년까지 6.1기가톤의 이산화탄소 배출량을 줄일 수 있고, 가계 에너지 비용을 7740억 달러 절감할 수 있다. 그러나 선행 투자 비용을 계산할 때 태양열 온수기는 전기와 가스 보일러를 보완하되 대체하지는 않을 것으로 예측된다.

식량

지구온난화의 원인을 생각하면 아마 화석연료가 가장 먼저 떠오를 것이다. 지구온난화의 원인이 우리가 먹는 아침, 점심, 저녁의 결과라고는 전혀 상상할 수 없다. 식량 체계는 정교하고 복잡하다. 식량 체계의 요구 사항과 영향은 특별하고 엄청나다. 화석연료는 트랙터, 어선, 수송, 가공, 화학 처리, 포장, 냉동, 슈퍼마켓, 부엌에 연료를 공급한다. 화학비료는 강력한 아산화질소를 발생시켜 대기 중으로 배출한다. 육류에 대한 열렬한 선호 덕분에, 600억 마리가 넘는 육지 동물을 사육해야 하고 식량과 목초지를 위해 농지의 거의 절반을 할애해야 한다. 이산화탄소, 아산화질소, 메탄을 포함한 축산 배출은 연간 온실가스 배출량의 18~20퍼센트를 차지하는데, 이는 화석연료 다음으로 높은 비중이다. 농업에서 삼림 벌채, 음식물 쓰레기에 이르기까지 다른 모든 식품 관련 배출에 축산까지 추가한다면, 우리가 먹는 음식이야말로 지구온난화의 가장 큰 원인으로 판명될 것이다. 이 장에서는 자원을 온실가스 흡수원으로 바꿀 수 있는 기술, 행동, 방식 등에 대해 설명한다. 우리는 식량 생산 과정에서 이산화탄소와 기타 온실가스를 대기 중으로 방출하는 대신, 탄소를 포집함으로써 생산성을 높이고, 토양을 건강하게 하며, 수자원을 더 잘 활용하고, 수확량을 늘리며, 궁극적으로 식품의 영양가를 높이고 식량 안보를 제고할 수 있다.

채식 위주의 식단

PLANT-RICH DIET

부처, 공자, 피타고라스. 레오나르도 다빈치와 레프 톨스토이. 간디와 가우디. 퍼시 비시 셸리와 조지 버나드 쇼. 잡식성의 마이클 폴런이 먹는 문제를 간단하게 정의하기 훨씬 전에도 채식에 기반을 둔 식단엔 주목할 만한 옹호자들이 있었다. 폴런은 "제대로 된 음식을 먹되, 과식하지 말고 채식 위주로 먹어라"라고 선언했다. 채식으로만 먹으라는 사람도 있지만 여기서는 '채식 위주로'가 핵심이다. 채식 위주 식단으로의 전환은 지구온난화에 대한 수요 측면의 해결책으로, 오늘날 증가하고 있는 육류 위주의 가공 식품 비중이 높은 서구식 식단에 반하는 것이다.

서구식 식단에는 매우 비싼 기후 가격표가 붙는다. 가장 보수적인 추정을 따른다 해도 가축을 기르는 데 매년 배출되는 온실가스는 지구 전체 배출량의 거의 15퍼센트를 차지한다고 한다. 직간접 배출을 포함해 최대한 포괄적으로 헤아리자면 50퍼센트를 넘는다. 이 책에서 설명한 혁신적인 탄소 격리 관리를 통한 방목 외에 육류와 유제품의 생산은 채소, 과일, 곡물, 콩류 등을 재배하는 것보다 훨씬 더 많은 배출량을 발생시킨다. 소와 같은 반추동물은 배출량이 가장 많은 가축으로 음식을 소화하면서 강력한 온실가스인 메탄을 발생시

———1590~1591년, 화가 주세페 아르침볼도가 그린 「베르툼누스」는 로마의 변신의 신을 상징한다.

2050년까지 감축 결과 및 순위

4

66.11기가톤 이산화탄소 감소

자료 불확실 결정 불가

킨다. 또한 농지 사용과 가축 사료를 재배하기 위한 관련 에너지 소비는 이산화탄소를 배출하고, 거름과 비료는 아산화질소를 방출한다. 만약 소를 하나의 국가로 친다면 세계 3위의 온실가스 배출국으로 기록될 것이다.

동물단백질의 과다 섭취는 인간의 건강에도 엄청나게 해롭다. 전 세계의 많은 곳에서 매일 섭취되는 단백질은 권장량을 훨씬 뛰어넘는다. 성인은 매일 평균 50그램의 단백질을 필요로 하지만, 2009년 1인당 평균 단백질 섭취량은 68그램으로 필요량보다 36퍼센트 더 높았다. 미국과 캐나다에서 성인은 하루 평균 90그램 이상의 단백질을 소비한다. 식물단백질이 풍부한 곳에서는 인간이 영양을 위해 동물단백질을 필요로 하지 않으며(엄격한 비건 식단에서 비타민 B_{12}를 제외하고), 동물단백질을 지나치게 많이 섭취하면 암이나 뇌졸중, 심장 질환을 유발할 수 있다. 질병 발생 증가와 건강 관리 비용은 비례한다.

수십억 명이 하루에 여러 번 식사를 하고 있으니, 판세를 역전시킬 기회가 얼마나 큰지 상상해볼 수 있다. 영양과 즐거움의 측면에서, 잘 먹되 먹이사슬의 아래쪽에 있는 것을 먹음으로써 배출을 감소시킬 수 있다. 세계보건기구에 따르면, 단백질은 하루에 섭취하는 칼로리의 10~15퍼센트만으로 충분하며 채소 위주의 식단만으로 이 목표치를 쉽게 충족시킬 수 있다고 한다.

2016년 옥스퍼드대의 한 획기적인 연구에서, 지금부터 2050년까지 전 세계가 식물성 식단으로 전환했을 때 이에 따르는 기후상·건강상·경제상 이점을 모델링했다. 비건 식단을 채택함으로써 예상 배출량을 70퍼센트까지 줄일 수 있고, 일반 채식 식단(치즈, 우유, 달걀 포함)으로는 63퍼센트까지 줄일 수 있는 것으로 나타났다. 이런 식단은 세계 사망률도 6~10퍼센트 감소시킬 것으로 추산됐다. 수백만 명의 삶에 영향을 미칠 잠재적 보건비는 수조 달러까지 절감될 수 있다. 연간 의료비와 생산성 손실에 드는 1조 달러라는 비용에 손실된 생명의 가치까지 고려할 때 절감액은 최고 30조 달러에 이른다. 이는 2050년 전 세계 국내총생산의 13퍼센트를 차지하는 경제적 가치다. 게다가 여기에는 피할 수 있는 지구온난화의 영향은 포함시키지도 않은 것으로 보인다.

이와 마찬가지로 2016년 세계자원연구소WRI 보고서는 식단을 다양화하여 분석한 결과, "동물단백질 섭취를 대폭 줄이면"(사람들이 하루에 단백질 60그램을 포함해 2500칼로리를 섭취하는 지역에서 동물성 식품의 과다 소비 감소에 초점을 맞춰) 세계 식량 공급 및 지구의 미래에 지속가능성을 보장해줄 수 있다고 밝혔다. 이들은 "2006년에 비해 2050년엔 70퍼센트 더 많은 식량, 거의 80퍼센트 더 많은 육식, 95퍼센트 더 많은 소고기를 요구하게 될 세상에서" 육류 소비 습관을 바꾸는 것이 기아, 건강한 삶, 물 관리, 육지 생태계, 그리고 물론 기후변화와 관련된 전 세계적 목표를 달성하는 데 매우 중요한 역할을 하리라고 주장한다.

식물성 위주의 식단은 매우 건강하다. 그렇긴 해도 식습관을 획기적으로 변화시키기란 간단하지 않다. 왜냐하면 먹는다는 행위는 매우 개인적이고 문화적이기 때문이다. 고기에는 의미가 담겨 있다. 고기는 식습관에 포함되며, 미뢰를 자극한다. 동물단백질을 섭취하는 것과 관련된 복잡하고 오래된 습관을 바꾸려면 영리한 전략이 요구된다. 고기를 포기하고 먹이사슬에서 더 낮은 위치에 있는 식물을 선택하도록 하기 위해서는, 선택 사항들이 쉽게 이용할 수 있고, 눈에 잘 띄고, 매력적이어야 한다. 식물로 만든 육류 대용품은 동물단백질의 맛과 질감, 향을 그대로 간직하고 심지어 아미노산, 지방, 탄수화물, 미량

방글라데시 다카의 사다르가트 시장에서 팔고 있는 녹색 고추.

의 미네랄까지도 모방함으로써 기존 조리법과 식사 방법에 불러오는 혼란을 최소화하는 것이 핵심이다. 육류 중심의 입맛과 습관에 맞으면서도 영양가 있는 대안을 위해 비욘드미트Beyond Meat, 임파서블푸드Impossible Foods와 같은 회사들은 이런 변화를 적극적으로 주도하고 있으며, 고통 없고 즐거운 방법으로 단백질을 대체하는 것이 가능함을 증명하고 있다. 엄선된 식물성 대체 식품이 식료품점의 육류 코너로 진출하고 있다. 이는 식품을 둘러싼 습관적 행동을 저지할 수 있는 시장 혁명이다. 품질이 빠르게 향상되는 상품들, 일류 대학에서의 연구, 벤처 자본 투자, 소비자의 관심 증가 사이에서 전문가들은 비육류 시장이 빠르게 성장할 것으로 기대하고 있다.

고기를 모방하는 것을 넘어서 채소, 곡물, 두류를 자연적인 형태 그대로 받아들이는 것은 이런 식품을 중심으로 한 기존의 사고방식을 새로이 하고, 이들 식품을 조연이 아닌 주연으로 격상시키는 것이다. 잡식성 요리사들은 **고기 없이** 다양하고 즐겁게 먹을 수 있는 음식을 만들고 있다. 『모든 것을 채식주의로 요리하는 법How to Cook Everything Vegetarian』의 저자이자 저널리스트인 마크 비트먼과 『플렌티Plenty』의 저자이자 레스토랑 오너인 요탐 오토렝기가 대표적이다. '육류 없는 월요일' 'VB6(오후 6시 전까지는 엄격한 채식)' 등의 운동과 식물성 식단을 먹는 운동선수들을 부각시키는 이야기가 육류 소비 감소에 대한 인식을 바꾸는 데 일조하고 있다. 단백질 신화의 실체를 폭로하고 식물성 식단의 건강상 이점을 널리 알리는 것도 개인들의 식습관을 바꿀 수 있다. 채식주의의 선택은 예외가 아니라 표준이 되어야 한다. 특히 학교나 병원 같은 공공기관에서 이런 식단을 채택하는 것이 중요하다.

채식주의까지는 아니더라도 '육식 최소화주의reducetarianism(reduce와 vegetarian의 합성어로 육류 소비를 최소화하는 식단을 지지하려는 식습관·가치관—옮긴이)'를 홍보하는 것 외에, 육류를 주식이라기보다는 가끔 먹는 별미로 인식하게 하려는 노력도 필요하다. 무엇보다 이것은 미국 축산업에 편파적인 이익을 주고 가격 교란을 야기하는 정부 보조금에 종지부를 찍고 이에 따라 동물단백질의 도매 가격과 재판매 가격이 소비자 가격에 더욱 정확하게 반영되게 하는 것을 의미한다. 2013년에는 경제협력개발기구OECD 산하 35개국에서 축산 보조금으로만 530억 달러를 지원했다. 일부 전문가들은 사회적·환경적 외부 효과를 반영하고 구매 재고를 유도하기 위해 육류에 대한 세금(담배에 부과되는 세금과 유사하다)을 부과하는 등 좀더 확실한 개입을 제안한다. 재정적 역인센티브, 정부의 육류 소비량 감축 목표, 육류 소비와 건강한 식습관을 둘러싼 사회 규범의 변화에 발맞춰 육류 소비를 흡연에 비유하는 캠페인 등이 육류를 덜 바람직한 것으로 여기도록 만드는 데 효과적일 수 있다.

어떻게 달성되든 간에, 채식 위주의 식단은 우리 사회에 확실한 상생이다. 탄소발자국이 더 적은 음식을 먹으면 배출량을 감소시킬 뿐만 아니라, 점점 더 건강한 삶을 누릴 수 있고 만성질환의 비율도 낮아진다. 동시에 담수 자원과 생태계에도 피해를 덜 끼친다. 예를 들어 삼림이 깎이고 그 자리에 축산 농가가 들어서는가 하면 농장의 오염수가 흘러들어가 광대한 해양 '데드존'을 형성했다. 공장형 농장에서는 수십억 마리의 동물이 사육되고 있다. 육류와 유제품 소비를 줄이기만 해도 극단적인, 그러나 흔히 간과되는 명백한 고통을 줄일 수 있다. 또한 식물성 식단은 가축 생산에 사용되는 토지를 보존할 기회를 열어주고, 농경지를 다른 탄소 격리 용도로 사용하도록 유도할 수 있다. 틱낫한이 말했듯이, 개인이 기후변화를 막을 수 있는 가장 효과적인 방법은 식물성 식단으로의 전환일 것이다. 최근 연구에서 그가 옳다는 것이 밝혀지고 있다. 개인의 손에 달렸고, 저녁 식사 접시만큼 가까이 있지만, 이만한 규모의 효과를 내는 기후 대책도 거의 없다.

효과

우리는 유엔식량농업기구FAO의 국가 수준 데이터를 사용해, 저소득 국가들이 경제가 성장함에 따라 전반적으로 더 많은 식량과 육류를 소비할 것이라고 가정했을 때 2050년까지 세계 식량 소비가 증가할 것으로 예측한다. 세계 인구의 50퍼센트가 하루 2500칼로리로 제한된 건강한 식단을 유지하고 전체적으로 육류 소비를 줄인다면, 식생활 변화만으로 최소한 26.7기가톤에 이르는 배출을 줄일 수 있을 것으로 추산된다. 토지 용도 변경으로 삼림 벌채를 하지 않으면 39.3기가톤의 배출을 추가로 막을 수 있어 총 66기가톤이 감소하며, 건강한 식물성 위주의 식단이 가장 강력한 온실가스 해결책 중 하나가 될 수 있다.

농지 복원

FARMLAND RESTORATION

전 세계적으로 농부들이 한때 경작하거나 방목했던 땅을 떠나고 있다. 땅을 착취해 그 효용을 다했기 때문이다. 그동안 행해져온 농업 방식은 비옥도를 저해하고, 토양을 침식하고, 치밀화를 야기하고, 지하수를 고갈시키고, 과도한 관개로 염분을 발생시키는 것이었다. 그러다 이제 더 이상 충분한 소득을 창출하지 못하니 토지가 버려지고 있다. 그 밖에 기후변화, 중국과 아프리카 사헬에서와 같은 사막화, 가파르게 경사진 취약한 땅에서 농사 짓기 등도 토지가 버려지는 원인이 되고 있다. 사회경제적 측면에서 보면 이주, 도시 고소득의 유혹, 시장 접근성 부족, 산업형 농업과의 경쟁에서 밀리는 소규모 농업의 높은 생산 비용 등이 있다. 어떤 경우든 간에 많은 사람이 땅을 떠나는 것이 그곳에서 일하는 것보다 이익이라고 계산한 것이다.

이 버려진 땅은 단지 놀리는 것이 아니라 잊혔다. 그 규모가 얼마나 광대한지, 또 얼마나 빠르게 증가하는지를 측정하는 것은 복잡하며, 접근법이 다르면 결과마다 다른 수치가 도출된다. 스탠퍼드대의 한 포괄적인 연구는 전 세계적으로 3억8400만~4억4500만 헥타르의 버려진 농지가 있다고 추정한다. 모두 숲으로 복원되거나 개발로 전환되지 않은 농경지나 목초지로, 한때 사용되었

2050년까지 감축 결과 및 순위 | 23

14.08기가톤	722억 달러	1조3400억 달러
이산화탄소 감소	순비용	순절감액

던 땅이다. 이 버려진 땅의 99퍼센트는 지난 20세기에 발생했다.

세계가 더 많은 식량을 생산하기 위해 안간힘을 쓰고 있음에도 불구하고, 버려지는 땅은 계속해서 넓어지고 있다. 증가하는 인구를 먹이고, 새로운 농지를 위한 삼림 벌채로부터 숲을 보호하기 위해서는 버려진 경작지와 목초지를 장기적인 생산성을 가진 건강한 땅으로 복원하는 것이 중요하다. 우리는 토지를 생산적인 용도로 되돌림으로써 온실가스 흡수원으로 만들 수 있다. 이론적으로 빈 그릇처럼 척박해진 땅은 비옥한 땅보다 더 많은 탄소를 흡수할 수 있다. 식물이 대기에서 탄소를 빨아들여 고갈된 토양으로 돌려보내기 때문이다. 토양이 더 많이 침식되고 고갈되도록 방치된 곳에서는 버려진 농지가 온실가스 배출의 원천이 될 수 있다. 오하이오주립대의 라탄 랄 교수에 따르면, 세계의 경작지는 원래 탄소 저장량의 50~70퍼센트를 상실했는데, 이 탄소가 공기 중 산소와 결합하여 이산화탄소가 된다고 한다.

복원이란 토종 식물의 복원, 나무 재배지의 지정, 재생농업 방식의 도입을 의미한다. 일반적으로 훼손된 토지일수록 초기에 더욱 집중적인 복원 작업이 진행되어야 한다. 훼손이 덜 심한 경우는, 자연적인 과정을 통해 시간이 지남에 따라 복원되게 하는 것, 즉 자발적 복원만으로 토지를 건강한 생태계로 되돌릴 수 있다. 자발적 복원은 비용이 적게 들어가는 대신 긴 시간이 소요된다. 적극적 복원은 종종 노동 집약적이지만 경작을 다시 하기 위해서는 필요하다. 적극적 복원은 비용은 더 높지만 생산성, 탄소 저장, 생태계 서비스로의 속도가 빠르다. 이 두 전략은 상호 배타적일 필요가 없다. 두 전략을 결합하면 가격 효율성 면에서 도움이 될 수 있다.

현재 농지 복원을 유도할 경제적 인센티브는 거의 없다. 비용은 중요할 수밖에 없으며, 변화가 느리기 때문에 투자 수익은 지연된다. 이 솔루션이 뿌리를 내리려면 재생 재원을 마련하기 위한 형식적인 계획이 행동을 이끌어내는 자극제가 되어야 하며, 토지 소유자들이 농장을 희생하지 않고도 (때로는 문자 그대로) 변화를 만들 수 있도록 도와야 한다. 세계의 버려진 농지는 식량 안보, 농민들의 생계, 생태계 건강, 탄소배출량을 동시에 개선할 기회를 준다. 랄은 척박한 농경지 토양이 880억~1100억 톤의 탄소를 재흡수하는 동시에 경작성, 비옥도, 생물다양성, 물의 순환 등을 향상시킬 수 있다고 추정한다.

우간다의 굴루 마을 사람들은 물을 절약하는 방식, 토양 다산성, 혼식 지식, 영양을 강화한 돋움 모판 등을 통합한 영속농업 조원술을 배운다.

모든 토지의 기본 상태는 재생이다. 재생은 느리게 진행될 수도 있지만 숙련된 실무자들의 손에 의해 농지 복원의 경제적, 사회적, 생태적 이익이 크게 가속화될 수도 있다. 너무나 많은 과거의 경작지가 누군가에 의해 어떤 이유로 방치돼왔고, 비유적으로 말하자면 제대로 이용되지 못했다. 세계는, 그리고 다가올 세대의 농부들은 이런 방치된 자산을 복구하고 다시 활성화함으로써 보상받게 될 것이라 믿는다.

효 과

현재 4억 헥타르의 농지가 토질 악화로 인해 버려진 상태다. 우리는 2050년까지 1억7000만 헥타르가 복원되고, 재생농업 또는 기타 생산적이고 탄소 친화적인 농업 시스템으로 전환되면서 14.1기가톤의 이산화탄소 배출을 피할 수 있을 것으로 추정한다. 이 솔루션은 720억 달러 투자로 30년에 걸쳐 1조3000억 달러의 재정적 수익을 내는 동시에 추가로 95억 톤의 식량을 생산할 수 있다.

음식물 쓰레기 최소화

REDUCED FOOD WASTE

___ 영국 랭커셔주 버스커에 있는 채소 가공 공장의 뒤편이다. 지금까지 시장에서 왜 못생긴 당근을 본 적이 없는지 궁금했다면 그 이유를 여기서 볼 수 있다. 채소는 먹이사슬이 정한 '품질 기준'에 맞춰지기 위해 가차 없이 분류되는데, 그 결과 일부는 양돈장으로 가고, 또 일부는 사진에서처럼 이미 물속에서 썩고 있다.

2050년까지 감축 결과 및 순위

3

70.53기가톤
이산화탄소 감소

자료 불확실
결정 불가

이 행성에서 생명체의 위대한 기적 중 하나는 식량 창출이다. 연금술사와도 같은 인간은 씨앗, 태양, 토양, 물로 무화과, 누에콩, 진주양파와 오크라를 생산한다. 인간은 스스로를 살찌우기 위해 가축을 키우고 원재료를 처트니, 케이크, 카펠리니로 변모시킨다. 세계 노동 인구의 3분의 1 이상이 식량 생산을 생업으로 삼으며, 모든 사람은 식량을 소비함으로써 생을 지속할 수 있다.

그러나 재배·조리된 음식의 3분의 1은 생산에서부터 소비에 이르는 식품사슬에 끼지 못한다. 이 수치는 매우 놀라운데, 특히 전 세계적으로 약 8억 명이 기아로 고통받고 있다는 사실에 비춰보면 더욱더 그렇다. 또한 우리가 낭비하는 식량은 매년 4.4기가톤의 이산화탄소를 대기 중으로 내뿜고 있는데, 이는 사람이 만들어내는 전체 온실가스 배출량의 약 8퍼센트에 해당되는 양이다. 식량을 국가로 친다면, 미국과 중국에 이어 전 세계에서 세 번째로 많은 온실가스를 배출하는 국가가 된다. 뭔가 기본부터 잘못되었다. 식량이 필요한 사람들은 그것을 얻지 못하고, 소비되지 않는 음식은 지구를 뜨겁게 달구고 있다.

비록 주된 이유가 다를지라도 고소득 국가와 저소득 국가에서 모두 식량을 쓰레기 더미로 보내는 것은 문제가 된다. 보통 소득이 낮고 기반시설이 취약한 곳에서는 의도치 않게 구조적 식량 손실이 발생한다. 즉 형편없는 도로 사정, 냉장 시설 또는 저장 시설의 부족, 열악한 장비 또는 포장, 까다로운 열과 습도 조절 등이 문제가 된다. 유실은 공급망의 초기 단계에서 발생하며, 농장에서 썩거나 저장 또는 유통 중에 상한다.

고소득 지역에서 의도하지 않은 손실은 최소화된다. 그러나 의도된 음식물 쓰레기가 공급망을 따라 더 멀리 퍼져 있다. 소매업자들은 상처나 멍, 변색 등 온갖 종류의 미적 관점으로 트집을 잡아 식품을 거부한다. 아니면 단지 재료가 부족할까봐, 또는 고객들의 불만을 피하기 위해 너무 많이 주문하거나 차려낸다. 마찬가지로 소비자들은 생산품 코너에서 결함이 있는 감자는 거들떠보지도 않으며, 일주일에 요리할 양을 과도할 정도로 넉넉하게 계획하고, 상하지도 않은 우유를 버리거나 냉장고 안쪽에 넣어둔 라자냐를 잊어버린다. 너무나 많은 곳에서 주방 효율성은 잃어버린 기술이 되었다.

수요와 공급의 기본 법칙도 한몫한다. 수확한 만큼 소득을 얻지 못할 것 같으면 농작물은 밭에 그대로 남겨진다. 소비자가 구매하기에 너무 비싼 제품은 창고에서 한 자리를 차지하고 있을 것이다. 언제나 그렇듯이, 경제학은 중요하다. 이유 여하를 막론하고 결과는 대동소이하다. 먹지 않는 식품을 생산하는 것은 씨앗, 물, 에너지, 토지, 비료, 노동 시간, 금융 자본 등 많은 자원을 낭비하고, 유기물이 지구 쓰레기통에 버려질 때마다 모든 단계에서 메탄을 포함한 온실가스가 발생한다.

우리 주위에는 수없이 많고 다양하지만, 종종 보이지 않는 음식물 쓰레기 더미가 있다. 먹이사슬에서 낭비되는 핵심 지점을 해결할 수 있는 개입 방법도 다양하다. 유엔의 지속가능개발목표SDGs는 이 낭비되는 식량 사슬에 관해 언급하면서, 2030년까지 1인당 세계 식량 낭비를 소매업과 소비자 수준에서 절반으로 줄이고, 수확 후 발생하는 손실을 포함해 생산과 공급망을 따라 식량 손실을 줄일 것을 촉구한다. 문제의 뿌리는 많은 잔가지를 갖고 있다.

저소득 국가에서는 저장, 처리, 운송을 위한 인프라 개선이 필수다. 그것은 더 나은 보관 가방, 사일로 또는 상자처럼 간단한 것일 수 있다. 틈새 사이로 식품이 낭비되지 않도록 하기 위해서는 생산자와 구매자 간의 소통과 조율을 강화하는 것도 무엇보다 중요하다. 세계의 많은 소작농을 고려할 때 생산자 조직은 계획, 물류, 그리고 역량 격차의 틈을 메우는 데 도움을 줄 수 있다.

고소득 지역에서는 소매업과 소비자 수준에서 상당한 개입이 요구된다. 가장 중요한 점은 음식물 쓰레기가 발생하기 전에 예방함으로써 생산 단계의 배출을 최대한 줄이고, 이후 소비 또는 재사용을 위해 원치 않는 식품을 재분배하는 것이다. 식품 포장지에 날짜 표기를 표준화하는 것도 필수 단계다. 현재 '유통 기한' '소비 기한' 등은 대부분 규제되지 않은 날짜 표기로, 언제까지 가장 좋은 맛을 내는지를 나타낸다. 이런 표시들은 안전에 초점을 맞춘 게 아니기에 소비자들 입장에서는 최종 소비 날짜를 혼동할 수 있다. 소비자 교육은 또 다른 강력한 도구다. 여기에는 '못생긴' 생산품도 먹을 수 있음을 강조하는 캠페인과 거의 버려진 식자재로만 만든 음식을 소개하는 대중 축제인 '피딩 더 5000Feeding the 5000' 등과 같은 노력이 포함된다.

국가적 목표와 정책은 광범위한 변화를 촉구할 수 있다. 2015년 미국은 지속가능한 개발 목표에 맞춰 음식물 쓰레기 배출 목표를 설정했다. 같은 해 프랑스는 슈퍼마켓에서 팔리지 않은 식품을 버리는 것을 금지하고, 대신 자선단체나 동물 사료 또는 퇴비 업체에 넘겨주도록 하는 법안을 통과시켰다. 이탈리아도 그 뒤를 따랐다. 기업가들은 못생긴 과일과 채소로 주스를 만드는 것에서부터 커피 찌꺼기에서 버섯을 재배하는 것, 양조장의 술비지를 동물 사료로 만드는 것에 이르기까지 낭비된 음식을 활용하고 있다. 물론 배출의 관점에서 보면 가장 효과적인 노력은 사용 후 더 나은 용도를 찾기보다는 낭비를 방지하는 것이다.

식품이 이동하는 공급망의 복잡성을 고려할 때, 폐기물 감소는 식품 사업, 환경 단체, 기아 퇴치 단체, 정책입안자 등 다양한 행위자의 참여에 달려 있다.

'피딩 더 5000'은 음식물 쓰레기의 범위를 설명하기 위해 창립자 트리스트럼 스튜어트가 개발한 프로그램이다. 버려졌을 식자재를 가지고 만든 점심을 5000명에게 무료로 제공하는 공공 행사다. 런던, 파리, 더블린, 시드니, 암스테르담, 워싱턴 D.C., 브뤼셀에서 열린 바 있다.

특히 음식물 쓰레기가 가장 많이 나오는 미국, 캐나다, 호주, 뉴질랜드, 산업화된 아시아, 그리고 유럽에 사는 74억 명의 책임도 크다. 농장에서든 소비자 식탁에서든 아니면 그 사이 어디에서든, 음식물 쓰레기를 줄이기 위한 노력을 통해 배출을 해결하고 모든 종류의 자원에 대한 압박을 완화하는 동시에, 사회는 미래 식량 수요를 더 효과적으로 공급할 수 있다.

효과

식물성 위주의 식단 채택을 고려한 후 2050년까지 음식물 쓰레기의 50퍼센트를 줄인다면, 이산화탄소 26.2기가톤에 상당하는 배출을 피할 수 있다. 쓰레기를 줄이면 추가 농지를 위한 삼림 벌채도 피할 수 있어 44.4기가톤의 추가 배출을 막을 수 있다. 우리는 농장부터 가정까지 지역 단위의 쓰레기 배출량 추정치를 사용했다. 이 자료는 고소득 국가에서 최대 35퍼센트의 식량이 소비자에 의해 버려지고 있음을 보여준다. 그러나 저소득 국가에서는 가구 수준에서 낭비되는 식량이 거의 없다.

안전한 취사 스토브

CLEAN COOKSTOVES

음식을 준비하는 일은 가족과 문화, 공동체의 핵심이다. 전문가들은 인간이 얼마나 오랫동안 불을 사용해 요리를 해왔는지에 대해 논쟁하는데, 아마 수십만 년 전일 것으로 추정된다. 불을 사용해 요리하는 데에는 여러 이점이 있다. 음식은 더 안전해지고, 더 많은 종류를 먹을 수 있는 데다 맛은 더 풍부해진다. 오늘날 우리는 요리법을 연마하고 음식을 새로운 단계로 격상시킨 것에 대해 레네 레제피, 앨리스 워터스, 알랭 뒤카스, 마두르 재프리와 같은 셰프들에게 존경심을 표하지만, 아직도 전 세계 30억 명의 사람이 모닥불이나 가장 기본적인 스토브 위에서 로티나 토르티야, 스튜를 요리하고 있다. 인구가 증가함에 따라 스토브가 대기 중에 미치는 영향도 커졌다.

인류의 40퍼센트가 사용하는 취사용 연료는 나무, 숯, 동물 배설물, 작물 검불, 석탄이다. 이런 고형물이 주로 집 안 또는 환기가 제한된 곳에서 연소되면서 매연과 그을음이 매년 430만 명의 조기 사망을 야기한다. 그 불 주변에 있을 가능성이 가장 높은 사람은 여성과 그 옆에 있는 아이들이다. 이들은 유독성 미세먼지를 흡입하고 그 결과로 인해 발생한 폐, 심장, 안구 질환으로 고통받는다. 세계적으로 가정에서 나오는 공기 오염은 안전하지 않은 물과 비위

2050년까지 감축 결과 및 순위			21
15.81기가톤 이산화탄소 감소	722억 달러 순비용	1663억 달러 순절감액	

생적인 환경에 앞서 사망과 장애의 대표적인 환경적 원인이며, 인간면역결핍바이러스HIV·후천성면역결핍증AIDS, 말라리아, 결핵을 합친 것보다 더 많은 조기 사망의 원인이 되고 있다.

고체 연료로 요리함으로써 야기되는 해악은 가정과 가족을 넘어 지구 기후로까지 확대된다. 재래식 요리 방법은 전 세계 연간 온실가스 배출량의 2~5퍼센트를 차지한다. 이들 온실가스는 주로 두 가지 방식으로 발생한다. 첫째, 지속가능하지 않은 연료 채집이 삼림 벌채와 삼림 파괴를 가속화하고, 이로 인해 이산화탄소가 배출된다. 둘째, 조리 과정에서 연소되는 연료는 이산화탄소와 메탄, 그리고 일산화탄소와 검은 탄소의 불완전한 연소로 발생하는 오염물질을 배출한다. 후자는 단기 체류 기후 오염물질로 알려져 있는데, 이는 온난화를 일으키지만 대기 중에 오래 머물지 않는 물질을 가리킨다.

검은 탄소는 특히 기후와 사람의 건강에 해롭다. 이 미립자 물질은 빛 흡수율이 매우 높아 동일한 양의 이산화탄소보다 100만 배 더 많은 에너지를 흡수한다. 그래서 이산화탄소가 수십 년에서 수 세기 동안 남아 있는 반면, 검은 탄소는 대기 중에 8~10일만 남아 있음에도 불구하고 그 기간에 상당한 영향을 미칠 수 있다. 일부 연구자들은 검은 탄소를 이산화탄소에 이어 기후변화의 두 번째로 큰 주범으로 지목한다. 동시에 검은 탄소의 영향, 만연성, 짧은 수명은 온난화에 거의 즉각적인 영향을 미칠 수 있음을 의미한다. 가정용 연료 연소는 다른 온실가스를 포함해 검은 탄소의 약 4분의 1을 배출하기 때문에 안

——인도 구자라트의 어느 가정에서 여성이 개선된 형태의 스토브로 음식을 준비하고 있다. 취사 스토브는 가벼운 금속으로 만들어졌으며, 금속 합금 연소실이 달렸다. 이 기술은 스토브의 수명, 품질 관리, 안전, 열전달 등을 극대화하는 동시에 배출을 최소화한다.

전한 취사 스토브가 검은 탄소를 억제하는 주요 수단이 된다.

다양한 범위의 '개선된' 취사 스토브 기술이 존재하며, 그에 따라 배출에 미치는 영향 역시 광범위하다. 우선 효율적인 기본 스토브는 바이오매스 소비를 줄임으로써 상황을 얼마간 개선한다. 중간급의 굴뚝형 로켓 스토브는 상당한 연료 절감 효과를 내지만, 기껏해야 검은 탄소에 제한적인 영향을 미치거나 어떤 것은 더 많은 검은 탄소를 발생시킨다. 마지막으로, 가스화 기술을 사용하는 첨단 바이오매스 스토브의 효과가 가장 좋다. 불완전한 연소로 인한 가스와 연기를 스토브의 불꽃에 다시 밀어넣음으로써 놀라운 수준(95퍼센트)으로 배출량을 줄인다. 하지만 이 스토브는 더 비싸고 더 발전된 형태의 펠릿이나 조개탄 연료를 필요로 한다. 이것이 현재 중국과 인도에서 불과 150만 가구만이 가스 스토브를 사용하고 있는 이유 중 하나다. 태양열 풍로는 매우 안전한 선택이지만, 햇빛이 필요하고 모든 음식에 효과가 있는 것은 아니기 때문에 보조 역할로만 제한된다. 이런 기술과 영향의 다양성에 직면해, 골드스탠더드 재단과 같은 단체들은 어떤 취사 스토브가 온실가스 배출을 현저하게 감소시키는지 검증하고, 대규모로 방출될 경우 기후변화를 점검하는 중요한 역할을 한다.

안전한 취사 스토브를 전 세계적으로 전파하기 위한 노력의 정점에 있는 기관이 2010년 유엔이 발족한 안전한 취사 스토브 보급을 위한 국제연맹GACC이다. GACC는 지구와 사람을 위해 효과적이고 효율적이며 건강한 가정용 조리 기술 관련 세계 시장을 창출하는 것을 목표로 하고 있다. GACC와 관련 협력 단체들은 2020년까지 1억 개의 스토브를 보급하고, 2030년까지 보편적인 대중화를 이룬다는 계획을 갖고 있다. GACC의 보고서에 따르면 이 계획은 예정보다 빠르게 진행되고 있다. 2015년 기준으로 전 세계의 약 2800만 가구가 안전한 취사 스토브를 사용한다고 발표했다(그러나 온실가스에 반드시 가장 큰 영향을 미치는 것은 아니다). 이런 세계적인 노력은 1950년대 인도에서 본격적으로 시작되어 1970년대와 1980년대 이래 처음으로 대규모 국가 프로그램으로 수십 년간 진행되었다. 이 시기에 도움이 가장 필요했던 곳은 아시아와 사하라 이남 아프리카였다.

이런 기회의 규모와 폭이 특히 놀라운데, 그 결과로 발생할 수 있는 긍정적인 영향도 그러하다. 많은 곳에서 여성과 소녀들이 땔감을 모으고 음식을 준비하는 데 어려움을 겪고 있다. 따라서 발전된 형태의 더 나은 조리 기구는 젠더 불평등을 바로잡고, 나무 땔감을 모으는 과정에서의 위험을 최소화하며, 자유로운 교육이나 소득 창출에 시간을 부여할 수 있다. 더 건강한 눈, 심장,

폐는 질병과 죽음의 위험을 덜어주고, 복지는 더 높아진다. 좀더 효율적인 연료 연소는 숲의 부담을 줄이고, 대기오염과 온실가스 배출을 감소시킨다. 이런 영향을 종합하자면, 안전한 취사 스토브는 빈곤을 근절하고 생계를 부양하는 데 도움을 줄 수 있다. GACC는 "세계사회는 수백만 명의 사람이 요리하는 방식을 바꾸지 않고서는 빈곤 퇴치와 기후변화 해결이라는 목표에 도달할 수 없다"고 주장한다.

국제 비정부기구, 기부자, 탄소 금융업자에서부터 정부 기관, 연구원, 사회적 기업가까지 다양한 행위자가 이 다차원적 기회에 대응하고 있다. 그러나 성공은 복잡하고 종종 달성하기 어려운 것으로 판명되기도 했다. 과거에 너무 많은 스토브가 실험실 환경에서 설계되고 시험되었지만, 이런 시험은 현실을 반영하지 못했다. 즉 진짜로 필요한 요구 사항에 대한 이해가 부족했다. 심지어 요리할 때는 한 번에 한 개 이상의 냄비를 쓴다는 기본적인 사실조차 이해받지 못했다. 현지에서 공수할 수 있는 재료는 제작에 적합하지 않았다. 스토브 내구성도 좋지 않았고 수리 문제도 감안하지 못했다. 공급과 관련하여 제조업체들은 종종 수요를 간과했다. 게다가 많은 '개선된' 스토브가 배출량을 줄이거나 매연과 그을음에 대한 노출을 줄이는 데 거의 도움이 되지 않았다. 잘 만들어지고, 문화적으로 결합되고, 오염이 적은 차세대 스토브 제작을 가속화할 필요성은 분명하다.

취사 스토브가 간단해 보이지만, 개념에서 현실로 옮기는 것은 요리 그 자체만큼이나 정교한 예술이다. 가족 역동성은 재정에서 교육, 성역할에 이르기까지 스토브를 어떻게 만들지에 영향을 미치는데, 이에 대한 결정은 반드시 필요를 충족시켜야 한다. 여기에는 전통 냄비에 전통 요리를 준비하면서 원하는 맛을 구현하는 것, 현지에서 구할 수 있는 연료로 조리하는 것, 연료비 또는 연료비를 얻는 데 소요되는 시간을 절약하는 것, 요리를 쉽고 효율적이며 안전하게 만드는 것, 그리고 저렴한 가격까지 포함된다. 다른 기술과 마찬가지로 행복한 얼리어답터들이 주가 되고, 불행한 얼리어답터들은 주변으로 밀려나기 쉽다. 그렇기 때문에 디자인과 관련한 가장 성공적인 노력은 단순히 최종 사용자를 **위해** 만들어지는 것이 아니라 최종 사용자와 **함께** 이상적인 기술로 수정되어가는 것이다. 스토브에 관한 한, 현장 상황이 매우 중요한 요소로 작용하므로 기술적·사회문화적 성과를 위해 현장에서 스토브를 시용해보는 것은 매우 중요하다. 지역 특성에 정교하게 맞춰진, 인간 중심의 디자인은 가슴과 마음을 사로잡고, 대부분 요리를 하면서 시간을 보내는 기존 습관을 바꿀 가능성이 가장 높다.

안전한 취사는 기후에 신속한 변화를 가져올 수 있다. 일부 연구자들은 연간 1기가톤의 이산화탄소 또는 그에 상응하는 온실가스 배출 감소를 예상한다. 일단 가능한 것을 먼저 실현하기 위해서는 저렴하고 적합하며 오래가는 요리 기술을 개발하고 적용 범위를 늘려가는 것이 필수다. GACC와 유수의 전문가는 스토브가 표준 성능을 준수하고, 정부 정책과 자선 사업에 정보를 제공하며, 소비자들이 더 많은 정보에 입각해 선택하도록 도울 수 있는 국제 표준을 개발하기 위해 노력하고 있다. 아무리 좋은 기술이라도 강력한 자금 조달과 유통 없이는 성공할 수 없으며, 이 부문 역시 혁신이 필요하다. 연구 개발 자금, 목표 보조금, 분배 지원, 교육 노력, 특별 융자 등이 이미 도움이 되고 있지만 수백만 달러가 더 필요하다. 자금 지원이 계속 증가하면서 1인당 목재 연료의 사용이 가장 높은 국가를 개입의 최우선 순위로 삼을 수 있다. 이는 잠정적으로 영향을 최대화하기 위해서다. 취사의 미래가 가장 중요한 곳에 안전한 스토브를 만들기 위한 세계의 노력이 모인다.

효과

2014년 기준, 안전한 취사 스토브는 전체 시장의 1.3퍼센트만을 차지했다. 2050년까지 채택률이 16퍼센트까지 증가하면 이산화탄소 배출량 감소는 15.8기가톤에 이른다. 수백만 가구의 건강에 대한 추가적인 혜택은 여기서 계산되지 않는다.

다층 혼농임업

MULTISTRATA AGROFORESTRY

_____브라질 이티라피나에서 페드루 디니스가 관리하는 2300헥타르 규모의 농장 파젠다다토카의 일부다. 디니스 가문은 재생농업과 혼농임업을 적용하고, 농업 생태학에 대한 교육과 훈련을 제공하는 토카연구소를 설립했다. 이 프로그램은 세계 최고의 농업 전문가 중 한 명인 에른스트 괴치의 가르침에 바탕을 두고 있다. 숲을 모방한 농업 시스템을 만들어 모래흙을 비옥한 양질토로 재생하여 퇴비나 거름 사용 없이 농장 내 비옥도를 높이고 물 보유량을 크게 늘릴 수 있었다.

2050년까지 감축 결과 및 순위

28

9.28기가톤	268억 달러	7098억 달러
이산화탄소 감소	순비용	순절감액

스트라타strata는 복수의 수평층을 말한다. 이 단어의 라틴어 어원은 담요처럼 '펼쳐지거나 눕혀진 것'을 의미한다. 이 층들은 관목층부터 하목층까지, 임관층부터 돌출층(어둡고 빽빽한 열대우림 사이에서 우뚝 솟아 밝은 태양빛에 노출되는 가장 키가 큰 나무들)까지 숲을 명확하게 규명하는 특징 중 하나다. 숲 바닥에서부터 올라가는 각 층은 생명력과 활기로 가득 차 있다. 다층 혼농임업은 이 자연 구조에서 단서를 얻은 것으로, 키가 큰 상목층과 한 층 이상의 작물들로 이뤄진 하목층을 혼합한 것이다. 이것을 수평적 공간과 수직적 공간 모두를 극대화한, 식량 생산의 맨해튼이라고 상상해보자. 자연림이 그 안에 사는 종들을 위한 식량을 기른다면, 다층 혼농임업은 인간을 위한 식량도 재배한다. 혼합된 식물 종의 구성은 지역과 문화에 따라 다르지만, 그 범위는 마카다미아와 코코넛, 후추와 카다멈, 파인애플과 바나나, 커피와 카카오뿐만 아니라 고무와 목재 같은 유용한 재료에 이르기까지 다양하다.

다층 혼농임업은 숲의 구조를 모방하기 때문에 숲과 유사한 환경적 편익을 제공할 수 있다. 다층 시스템은 침식과 홍수를 예방하고, 지하수를 재충전하며, 퇴화된 토지와 토양을 복구하고, 분열된 생태계 사이에 서식지와 통로를 제공함으로써 생물다양성을 지원하며, 상당한 양의 탄소를 흡수하고 저장할 수 있다. 토양과 바이오매스 모두에서 격리를 지원하는 많은 식물층 덕분에 0.4헥타르 규모의 다층 혼농임업은 탄소 격리율이 조림과 산림 복원의 탄소 격리율(연평균 헥타르당 7톤)에 필적하고, 식량 생산이라는 이점까지 추가된다. 때

때로 다층 혼농임업 토지의 격리율은 인근의 자연림을 능가할 수 있다.

현재 전 세계적으로 거의 1억 헥타르에 달하는 다층 혼농임업지가 존재하며, 주로 열대지방에 조성돼 있다. 이 수치는 최근 수십 년간 꾸준히 유지되어 왔다. 여기에는 세계에서 가장 사랑받는 두 작물인 커피와 카카오(초콜릿용)의 '그늘 재배shade grown' 품종이 포함된다. 카카오나무는 거의 800만 헥타르에 달하는 그늘에서 자란다. 그늘 재배 커피의 면적은 거의 600만 헥타르에 달한다. 모든 커피는 한때 전통적인 아라비카 품종이 잘 자라는 조건인 차양 아래서 재배되었다. 그러나 수확량을 늘리기 위한 노력으로, 많은 농부가 '종일 해full-sun' 재배 경작으로 전환했고, 대신 풍미가 덜한 로부스타 품종을 심었다. 수확 기간은 짧아졌지만 비용은 높아졌다. 종일 해 커피 농장은 토양 자원을 빠르게 고갈시키는 단일 재배지들이다. 다층에서 재배되는 커피나무는 종일 해 재배보다 수명이 2~3배 더 길며, 그늘 재배를 하면 수백 년 동안 살 수 있다. 이들 커피는 더 나은 자연 방제, 수정, 물 흡수 능력을 지니며, 결국 농부들의 비용이 절감된다. 화학제가 덜 사용되고 독성 물질에 대한 노출이 적기 때문에 작업자들도 더 안전하게 일할 수 있다. 그늘에서 재배한 커피는 최상의 품질을 자랑하며, 판매 시 더 높은 가격을 받을 수 있다. 그늘 재배된 카카오로 만든 초콜릿도 마찬가지다.

텃밭은 다층 혼농임업의 또 다른 중요한 접근법이다. 그 유래가 기원전 1만 3000년으로 거슬러 올라가는 텃밭은 사람들이 사는 곳에 여러 층으로 조밀하게 심긴 나무와 농작물로 이뤄진 작은 구획의 토지였다. 산스크리트 서사시 중 가장 오래된 「라마야나」와 「마하바라타」는 아쇼크 바티카라 불리는 텃밭의 전신前身 삽화를 담고 있다. 텃밭은 수천 년 동안 인도네시아 자와와 인도의 케랄라에서 중요한 '삶의 공간'의 일부였다. 오늘날 인도네시아에만도 480만 헥타르가 넘는 텃밭이 있다. 부엌과 가깝다는 점에서 텃밭은 가족에게 음식을 공급한다는 중요한 목적이 있으며, 시장에 내놓을 약용 식물과 농산품을 재배한다. 생태학적 혜택 외에도 식량 안보, 영양, 소득을 창출하기 때문에 혼농임업 전문가인 P. K. 나이르는 텃밭을 "지속가능성의 전형"이라고 불렀다. 이들 정원의 기원은 전원, 열대, 자급자족이 중심이 되는 지역이었지만, 이제는 도시 현상으로 싹트고 있으며, 단순화된 형태의 텃밭이 점점 뿌리를 내리고 있다.

재배되는 작물이 커피든 카카오, 과일, 야채, 허브, 연료, 식물 치료제든 다층 혼농임업의 이점은 분명하다. 다층 혼농임업은 다른 재배가 어려울 수 있는 가파른 경사면과 척박한 농지에도 적합하다. 땔나무가 제공되는 곳에서의 다층 혼농임업은 자연림의 압박을 완화할 수 있다. 한 연구는 0.4헥타르의 혼농임업이 1~3헥타르의 삼림 벌채를 막을 수 있다고 밝혔다. 농부들에게 장기적인 경제적 안정을 제공하는 것 외에도, 이런 접근 방식은 농부들이 가뭄과 극단적인 기상 조건을 포함해 기후변화의 영향에 적응하는 데 도움을 줄 수 있다. 이는 모두 독자적인 시간표에 따라 재배되는 다양한 농작물 덕분이다.

이런 분명한 이점에도 불구하고 다층 혼농임업은 너무나 자주 일반 농업 카테고리로 뭉뚱그려져 마땅히 받아야 할 관심을 받지 못하고 있다. 인식과 이해가 부족하다는 문제 외에도 다층 혼농임업은 다른 과제에 직면해 있다. 이토록 복잡한 시스템을 구축하는 데는 비용도 많이 들뿐더러, 즉각적인 수익도 없다는 점이 그것이다. 일단 정착되면 수익이 꽤 높지만, 자원이 부족한 농부들에게까지 투자의 손길이 닿지는 않는다. 이와 같은 복잡성은 기계화를 불가능하지는 않더라도 어렵게 만든다. 손으로 다듬고 가꾼다는 것은 더 높은 인건비가 든다는 것을 의미한다. 또한 회복력과 수명은 뛰어나지만, 농작물이 물·빛·영양소를 놓고 경쟁하기 때문에 수확량은 기존의 접근법보다 낮을 수 있다.

다층 혼농임업은 모든 곳에서 실행될 수는 없지만, 가능한 곳에서는 상당한 효과를 기약한다. 높은 탄소 격리율 외에도 세계에서 가장 에너지 효율이 높은 체계에 속한다. 전통적인 태평양 다층 혼농임업 지역에 대한 한 연구에 따르면, 단 0.2칼로리의 에너지만으로 1칼로리의 식량을 생산한다. 이런 칼로리 효율은 작은 토지에서 생산량을 극대화한다는 점에서 인구 밀집 지역에 사는 소작농에게 이상적이다. 시장 인센티브와 생태계서비스 지불제도PES를 통해 농부들이 재정적 장벽을 극복하고 사람과 기후를 위한 다층 혼농임업의 다양한 이익을 실현하도록 도움을 줄 수 있다.

효과

다층 혼농임업은 일부 현존하는 농업 시스템에 통합될 수 있고, 다른 농업이 다층 혼농임업으로 변환되거나 복원될 수도 있다. 현재 9996만 헥타르 규모인 다층 혼농임업이 2050년까지 1860만 헥타르 규모 더 확대된다면, 9.3기가톤의 이산화탄소를 격리시킬 수 있다. 연 평균 2.8톤의 탄소 격리율은 매우 강력하며, 수익률도 마찬가지다. 2050년까지 270억 달러의 투자로 7100억 달러의 순수익을 올릴 수 있다.

개량된 벼농사

IMPROVED RICE CULTIVATION

2050년까지 감축 결과 및 순위(개량된 벼농사)			24
11.34기가톤 이산화탄소 감소	추가 비용 없음	**5191**억 달러 순절감액	

2050년까지 감축 결과 및 순위(벼 재배 강화 농법)			53
3.13기가톤 이산화탄소 감소	추가 비용 없음	**6778**억 달러 순절감액	

베트남 시인 판 반찌는 쌀에 대해 이렇게 썼다. "쌀은 논을 뒤로하고 멀리 떠났네. 살기 위해서 그 누가 쌀에 의지하지 않겠는가? (…) 몇 번이고 몇 번이고, 쌀의 조상은 왕국을 지켰네. (…) 수 세기 동안 쌀은 우리 민족을 먹여 살렸네." 사실 쌀은 수천 년 동안 인간 삶의 일부였다. 중국에서 먼저 재배되었을 가능성이 가장 큰 쌀은 현재는 어디에서나 볼 수 있다. 흰색 또는 갈색으로 끈적거리는 쌀은 국수로, 떡으로, 식초로, 필래프로, 파에야로, 죽으로 만들어진다. 쌀은 전 세계에서 소비되는 전체 칼로리의 5분의 1을 공급하고 있으며, 이는 밀이나 옥수수보다 더 많은 양이다. 쌀은 30억 명에 이르는 인구의 주식이기도 하다. 이들 중 다수는 가난하고 불안정한 식량 안보의 위험 속에 살고 있다.

현재 벼농사는 농업 부문 온실가스 배출량의 최소 10퍼센트, 세계 메탄 배출량의 9~19퍼센트를 차지하고 있다. 물이 자박한 논은 메탄을 발생시키는 미생물이 메탄 생성 반응이라고 알려진 유기물 분해 작업을 하기에 완벽한 환경이다. 쌀이 재배되는 곳의 높은 주변 온도는 배출량을 증가시키는데, 이는 지구가 더워질수록 논에서 나오는 메탄 방출량이 증가할 것임을 시사한다. 메탄은 이산화탄소만큼 오래 대기 중에 머물지는 않지만, 100년간 지구온난화에 미치는 잠재적 영향은 이산화탄소보다 34배나 더 크다. 그러므로 세계는 다면적인 도전에 직면해 있다. 즉 효율적이고, 신뢰할 수 있고, 지속가능한 쌀을 생산하기 위한 방법을 찾고 도입하여, 온난화를 일으키지 않고 이 주식에 대한 증가하는 수요를 충족시켜야 한다.

그것은 "거의 우연히 발견되었다". 프랑스 예수회 성직자이자 농학자인 앙리 드 롤라니에는 벼 재배 강화 농법SRI의 기원을 이렇게 설명했다. 이는 벼 생산을 개선하기 위한 핵심 접근법으로 그와 소작농들이 함께 1980년대에 마다가스카르에서 개발한 방법이다. 비정상적인 시간 제약 속에서 농업계 학생들은 평소보다 훨씬 일찍 모종을 이식했는데, 이것이 예상치 못한 전체론적 시스템을 향한 첫걸음이었다. 이를 통해 벼 생산에 필요한 투입물인 종자, 물, 비료를 줄이는 동시에 농작물 수확량을 획기적으로 늘릴 수 있었다.

30년 뒤 『뉴욕타임스』는 벼 재배 강화 농법이 "양보다 개별 식물의 질"을 강조하고 "쌀 재배에 적으면 적을수록 좋은 윤리"를 적용하고 있다고 기술했다. 코넬대의 노먼 업호프의 전도 노력에 힘입어 이 이론은 현재 전 세계, 특히 아시아의 400만~500만 명에 이르는 농부에 의해 실행되고 있다. 이 농법으로 인도 동북부 다르베슈푸라 마을의 농민인 수만트 쿠마르가 2012년 1헥타르의 땅에서 24.7톤의 쌀을 수확하여 세계 기록을 세웠다. 보통 그 정도 크기 땅에서 4.5~5.5톤을 수확하는 것에 비교하면 엄청난 차이이다.

벼 재배 강화 농법만이 지속가능한 쌀 생산에 대한 유일한 접근 방식은 아니지만, 미래가 가장 밝은 방법 중 하나이기는 하다. 쿠마르와 그의 친구들은 간단하지만 매우 흥미로운 방식으로 벼 재배 강화 농법을 실천했다.

1. 모내기

벼 재배 강화 농법은 3주 된 벼의 모종을 한 움큼씩 심는 것이 아니라, 8~10일 정도 된 모종을 하나씩 이앙하고 모종마다 넓은 공간을 부여하기 위해 사각형 격자판을 사용한다. 이렇게 하면 지상 공간과 햇빛이 충분히 확보되고, 뿌리가 퍼질 수 있는 공간이 더 넓어진다.

2. 물대기

대부분의 재래식 논에는 계속 물을 채워야 하며, 이 때문에 메탄이 생성된다. 그러나 벼 재배 강화 농법은 더욱 목적 지향적이고 간헐적인 물대기만으로 충분하다. 성장기에 일시적으로 물을 빼주거나, 물을 살짝 대주다가 다시 말리는 상태를 번갈아 유지하는 방식은 호흡이 필요한 토양 미생물과 근계에 유리한 반면, 메탄을 생성하는 미생물이 선호하는 물이 많은 조건을 교란시킨다. 연구에 따르면 계절 중간에는 배수만으로 메탄 배출량을 35~70퍼센트 감소시킨다고 한다.

3. 관리

물이 없으면 잡초가 문제될 수 있다. 벼 재배 강화 농법은 자동 괭이를 사용해 수작업으로 이를 해결하고, 토양에 통기성을 부여한다. 이와 함께 유기농 퇴비를 사용하면 토양 비옥도와 탄소 격리를 강화하는 데 도움이 된다. 합성비료를 줄이거나 멀리하는 것이 토양과 수로를 모두 보호하는 길이다.

이 모든 것이 벼가 잘 자라고, 햇빛을 충분히 받으며, 공기와 영양분을 충분히 섭취하는 이상적인 환경을 조성하는 데 기여한다. 그 결과 좀더 왕성하게 번식하는 토양 미생물의 도움을 받아 더 강하게 뿌리내린 더 크고 건강한 식물이 자란다. 생산량이 기존 벼보다 50~100퍼센트 더 높을 뿐만 아니라, 종자 사용량도 80~90퍼센트 줄고, 물도 25~50퍼센트나 덜 사용한다. 물 사용의 감소 덕분에 이 농법은 지구온난화를 완화하는 수단일 뿐만 아니라 온난화 세계에 적응하기 위한 좋은 접근 방식이 된다. 이렇게 기른 벼는 또한 (기후 변화에 의해 점점 악화되고 있는) 가뭄, 홍수, 폭풍에 저항력이 더 강하다는 것이 입증되었다.

이런 방식은 농부의 토지, 노동력, 자본 생산성을 향상시키지만, 농법을 배우는 초기에는 필요한 노동 투입량이 재래식 벼농사보다 높을 수 있다. 업호프는 "본질적으로 노동 집약적인 것이 아니라, 초기에 노동 집약적인 것이다"라고 설명한다. 벼 재배 강화 농법을 적용하면 농가 소득은 두 배가 될 수 있다. 이 방법이 약 40개 국가와 수백만 가구의 소작농에게 확대되었음에도 불구하고, 일부 과학자들은 동료심사가 부족하다는 이유로 수익률과 소득 주장에 이의를 제기한다. 연구 문헌이 점점 많아지고 있지만, 적어도 얼마 동안은 계속 이런 도전에 직면할 수 있다. 찬성론자들은 이 움직임의 민중적, 민주주의적, 전체주의적 성격이 실제로 비평의 이유일 수 있다고 제안한다. 농부들은 가장 친밀하게 땅과 대화할 수 있는 사람들로서 기업식 농업도, 학계도 아닌 혁신자이자 전문가들이다. 이 농법은 많은 회사가 그들의 수입으로 의존하는 식품 생산에 대한 기계적·화학적 중심 접근을 방해한다.

벼 재배 강화 농법만이 쌀 생산량을 향상시키는 유일한 수단은 아니다. 물, 영양소, 식물 품종, 경작지에 초점을 맞춘 네 가지 일반적이고 보편적인 기술이 있다. 이들을 잘 조합하여 사용하면 가장 큰 효과를 볼 수 있다. 계절 중간의 배수, 물대기와 물떼기를 번갈아 적용하면 호기적 조건이 개선된다. 유기 양분과 무기 양분을 모두 균형 있게 사용하면 수확량을 늘리면서 메탄 배출량을 줄일 수 있다. 친수성이 강하지 않은 벼 품종을 호기성이 강한 환경에서 사용할 수 있다. 땅을 갈지 않고 벼를 파종하는 기법 역시 긍정적인 효과를 낸다.

벼 재배 강화 농법을 비롯한 개량된 쌀 생산 기법의 장단점은 주로 행동 변화에 달려 있다. 즉 농부들이 벼, 물, 토양, 영양분을 관리하는 방식을 바꿔야 한다는 의미다. 한편으로, 이는 농법을 실행에 옮기기 전에 아무것도 살 필요가 없는 소작농에게 매우 유용하다는 것을 의미한다(농업 강화에 대한 전통적인 접근법과는 현저한 차이를 보인다). 이들이 직면한 가장 큰 기술적 문제는 물 사용을 관리하는 것이다. 한편으로, 많은 벼농사 기법이 수 세기 동안 유지되어 왔다. 이런 방법들은 가족과 마을, 그리고 문화에 깊이 스며들어 있다. 고착된 관습을 바꾸려면 필요한 지식과 기술을 배양하고, 농부들에게 가능한 결과를 보여주고, 변화를 유도하는 인센티브 구현을 위한 포괄적인 접근 방식이 필요하다. 벼 재배 강화 농법 초기에 드 롤라니에와 그의 동료들은 말라가시어로 '정신 함양을 위해'라는 의미의 교육 단체인 테피사이나Tefy Saina를 설립했다. 이 이름에는 현장 지식 공유와 개인 대 개인 교육이 불가결하다는 메시지가 담겨 있다. 이런 노력을 강화하고 확산시킴으로써 온실가스 배출이 적은 벼 재배가 전 세계적으로 뿌리내리도록 도울 수 있다. 이는 드 롤라니에의 원래 목적은 아니었지만, 그의 연구는 지구온난화에 대처하는 데 없어서는 안 될 농업 방식으로 판명되고 있다.

효과

우리 분석은 토양, 영양 관리, 물 사용, 경작지 관행의 개선을 포함하는 벼 재배 강화 농법과 개량된 벼농사를 포함한다. 벼 재배 강화 농법은 주로 소작농들이 채택하고 있으며, 개량된 벼농사에 비해 수확량이 훨씬 더 높다. 우리는 벼 재배 강화 농법이 탄소를 격리하고 30년 동안 총 3.1기가톤의 이산화탄소 또는 이에 상응하는 온실가스를 포함하는 메탄 배출을 방지하면서 2050년까지 340만 헥타르에서 5400만 헥타르로 확대될 수 있다고 계산한다. 수확량이 증가하면서 4억7700만 톤의 쌀을 추가로 생산할 수 있으며, 2050년까지 농부들에게 6780억 달러의 추가 이익을 가져다줄 것이다. 개량된 벼농사가 30년 동안 2800만 헥타르에서 8800만 헥타르로 증가한다면, 추가로 11.3기가톤의 이산화탄소 배출량을 줄일 수 있다. 농부들은 5190억 달러의 추가 이익을 거둘 수 있다.

임간축산
SILVOPASTURE

9

2050년까지 감축 결과 및 순위

31.19기가톤	416억 달러	6994억 달러
이산화탄소 감소	순비용	순절감액

소와 나무는 서로 어울리지 않는다. 적어도 일반 통념은 그렇다. 그런데 그래서는 안 될 이유라도 있는가? 브라질과 그 외 여러 지역에서, 목축은 대규모 삼림 훼손과 그에 따른 기후변화의 주범으로 대대적으로 비난받고 있다. 그러나 임간축산은 이런 상호 배타적인 가정에 이의를 제기하고, 가축과 가축 사료를 위해 할당된 토지에 대한 새 시대를 열고 있다.

라틴어로 '삼림'과 '방목지'를 뜻하는 임간축산silvopasture은 소와 양부터 사슴과 오리에 이르기까지 모든 가축을 기르기 위한 단일 시스템으로 나무와 목초지를 통합하는 것이다. 임간축산은 나무를 없애야 할 잡초로 보기보다는, 지속가능하고 공생적인 시스템으로 통합하고자 한다. 이는 혼농임업의 넓은 우산 아래에서 진행되는 하나의 접근법이며, 현재 전 세계적으로 1억4164만 헥타르 규모에서 이 고대 방식을 부활시켰다. 하몽 이베리코(스페인의 이베리코 흑돼지로 만든 햄—옮긴이)로 유명한 임간축산인 데헤사dehesa 시스템은 이베리아반도에서 4500년 넘게 이루어져왔다. 최근에는 콜롬비아 칼리에 본부를 둔 지속가능한 농업시스템 연구센터CIPAV와 같은 지지자들의 실천 덕분에 임간축산이 중앙아메리카에 뿌리를 내리고 있다. 미국과 캐나다의 많은 지역에서도 가축과 나무가 공생하는 모습을 발견할 수 있다.

이런 공생의 형태는 다양하게 나타난다. 나무가 군집해서 또는 균일한 간격을 두고 자라거나, 살아 있는 울타리 역할을 하기도 한다. 가축들은 나무 사이로 무성하게 자란 풀을 뜯어 먹는다. 대부분의 임간축산 시스템은 거리 면에서 사바나 생태계와 유사하다. 나무를 탁 트인 목초지에 심어 싹을 틔우거나, 숲이나 우거진 플랜테이션을 솎아냄으로써 목초가 자랄 수 있도록 해주는 것이다. 그러나 어떤 설계든 나무와 동물, 사료는 임간축산 시스템의 가장 대표적인 요소다. 또 다른 필수 요소인 토양은 기후변화를 완화하기 위한 잠재적 임간축산의 핵심이다.

전 세계의 전문가들은 가축, 특히 소의 메탄 배출을 억제하고 토양의 탄소를 격리하기 위해 목초지를 가장 잘 관리할 수 있는 방법에 대해 끊임없이 격렬한 논쟁을 벌이고 있다. 소와 그 외 반추동물들은 세계 경작지의 30~45퍼센트를 필요로 하며, 세밀하게 분석한 바에 따르면 전체 배출량의 약 5분의 1에 달하는 온실가스를 배출한다.

지금까지의 연구에 따르면 임간축산은 그 어떤 방목 기법도보다도 나은 것으로 밝혀져 있다. 그 이유는 임간축산 시스템이 지상의 바이오매스와 지층에서 모두 탄소를 격리하기 때문이다. 나무가 곳곳에 서 있거나 널려 있는 목초지는 나무가 없는 같은 크기의 목초지보다 5~10배 더 많은 탄소를 격리시킨다. 또한 (아래에서 살펴보는 바와 같이) 임간축산 토지에서 가축 수확량이 더 높기 때문에 추가적인 목초 공간의 필요성을 줄일 수 있으며, 따라서 삼림 벌채와 그에 따른 탄소배출을 피할 수 있다. 일부 연구에서는 반추동물이 임간축산의 사료를 더 잘 소화하여, 더 적은 양의 메탄을 배출한다고 밝혔다. 탄소를 차치하더라도 임간축산의 이점은 상당히 크다. 이런 방식은 농부와 목장업자들이 입증한 재정적 이익 때문에 더욱 널리 퍼졌다. 임간축산 시스템을 결합하기 위한 선택지는 적지 않으며, 소규모 축산 농가부터 기업형 목장까지 모든 규모에 적용될 수 있다. 재무적 관점 및 위험의 관점에서, 임간축산은 다각화에 유용하다. 가축과 나무, 그리고 견과류, 과일, 버섯, 메이플 시럽과 같은 추가적인 임산물이 모두 완전하게 자라면 시기를 달리하여 수입을 창출한다. 어떤 산물은 더 규칙적이고 단기적이며, 또 다른 산물은 훨씬 더 긴 간격으로 자랄 것이다. 토지의 생산성이 다양하므로 농부들은 날씨의 변동 때문에 발생하는 재정적 위험에서 벗어날 수 있다.

임간축산의 통합된 공생 체계에서는 동물과 나무의 회복력이 강화된다는 것이 입증된다. 나무가 없는 일반 목초지에서 가축은 극심한 열, 피부를 에는 바람, 평범한 사료에 약해질 수밖에 없다. 그러나 임간축산은 가축에게 영양이 풍부한 사료를 제공할 뿐만 아니라 여기저기에서 그늘을 제공하고 가축을 바람으로부터 보호한다. 영양이 개선되고 극한 기후 조건으로부터 보호를 받는 동물들은 건강해진다. 따라서 우유와 고기의 생산이 늘고, 번식도 증가한다. 생산량은 적용되는 임간축산 시스템에 따라 다르지만, 풀만 있는 목초지에 비해 5~10퍼센트 이상 높다. 동시에 가축은 잡초 방제 역할을 해 수분, 햇빛, 영양분을 얻기 위한 나무들끼리의 경쟁을 완화한다. 이들의 거름은 또한 천연 비료로서 작용한다.

임간축산은 사료, 비료, 제초제의 필요성을 줄임으로써 농부들의 비용을 절감할 수 있다. 목초지에 나무를 통합하면 토양의 비옥도와 수분이 증가하기 때문에 땅은 시간이 지남에 따라 더 건강해지고 생산성도 높아진다.

임간축산의 장점은 분명하지만 그 성장은 실용적, 문화적 요인에 의해 제한되어왔다. 임간축산 시스템은 구축 비용이 비싸고, 필요한 기술적 전문 지식과 더불어 초기 비용이 많이 든다. 예를 들어 콜롬비아에서는 농부들이 1헥타르당 1000~2000달러의 투자를 검토하고 있는데, 이는 단기 비용으로는 매우 높은 편이다. 화재 위험이 있거나, 목초지가 풍부하게 발달되었거나, 토지 소유권이 분명하지 않은 곳에서는 나무를 심고 보호하려는 동기가 줄어든다. 이런 도전적 과제의 근간에는 나무와 목초지가 양립할 수 없다는 완고한 믿음이 깔려 있다. 즉 나무는 목초지를 풍부하게 하기보다는 목초지의 성장을 억

제한다는 생각이 지배적이다. 풀 외에는 아무것도 없는 깨끗하게 정리된 토지가 표준으로 받아들여지는 마당에, 대안적인 방식으로의 전환은 농부들 사이에서 비웃음을 살 수도 있다. 임간축산은 땅의 생태에 대해 재고해볼 것을 요청한다.

이런 사회적 편견 때문에 개인 대 개인의 지원과 임간축산의 이익에 관한 직접적인 경험이 더욱 중요해지고 있다. 종종 기술자나 과학자보다 동료 농부를 더 신뢰하며, 성공적인 시험장(아마 목장주 자신의 땅)이야말로 가장 설득력 있는 사례가 된다. 경제적 장애물을 해결하기 위해 세계은행과 같은 국제기구와 네이처컨서번시Nature Conservancy와 같은 비정부기구들은 임간축산 조성을 위한 융자를 제공한다. 이는 기존 은행에서는 제공하지 않는 것이다. 생물다양성 지원과 같은 임간축산이 제공하는 생태계 서비스에 비용을 지불함으로써 농부들에게 경제를 이해시킬 수 있다. 지구온난화의 영향이 커짐에 따라 임간축산의 매력은 더 증가할 것으로 보인다. 임간축산 덕분에 농부와 가축이 변덕스러운 날씨와 심화하는 가뭄에 적응할 수 있기 때문이다. 나무는 더 시원한 미기후微氣候(지면에 접한 대기층의 기후—옮긴이)를 만들고, 환경을 보호하며, 물을 이용할 때의 과부족 상태를 해소한다. 여기에 임간축산의 기후적 상생 효과가 있다. 임간축산은 세계에서 가장 오염이 심한 분야 중 하나인 축산업에서 온실가스 배출의 증가를 막음으로써 이제는 피할 수 없는 변화로부터 우리를 보호해준다.

효과

현재 전 세계 1억4200만 헥타르의 땅에서 임간축산이 실행되는 것으로 추정된다. 만약 임간축산이 2050년까지 2억2400만 헥타르(이론적으로 임간축산에 적합한 10억9265만 헥타르 중에서)로 확대된다면, 이산화탄소 배출을 31.2기가톤까지 줄일 수 있다. 이런 감소는 토양과 바이오매스에서 연간 1헥타르당 4.87톤의 높은 탄소 격리율을 달성한 결과다. 농부들은 420억 달러의 실행 비용 투자에 대하여 수익 다각화를 통해 6990억 달러의 재정적 이익을 실현할 수 있다.

굳이 그래야 하나?

마이클 폴런

우리가 음식을 선택하고, 생각하고, 요리하고, 만드는 방법에 마이클 폴런보다 더 큰 영향을 끼친 사람은 없다고 해도 좋을 것이다. 학자이자 정원사, 작가, 저널리스트인 그는 사람과 식품 및 농업의 관계에 대해, 그리고 어떻게 기업이 농업, 식품과학, 정치, 광고를 지배함으로써 이 관계를 왜곡시켰는가에 대해 매우 감각적이고도 독창적인 글을 써왔다. 베스트셀러 『잡식동물의 딜레마』 『욕망하는 식물』 『마이클 폴란의 행복한 밥상』에서 그는 우리에게 무엇을 먹을지, 어떻게 농사를 지을지에 대해 충고하기보다, 음식물과 유사한 물질들이 우리 몸과 토양, 국가를 해치고 있다는 사실을 강조한다. 폴런은 그의 대표적인 격언인 "제대로 된 음식을 먹되, 과식하지 말고 채식 위주로 먹어라"에서 강조했듯이, 상식을 되살린다. 이 말을 "식품에 대해 배우되 가능한 한 폴런으로부터 배워라"라고

되받을 수 있을 듯하다. —폴 호컨

굳이 그래야 하나? 이는 기후변화에 대해 뭔가를 하고 싶어하는 개인으로서 우리가 직면한 매우 난해한 질문이며, 이에 대답하기란 쉽지 않다. 여러분은 어떤지 모르겠지만, 나는 영화 「불편한 진실An Inconvenient Truth」에서 가장 답답했던 순간으로 앨 고어가 지구상에 살고 있는 생명체들이 기후변화에 의해 위협받고 있다는 것을 매우 설득력 있게 묘사함으로써 나를 겁에 질리게 한 장면보다 훨씬 더 뒤에 있는 장면을 꼽는다. 정말 암울했던 순간은 엔딩 크레딧에서…… 전구를 바꾸라는 말이 나왔을 때다. 그때 나는 이루 말할 수 없을 정도로 우울해졌다. 영화에서 기술한 문제의 엄청난 규모와 우리가 벌로서 실천해야 할 방법 사이의 그 엄청난 불균형은 내 마음을 지구 바닥으로 끌어내리기에 충분했다.

그러나 이렇게 소소한 방법들이 '굳이 그래야 하나?'라는 질문 뒤에 도사린 유일한 문제는 아니다. 예를 들어 지금부터 굳이 그렇게 한다고 치자. 본격적으로 말이다. 삶의 방식을 완전히 뒤바꿔서 자전거를 타고 일터에 나가고, 커다란 채소밭을 가꾸고, 지미 카터 시그니처 카디건이 필요할 정도로 온도조절장치의 기준 온도를 낮게 설정하고, 마당에 빨랫줄을 설치해 건조기를 없애버리고, 스테이션왜건을 하이브리드 자동차로 바꾸고, 소고기를 끊고, 오로지 지역 농산물만 먹는다. 이론적으로는 이 모든 것을 다 할 수 있지만, 세상의 절반쯤에는 내가 포기한 고기를 한입에 삼켜버리고 내가 더 이상 내뿜지 않으려고 안간힘을 쓰는 이산화탄소를 마지막 1그램까지도 모두 대신 내뿜으려 애쓰는 내 사악한 쌍둥이, 탄소발자국 도플갱어가 살고 있다는 사실을 매우 잘 알고 있는 상태에서, 이 모든 노력이 무슨 의미를 지닐까? 그러니 내 모든 수고에 대해 정확히 무엇을 보여줘야 할까?

개인적인 미덕이라고 다소 소심하게 주장할 수도 있겠다. 그러나 미덕 자체가 순식간에 조롱의 대상이 된다면 그게 무슨 소용이 있겠는가? 그런 말은 『월스트리트저널』의 사설이나 에너지 보존을 "개인적 미덕의 표시"로 딱 잘라 폄하했던 유명한 부통령의 입에서만 나오는 것도 아니다(딕 체니 당시 부통령이 부시 행정부 때 한 말이다—옮긴이). 심지어 『뉴욕타임스』와 『뉴요커』에서도 환경을 개인이 책임져야 할 행위 탓으로 돌렸을 때, '고결하다'는 칭호는 아이러니하게만 느껴진다. 그러면 이 미덕(대부분의 역사에서 일반적으로 미덕이라고 여겨져온 자질)은 어떻게 자유민주주의적 어리석음의 대명사가 되었는가? 이제 와서 환경이라는 이름으로 올바른 일(하이브리드를 사고 자급자족을 하는 것)을 하면 에드 베글리 주니어(환경론자로 유명한 할리우드 배우—옮긴이)라도 되는 양 대우를 받는 것은 얼마나 기괴한가?

아무런 행동도 취하지 않는 것을 정당화하기 위해 우리가 스스로에게 할 수 있는 수많은 변명거리가 있지만, 아마 가장 교활한 말은 우리가 아무리 잘해도 결국 너무 늦었다는 말이다. 기후변화는 우리를 덮쳤고 예정보다 훨씬 일찍 도착했다. 10년 전만 해도 과격하게만 보였던 과학자들의 예측은 오히려 지나치게 낙관적이었던 것으로 드러났다. 즉 온난화와 해빙 현상은 여러 모델이 예측한 것보다 훨씬 더 급격하게 진행되고 있다. 이제 정말로 무시무시한 순환 고리는 북극의 하얀 얼음이 푸른 물로 변하면서 더 많은 햇빛을 흡수하고 지구 곳곳의 뜨거운 토양이 생물학적으로 더 활발히 활동하면서 방대한 양의 탄소를 대기로 방출하여 변화 속도를 기하급수적으로 가속화할 것이라고 위협한다. 최근에 기후학자의 눈을 자세히 들여다본 적이 있는가? 그들은 정말 겁에 질린 것처럼 보인다.

자, 여전히 채소밭 가꾸기에 관해 이야기하고 싶은가?

그렇다.

내가 말하고 싶은 행동은 자신이 먹을 음식을 어느 정도(아주 조금이라도) 길러보라는 것이다. 마당이 있다면 잔디밭을 뜯어보고, 만약 없다면(고지대에 살거나 마당이 그늘에 가려져 있다면) 공원 구석에라도 작은 땅을 마련해보자. 우리가 직면한 문제에 비하면, 고작 채소밭을 가꾼다는 일이 퍽 순진하게 들릴 수 있지만, 사실 이것은 개인이 할 수 있는 가장 강력한 일 중 하나다. 무려 탄소발자국을 줄이는 일이다. 하지만 더 중요한 것은 이렇게 함으로써 우리의 의존성과 분열을 줄이고 싸구려 에너지 정신을 바꾸는 것이다.

채소밭에 식물을 심으면 많은 일이 일어나는데, 그중 일부는 기후변화와 직접 관련이 있고, 다른 것들은 간접적이지만 어떻게든 연관되어 있다. 우리가 잊고 있지만, 재배되는 식료는 기본적인 태양 작용인 광합성을 통해 생산되는 칼로리로 구성되어 있다. 수십 년 전의 싸구려 에너지 정신은 태양 빛을 화석연료 비료와 살충제로 대체함으로써 더 적은 노력으로 더 많은 음식을 생산할 수 있다는 것을 발견했고, 그 결과 현재 식단에서 음식 에너지의 일반적인 칼로리를 생산하려면 약 10칼로리의 화석연료 에너지가 필요하다. 우리가 먹는 방식(아니, 우리를 먹이도록 허락하는 방식)은 (우리 각자가 모두 주범인) 온실가스의 약 5분의 1을 차지할 것으로 추정된다.

하지만 태양은 여전히 마당을 비추고, 세심하게 가꾼 채소밭(씨앗을 뿌리고 부엌에서 나오는 퇴비로 영양을 공급하며, 밭까지 큰 힘을 들이지 않고 이동할 수 있는 곳)에서 광합성이 매우 활발하게 진행되는 어엿한 점심 재료를 재배할 수 있다. 물론 여기엔 이산화탄소도 없고 돈도 들지 않는다. 이것이 개인이 먹을 수 있는 가장 지역적인 음식이다(가장 신선하고 맛있으며, 영양이 풍부한 것은 말할 것도 없다). 탄소발자국도 거의 발생되지 않는다. 탄소배출량을 헤아릴 때 가정에서 내버리는 쓰레기를 줄여주는 퇴비 더미도 생각해보자. 이들 퇴비는 개인의 땅에서 채소의 양분이 되고 이산화탄소를 격리해주기까지 한다. 또 뭐가 있을까? 이 채소밭에서 운동도 할 수 있을 것이다. 체육관으로 운동하러 가기 위해 운전할 필요도 없이 칼로리를 태울 수 있다.

자신이 먹을 양식을 기르는 일은 단지 탄소를 줄이는 일일 뿐 아니라 실제로 다른 해결책을 얻는 길이다. 30년 전에 이미 웬들 베리가 지적했듯이, 이는 (에탄올이나 원자력 같은 '해결책'이 불가피하게 문제가 된 것처럼) 새로운 문제들을 야기하는 그런 종류의 해결책이 아니다. 더욱 가치 있는 것은 자신의 음식을 조금씩 기를 수 있다는 마음의 습관이다. 여러분은 자급자족하는 데 딱히 전문가에게 의존할 필요가 없다는 것을 금세 알 수 있을 것이다. 우리 몸은 여전히 무엇을 할 만큼 쓸모가 있고 실제로 자립할 필요가 있을 때는 스스로를

도울 수 있다. 만약 전문가들이 옳다면, 만약 석유와 시간이 바닥나고 있다면, 채소밭 가꾸기는 우리 모두가 곧 필요로 하게 될 기술이자 마음의 습관이다. 우리는 또한 식량이 필요할지도 모른다. 채소밭이 그것을 제공할 수 있을까? 제2차 세계대전 기간에 빅토리 가든victory garden(제2차 세계대전 당시 식량 문제를 해결하기 위해 정원 등을 일구어 만든 채소밭—옮긴이)은 미국인들이 먹는 식품의 40퍼센트를 공급했다.

하지만 굳이 텃밭을 가꾸어야 하는 더 달콤한 이유들이 있다. 적어도 마당과 삶의 한구석에서, 소비자와 생산자 그리고 시민으로서 자신의 정체성을 통합하기 위해 여러분은 생각과 행동 사이의 분열을 치유해나가기 시작할 것이다. 아마 텃밭은 이웃과 나를 다시 이어줄 가능성이 크다. 내게는 나눠줄 채소가 있고, 난 이웃에게 도구를 빌려야 하기 때문이다. 결국 싸구려 에너지 정신은 그런 정신을 가진 사람을 나약하게 만드는 힘(무기력감과 그걸로 문제가 반으로 줄거나 없어지지는 않을 것이라는 사실)을 개인 차원에서 극복함으로써 줄일 수 있다. 계절이 지나면서 씨앗에서 잘 익은 열매로 이어지는 텃밭의 변화(애호박을 얻게 될까?!)에서 여전히 덧셈과 곱셈의 지혜를 얻을 수 있고, 이는 자연의 풍요가 고갈되지 않았음을 암시한다. 텃밭이 주는 가장 큰 교훈은 우리와 지구의 관계가 제로섬이 될 필요가 없다는 것이다. 태양이 여전히 빛나고, 사람들이 여전히 계획을 짜고 무언가를 심고 생각하고 실천할 수 있는 한, 애써 노력한다면 우리는 세상을 약화시키지 않으면서도 스스로를 부양할 방법을 찾을 수 있다.

이 글은 2008년 4월 20일 『뉴욕타임스』에 실린 마이클 폴런의 에세이 「굳이 그래야 하나Why Bother?」에서 발췌하고 편집했다.

재생농업

REGENERATIVE AGRICULTURE

재생농업은 황폐해진 땅을 재건한다. 재생농업에는 무경운 재배, 다양한 피복 작물, 농장 내 교배(외부 영양원 필요 없음), 무농약 또는 무합성비료, 윤작 등이 포함되며, 이 모든 방식이 관리형 방목으로 강화될 수 있다. 재생농업의 목적은 탄소 함량을 복원해 토양의 건강을 지속적으로 개선하고 재생하는 것이며, 이는 식물의 건강, 영양, 생산성을 향상시키는 길이다.

이 책 뒷부분에 실린 자료에서 볼 수 있듯이, 인류에게 알려진 다른 어떤 메커니즘도 광합성을 통해 공기에서 이산화탄소를 포집하는 것만큼 지구온난화를 해결하는 데 효과적인 것은 없다. 태양의 도움을 받아 당으로 전환될 때 탄소는 식물과 음식을 생산한다. 이것이 인간을 먹이고, 재생농업의 사용을 통해 토양의 생명을 먹인다. 재생농업은 유기물, 비옥도, 질감, 수분 보유, 뿌리 및 식물 자체의 건강을 유지하고 보호하는 수조 개의 유기체를 증가시킨다. 재생농업의 실천은 비옥도, 해충, 가뭄, 잡초, 수확량에 관한 모든 일반적인 우려를 해결한다.

재생농업에 대해 더 잘 이해하는 데는, 오늘날 전 세계에서 이뤄지는 지배적인 농업 관행으로서의 재래식 농업이 무엇인지를 이해하는 것이 도움이 된다.

2050년까지 감축 결과 및 순위

11

23.15기가톤	572억 달러	1조9300억 달러
이산화탄소 감소	순비용	순절감액

재래식 농업 역시 광합성을 포함하지만, 토양 내 탄소를 잡는 것을 최우선으로 하지는 않는다. 재래식 농업에서는 토양을 광물질비료와 화학물질이 첨가되는 매개체로 취급한다. 1년에 두 번 이상 토양을 갈고, 경작하고, 갈아엎는다. 제초제는 잡초를 없애고, 농약은 들끓는 해충을 없애며, 살진균제는 병충해나 녹병을 처리한다. 물이 부족하면 관개로 보충하는데, 이는 토양의 염류화를 야기한다. 쟁기갈이와 경운은 토양에서 탄소를 배출하고, 식물에서 나오는 탄소는 거의 또는 전혀 격리되지 않는다.

그리 오래되지도 않은 시절을 돌이켜보면, 미국인들은 이 단락보다 더 긴 수상쩍은 성분들로 가득한 성분표가 붙어 있는 고도로 가공된 음식, 즉 저자 마이클 폴런이 말하는 '음식물과 유사한 물질'을 먹었다(그리고 지금도 먹고 있다). 1980년대와 1990년대에 시작된 변화는 오늘날까지 확대되고 있다. 즉 인간의 건강은 인공, 합성, 모방 식품이 아니라 진짜 음식에 달려 있고, 음식의 질은 토양과 농업 관행에서부터 시작된다. 재래식 농업에서는 씨앗, 합성비료, 살충제가 들어가서 음식이 나온다. 그러나 흙은 물, 공기, 새, 익충, 인간의 건강, 기후처럼 무거운 대가를 치른다. 필러, 지방, 설탕, 전분을 이용해 가짜 식품을 저렴하게 제조할 수 있는 것처럼 재래식 산업형 농업은 이것이 야기하는 피해의 비용을 지불하지 않음으로써 식품을 저렴하게 생산한다. 몸에 진짜 영양분을 공급하지 않으면 비만이 되고 병이 들고 허약해진다. 농부가 토양에 영양분을 공급하지 않으면 땅은 불모가 되고 병들고 죽어가게 된다. 이들은 재

로데일연구소는 1947년 설립 이래 미국 유기농법의 초석이었다. 이 연구소는 유기농업의 대부 앨버트 하워드 경의 저술과 관찰을 바탕으로 유기농법에 대한 광범위한 연구를 실시, 발표, 홍보하고 있다. 사진은 펜실베이니아주 쿠츠타운에 있는 135헥타르 규모의 농장으로 1971년에 설립자 J. I. 로데일의 아들인 로버트 로데일이 매입했다. 이 땅은 고갈되어 쓸모가 없어졌지만 로데일에게 재생농업, 즉 토양의 건강과 생산성을 회복함으로써 미래의 생산 능력을 증가시키는 농업 시스템을 개발하도록 하는 영감을 주었다. 로데일은 외부 영양원과 화학물질이 필요 없는 농법을 제안했고, 연구소는 이를 실행에 옮겼다.

생농업을 뒷받침하는 아주 상식적이고 단순한 원칙들이다.

재생농업의 한 가지 원칙은 경운하지 않는 것이다. 농장이나 도로 절단면을 제외하고 얼마나 자주 맨땅을 보는가? 흙은 식물의 진공을 혐오한다. 사막이나 모래언덕이 아니라면 맨땅은 자연적으로 식물을 자라게 한다. 식물은 집을 필요로 하고, 토양은 덮개를 필요로 한다. 농장에서 쟁기는 토양을 노출시키고 뒤집어서 표토를 밑에 묻는다. 토양을 갈아서 공기에 노출시키면 그 안의 생명체는 빠르게 부패되고 탄소가 배출된다. 라탄 랄 교수는 지구 토양에 있는 최소 50퍼센트의 탄소(약 800억 톤)가 지난 수 세기 동안 대기 중으로 배출되었다고 추정한다. 그 탄소를 흙으로 다시 가져오는 일은, 확실히 대기에는 선물이지만, 실질적인 농업의 관점에서 보면 농부에게는 농약 농사에서 벗어나 탄소를 원래대로 되돌려놓으라는 초대장이다. 그렇게 되면 농부들은 땅을 더욱 효율적이고 생산적으로 관리할 수 있다.

탄소를 증가시키는 것은 토양의 수명을 증가시키는 것을 의미한다. 탄소가 토양 유기물에 저장되면 미생물이 증식하고, 토질이 좋아지며, 뿌리가 깊어지고, 벌레들이 유기물을 구멍으로 끌어내려 질소가 풍부한 배설물을 만들며, 영양 섭취가 강화되고, 수분 보유량이 몇 배나 증가하며(건조해지는 것을 막고 홍수에 강해짐), 영양이 풍부해진 식물은 병충해에 더 강해진다. 또한 비료가 거의 필요 없거나 전혀 필요하지 않을 정도로 번식력이 증대된다. 비료로부터 자유로워지는 이 능력은 피복작물에 의존한다. 토양에 추가된 탄소 비율은 토양 아래 채워진 비료 300~600달러에 상당하는 것으로 간주된다.

수확한 식물 검불에 심은 피복작물은 잡초를 밀어내며, 하층토는 비옥도와 경작성이 개선된다. 일반 피복작물로는 살갈퀴, 토끼풀, 호밀 등이 있고 한번에 조합하여 심을 수도 있다. 실험적으로, 농부들은 각각 10~25개의 다른 품종이 포함된 피복작물을 심었고, 각각은 토양에 특정한 품질이나 영양분을 첨가했다. 노스다코타에서 재생농업을 실천하는 것으로 유명한 게이브 브라운은 한때 목초지를 위해 종자 상자에 70가지의 다양한 품종을 넣었다. 그 가능성에는 봄 완두콩, 토끼풀, 살갈퀴, 동부콩, 알팔파, 녹두, 렌틸콩, 누에콩, 잠두, 숙마와 같은 콩류와 케일, 겨자, 무, 순무, 콜라드와 같은 배추속 식물이 포함된다. 또한 해바라기, 깨, 치커리와 같은 넓은잎 식물과 검은귀리, 호밀, 김의털, 테프, 참새귀리, 수수 같은 초본이 있다. 각 식물은 잡초를 없애는 것에서부터 질소를 고정하는 것, 인·아연 또는 칼슘을 생물적으로 이용할 수 있게 하는 것까지 토양에 뚜렷한 이점을 가져다준다. 이 다양한 피복작물을 되새김

동물들이 섭취하면 특별한 영양분을 제공한다. 이 목록은 재생 농법을 실천하는 농부들이 농작물과 토양, 소득을 개선하기 위해 어떻게 복잡한 식물 공동체를 받아들여야 할지를 보여준다.

재래식 윤작으로 콩과 옥수수를 1년마다 번갈아 심거나, 밀을 1년 심으면 이듬해에는 밭을 그대로 놀린다. 이 방법도 변했다. 재생농업을 실천하는 농장은 밀, 해바라기, 보리, 귀리, 완두콩, 렌틸콩, 알팔파 건초, 아마 등 8~9종의 다른 작물을 윤작할 수 있다. 재생 농가들은 해충이나 곰팡이에 의한 전염을 막는 다각화를 통해 농작물을 보호한다. 윤작과 더불어 알팔파나 콩 등의 콩과 간작 작물을 함께 재배하여 수확량을 늘린다.

재생농업은 실천적인 운동이지 금욕주의적인 운동은 아니다. 어떤 농가는 유기농법을 실천하고, 또 다른 농가는 유기농 인증으로 전환하는 과정에서 옥수수를 심을 때 소량의 합성비료를 사용하기도 한다. 게이브 브라운은 2008년 이후 아무런 비료도 사용하지 않았고, 15년 동안 농약이나 살진균제도 사용하지 않았다. 그는 과거에는 2년마다 조뱅이와 같은 억척스런 외래 잡초에 제초제를 사용했지만 더 이상 필요하지 않아 사용을 중단했다.

재생농업의 영향은 측정하고 모델링하기가 어렵다. 개별 농장마다 똑같은 접근법을 쓸 수가 없기 때문이다. 탄소 격리 비율은 규모와 적용 기간에 따라 상당한 차이가 난다. 그러나 결과는 인상적이다. 농가는 토양 탄소 농도가 10년에 걸쳐 기준치 1~2퍼센트에서 5~8퍼센트까지 상승한 것으로 본다. 모든 토양의 탄소 함유량은 헥타르당 21.25톤으로 계산된다. 이런 증가는 1헥타르당 62.5~150톤의 탄소를 추가한다.

화학비료나 합성비료 없이는 세상을 먹여 살릴 수 없다는 통념은 오래전부터 있었다. 그러나 미국 농무부는 현재 경운하지 않고 화학물질을 없애는 농업 방법론에 대한 실험을 진행하고 있다. 증거는 새로운 사실을 드러낸다. 토양을 살리지 않으면 세상을 먹일 수 없다는 것이다. 토양을 살리면 대기 중의 탄소가 감소한다. 토양 침식과 물 고갈로 인해 미국에서만 연간 370억 달러, 전 세계적으로 4000억 달러의 비용이 소요된다. 그중 96퍼센트는 식량 생산에서 나온다. 인도와 중국은 미국보다 30~40배 더 빠른 속도로 토양을 잃고 있다. 재생농업은 화학물질이 없어야 한다는 의미가 아니라 관찰할 수 있는 과학의 존재, 즉 농업과 자연 원리를 연결하는 실천이다. 건강한 농경 생태계를 복원하고 활력을 불어넣고 부활시킨다. 실제로 재생농업은 영농업자의 경제적 안녕과 더불어 인간과 토양, 기후 건강을 동시에 해결할 수 있는 가장 큰 기회 중 하나다. 이는 더욱더 생산적이고, 안전하며, 탄력적인 방법으로 더 나은 음식을 먹고, 성장시킬 방안에 대한 생물학적 조화를 말하는 것이다.

효과

현재 재생농업이 실행되고 있는 약 4300만 헥타르의 농지 규모는, 2050년까지 총 4억 헥타르로 확대될 것으로 추정된다. 이런 급속한 성장은 부분적으로 유기농법의 기록적인 성장률, 그리고 시간이 지남에 따라 재래식 농업에서 재생농업으로 전환할 것이라는 예측에 기인한다. 이런 증가는 격리 및 배출 감소로 인해 총 23.2기가톤의 이산화탄소를 감소시킬 수 있다. 재생농업은 570억 달러를 투자해 2050년까지 1조9000억 달러의 수익을 기대할 수 있다.

영양 관리

REGENERATIVE AGRICULTURE

스웨덴 연안의 발트해에서 나타난 조류 대증식.

2050년까지 감축 결과 및 순위 **65**

1.81기가톤 이산화탄소 감소	자료 불확실 결정 불가	**1023**억 달러 순절감액

질소비료는 지난 세기 동안 농업 시스템의 생산 능력을 크게 향상시켰지만, 동시에 생태계에 유리활성질소의 양을 증가시켰다. 합성질소의 일부는 농작물에 의해 흡수되어 작물의 성장과 수확량을 증가시켰지만, 식물이 이용하지 않는 질소는 실로 엄청난 문제를 일으킨다. 대부분의 질소비료는 '논란의 소지가 많으며', 화학적으로 토양의 유기물을 파괴한다. 질소는 지하수로 스며들거나 지표류로 이동하다가 결국 하천과 강으로 흘러 들어가 조류 대증식 현상을 야기하거나 산소가 부족한 해양 '데드존'을 발생시킨다. 이런 데드존이 전 세계적으로 500개나 된다. 수계의 높아진 질소 수치가 어류 떼죽음의 주요 원인으로 밝혀진 바 있다. 토양 박테리아에 의해 질산비료로 만들어진 아산화질소는 대기 온난화 효과에서 이산화탄소보다 298배 더 강력하다.

농경 방식에서 적절한 영양 관리를 하면 비료의 효율성을 향상시킬 수 있다. 농작물이 비료보다 훨씬 많은 비율을 차지할 수 있도록 하고, 토양의 질소비료가 식물에 흡수되지 않도록 하여 이후 아산화질소로 변환될 가능성을 줄일 수 있다. 효과적인 영양 관리는 적절한 공급, 적절한 시기, 적절한 장소, 적절한 비율의 네 가지로 요약할 수 있다. 이들 원리는 질소 사용 효율을 향상시키는 것을 목표로 하는데, 질소 사용 효율은 토양에 뿌려지는 질소 또는 잔류하는 질소에 대한 식물 생산성의 비율로 정의된다.

적절한 공급이란 주로 비료 선택을 식물의 필요조건 또는 장비 제한에 맞추는 것이다. 비료는 다양한 고체 또는 액체 형태로 제공되며, 각기 다른 전달

메커니즘을 갖는 다양한 질소 화합물로 구성된다. 비료 제조업체들은 도포 후 분해 속도를 늦추는 중합체로 코팅된 완효성 과립형 제품을 만들기 시작했다. 이들 제품에서 나오는 질소의 전달은 식물의 요구 조건과 잘 맞아떨어지고, 아산화질소로 바뀌어 식물에서 손실되는 질소의 양을 줄인다. 이들은 시장에서 비교적 새로운 제품이며, 비용 때문에 널리 사용되지는 않는다. 그럼에도 불구하고 초기 연구에 따르면, 이들 제품은 아산화질소 배출을 감소시키는 데 잠재적인 효과가 있을 것이라고 한다.

적절한 시기와 적절한 장소는 농작물 수요가 가장 높은 시기와 장소에 질소를 공급하기 위해 비료 적용을 관리하는 데 초점을 맞춘다. 농작물의 질소에 대한 수요는 성장기 내내 일정하지 않다. 식물은 일반적으로 성장 단계에 가까워질수록(질량이 기하급수적으로 증가하거나 과일이나 곡물을 맺을 때) 훨씬 더 많은 영양분을 필요로 한다. 질소 공급 시기를 이렇게 수요가 증가할 때에 맞추면 식물이 흡수하는 양은 빠르게 늘고 과잉은 줄어든다. 생산을 단순화하고 식물을 손상시키는 장비의 가능성을 줄이기 위해 생산자는 종종 식물의 질소 수요가 적은 시기인 재식 또는 그 직후에 비료를 뿌린다. 연간 도포해야 할 총 비료를 두 가지 용도(계절이 시작될 때와 식물이 더 성숙하면서 질소에 대한 수요가 더 높아지는 시기)로 나누어 쓰면 비료가 사용되지 않을 가능성이 줄어든다.

논쟁이 있기는 하지만 비료로 인한 아산화질소 배출물을 처리하는 데 가장 중요한 결정은 **적절한 비율**을 선택하는 것이다. 생산자들은 종종 잠재적으로 열악한 재배 환경에 대한 완충장치로서 권장량보다 더 많은 비료를 사용한다. 그 결과 보통 최적의 비율을 훨씬 초과해 비료가 도포되기 때문에 아산화질소 배출에 더 취약해진다.

생산자들이 어떻게 결정을 내리는지를 살펴본 연구에 따르면 농부들은 필요 이상으로 많은 비료를 사용하는 데다, 사용 비율을 낮추는 것이 배출량을 줄인다는 사실을 잘 알고 있음에도 불구하고 비료 판매상에게 받는 정보를 우선적으로 받아들이는 것으로 나타났다. 경제적 수익을 내고 위험을 완화하라는 압력은 사용률을 유지하거나 증가시키는 것이 줄이는 것보다 농부들에게 더 큰 인센티브가 됨을 의미한다. 또한 질소비료의 가격은 생산량이 많은 지역에서 비교적 저렴하게 유지되며 농부들은 종종 보조금을 받기도 한다.

적절한 영양 관리를 택하려면 교육과 지원뿐 아니라 생산자에 대한 인센티브와 비료 공급량을 제한하는 규제 강화가 필요하다. 이런 방법들의 균형을 어떻게 맞출지는 지역적 맥락과 그것의 정치적 타당성에 달려 있다. 예를 들어 미국에서는 일부 생산자가 규제보다 인센티브와 교육 프로그램을 더 잘 받아들이는 것으로 나타났다. 미국탄소등록부ACR와 같은 단체들은 연구자들과 협력하여 비료율 감소에 초점을 맞춘 탄소배출량 방법론을 개발하고, 궁극적으로 탄소중립 시장으로부터의 금액을 생산자에게 제공하는 프로젝트에 생산자들이 참여하도록 했다.

비료 적용 및 사용에 관한 규정은 매우 다양하며, 일반적으로 수질 및 오염을 다루는 규제 골자와 관련 있다. 수역의 질소비료 오염은 보통 비점원 오염으로 간주되기 때문에(즉 단일 원인으로 쉽게 단정할 수 없음), 규제책을 마련하고 시행하기가 어렵다. 그럼에도 불구하고 버몬트주와 같은 일부 지자체 당국은 폐기물과 오염을 줄이기 위해 일정 크기의 농장에 대한 영양 관리 계획을 요구하기 시작했다. 영국에서는 연구원들이 질산염 오염 취약 지역을 여러 군데 밝혀냈고, 이곳에서는 비료 사용을 더욱 강력하게 규제했다. 이와 같은 기존의 규제 체계는 비료 사용을 규제하고 관련 배출물을 줄일 수 있게 한다.

그러나 전 세계의 정부 기관들은 이와 유사한 규정을 채택하지 않거나 효과적으로 시행하지 않을 수 있다. 수출 시장에서의 소득뿐만 아니라 식량 안보를 위해 국내 생산에 더 많이 의존하는 국가들은 환경에 미치는 영향보다 생산을 우선시할 때가 더 많다. 중국에서는 자국 내 자급자족과 식량 안보라는 국가적 목표로 인해 환경의 질을 높이고 관련 정책을 집행하려는 대중의 요구는 약하다. 마찬가지로 생산 능력이 떨어지고 식량 불안이 더 큰 나라들, 예를 들어 사하라 사막 이남의 아프리카 국가들에서는 수확량 격차를 해소하고 국민에게 돌아가는 적절한 공급을 보장하기 위해 더 많은 비료를 사용할 필요가 있을 것이다. 1991년 유럽연합은 지하수와 지표수 오염을 줄이기 위한 질산염 사용 지침을 마련했다. 2017년 기준, 합성질소비료 의존도를 줄인 나라는 덴마크와 네덜란드 단 두 곳뿐이다.

전 세계 농업 생산에 미치는 비료의 중요성을 고려할 때, 주로 농업 생산량에 미치는 영향이 거의 없는 지역에 감소의 초점을 맞춰야 한다. 비료 사용이 줄어든 토지의 면적을 추정하려면 농부들에 대한 광범위한 조사가 필요한데, 이는 사실상 불가능하다. 게다가 농부들이 더 높은 비율로 비료를 사용해 영양 관리를 '포기'해버릴 수도 있다. 실제로 농부들은 매년 다양한 요인에 따라 사용 비율을 바꿀 수 있다.

유엔 식량농업기구와 세계은행은 국가별 비료 소비에 대한 훌륭한 데이터를 제공한다. 이 데이터는 헥타르당 비율과 마찬가지로 비료 사용량이 지난 10년 동안 대부분의 국가에서 지속적으로 증가해왔다는 것을 명백히 보여준다. 데이터는 증가하는 인구의 식량 수요를 충족시키기 위한 농업 생산량의 증대를 반영하며, 표면적으로는 이 솔루션의 채택이 매우 낮은 것으로 나타난다. 유엔환경계획은 영양분 사용을 20퍼센트 개선하면 2000만 톤의 질소비료 사용을 억제하고, 5000만~4억 달러의 잠재적 비용 절감 효과가 있을 것으로 추정한다.

영양 관리는 주로 탄소 격리에 관한 것이 아니라 배출을 방지하는 것이라는 점에서 이 책에서 설명하는 다른 토지이용 솔루션 중에서도 특별한 지위를 차지한다. 이처럼 영양 관리의 기후상 이점은 더 지속적이며 포화 위험도 없다. 비료 사용의 감소는 영구적으로 배출을 피하게 한다. 이 솔루션의 구현은 매우 간단하다. 농부들이 사용을 적당히 줄이기만 하면, 획기적일 정도로 새로운 관행을 수행하거나 새로운 기술을 도입하지 않아도 되기 때문이다. 화학비료의 지속적인 사용은 비옥도 저하, 수분 침투, 시간 경과에 따른 생산성 손실을 초래한다. 그 영향으로 농부들은 토양 건강의 총체적인 상실을 벌충하기를 바라는 마음에서 비료 사용을 늘릴 수 있는데, 이는 사실상 악순환의 시작이다. 이 솔루션은 좀더 스마트한 영양 관리에 초점을 맞추지만, 영양 관리를 위한 진정한 해결책은 이 책에서 반복적으로 논의되며 합성질소에 대한 필요성을 (모두는 아닐지라도) 대부분 없애는 토지 재생 방식이다.

효과

현재 대략 1763만 헥타르의 농지에서 2050년까지 총 8억5000만 헥타르의 농지에 대한 비료 남용을 줄임으로써 피할 수 있는 아산화질소 배출량은 1.8기가톤의 이산화탄소에 상당하는 규모다. 투자가 필요 없으며, 생산자는 1020억 달러의 비료 값을 절감할 수 있다. 우리 분석은 농부들이 두 가지 방식을 모두 따를 가능성이 있기 때문에 보존농업과 병행하는 채택을 가정한다.

수목간작

TREE INTERCROPPING

농사짓는 데는 두 가지 방법이 있다. 산업형 농업은 넓은 땅에 한 가지 작물을 심는다. 수목간작과 같은 재생농업은 다양성을 활용해 토양 건강과 생산성을 향상시키고 생물학적 원리와 조화를 이룬다. 낮은 투입량, 더 건강한 작물, 더 높은 수확량이 그 결과물이다. 이 책의 많은 솔루션처럼 지구온난화를 해결하기 위해 수목간작을 수행하는 경우는 거의 없다. 산업화 이후 20세기에 농업은 유럽에서 대부분 쇠퇴했지만, 농부들은 수목간작이 효과가 좋기 때문에 이를 실천한다. 모든 재생적 토지이용 방식과 마찬가지로, 수목간작은 토양의 탄소 함량과 토지의 생산성을 높인다. 간작은 침식을 줄이고 새와 익충의 서식지가 되어줄 바람막이를 제공한다. 빠르게 성장하는 일년생 식물은 바람과 비에 주저앉을 수 있는데, 간작은 이를 막아준다. 심근성 식물은 천근성 식물을 위해 심토 미네랄과 영양분을 퍼올릴 수 있다. 덩굴식물을 위한 격자 구조물이 되어주기도 한다. 빛에 민감한 작물을 과도한 햇빛으로부터 보호할 수도 있다.

이뿐만이 아니다. 수목간작은 아름답다. 고추와 커피, 코코넛과 천수국, 호두와 옥수수, 감귤과 가지, 올리브와 보리, 차와 토란, 참나무와 라벤더, 야생

2050년까지 감축 결과 및 순위 **17**

17.2기가톤	1470억 달러	221억 달러
이산화탄소 감소	순비용	순절감액

체리와 해바라기, 개암나무와 장미 등을 함께 볼 수 있다. 열대지역에서 흔히 볼 수 있는 삼모작으로는 코코넛, 바나나, 생강 등이 함께 자란다. 만들 수 있는 조합은 끝없이 다양하다.

수목간작에 성공하기 위해 토지 소유자는 토지, 토양 유형 및 주어진 기후 조건을 세심하게 평가하고 잘 파악해야 한다. 햇빛, 영양소 흐름, 물의 가용성은 나무와 농작물의 종과 밀도, 공간적 중첩을 결정한다. 프랑스의 아르덴 지역을 운전하다보면, 밀 사이로 간작된 미루나무들을 볼 수 있다. 별생각 없이 나무들을 줄지어 심은 것처럼 보일 수도 있지만, 다년간의 지식을 통해 바람과 빛, 계절적 변화, 영양 경쟁의 영향을 평가한 것이다. 그런 다음 식물의 구성과 종류를 결정한다. 아르덴 지역에서는 미루나무가 선정된 것이다. 나무와 농작물의 배치는 지형, 문화, 기후, 농작물 가치에 따라 다양하다.

수목간작에는 여러 변형이 있다. 관목 간작이란 나무나 생울타리를 촘촘한 간격으로 심고 그 사이에서 자란 농작물에 비료를 주는 시스템을 말한다. 작은 나무나 생울타리는 세스바니아, 글리리시디아, 겨울가시아카시아와 같은 질소 고정 콩과식물이다. 말라위에서 10년 동안 시행된 실험에서 옥수수를 글리리시디아 나무와 함께 관목 간작하고, 나무 없는 밭에서 비료 없이 자란 옥수수와 수확량을 비교했다. 관목 간작을 시행한 밭에는 매년 질소가 함유된 글리리시디아 가지를 토양에 뿌렸다. 그 결과 관목 간작한 옥수수는 비료 없이 자란 옥수수보다 수확량이 3배나 더 많았다. 말라위의 빈곤한 소작농들은 식량 부족으로 인해 옥수수 농사를 잇달아 지었고, 그 결과 토양은 황폐화되고 식량 안보는 더 악화되었다. 비록 관목 간작으로 토지를 나무에 내주었지만, 화학비료 없이 일궈낸 수확량은 손실을 보상하고도 남을 정도였다.

수목간작의 또 다른 유형인 대정원 시스템은 겨울가시아카시아와 같이 불연속적으로 흩어진 나무의 피복을 활용하는 것으로, 이는 가축들의 사료가 된다. 이들 식물은 가뭄이나 바람, 침식 등에 취약한 땅에서 농작물을 재배하는 농민들의 생태학적 지식을 바탕으로 심겼다. 장마철에 나무들은 질소가 풍

——— 워싱턴 중남부 클리키탯 카운티에서 옥수수와 함께 간작되는 새로운 이핵종 복숭아 과수원.

부한 잎을 벗어던진다. 이는 옥수수와 다른 농작물들이 물이나 햇빛을 얻기 위해 경쟁할 필요가 없다는 것을 의미한다. 수확량은 화학비료나 다른 투입물 없이 3배 증가했다.

그 밖에 대상 재배, 경계지 시스템, 그늘 시스템, 임업, 산림텃밭, 버섯 조림, 임간 축산, 무경운 농업 등이 있다. 수목간작은 인간의 안녕이 살아 있는 유기체에 적대적이거나 이를 착취하는 농업 시스템에 의존하지 않아도 된다는 생각을 강화시킨다. 그것은 오히려 토양, 비옥도, 서식지, 다양성, 수질을 지속적으로 개선하면서, 계속 증가하는 인구를 먹여 살리는 농사 방법을 발견하고 혁신하고 실천하는 것에 달려 있다.

현대 기업들은 일본에서는 가이젠改善으로 알려진 개념이자 제2차 세계대전 이후 일본에서 배운 미국의 품질 공학 원리에 바탕을 둔 '지속적인 개선'을 추구한다. 이는 계속 나아지는 것을 의미하며, 제품과 작업장을 개선하는 일상 속의 작은 변화를 강조한다. 고대의 생태학적 기술로서 수목간작도 마찬가지로 땅을 존중하고 땅에 적응하는 방법이다. 산업화된 농법들에 자리를 내어주기 위해 20세기 동안 대체되고 경작되어온 수목간작은 농업 르네상스를 일으킬 수십 가지 농법 중 하나다. 이는 사람과 재생, 그리고 풍요를 다시 땅으로 가져오기 위한 더 나은 식량 재배 방식의 변형이다.

효과

지역 및 간작 시스템에 따라 달라지는 격리 비율을 고려할 때, 30년에 걸쳐 17.2기가톤의 이산화탄소를 격리시킬 것으로 추정된다. 이런 효과를 얻기 위해서는 수목간작을 전 세계적으로 2억3100만 헥타르까지 확대해야 한다. 1470억 달러를 추가로 투자하면 30년 동안 220억 달러를 절감할 수 있다.

아이오와 중부 지방에서 무경운으로 재배되는 어린 콩.

보존농업

CONSERVATION AGRICULTURE

손을 사용하든, 노새나 황소 또는 트랙터가 끌든 간에 쟁기는 농작물을 심기 전에 흙을 고르고 표층을 뒤집는 매우 기본적인 도구다. 역사적으로 농경에서 없어서는 안 될 중요한 도구로 여겨졌지만, 보존농업을 하는 농장에는 쟁기가 없다. 여기에는 그럴 만한 이유가 있다. 농부들이 밭을 갈면서 잡초를 없애고 비료를 섞을 때, 갓 갈아엎은 토양의 수분은 증발한다. 토양 자체가 날아가거나 씻겨나갈 수도 있고, 그 안에 있는 탄소는 대기 중으로 방출된다. 경운 작업은 밭을 생산적으로 만들기 위한 준비 과정이지만, 실제로는 밭의 영양분을 없애고 생명력을 앗아간다.

토양이 침식되고 퇴화하면서 1970년대에 브라질과 아르헨티나에서 보존농업이 시도됐지만, 사실 18세기 산업혁명 이전까지는 대부분 농장에서 무경운 또는 저경운 재배를 실천했다. 보존농업은 토양 교란 최소화, 토양 피복 유지, 윤작 관리 등 3대 핵심 원칙을 준수한다. 보존conserve의 라틴어 어원은 '함께 두기'라는 뜻이다. 보존농업은 식량 생산을 가능하게 하고 기후변화를 억제할 수 있는 살아 있는 소중한 생태계로서 토양을 함께 유지하기 위한 노력의 일환으로 이들 원칙을 준수한다. 이 책에서 별도의 솔루션으로 설명한 보존농업과

2050년까지 감축 결과 및 순위

16

17.35기가톤	375억 달러	2조 1200억 달러
이산화탄소 감소	순비용	순절감액

재생농업은 둘 다 무경운 농법을 채택하고 있다. 보존농업을 실천하는 농부들은 대부분 피복작물을 심는다. 보존농업은 합성비료와 살충제를 사용한다는 점에서 재생농업과 차이가 있다.

매년 다시 심는 일년생 작물은 세계 경작지의 89퍼센트에서 재배된다. 보존농업 농지 면적은 12억 헥타르에 달하는 경작지의 10퍼센트를 차지한다. 대규모 재배와 소규모 재배를 합쳐 주로 남아메리카, 북아메리카, 호주, 뉴질랜드에서 성행한다. 농부들은 땅을 경운하지 않고 흙에 바로 씨앗을 뿌린다. 이들은 토양을 보호하기 위해 수확 후 작물 검불을 남겨두거나 피복작물을 재배한다. 작물이 곡물과 콩류일 때는 윤작(재배 식물과 장소를 바꾸는 것)이 거의 보편적으로 행해진다.

부분적으로 보존농업은 농부들이 비교적 쉽고 빠르게 채택할 수 있고 다양한 혜택을 실현할 수 있는 농법이기 때문에 이미 널리 퍼져 있다. 물 보존은 밭을 가뭄에 더 잘 견디게 하거나 관개 필요성을 줄인다. 영양 보존은 비옥도를 높이고 비료 투입량을 줄일 수 있다. 보존농업을 실행하면 비용이 감소하고, 수확량이 증가하며, 소득이 증가한다. 반대자들은 특히 서구 국가에서 현대식 무경운 방식이 제초제 살포와 유전자변형 작물에 크게 의존하고 있다고 지적한다. 또 다른 비판자들은 이런 방식은 진정한 보존농업이 아니라고 주장한다. 대부분의 아프리카 국가에서는 무경운 농사에 제초제가 사용되지 않는다.

보존농업은 1헥타르당 평균 1.25톤의 비교적 적은 양의 이산화탄소를 격리

밭을 준비하고 콩을 심는 무경운 파종기.

시킨다. 그러나 전 세계적으로 일년생 작물이 지배적인 것을 감안할 때, 이들 양을 합산하고 일년생 작물 농사를 순온실가스 배출원에서 순탄소 흡수원으로 전환할 수 있다. 보존농업은 오랜 가뭄이나 폭우와 같은 기후 관련 문제에 대한 토지의 화복력을 높여주기 때문에 온난화된 세계에서 그 가치가 배가된다.

보존농업은 충분히 입증된 해결책이다. 이를 확대하기 위한 핵심 과제는 선행 투자와 이 방식이 궁극적으로 가져오는 이익 사이의 격차를 해소하는 것이다. 이는 특히 수익을 낼 때까지 기다릴 여유가 없는 영세 소작농과 토지를 소유하기보다는 임대하기 때문에 토양의 장기적인 건강에 투자하려는 동기가 별로 없는 농부들에게는 더욱 중요하다. 농부들을 교육하고 재정적으로 지원하며, 농부들이 장비를 갖추도록 지원하는 광범위한 프로그램을 통해 수백만 명

이상의 농민이 보존농업을 채택하고, 그 혜택을 누리며, 탄소 창고로서의 농지를 강화할 수 있다.

효과

대규모 농장 운영이 괄목할 만한 성장을 보이면서 우리 분석은 보존농업의 총면적이 2035년까지 7100만 헥타르에서 최고 4억 헥타르까지 계속 증가할 것으로 예측한다. 재생농업이 점점 더 널리 활용됨에 따라, 이미 보존농업을 채택한 농장은 유해한 제초제를 사용한 농산물을 피하려는 소비자에 대응하여 더욱 효율적인 토양 비옥도 실천 방식으로 전환할 것으로 가정한다. 그 전환의 혜택은 재생농업 솔루션으로 계산된다. 그럼에도 보존농업은 그 과도기에 상당한 이점을 제공하며, 지역에 따라 헥타르당 연간 375~625킬로그램의 탄소 격리율을 기준으로 이산화탄소 배출량을 17.4기가톤까지 감소시킨다. 실행 비용은 낮은 편으로 380억 달러 수준이며, 수익은 2조1000억 달러에 이른다.

퇴비화

COMPOSTING

2050년까지 감축 결과 및 순위			60
2.28기가톤 이산화탄소 감소	**-637**억 달러 순비용	**-608**억 달러 순절감액	

유기물은 **중요하다**. 영국의 농학자이자 열성적으로 퇴비화에 대해 예언했던 앨버트 하워드 경은 이것을 본능적으로 알고 있었다. 20세기 초 영국과 인도에서 실험을 진행하면서, 하워드는 건강하고 살아 있는 토양이 작물의 번식력과 회복력의 핵심이라는 증거를 자신이 기르던 식물을 통해 발견했다. 거미줄처럼 얽힌 상호작용의 비밀을 완전히 이해하지는 못했지만, 그는 유기물과 토양 비옥도, 식물의 건강이 본질적으로 연결되어 있다는 것을 알았다. 이를 위해 대규모 퇴비화 계획을 설계하고, 해답을 찾기 위해 뿌리 구조를 조사했다. 아마 하워드는 퇴비가 식물의 뿌리와 토양의 뿌리균 사이의 관계를 강화했다고 생각한 듯하다. 그는 평생 식물에 필요한 영양분을 공급하기 위해 화학비료를 사용하자는 주장을 펴는 기존 사고와 싸우기 위해 애썼다. 당시는 하버법Haber's Process(프리츠 하버가 발견한 암모니아 합성법. 비료, 화약, 플라스틱, 의약품 등의 제조에 꼭 필요한 공정이다—옮긴이)의 시대로, 독일에서 값싼 질소비료를 제조하는 방법이 고안되었다. 그 여파로 유기물이 있는 퇴비와 덧거름은 구식인 데다 비경제적인 방법으로 취급되었다.

이 새로운 비료 제조 공정은 전 세계의 주목을 끌었다. 프리츠 하버와 카를 보시는 각각 노벨상을 받았다. 하지만 하워드는 무언가를 발견했다. 인류는 오랫동안 퇴비와 거름이 주는 효과의 메커니즘을 이해하지 못한 채 농작물과 텃밭에 이들을 사용했다. 라틴어 문헌 중 가장 오래된 산문으로 대 카토가 지은 「농업에 관하여De Agricultura」에는 농부에게 반드시 필요한 퇴비 사용 지침이 언급되어 있다. 셰익스피어 역시 이 검은색 금의 진짜 힘을 알고 있었다. 햄릿은 은유적으로 "잡초에 비료를 뿌리지 말라"고 충고한다. 네덜란드 과학자 안톤 판 레이우엔훅은 1670년대에 프로토타입 현미경을 통해 소위 '물벌레'를 처음 발견했지만, 우리 사회는 이제야 토양 생태학의 중심에 있는 미생물의 힘을 이해하게 되었다.

한때 추정되었듯이, 토양의 비옥도는 풍화된 암석 조각과 썩어가는 유기물이 어떻게 배합되는가에 달려 있다. 건강한 흙 한 티스푼에는 지구상에 있는 사람 수보다 더 많은 미생물이 있다. 이 토양 미생물은 두 가지 연동 작용을 한다. 이들 미생물은 죽은 식물과 동물로부터 유기물을 분해하는 것을 도와 생태계 내에서 주요 영양분을 순환시킨다. 또한 식물이 배출하는 탄수화물(박테리아와 곰팡이의 양분)과 맞바꿔 식물에게 가장 중요한 기관인 뿌리에 주요 영양분을 공급한다. 질소부터 칼륨과 인 등 여러 미생물은 식물이 잘 자랄 수 있게 도우며, 기후변화에 대처하는 데 큰 역할을 한다.

모든 생명체와 마찬가지로 인간은 쓰레기를 만들어내지만, 이 쓰레기에는 독특한 문제점이 있다. 전 세계에서 생산되는 고체 쓰레기의 거의 절반은 유기물 또는 생분해성 쓰레기이며, 이는 몇 주 또는 몇 달에 걸쳐 분해될 수 있음을 의미한다. 이 쓰레기 순환에 가장 큰 영향을 주는 것으로는 음식물 쓰레기뿐 아니라 마당과 공원에 흩뿌려진채 나뒹구는 나뭇잎도 있다. 수천 년 동안 이 쓰레기들은 자연의 경제 안에서 순환되었다. 그러나 오늘날 이 많은 유기물 쓰레기는 결국 쓰레기 매립지에서 끝을 맺는다. 이 쓰레기는 산소가 없이도 부패하고, 100년이 넘도록 이산화탄소보다 최대 34배나 더 강력한 메탄 온실가스를 생산한다. 인간에 의한 지구온난화의 4분의 1은 메탄가스 때문일지도 모른다. 많은 쓰레기 매립지에서 어떤 형태로든 메탄을 관리하고 있는데, 퇴비화를 위해 유기 폐기물을 전용하는 것이 훨씬 효과적일 수 있으며, 배출량을 극

영국에서 가정용 친환경 폐기물을 사용한 대규모 퇴비화.

적으로 줄이고 미생물의 작용을 촉진할 수 있다. 퇴비화 과정은 적절한 기폭을 통해 메탄 배출물을 피한다. 기폭이 없다면 퇴비화의 배출 효과는 줄어든다.

퇴비화는 뒷마당 쓰레기통부터 상업적 운영까지 적용 범위가 넓다. 규모에 상관없이 기본 원리는 같다. 즉 충분한 수분과 공기, 열을 투입하여 미생물이 유기물질을 분해할 조건을 제공하는 것이다. 박테리아와 원생생물, 균류는 탄소가 풍부한 유기물을 먹어치운다. 이는 모든 생태계에서 끊임없이 일어나는 분해 과정이다. 토양 자체에는 여러 지형에 따라 듬성듬성 퇴비 더미가 존재한다. 퇴비화 과정은 매립지의 분해가 그렇듯이 메탄을 발생시키기보다는 실제로 유기물을 안정된 토양 탄소로 변환시켜 식물이 이용할 수 있게 만든다. 퇴비는 원래 폐기물의 물과 영양분을 유지하는 매우 귀중한 비료로, 토양 탄소 격리를 돕는다. 쓰레기가 보물이 되는 것과 마찬가지다.

하워드와 그 외 연구자들의 업적 덕분에 산업용 퇴비는 20세기 초부터 존재해왔다. 이는 오늘날 도시에서 특히 유용하다. 인구 밀도가 높은 도시에서의 음식물 쓰레기 관리는 절대 작은 일이 아니다. 2009년 샌프란시스코는 음식물 쓰레기 퇴비화를 의무화하는 조례를 통과시켰다. 시애틀은 길거리 쓰레기통을 감시하며, 퇴비화 요구 조건을 위반하는 사람들을 적발하고 벌금을 부과한다. 덴마크의 코펜하겐은 25년이 넘도록 유기농 폐기물을 매립지에 보내지 않고 있으며, 이로 인해 비용 절감, 비료 생산, 탄소 배출 감소라는 퇴비화 정책의 상생 효과를 거두고 있다.

전통적으로 매립은 값싸고 편리했지만, 토지이용 압력과 매립 규제가 증가함에 따라 상황이 변하고 있다. 이런 변화는 접근이 용이해지고 다양해지면서 퇴비화의 매력을 높인다. 재활용과 마찬가지로 성공적인 퇴비 관리를 위해서는 대중에게 폐기에 대해 교육하고, 쓰레기를 수거·운반·처리하는 데 필요한 인프라를 개발하고, 목표에 맞는 수거 전략을 배치하기 위한 노력이 요구된다. 퇴비는 새로운 것이 아니지만, 지금 필요한 것은 이것을 규모에 맞게 현실화하기 위한 새로운 방법이다. 레오나르도 다빈치는 "지구에는 성장의 정신이 있는지도 모르겠다. 지구의 살은 토양이다"라고 말했다. 퇴비화는 그 살(성장의 정신)을 강화하고, 대기 중으로의 방출을 막는 방법이다.

효과

2015년 미국에서 약 38퍼센트의, 유럽연합에서는 57퍼센트의 음식물 쓰레기가 퇴비화되었다. 모든 저소득 국가가 미국의 수치에 도달하고 모든 고소득 국가가 유럽연합의 수치를 달성한다고 가정하면, 퇴비화는 2050년까지 2.3기가톤의 이산화탄소에 상당하는 매립지의 메탄 배출을 피할 수 있다. 이 총계는 토양에 퇴비를 줌으로써 얻는 추가 이득은 포함하지 않는다. 퇴비화 구축에는 비용이 적게 들지만 운영에는 더 큰 비용이 소요되며, 이는 재정적 결과에 반영된다.

바이오숯

BIOCHAR

고대 아마존 사회에서는 사실상 모든 쓰레기가 유기적이었다. 음식물 부스러기, 생선 뼈, 가축 거름, 깨진 도자기 등을 처분하는 방법은 묻거나 태우는 것이었다. 쓰레기는 토양층 아래에서 공기에 노출되지 않고 구워졌다. 열분해라고 알려진 이 과정은 탄소가 풍부한 숯토양개량제를 만들어낸다. 그 결과물은 포르투갈어로 테라프레타tera preta, 말 그대로 '검은 흙'이다.

테라프레타는 아마존 유역의 전형적인 산성 황토와 극명하게 대조된다. 이는 이동 경작과는 다른 농업 체계의 특징으로, 유럽인의 도착과 함께 도입된 화전농업이라고도 한다. 오늘날까지 행해지는 이런 화전식 농업은 식물과 나무를 태워서 땅을 개간하여, 얇은 아마존 토양 위로 잔류 탄소층을 남긴다. 열대지방에서는 유기물을 축적하기가 어렵다. 이들 지역은 1헥타르당 바이오매스를 가장 많이 생산하지만 부패율이 가장 높다. 폭우는 더 얇은 토양에서 영양분을 더 빨리 앗아간다. 탄소 추가는 새로운 땅이 버려지기 전까지 몇 년 동안 땅을 비옥하게 해준다.

그에 비해, 테라프레타 농업은 수십 년(일부 연구에서는 500년 이상) 동안 토양의 비옥도를 유지했다. 아시아, 비옥한 초승달 지대(나일강과 티그리스강, 페르

2050년까지 감축 결과 및 순위

72

0.81기가톤 이산화탄소 감소

자료 불확실 결정 불가

시아만을 연결하는 고대 농업 지대), 유럽에서 이루어진 풍요롭고 신뢰할 수 있는 장기 농업 생산은 도시와 도시생활의 근간을 제공했다. 아마존의 깊숙한 곳까지 들어간 소수의 유럽 탐험가는 거대한 도시 정착지에 대한 놀라운 보고서를 가지고 돌아왔다. 그들의 이야기는 나중에 판타지로 여겨졌는데, 여기에는 그럴 만한 이유가 있었다. 도시들이 사라져 찾을 수 없었기 때문이다. 천연두가 인구의 90~99퍼센트를 멸종시켰고, 메트로폴리스는 버려지고 빠르게 밀림으로 덮였다. 살아남은 주민들은 질병과 정복자를 피해 황무지로 깊숙이 도망쳤다. 지난 수십 년 동안 처음 접촉한 아마존 부족이 이들 15세기 문명의 후손일 것이라는 추측이 나오고 있다.

오늘날 테라프레타 토양은 아마존 유역 전체 토양의 10퍼센트를 차지하며, 엄청난 양의 탄소를 보유하고 있다. 토양을 지탱해주는 숯은 2500년 전으로 거슬러 올라가지만, 최근에서야 현대 농학자들에 의해 (재)발견되었다. 네덜란드의 토양 연구자 빔 솜브룩은 1950년대에 아마존에서 이 특이한 검은 흙을 발견했고, 1966년에 「아마존 토양Amazon Soils」이라는 중대한 글을 발표했다. 그 후로도 평생을 이 주제에 매달려 연구했다. 테라프레타는 독일 북부와 서아프리카뿐만 아니라 라틴아메리카에서도 발견되었다. 현재 바이오숯이라 불리는 이 고대의 뿌리는 농업과 대기의 미래를 약속한다.

바이오숯 생산을 위한 열분해 과정의 어원은 '불'을 뜻하는 그리스어 pyro와 '분리'를 뜻하는 그리스어 lysis에서 왔다. 이는 산소가 거의 없거나 전혀 없는 상태에서 바이오매스를 천천히 굽는 것이다. 선호되는 방법은 가스화로, 즉 좀더 완전한 탄화 바이오매스를 만드는 고온의 열분해다. 바이오숯은 흔히 땅콩 껍질부터 볏짚, 나뭇조각 등의 폐기물로 만들어진다. 가열되면서 가스와 기름은 탄소가 풍부한 고형분과 분리된다. 결과물은 두 가지인데, 하나는 에너지로 사용될 수 있는 연료(아마 열분해 자체에 연료를 대는 것)와 토양개량제로 사용되는 바이오숯이다. 굽는 속도에 따라 연료와 숯의 비율이 달라지며, 열분해가 늦어질수록 바이오숯이 많아진다. 열분해는 유연성에서 특이성을 가진다. 발전된 형태의 대형 산업 시스템에서도 생산할 수 있고, 작은 임시 가마에서도 만들 수 있다. 이는 바이오숯이 세계 거의 모든 곳에서, 특히 바이오숯을

——— 브라질 농업연구소의 네트워크인 엠브라파 소속 연구원과 고고학자들이 발굴 현장에 머물며 아마존 토양에 바이오숯(테라프레타)이 얼마나 깊이 매장되어 있는지를 관찰하고 있다. 마나우스에 있는 엠브라파 직원들은 40년 동안 테라프레타가 풍부한 토양에 일년생 작물을 심었는데, 비옥도와 생산성이 고갈되거나 손상되지 않았다. 일부 과학자는 테라프레타노바terra preta nova의 가능성을 농업에서의 '검은 혁명'이라고 불렀다.

가장 필요로 하는 장소에서도 받아들여질 수 있다는 것을 의미한다.

왜 숯이 된 탄소가 토양의 비옥도에 영향을 미칠까? 농부는 수확량을 늘리고 싶을 때, 대개 질소나 탄산칼륨, 인, 그리고 칼슘, 아연 등의 몇 가지 광물을 먼저 떠올린다. 농장이나 밭에 줄 비료를 산다고 가정하면, 탄소를 가장 먼저 떠올리지는 않을 것이다. 왜냐하면 탄소는 직접적으로 비옥도를 높이지는 않기 때문이다. 대신 비옥도를 높일 수 있는 조건을 만들어준다. 바이오숯은 다공성 구조를 가지는데, 이런 구조 덕분에 크기에 비해 표면적이 매우 넓다. 바이오숯을 산호초 같은 서식지라고 생각해보자. 이 집은 곳곳에 영양분과 물을 머금고 있고, 중요한 미생물이 번식할 수 있는 방으로 가득하다. 전문가들은 1그램의 바이오숯 표면적이 1000~2500제곱미터 정도라고 추산한다. 이는 모두 수많은 미세구멍 덕분이다. 바이오숯은 음전하를 가진 일종의 영양분 자석으로 기능하며, 칼슘 및 칼륨과 같이 양극을 띠는 원소들을 끌어당긴다. 이를 통해 질소비료로 인한 토양 산도를 낮추고 수확량을 증가시킬 수 있다. 바이오숯을 땅속에 묻으면, 식물이 원기 왕성하게 자라는데 도움이 되지만 모든 토양에서 그런 것은 아니다. 과학자들은 바이오숯이 토양과 그 안에서 자라는 식물들에 어디서, 어떻게 가

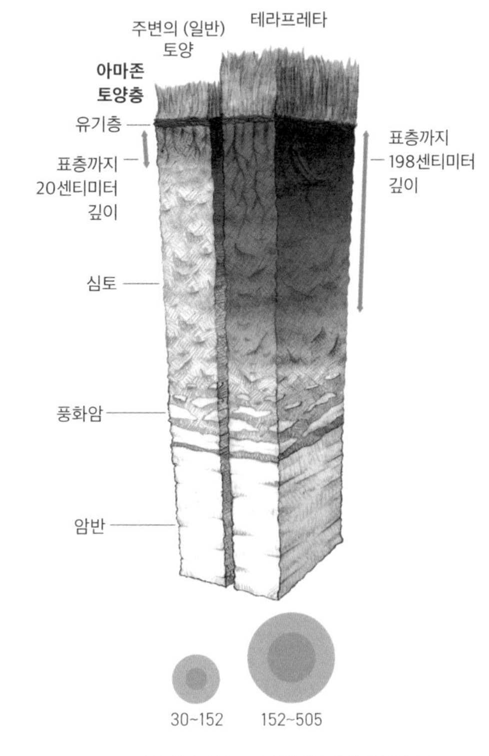

탄소 보유량 0.9미터 깊이에서 헥타르당 톤.

장 이로울 수 있는지를 연구한다. 초기 연구에 의해 다른 종류의 바이오매스가 다른 성질을 가진 바이오숯을 만든다는 것이 밝혀졌다. 토양을 적절한 바이오숯에 맞추는 방법을 배움으로써 바이오숯의 가치를 향상시키는 데 도움이 될 수 있다. 연구에 따르면 평균 수확량이 15퍼센트 증가하며, 산성 토양과 퇴화한 토양에 가장 큰 영향을 미친다고 한다. 이들 토양은 식량 안보로 어려움을 겪고 있는 지역에서 주로 발견된다. 더욱이 바이오숯은 질산염 비료를 흡수하는 식물의 능력을 향상시키고, 영양소를 조금만 공급해도 동일한 효과를 얻을 수 있도록 해주어 농부들의 비용을 절감하며, 유거량과 수생 생태계의 피해를 줄일 수 있다.

열분해는 광합성을 하는 동안 식물에 의해 생성된 당에서 탄소 밀도가 높은 물질을 생성한다. 바이오매스가 표면에서 분해되면 탄소와 메탄은 대기 중으로 빠져나간다. 바이오숯은 바이오매스 원료에 있는 대부분의 탄소를 유지하고, 묻어둔다. 바이오숯은 매우 안정적인 성질을 가지며, 토양에서 수백 년간 유지될 수 있다. 대기권으로 돌아가는 시간을 늦출 수 있어, 매우 효과적으로 탄소 순환을 방해하고 느린 속도로 진행되도록 유도한다. 이론적으로 전문가들은 바이오숯이 매년 수십억 톤의 이산화탄소를 격리시킬 수 있을 뿐만 아니라 유기 폐기물의 배출도 막을 수 있다고 주장한다.

바이오숯과 관련해 주로 논의되는 이슈는 사용되는 원료다. 농업용 또는 도시 폐기물에서 나오는 원료를 사용해 바이오숯으로 변환하는 것은 탄소를 격리하고, 비옥도를 증가시키며, 에너지를 생산하기 위한 수단이다. 그러나 적절한 규제와 집행 없이 땅에서 바이오매스를 벗겨내거나 나무를 베어 바이오숯을 만드는 것은 토양을 훼손하고 황폐화시키는 길이다.

바이오숯에 대한 관심과 활동이 증가하면서 지속가능한 원료가 무엇인지를 두고 논쟁이 계속되고 있다. 바이오숯 제조는 젊은 산업이다. 바이오숯을 사용하고 적용하기 위한 과학은 진화하고 있다. 비록 수요가 상대적으로 여전히 적지만, 열분해 기술은 계속 개발되고 있다. 국제바이오숯협회[IBI]와 같은 단체들은 바이오숯의 투명하고 지속가능한 미래를 설명하기 위해 고안된 인증 절차를 포함해 표준화, 일관성 및 도입 지원을 위해 노력하고 있다. 2015년을 기준으로 이 협회에는 326개 기업이 가입해 있으며, 이는 2013년의 175개에서 증가한 수치다. 이들은 고대의 방식에서 지구온난화 해결에 반드시 필요한 수단 중 하나인 바이오숯을 차용한 핵심 주체들이다.

효과

바이오숯은 2050년까지 0.8기가톤의 이산화탄소 배출량을 줄일 수 있다. 이 분석은 바이오숯이 온실가스를 막고 격리하는 여러 방법에 대한 총 생애주기 평가에 기초하면서, 초기 바이오숯 산업이 전 세계의 바이오매스 원료 가용성에 의해 제한된다고 가정한다.

마룰라나무는 남아프리카의 삼림지대에서 북쪽의 사헬까지 널리 분포해 있다. 떡갈나무와 비슷하게 넓은 관부가 있으며 망고나무, 캐슈나무 등과 같은 과에 속한다. 마룰라나무는 기린, 코뿔소, 코끼리의 주식량이며 주로 코끼리가 많이 먹는다. 마룰라에는 단백질과 마룰라유가 풍부하며, 안에 씨가 있는 아주 맛있는 열매를 생산한다. 코끼리는 열매와 가지를 먹고 껍질을 씹는다. 그래서 코끼리 나무라 불리기도 한다. 나무에 미치는 영향이 큰 만큼, 코끼리는 이를 보충하기 위해 분뇨를 통해 여기저기에 마룰라 씨를 뿌린다.

열대 주곡

TROPICAL STAPLE TREES

농업을 생각하면, 옥수수·밀·쌀과 같은 주곡, 콩·땅콩과 같은 두류, 감자·고구마·카사바 같은 뿌리 작물, 그 외 브로콜리, 토마토, 상추 등을 떠올린다. 이들 작물엔 한 가지 공통점이 있는데, 모두 일년생 작물이라는 점이다. 즉 1년 안에 심고, 수확하고, 다시 심는다. 농업의 특성상 일년생 작물은 매년 토양으로부터 탄소를 대기로 방출한다.

널리 알려져 있지는 않지만, 나무와 기타 수명이 긴 덩굴, 관목, 약초를 포함해 많은 다년생 작물도 주식을 생산한다. 이들 다년생 식물은 수천 년 동안 재배되고 수확되었다. 그중 많은 수가 세계 식량 공급의 중요한 구성 요소로서, 바나나와 아보카도를 주식으로 소비하는 열대지방에서 특히 그렇다. 나무에서 열리는 주식은 바나나와 빵나무 열매 같은 탄수화물이 많은 과일, 아보카도 등 지방이 많은 과일, 코코넛이나 브라질넛 등 견과류가 있다. 차차프루토나무, 비둘기콩, 메스키트나무, 캐러브를 포함한 많은 콩류 식물은 다년생이다. 그리고 즙이 풍부한 사고야자 중과피에서 만들어진 탄수화물인 사고sago 등과 같은 특화된 음식이 있다. 또는 에티오피아에서 자라는 바나나처럼 생긴 엔세트가 있는데, 이것을 3~6개월 동안 땅에서 발효시켜 코초kocho라는 전통

주식 요리를 만든다. 아프리카에는 바오바브, 마푸라, 아르간, 몽공고, 마룰라, 디카, 몽키오렌지, 모링가, 사푸 등 주식이 되는 식물들이 자란다.

경작지의 약 89퍼센트, 즉 12억1400만 헥타르에 달하는 땅에서 일년생 식물들이 자란다. 나머지 가운데 4억7000만 헥타르에는 다년생 작물이 자란다. 일년생 식물에서 다년생 식물로 주식을 바꾸면 수십 년 동안 매년 헥타르당 평균 4.75톤의 탄소를 격리시킬 수 있다. 열대지방에서는 주곡 1헥타르당 탄수화물과 단백질의 수확량이 일년생 작물 수확량에 상응하며, 이를 크게 능가할 때도 있다.

현재 온대지역 및 북부에는 일년생 작물과 견줄 만큼 수확물을 생산할 수 있는 후보 작물이 없다. 다년생 주곡이 맞닥뜨리는 또 다른 도전은 기계 수확이다. 대부분의 작물은 기계로 수확하거나 채집하지 않는다. 다만 상업성이 높은 일년생 작물과 경쟁할 수는 없더라도 주곡을 혼합한 산림 농업과 잘 어울릴 수 있는 저소득 국가의 농부들이 이런 단점을 역으로 이용할 수는 있다.

그러나 장점은 단점을 훨씬 능가한다. 열대성 주곡은 삼림농업, 다층 혼농임업, 수목간작 시스템으로 뿌리를 내릴 수 있다. 각각의 경우 침식과 유거수를 방지하고 빗물 침투율을 높일 수 있다. 또한 일년생 작물을 기계를 사용해 생산하기 어려운 매우 가파른 경사면에서도 재배할 수 있으며, 더 넓은 범위의 토양에도 적합하다. 어떤 작물은 일년생 작물이 거의 또는 전혀 자라지 못하는 건조한 환경을 좋아하기도 한다. 열대성 주곡 농사에는 최소한의 연료, 비

료, 농약만이 필요하며. 심은 후에는 사실상 경운도 필요 없다.

전 세계 날씨 패턴의 변화를 고려할 때, 다년생 작물은 더 탄력적이기도 하다. 일년생 작물이 실패하더라도 여전히 식량을 제공할 수 있기 때문이다. 전 세계의 순강우량이 증가하고 있지만 바람직한 방향으로 증가하는 것은 아니다. 지구온난화로 인해 장기간의 가뭄부터 갑작스러운 홍수를 초래하는 폭우까지 다양한 강우 패턴이 생겨나고 있다. 다년생 작물은 일년생 작물 경작이 불가능한 조건에서도 잘 견디고 잘 자랄 수 있다. 예를 들어 엔세트는 비가 안 와도 6~8년 동안 휴면할 수 있고, 비가 오면 되살아난다. 일년생 작물은 야자나무나 바나나나무에 비해 섬세하고 약하다. 전환을 통해 토지와 자원을 좀더 지혜롭게 사용할 수 있으며, 소작농(소작농들의 경작지는 전 세계적으로 약 1억7400만 헥타르에 이르며, 1인당 평균 2헥타르 미만의 토지를 소유), 마을, 보존 및 소득 등 여러 면에서 이익을 가져다준다.

효과

열대성 주곡은 현재 열대지방의 4700만 헥타르에서 주로 자란다. 이들의 격리율은 매년 1헥타르당 4.7톤으로 높은 편이다. 2050년까지 재배 지역을 6200만 헥타르로 확장하면, 20.2기가톤의 이산화탄소를 추가로 격리시킬 수 있다. 우리 분석은 삼림을 개간하지 않고, 기존 경작지에서만 확대한다고 가정한다. 수익률이 일년생 작물보다 2.4배나 높기(비용의 60퍼센트) 때문에 실행 비용은 낮은 반면 비용 절감 효과는 매우 크다.

농경지 관개

FARMLAND IRRIGATION

——— 점적 관개는 이스라엘의 심카 블라스에 의해 발명되었다. 심카 블라스는 1930년대에 한 농부가 그가 기르는 가장 큰 나무가 왜 물 없이도 잘 자라는지 의문을 갖는 것을 보고 영감을 얻었다. 블라스가 뿌리 주변을 파보자 물이 새는 파이프관이 나왔다. 1960년대 값싼 플라스틱 파이프가 등장하고 나서야 그의 발명품은 특허를 받아 상용화될 수 있었다. 이 발명 하나가 다른 어떤 기술보다 더 많은 물을 절약할 수 있었다.

2050년까지 감축 결과 및 순위 **67**

1.33기가톤 이산화탄소 감소

2162억 달러 순비용

4297억 달러 순절감액

관개는 땅에 물을 공급하는 것이다. 이 기술은 나일강과 티그리스강, 유프라테스강의 물을 전용해 처음으로 농부들의 밭에 사용되었던 기원전 6000년경으로 거슬러 올라간다. 이집트인과 메소포타미아인 모두 강의 조수 간만 차를 활용해 경작지의 땅에 물을 충분히 공급했다. 물이 충분해지자 하피와 엔빌룰루는 홍수와 관개를 관장하는 수호신으로 부상했고, 이 기술은 고대사회의 중심이 되었다. 운하, 제방, 수로 등 초기 물 관리 시스템의 잔재는 오늘날에도 여전히 남아 있다.

8000년 후 농업과 관개는 세계 담수 자원의 70퍼센트를 소비하게 되었고, 관개는 세계 식량 생산의 40퍼센트를 책임지고 있다. 범위와 규모를 감안할 때 관개는 강과 대수층의 물을 이용함으로써 지표면과 지하수 고갈을 야기할 수 있으며, 농장과 도시, 기업 간의 수리권 경쟁을 촉발할 수 있다. 농업용수를 퍼올려 유통하는 데에도 에너지가 필요하며, 그 과정에서 탄소가 배출된다.

나일강과 티그리스-유프라테스 계곡에서 시작된 관개 기술은 인류사에서 지배적으로 이용되어왔다. '담수' 관개 또는 '수반' 관개라 불리는 이들 관개 기술은 밭을 물에 잠기게 하는 방식으로, 세계에서 가장 많이 볼 수 있는 접근법이다. 그러나 20세기 중반에 관개 기술이 더욱 진화하여 더 정확하고 효율적으로 관개할 수 있는 방법이 개발되었고, 이로써 물을 절약하고 기후 영향을 줄일 수 있게 되었다. 점적 관개와 살수 관개는 농작물이 잘 자라는 데 필요한 가장 근접한 양의 물을 정확하게 맞춰 사용한다. 점적 관개는 90퍼센트의 공급 효율을 달성하며, 살수 관개는 70퍼센트 정도에 이른다. 이는 물 한 방울 한 방울이 더 많은 가치를 창출하여 관개의 생산성을 향상시키고 전반적인 물 소비량을 감소시킨다는 것을 의미한다.

농수를 더 효율적으로 사용함으로써 얻는 이점은 무척 많다. 에너지 수요와 탄소배출 감소 외에도 농작물 수확량이 향상되고 재배 비용이 절감되며 토양 침식이 감소된다. 농경지에 습기가 낮으면 해충이 줄어든다. 지표수 및 지하수는 물 사용 수요를 낮추어 더 잘 보호될 수 있다. 수자원과 관련된 여러 이해 당사자 사이의 갈등도 완화될 수 있다. 게다가 점적 관개는 넓은 범위의 용도에서 활용될 수 있다. 다만 그런 조건을 찾기에 어려움이 있을 수 있다. 더욱 효율적이고 정밀한 관개는 좀더 광범위한 기반시설을 필요로 한다. 이는 단지 수문을 여는 문제에 국한되는 것이 아니라, 높은 자본 비용과 지속적인 관리를 의미하기 때문에 가격이 낮은 주곡을 기르면서 유지가 어려울 수 있다. 그리고 쌀과 같은 어떤 작물들은 단순히 점적 관개 또는 살수 관개에는 적합하지 않다.

농작물은 성장 단계마다 다른 양의 물을 필요로 한다. 또 다른 현대의 효율적 방법인 관개 일정을 통해 농부들은 상황을 관찰하고 적당한 시기에 농작물의 물 수요를 충족시킬 수 있다. 부족 관개는 다양한 방식으로 관수를 한다는 점에서 유사하다. 즉 농작물은 가뭄에 잘 견디는 단계가 있는데, 이 시기에는 관개를 줄일 수 있다. 이 전략적인 수량 조절은 실제로 농작물의 질을 향상시킬 수 있다. 센서도 관개 지형을 바꾸고 있다. 이들 센서는 토양의 습도를 모니터링하고 관개 시스템을 자동으로 관리하여 농부의 어림짐작과 허드렛일을 줄일 수 있다. 빗물이나 유거수를 포착하고 관개 시스템에 공급할 수 있는 곳에서는, 농부들이 물을 효율적이고 효과적으로 사용하기 위한 또 다른 접근 방식이 있다.

——— 델보스크팜스의 사장인 조 델 보스크가 캘리포니아주 파이어보에 있는 아몬드 과수원에서 점적 관개에 사용되는 물 호스를 검사하고 있다. 2015년 3월, 캘리포니아주 의원들은 제리 브라운 주지사의 임기 4년째에 인구가 가장 많은 미국 주를 강타한 가뭄을 해결하기 위해 10억 달러 원조를 약속하는 법안을 승인했다.

점적 관개와 살수 관개는 발전된 기술이다. 점적 관개와 기타 '마이크로' 관개를 적용하는 농지 면적은 지난 20년 동안 6배(대략 160만 헥타르에서 적어도 1030만 헥타르 규모)나 증가했다. 이 면적은 계속 증가하고 있지만 전 세계 관개용 토지의 4퍼센트에도 미치지 못한다. 지금까지 대부분 미국과 뉴질랜드, 일부 유럽 국가에서 확대됐기 때문에 저소득 지역에서 성장의 여지가 있다. 전통적으로 아시아 지역은 재래식 지표 관개의 본거지이므로 농업용수 생산성을 향상시킬 수 있는 가장 중요한 기회가 될 전망이다.

점적 관개와 살수 관개의 확산에 있어 가장 큰 장애물은 구매와 설치 비용 때문에 소작농이 이를 감당하기 어렵다는 점이다. 새롭게 등장하는 저비용 관개 기술이 이런 상황을 바꾸기 위해 활용되고 있다. 새 기술을 채택하는 농가가 늘고, 이에 따라 융자와 보조금 혜택도 커지고 있다. 관개 인프라는 또한 인적 전문성을 필요로 한다. 교육과 훈련을 통해 농부들이 시스템을 갖추고 이들 시스템을 최적화하기 위한 지식과 기술을 익힐 수 있다. 장비 값이 절감되고 농업 공동체의 기술적 능력이 향상되면 관개 개선은 재배와 기후 모두에 이익이 될 수 있다.

효 과

현재 살수 관개와 점적 관개의 사용 규모는 고소득 국가 면적의 42퍼센트에서 아시아와 아프리카의 저소득 국가 면적의 6퍼센트까지 전 세계적으로 매우 다양하다. 우리 분석은 개선된 관개 대상 지역이 2020년에 5380만 헥타르에서 2050년에는 1억8100만 헥타르로 증가한다고 가정한다. 채택률이 가장 높은 곳은 아시아인데, 아시아는 전체 관개 면적의 62퍼센트를 차지하고 현재 그 땅의 4퍼센트만이 마이크로 관개를 시행하고 있다. 이 성장은 1.3기가톤의 이산화탄소 배출을 피할 수 있고 2050년까지 3400억 리터의 물과 4300억 달러의 비용을 아낄 수 있다.

자연의 숨은 반쪽

데이비드 R. 몽고메리, 앤 비클레

농업계는 오래전부터 인류에게 식량을 공급할 수 있는 유일한 방법이 화학비료, 살충제, 그리고 최근 등장한 유전자변형 씨앗을 사용하는 것이라고 주장해왔다. 생물학적 또는 유기적 농업 방식이 세계 인구를 먹여 살릴 수 없다는 것이 통념이다. 즉 이들 방식은 세계 식량 수요에 비춰볼 때 소작농들만의 비실용적인 관행으로 여겨질 뿐이다. 이 발췌문에서 데이비드 몽고메리와 앤 비클레는 식물이 화학비료를 통해 얼마나 잘 자라게 되었는지를 '입증'한다. 화학비료는 모든 산업형 농업의 토대이자 굶주린 인류의 배를 채울 지배적 방식이 되어버렸다.

몽고메리와 비클레가 보여주듯이, 토양 생명의 역할이 알려지지 않았던 당시의 과학은 불완전했다. 19세기와 20세기 대부분의 농학자와 토양학자는 미생물이 토양 안에서 무엇을 하는지 전혀 알지 못했다. 이런 지식이 없는 상태에서 화학비료는 농업 생산에 가히 무소불위적인 영향을 떨쳤다. 특히 척박한 토양에서 수확량을 유지하고, 심지어 증가시켰기 때문에 이는 당연한 현상이었다. 그러나 산업형 농업은 혹독한 대가를 치르게 되었다. 20세기 중후반까지 화학비료에 의존한 농업 관행은 토양 탄소, 표층, 토질, 부엽토의 꾸준한 손실을 초래했고, 수질오염, 해충에 더 취약한 작물, 온실가스(아산화질소 및 이산화탄소) 배출, 해양 데드존을 야기했다. 토양 건강, 생산성, 수분 침투율, 가뭄에 견딜 수 있는 내성, 병해충 저항성, 수질 등은 상당 부분 토양 속 박테리아 집단 덕분에 유지되는데, 이는 대단히 복잡한 생명 부여 과정이다. 이것이 몽고메리와 비클레가 같은 이름의 책에서 열변한 '자연의 숨은 반쪽'이다. 프로젝트 드로다운에 포함된 모든 토지이용 방식은 생명 과정과 일치하기 때문에 향상된 탄소 격리, 생산성 및 생태계 서비스를 제공한다. 「매력적인 미래 에너지」 장의 「미생물 농업」에서 볼 수 있듯이, 세계 최대의 농업 회사들은 현재 농화학적 접근을 기반으로 산업형 농업 방식으로 인한 150년간의 토지 저하를 막기 위한 미생물 활용법을 이해하고 특허 및 상용화를 위해 앞다투어 경쟁하고 있다.

1634년, 플랑드르의 화학자이자 의사인 얀 밥티스타 판 헬몬트는 토양의 비옥도와 식물 성장 간의 복잡한 세계를 조사하기 시작했다. 그러나 이것이 그가 시간을 보낼 때 가장 먼저 하는 일은 아니었다. 연금술을 공부하던 그는 자연물은 사물을 끌어당기고 밀어낼 수 있는 자연력을 지니고 있다고 믿었고, 관찰과 실험을 통해 이를 이해할 수 있었다. 그는 자연현상을 설명하면서 자연에 개입하는 신의 역할을 부정했고, 이로써 교회와 충돌했다. 심기가 불편해진 종교 재판소는 신의 창조물인 자연의 섭리를 파고든 것을 두고 오만하다는 죄로 유죄를 선고하고 그를 가택 연금에 처했다.

그는 몇 년을 집에 갇혀 있으면서도, 그 상황을 최대한 활용했고 어떻게 작은 씨앗이 큰 나무로 변할 수 있는지에 대해 궁리하기 시작했다. 식물이 어떻게 자라는지는 분명치 않았다. 식물이 흙을 먹는다는 당시의 통념에 의문을 품었던 그는 90킬로그램의 마른 흙을 담은 화분에 2.2킬로그램짜리 버드나무 묘목을 심었다. 그 뒤 물만 주면서 나무가 스스로 자라도록 두었다. 집에만 갇혀 있던 헬몬트에게는 완벽한 실험이었다. 5년 후에 그는 다시 나무의 무게를 재봤다. 나무는 75킬로그램이 늘었지만, 흙은 56그램만 줄었을 뿐이었다. 그는 나무가 물을 먹고 자란다고 결론지었다.

이 발견에 자극을 받은 헬몬트는 광범위한 실험을 시도했다. 그중 한 실험에서 그는 한 번에 28.1킬로그램의 참나무 숯을 태웠고, 그 결과로 생긴 재와 27.6킬로그램의 기체(이산화탄소)를 조심스럽게 모아 무게를 쟀다. 나무를 태우면 재가 나온다는 것은 놀라운 일이 아니었다. 그러나 다른 결과는 차치하더라도, 기체의 생산은 새로운 발견이었다. 이 발견이 있기 전까지 대부분의 식물이 눈에 보이지 않는 기체로 이루어져 있다는 이론은 웃음거리였다.

한 세기 반이 지난 뒤, 식물생리학을 연구하는 스위스 화학자인 니콜라테오도르 드 소쉬르가 이를 집대성했다. 1804년 그는 헬몬트의 실험을 반복하면서, 식물이 소비하는 물과 이산화탄소의 무게를 달고 이를 설명했다. 그는 식물이 햇빛을 받아 액체 상태의 물과 이산화탄소를 결합(광합성)함으로써 성장한다는 것을 증명했다.

소쉬르의 발견은 비옥도에 대한 이해를 근본적으로 뒤바꿔놓았다. 식물은 부식토에서 탄소를 끌어내는 것이 아니라, 공기에서 가져왔다. 이 반전은 식물이 부식토(부패한 유기물)를 흡수함으로써 성장한다는 수 세기 동안의 개념에 이의를 제기하는 것이었다. 그럼에도 소쉬르의 실험은 반직관적으로 남아 있었다. 농부들은 오랫동안 거름이 식물이 자라는 데 도움이 된다는 사실을 몸소 터득하고 있었기 때문이다.

(…)

자연철학자들은 토양 유기물, 즉 부식토(식물들이 분해되어 만들어진 토양으로 주로 표층에 검은색으로 형성된다)가 식물 성장을 돕는다고 믿었다. 이 신비한 물질이 식물에 직접 양분을 전달한다는 생각이 지배적이었다. 사람들은 실험을 통해 부식토가 물에 녹지 않고, 따라서 식물이 부패한 유기물질로부터 직접 영양분을 흡수할 수 있다는 생각에 의혹이 제기되기 전까지는 그런 생각을 견지했다. 뿌리를 통해 부식토를 빨아들이지 못한다면, 식물들은 어떻게 부식토를 성장에 사용할 수 있었을까?

난제에 직면한 당시의 과학자들은 식물이 부식토로부터 직접 영양분을 흡수한다는 개념에 냉담해졌다. 독일의 화학자 유스투스 폰 리비히는 실마리 하나를 포착하고, 식물 영양의 부식토 이론에 대한 의혹을 풀기 위해 나섰다. 1840년 산업혁명에 휩쓸려 그는 농화학에 관한 영향력 있는 논문을 썼는데, 여기서 그는 소쉬르가 보여주었듯이 식물이 대기 중의 이산화탄소로부터 필요한 탄소를 얻기 때문에 토양 유기물 속의 탄소는 식물 성장을 촉진하지 않는다고 판단했다. 리비히는 식물을 태우기 전과 후의 무게를 재고 분석하던 당시의 표준 관행을 이용해 식물 재에 질소와 인이 풍부하다는 것을 발견했다. 재 속에 남아 있는 물질이 식물에 영양을 공급하는 것이라면, 농작물에도 영양을 공급한다고 보는 게 타당해 보였다. 그의 견해에 따르면, 이 발견은 식물학자들이 오랫동안 찾아온 질문에 해답을 제공했다. 바로 토양의 화학적 구성이 토양 비옥도의 열쇠를 쥐고 있었던 것이다.

간단히 말해서, 리비히와 그의 제자들은 식물이 자라기 위해 필수적인 다섯 가지 핵심 요소를 밝혀냈다. 물H_2O, 이산화탄소CO^2, 질소N, 암석에서 파생된

두 가지 광물 요소인 인P과 칼륨K이었다. 그리고 그들은 유기물이 토양 비옥도의 생성과 유지에 중요한 역할을 하지 않는다는 결론에 이르렀다. 리비히는 보편적인 부식토 이론을 뒤집음으로써 현대 농업의 중심에 있는 토양 비옥도의 관점을 제시했다.

리비히가 제시한 화학 철학의 매력은 유럽 농부들이 최근 수입된 해조분guano을 퇴화된 토양에 비료로 주기 시작했을 때 발견했던 폭발적인 작물 성장에 대한 설명을 읽는다면 쉽게 이해할 수 있을 것이다. 1804년 독일의 탐험가 알렉산더 폰 훔볼트는 이 마법 같은 물질의 견본을 페루 연안의 한 섬에서 유럽으로 가져왔다. 이 하얀 바위는 인을 많이 함유하고 있을 뿐만 아니라 일반 거름의 30배 이상에 달하는 질소를 함유하고 있었다.

19세기 후반 페루의 구아노섬이 잊힐 무렵, 화학비료의 광범위한 채택은 농업 생산을 이끄는 철학으로 확고히 자리 잡게 되었다.

(…)

(알고 보니) 유기물은 토양의 생명줄, 즉 본래 지하경제의 통화였던 것이다. 유기물이 왜 그렇게 빨리 사라지는지에 대한 미스터리를 유기물에 대한 토양의 갈망이 부분적으로 설명해준다. 우리의 발밑에서는 미생물과 더 큰 생명체들이 각자 먹고 먹히는 이중 위치에 처해 있으면서 복잡하고 역동적인 공동체를 만들어낸다. 이 미세한 일꾼들은 유기물을 분해할 뿐만 아니라 식물이 필요로 하는 영양소, 미량원소, 유기산의 공급자이자 배급자 역할을 한다. 그래서 식물은 유기물을 직접 흡수하지는 않지만, 유기물을 먹고 분해하는 토양 유기체의 대사 생성물을 흡수한다. 리비히는 거의 전 생애를 유기물이 중요하지 않다는 생각에 만족하며 살았다. 하지만 이제 우리는 다른 사실을 알고 있다. 토양 유기물은 토양을 비옥하게 하고 식물을 먹이는 힘겨운 일을 한다는 것을.

미생물이 죽은 식물과 동물을 분해할 때, 그들은 생명체의 원소 구성 요소

캔자스주 랜드연구소의 농학자 제리 글로버가 프레리 대초원에서 자라는 다년생 풀의 긴 뿌리를 들어 보이고 있다.

들을 다시 순환시킨다. 여기에는 질소, 칼륨, 인과 식물 건강에 중요한 다른 모든 주요 영양소와 여러 미량 영양소가 포함된다. 게다가 미생물은 식물이 필요로 하는 바로 그곳, 즉 식물의 뿌리로 곧장 영양분을 전달한다.

우리는 이제야 식물의 뿌리와 토양 생활 사이의 특별하고 오래된 연결점을 이해하기 시작했다. 어떤 관측에 따르면, 우리는 여전히 땅속 생물의 10분의 1만을 알 뿐이라고 한다. 아주 최근까지만 해도 토양 생태계 분야는 시야가 육안으로 볼 수 있는 별들로 한정된 고대 천문학과 같았다. 자연의 숨은 반쪽은 지구의 피부이며, 흙에서부터 죽음과 동시에 미생물 세계의 토대가 되는 식물과 동물에 이르기까지 넘실대는 생명의 양탄자를 엮는다. 토양에서 일어나는 일을 관찰하는 것의 어려움을 고려할 때, 깊은 시간의 모루에서 다듬어지는 땅 아래 관계에 대해 우리는 여전히 배울 것이 많다.

관리형 방목
MANAGED GRAZING

노스다코타의 브라운 목장에서 무리 지어 풀을 뜯고 있는 소들.

2050년까지 감축 결과 및 순위

19

16.34기가톤 이산화탄소 감소	**505**억 달러 순비용	**7353**억 달러 순절감액

장기간에 걸쳐 방목 동물은 특별한 환경을 조성한다. 아프리카 중동부의 세렝게티 초원과 미국 버펄로 서식지의 키가 큰 풀이 자라는 프레리를 연구해보면 이것이 명확해진다. 원래의 초원이 그대로 유지된 곳에서는 지하 3미터 깊이까지 탄소가 풍부하게 남아 있다. 이 땅을 계속 경운하거나 가축들을 방목하면 땅은 퇴화되고 토양 탄소가 소실된다.

관리형 방목은 무리 지어 이동하는 초식동물이 야생에서 사는 방식을 본뜬 것이다. 초식동물은 자기 자신과 새끼들을 포식자로부터 보호하기 위해 무리를 이룬다. 이들은 다년생 및 일년생 풀들을 관부까지 뜯어 먹으며, 발굽으로 흙을 파헤치고, 분뇨를 뒤섞어놓고서는 계속 이동하고 같은 자리에 1년 동안 되돌아오지 않는다. 소, 양, 염소, 엘크, 무스, 사슴과 같은 초식동물은 소화계에서 셀룰로오스를 발효시켜 메탄을 배출하는 미생물로 이를 분해하는 반추동물이다. 반추동물은 아르헨티나의 팜파스에서부터 시베리아의 매머드 스텝까지 전 세계에 걸쳐 거대한 초원을 만들었다. 하지만 이들 동물을 울타리 안에 가둔다고 생각하면, 이건 완전히 다른 이야기가 된다. 더욱 최악인 것은, 사육장에 넣고 환경과 기후에 미치는 영향을 측정한다면, 소는 지구에서 가장 해로운 물질 중 하나인 석탄과 같은 위치를 차지한다. 그러나 명백한 것은 소와 다른 반추동물들이 전체론적 방식으로 초원에서 관리될 때는 땅을 위한 가장 좋은 방법이 될 수 있다는 점이다.

프랑스의 생화학자이자 농부인 앙드레 부아쟁은 1957년에 처음으로 관리형 방목의 이점에 대한 이론을 내놓았다. 부아쟁은 화학과 물리학을 공부했지만 마음속으로는 동식물 생리학자를 꿈꿨다. 제2차 세계대전 후 자신의 농장으로 돌아왔을 때, 그는 소와 풀의 관계에 깊은 호기심을 갖게 되었다. 우리는 풀을 당연하게 여기는 경향이 있다. 풀은 자라고, 먹히고, 죽고, 다시 자란다. 부아쟁은 농학자들이 어떤 풀이 심겼는지, 풀에 어떤 비료를 주었는지, 언제 물을 주는지 등에는 큰 관심을 기울이면서도, 동물과 풀이 어떻게 상호작용하는지에 대해서는 거의 또는 전혀 관심을 두지 않는다는 점을 생각해냈다. 동물이 풀을 관부까지 베어먹는가? 한 번 뜯어 먹는가? 반복해서 뜯어 먹는가? 여러 번 먹히고 난 후에 풀의 상태는 어떠한가? 풀은 다시 회복되는가? 서로 다른 방목지에서 소 무게 증가는 어떤 식으로 나타났는가? 부아쟁은 방목의 세부 사항들을 살펴봤다. 이런 관찰(강우량과 같은 다른 변수를 제외하고)을 통해 그는 소가 풀을 뜯어 먹는 방법이 목초지의 건강과 생산성의 주요한 결정 요인이라는 것을 깨달았다.

동물이 계속 풀을 뜯으면, 뿌리의 영양 보유분이 고갈 상태에 이를 때까지 서서히 줄어든다. 식물이 죽으면 흙도 죽는다. 이를 과도방목이라고 한다. 4억 헥타르 이상의 토지가 이런 상태로 세계를 고통에 빠뜨린다. 과도방목의 영향은 동물이 사라지면 땅이 회복될 것이라는 믿음을 불러일으킨다. 그러나 절대 그렇지 않다. 야생이든 가축이든, 초식동물이 이 땅에서 없어지면 토지는 퇴화된다. 과도방목으로 인한 피해는 초원이 황폐화되었을 때, 즉 토양의 건강이 저하되고 탄소가 손실될 때 일어나는 일을 파악하기 어렵게 만들었다.

연구가 진행되는 동안 부아쟁은 두 가지 주요 변수, 즉 동물이 특정 초원에서 얼마나 오랫동안 풀을 뜯는지와 동물이 돌아오기 전에 땅이 얼마나 오랫동안 휴식하는지에 대해 연구했다. 그 결과 소와 풀의 관계에서 최적의 결과를 얻는 것은 관리형 방목인 것으로 알려졌다. 토양 건강, 탄소 격리, 수분 보유 및 사료 생산성을 향상시키는 세 가지 기본적인 관리형 방목 기법이 있다.

1. 지속적인 방목 개선은 표준 방목 방식을 조정(기본적으로 무한 경쟁 목초지)하고 헥타르당 동물 수를 줄임으로써 과도방목을 방지한다.
2. 윤환방목은 가축을 신선한 방목장 또는 목초지로 체계적으로 이동시켜 이미 풀이 뜯긴 자리를 회복한다.
3. 때때로 무리방목mob grazing이라고도 하는 적응형 복수 소형 방목adaptive multipaddock grazing은 세 가지 중 가장 집약적이다. 이 방식은 동물이 빠른 속도로 작은 목구들 사이를 오가며, 그 후에 땅은 회복될 시간을 갖는다. 따뜻하고 습한 기후에서는 한 달, 시원하고 건조한 지역에서는 1년 정도의 기간을 둔다.

연구는 세 가지 방식에 대한 광범위한 영향을 보고한다. 메타분석 연구에 따르면 방목의 영향은 지역적 기후, 토양 거칠기, 주로 자라는 풀의 종에 따라 크게 달라지는 것으로 나타났다. 개선된 방목은 1헥타르당 1.25~7.5톤의 탄소를 격리시킬 수 있다. 메탄과 아산화질소 배출량을 고려할 때 순격리율은 이보다 훨씬 더 낮다. 그러나 목초지가 전 세계 농경지의 70퍼센트를 차지하고, 관리형 방목도 지리적으로 활용할 수 있기 때문에 규모를 확대할 경우 상당한 영향을 미칠 수 있다.

재래식 방목에서 집약적 방목으로 전환하는 데는 한 방식에서 다른 방식으로 넘어가는 과도기가 뒤따른다. 이 시기에 농장은 살충제, 제초제, 살진균제, 비료를 서서히 끊는다. 이들은 모두 농업 관련 기업들이 연구하고 자금을 조달할 것 같지 않다는 결론이다. 장기 연구자들이 달성한 경험적 결과에 따르면 2~3년의 전환기를 가지며, 이는 찬성론자들이 제시한 결과에 의문을 제기하는 대부분의 연구와 거의 같은 기간이다. 북아메리카 전역의 농부들의 경험은 단일 농장에만 한정되어 있기 때문에 관리형 방목의 연구나 피어 동료심사 논문에는 포함되지 않는다. 보고되는 많은 이익은 지리, 목장이나 농장의 종류, 기후에 걸쳐 일관되며, 단기 관찰에 기반한 결론과는 차이가 있다.

관리형 방목을 사용하는 농부들은 한때 말라붙었던 영구 하천이 돌아왔다고 보고한다. 하루에서 이틀에 걸쳐 집약적 윤환방목을 시행하는 농장에서는 단위 면적당 마릿수가 200~300퍼센트 증가했다. 토종 풀들이 잡초를 밀어내며 다시 자리를 잡았다. 풀을 다시 심을 필요가 없어 시간과 디젤 연료를 아꼈다. 목초지의 경운 역시 중단되어, 연료와 장비 비용이 절약되었다. 소의 행동도 바뀌었다. 억세게 자란 과도방목된 목초지를 어슬렁거리기보다는 재빠르게 움직이며 그 과정에서 (농부가 단백질이 풍부하다는 것을 발견한) 잡초를 먹었고, 따라서 잡초 관리의 필요성을 줄이거나 없앴다.

관리형 방목 실험은 전 세계 곳곳에서 계속되고 있으며, 소셜미디어와 대면 회의를 통해 학습한 것을 공유하는 목장 네트워크가 형성되었다. 여기에는 정석이라고 할 만한 기법은 없다. 방목이 빠르고 집중적으로 이뤄지며, 휴식 기간이 길면 결과가 개선되는 듯하다. 풀의 단백질과 당분이 늘어나고, 흙 속의 미생물에 먹이는 탄소당이 많을수록 글로말린이라는 끈끈한 물질을 분비하는 뿌리균이 더 잘 자란다. 유기농이 풍부한 토양은 글로말린에 의한 작은 입자에 함께 모이고, 물이 흐를 수 있는 빈 공간이 있는 잘 바스러지는 흙을 형성한다. 실제 농부들은 흙이 시간당 200, 250, 350밀리미터의 비를 흡수할 수 있다고 보고한다. 반면에 굳어진 토양은 단 25밀리미터의 비만으로도 웅덩이를 형성하고 침식된다. 탄소 격리율은 기후 운동가들에 의해 많이 논의되는데, 이 방법을 주도하는 농부와 농장주들은 탄소를 격리시키거나 기후에 영향을 주기 위해 이를 사용하는 것은 아니다. 이들은 토양 건강과 가축 보호를 위해 탄소를 증가시키고 있다. 탄소 1퍼센트에서 출발한 많은 농부가 현재 6~8퍼센트 혹은 그 이상을 유지하고 있다.

실제 농부들은 생산성 향상과 제초제, 살충제, 비료, 디젤 연료, 수의료 지출 감소 덕분에 소득이 크게 증가했다고 보고한다. 그리고 동물들(명금류, 자생 뇌조, 여우, 사슴, 그리고 벌과 나비와 같은 꽃가루받이 곤충)이 원래 살던 땅으로 돌아왔다고 설명한다. 더욱 엄격한 방법론을 적용했음에도 불구하고, 농부들을 인터뷰한 바에 따르면 같은 크기의 땅에 더 많은 동물이 있는데도 시간은 더 여유로워졌다고 한다. 미국 농무부는 보수적으로 치우치는 경향이 있지만, 탄소를 목초지로 옮기는 것에 대하여 가장 강력하게 주장하는 부류는 농부들이다.

——게이브 브라운이 플랜틴, 무, 쥐보리, 라이밀, 붉은토끼풀, 파켈리아, 렌틸콩 등의 피복작물 위에 앉아 있다.

매년 세렝게티 이주 기간이 오면 흰수염영양이 모여든다. 이 사진은 모든 무리 동물이 하는 일, 즉 풀이 난 목초지를 끊임없이 이동하면서 비교적 가깝게 붙어 있는 모습을 보여준다. 영양은 무리를 지음으로써 하이에나, 사자, 그리고 이주를 따라다니는 다른 포식자들로부터 새끼를 보호한다. 관리형 방목은 동물의 건강을 최적화하고 땅을 재생하기 위해 울타리와 짧은 윤환 시간을 이용해 원야에서의 행동을 모방한다.

윌 해리스는 미국 동남부에서 가장 가난한 카운티 중 하나인 조지아주 클레이 카운티에서 화이트오크 목장을 운영하는 4세대 농부다. 그는 50년 동안 화학비료 위주의 기법을 사용했지만, '유산과 책임감'에 대한 생각이 깊어지면서 자신의 가족 농장을 전체적이고 인간적인 시스템으로 변모시키기 시작했다. 그는 옥수수 사료와 호르몬 주사, 항생제를 차례로 포기하고 그다음엔 살충제와 비료를 포기했다. 이제 그는 "매일, 온종일, 어떻게 하면 이 땅을 더 좋게 만들 수 있을까만 생각한다"고 말한다.

화이트오크는 세렝게티의 자연 방목을 모방한 윤환방목을 사용하는데, 처음에는 큰 반추동물, 그다음에는 작은 반추동물, 조류순으로 방목 방법을 바꿨다. 즉 소, 양, 닭과 칠면조순으로 모두 목장 안에서 자유롭게 돌아다니게 되었다. 그래서 이 농장은 거의 생태계처럼 기능한다. 동물들은 해리스가 '본능적 행동'이라고 설명하는 모습 그대로 행동하며, 화이트오크 팀은 이 모든 활동을 살아 있는 유기체로 보고 있다. 해리스는 헥타르당 최대 생산량으로 농장의 성공을 가늠하기보다 건강, 수명, 자연의 섭리와의 조화에 초점을 맞춘다. 이는 결국 장기적인 관점에서 봤을 때 수익이 나는 사업이다. 해리스는 토양 500헥타르에 탄소가 풍부한 유기물이 같은 토양 유형과 강우량을 가진 인근 재래식 농장보다 10배나 높다고 보고하고 있다.

노스다코타주 비즈마크 동쪽에 위치한 브라운 목장의 게이브 브라운은 고밀도 방목 기술을 사용하는데, 한 무리에 수백 마리의 소가 하루 간격으로 100여 개의 목구 사이를 이동한다. 그중 몇몇 구간에서 브라운은 외부 화학물질을 사용하지 않고 6년 동안 탄소 함량을 4퍼센트에서 10퍼센트로 끌어올렸는데, 이는 1헥타르당 125톤의 탄소가 증가한 것이다. 그는 농업 방식의 변화를 이렇게 설명한다. "재래식으로 방목할 때는, 아침에 일어나서 하는 일이 오늘 무엇을 죽일지 결정하는 것이었다. 이제는 일어나서 무엇을 살릴 수 있을지 결정한다." 그리고 그는 변화가 어디에서 오는지 분명히 알고 있다. "정부를 바꾸지 않는다. 소비자들이 원동력이다."

효과

이 솔루션은 표준 방목 방식과 비교해 탄소 격리를 강화함으로써 2050년까지 16.3기가톤의 이산화탄소를 격리시킬 수 있다. 이는 오늘날 해당 방목장에서 배출되는 10기가톤의 메탄을 줄이지 않는다는 점에 유의한다. 관리형 방목 방식은 30년 동안 7800만 헥타르에서 4억4500만 헥타르로 확대될 것이다. 재정 수익은 2050년까지 7350억 달러, 추가 투자액은 510억 달러다.

여성

이 장은 분량이 현저히 적다. 여기서 제시하는 솔루션은 대다수의 인류, 즉 51퍼센트에 해당되는 여성에 초점을 맞추고 있다. 우리는 여성 문제를 특별히 분류해 다루는데, 그 이유는 기후변화가 성중립적이지 않기 때문이다. 기존의 불평등으로 인해, 여성은 질병에서부터 자연재해에 이르기까지 기후변화의 영향에 매우 취약하다. 또한 여성은 지구온난화를 성공적으로 해결하고, 인류의 전반적인 복원력을 회복하는 데 중추적인 역할을 한다. 여기서 살펴볼 것처럼, 성에 따른 억압과 소외는 실제로 모든 사람에게 상처를 주는 반면 평등은 모두를 위해 좋은 일이다. 우리의 솔루션은 여성의 권리와 복지를 개선함으로써 지구의 미래가 나아질 수 있다는 것을 보여준다.

여성 소작농

WOMEN SMALLHOLDERS

저소득 국가에서는 농업에 성별의 차이가 있다. 즉 같은 일을 하더라도 남성과 여성에게 제공되는 자원과 권리 사이에는 큰 격차가 있다. 평균적으로 여성은 농업 노동력의 43퍼센트를 감당하며, 가난한 나라에서는 이 비율이 60~80퍼센트까지 치솟는다. 여성은 종종 무급 또는 저임금으로 일하면서, 밭과 임목을 경작하고, 가축을 기르고, 채소밭을 돌본다. 이들 대부분은 (어느 정도는 생계를 위해) 2헥타르 미만의 토지를 운영하는 4억7500만 가구에 이르는 소작농에 속하는데, 영양실조 상태에 있는 세계에서 가장 가난한 사람들이다. 사연은 다양하지만 이들에게는 중요한 공통점이 있다. 남성과 비교할 때, 토지부터 신용, 교육과 기술에 이르기까지 다양한 자원에 접근할 기회가 적다는 것이다.

자산, 투입, 지원에서의 불평등은 같은 크기의 땅에서 여성이 남성만큼 능률적이고 효율적으로 농사를 지어도 더 적은 양을 생산할 수밖에 없다는 것을 의미한다. 이런 성 격차를 해소함으로써 지구온난화에 대처하는 동시에 여성, 가족, 지역사회의 삶을 개선할 수 있다.

유엔식량농업기구는 모든 여성 소작농이 생산 자원에 평등하게 접근 가능할 때 농업 생산량은 20~30퍼센트 증가하며, 저소득 국가의 총 농업 생산량

2050년까지 감축 결과 및 순위			62
2.06기가톤 이산화탄소 감소	자료 불확실 결정 불가	876억 달러 순절감액	

은 2.5~4퍼센트 증가하고 전 세계의 영양실조 인구도 12~17퍼센트 감소할 것으로 예측한다. 1억~1억5000만 명의 사람이 더 이상 배를 곯지 않아도 된다. 몇몇 연구에 따르면, (다른 모든 조건이 같다고 가정할 때) 여성이 남성과 동일한 자원을 이용할 수 있다면, 생산량은 실제로 남성을 능가할 것으로 나타났다. 여성의 생산량은 남성의 생산량보다 7~23퍼센트 더 많았다. 우리는 성 격차를 해소함으로써 배출량을 조절할 수 있다. 농지에서의 생산이 원활하다면, 추가로 필요한 토지를 마련하기 위한 삼림 파괴가 줄어들고, 재생농업이 화학 집약적 농업을 대체하게 되면 토양은 탄소 저장소가 된다.

토지 권리는 여성 소작농이 직면한 성 격차의 중심에 있다. 성별에 따라 토지 소유 통계를 구분해놓은 국가는 거의 없지만, 근본적인 불평등이 드러난 국가에서는 토지 소유자 중 단 10~20퍼센트만이 여성으로 집계된다. 또한 집단 내에서 불안정한 토지 권리는 여성을 끈질기게 괴롭히는 문제로 남아 있다. 많은 여성에게 재산을 소유하거나 상속하는 것이 법적으로 금지되어 있고, 이에 따라 그들의 결정권이 제한되며 집을 잃게 될 가능성도 있다. 인도 마부브나가르 지역의 킨다티 라크슈미는 "손바닥만 한 땅 한 조각만 있어도 굶주리지 않고 인간으로서 존엄성을 지키며 살아갈 수 있다. 땅을 얻을 때까지 투쟁을 계속하는 것 외에는 달리 방법이 없다"고 강조한다. 설상가상으로 이런 여성들은 현금도 없고 신용 거래를 할 수도 없다. 자본의 부족은 비료, 농기구, 물, 씨앗의 부족을 의미한다. 여성은 열등한 지위로 인해 진흥 기관으로부터 기술 정보와 지원을 받거나, 시골 협동조합의 조합원 자격을 얻거나, 마케팅 및 판로를 확보하는 데 큰 제약을 받는다. 저소득 국가에서는 남성들이 농업 이외의 수입을 찾아 도시로 이주함에 따라 농업 부문에서 여성의 역할이 점점 더 증대되고 있다. 하지만 여성이 경작하는 땅에 대해서는 결정과 투자에 많은 제약이 따른다. 책임은 커졌지만 권리와 자원은 그렇지 않다는 뜻이다.

토지의 복잡성으로 인해 모든 경우에 적용되는 전략을 사용할 수는 없지만, 여성을 좌절케 하는 현재의 시스템을 개선할 방법은 입증되어 있다. 맨체스터대 교수이자 『자기만의 땅A Field of One's Own』의 저자인 비나 아가르왈은 필요한 조치의 범위를 파악했다.

- 여성을 농장 도우미(처음부터 여성을 깎아내리는 인식)가 아닌 농부로 인정하고 단언한다.
- 여성의 토지 접근성을 높이고 남성에 의해 조정되고 통제되지 않는 투명하고 독립적인 사용권을 확보한다.
- 특히 소액 대출 등 구체적으로 필요한 것을 제공함으로써 부족한 교육과 자원에 대한 여성의 접근성을 개선한다.
- 여성이 경작하는 작물과 그들이 사용하는 농업 시스템에 연구 및 개발의 초점을 맞춘다.
- 공동 경작처럼 여성 소작농을 위해 고안된 제도적 혁신과 집단적 접근법을 제시한다.

아가르왈의 마지막 강령은 강력하다. 성장과 학습, 자금 조달 및 판매를 위해 협동조합에 참여할 때, 여성은 운영에서 규모의 경제를 달성하고 그들의 영향력과 노하우, 재능을 결집시킨다. 또한 노동과 자원, 새로운 작물이나 농사 기술을 시도함으로써 도출될 수 있는 불확실한 결과와 같은 위험을 공유할 수 있다. 혁신과 농업 생산성이 뒤따르는 것은 물론이다. 이런 결과는 지구온난화에 직면해 변화하는 세계에서 더욱더 중요하며, 농부들은 이를 쉽게 받아들여야 한다.

다른 모든 소규모 농사와 마찬가지로, 재배를 다양화하면서 매년 더욱 탄력적이고 성공적인 수확량을 확보할 수 있다. 수십 년 동안 기업형 농업과 정부기관은 합성비료, 살충제, 유전자변형 씨앗에 의존하는 기법을 장려해왔으며, 이로 인해 많은 소규모 농장주가 상품 가치 폭락, 해충 발생, 토질 악화의 위험에 처하게 되었다. 이와는 대조적으로, 혼농임업이나 간작과 같은 방식을 통한 작물의 다양화는 많은 경우 화학비료를 필요로 하지 않으며, 복원력은 더욱 강해졌다. 여성(과 남성)은 수확량 증가를 달성할 수 있을 뿐만 아니라, 기후변화에 직면했을 때 **지속가능한 방식**으로 수확량을 확보하는 데 도움이 필요하다. 유엔식량농업기구는 "지속가능한 (…) 관행의 광범위한 채택을 통해 소규모 농업의 기후변화에 대한 복원력을 구축하지 않는 한, 세계의 빈곤을 뿌리뽑고 굶주림을 종식시키기란 (불가능하지는 않더라도) 매우 어려운 일이다"라고 발표했다.

세계 인구가 계속 증가(2050년까지 97억 명이 될 것으로 예상)함에 따라, 농업 생산도 (음식물 쓰레기 감소 및 식단 변화와 함께) 증가해야 할 것이다. 경작지에 대한 제약과 훼손되지 않은 숲을 보호할 필요를 고려할 때, 인류는 각 경작지에서의 수확량을 증가시켜야만 한다. 같은 크기의 땅에서 더 많은 식량을 재배하는 일은 소작농을 고려하지 않고서는 불가능하다. 이들 중 다수는 여성이며, 이들 농장이 필요로 하는 것은 오랫동안 간과되어왔다. 성평등 수준이 높은 나라는 곡물 수확량도 평균적으로 더 높다. 불평등이 심한 나라는 반대의 결과를 보인다. 여성 소작농들이 토지와 자원에 대해 동등한 권리를 갖게 된다면, 이들은 더 많은 식량을 거둬들일 것이고, 1년 내내 가족을 더 잘 먹일 수 있으며, 더 높은 가계소득을 올릴 것이다. 여성은 소득이 더 높아지면 버는 돈의 90퍼센트를 가족과 지역사회를 위한 교육, 건강, 영양에 재투자하는 데 비해 남성은 30~40퍼센트만을 재투자한다. 예를 들어 네팔에서 여성의 토지 소유권 강화는 어린이들의 건강 개선과 직접적인 연관이 있었다. 이 솔루션으로 알 수 있는 사실은, 인간의 복지와 기후가 밀접하게 연결되어 있으며, 평등에 이로운 방법은 성별을 막론한 모두의 삶에 도움이 된다는 것이다.

효과

이 솔루션은 삼림 벌채를 막아 배출량을 줄였는데, 이는 여성 소작농의 수확량이 증가한 결과다. 이 분야의 문헌을 바탕으로 우리는 여성의 자금 조달 및 자원에 대한 접근성이 남성과 동등할 경우, 토지당 수익률이 26퍼센트 상승할 수 있다고 가정한다. 4000만 헥타르를 관리하는 여성들이 동등한 지원을 받으며 수익률을 26퍼센트 끌어올릴 수 있다면, 이 솔루션은 2050년까지 2.1기가톤의 이산화탄소 배출을 줄일 수 있다.

가족계획

FAMILY PLANNING

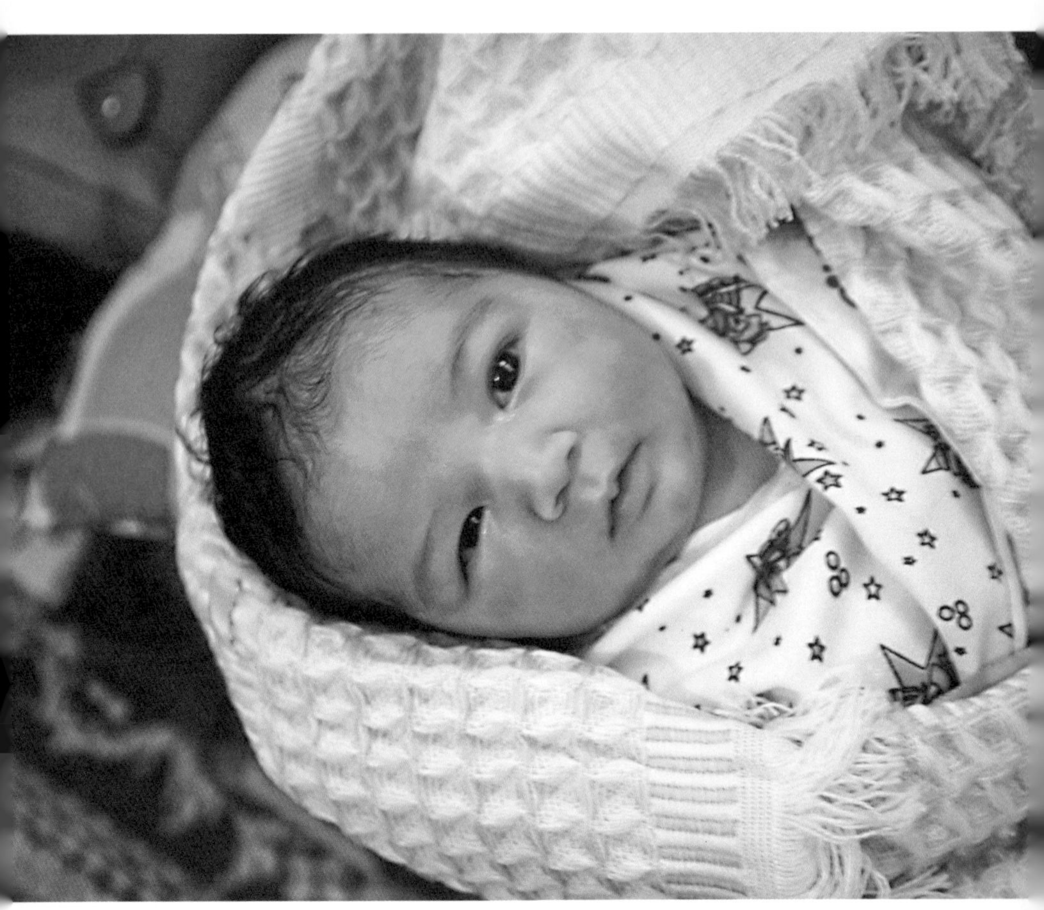

______2016년 가자지구 남부 라파 마을의 집에서 태어난 지 사흘 된 왈리드가 담요에 싸여 누워 있다. 왈리드는 이집트와 이스라엘, 지중해 사이에 끼인 작은 거주지역인 가자에서 200만 번째로 태어난 사람이다. 가자는 가장 넓은 폭이 불과 12킬로미터밖에 되지 않으며, 세계에서 가장 인구 밀도가 높은 지역 중 하나다.

2050년까지 감축 결과 및 순위 7

59.6기가톤
이산화탄소 감소

인권은 돈으로
환산하기에 부적절함

여성이 우연이 아닌 선택으로 아이를 낳고, 가족의 규모와 자녀의 터울을 계획하는 것은 자율성과 존엄성의 문제다. 저소득 국가에 사는 2억2500만 명의 여성은 임신 여부와 시기를 선택할 수 있기를 원하지만, 피임에 대한 접근성이 부족하다. 그 결과 매년 약 7400만 건의 원치 않는 임신이 발생한다. 임신의 45퍼센트가 의도치 않은 것으로 나타난 미국을 포함해 일부 고소득 국가에서도 피임에 대한 필요성이 지속적으로 제기된다. 자발적이고 수준 높은 가족계획 서비스에 대한 전 세계적인 기본권 확보를 통해 여성과 그들 자녀 모두의 건강과 복지, 기대수명에 강력하고 긍정적인 영향을 미칠 수 있다. 사회·경제 발전을 위해 성별에 관계없이 지급되는 수당은 무수히 많다. 이 수당은 직접적이며 바로바로 혜택을 볼 수 있고 지속가능한 조치다. 가족계획은 온실가스 배출 감소에 대해서도 파급효과를 가져올 수 있다.

1970년대 초 파울 에를리히와 존 홀드런은 'IPAT'(환경 영향=인구×풍요×기술)라는 유명한 방정식을 개발했다. 이 단순화된 공식은 인간이 환경에 미치는 영향이 사람 수, 소비 수준, 사용되는 기술의 함수라고 주장한다. 지구온난화를 해결하기 위한 많은 작업은 이 방정식의 기술 단편과 화석연료로부터의 전환에 초점을 맞추고 있다. 일부는 부유함에 초점을 맞추고, 특히 부유한 나라에서 소비재에 대한 소비자의 욕구를 감소시키는 것을 목표로 하기도 한다. 인구가 증가하면 지구에 더 많은 부담을 줄 것이라는 광범위한 합의에도 불구하고, 이 요인은 여전히 논란이 되고 있다. 개인은 일생을 살면서 자원을 소비하고 배출을 야기한다. 개인이 환경에 미치는 영향은 우즈베키스탄이나 우간다보다 미국에서 훨씬 더 크다. 탄소발자국은 일상적이고 편한 주제다. 얼마나 많은 자손을 남기는가 하는 문제는 그렇지 않은데, 그 이유는 대부분 가족계획과 환경을 연계시키는 것이 본질적으로 강압적이거나 잔인하다는 우려 때문이다. 최악의 경우 맬서스주의(인구는 기하급수적으로 느는데 식량은 산술급수적으로 증가하기 때문에 인구 과잉으로 인한 빈곤이 초래된다는 이론으로 영국의 경제학자 토머스 맬서스가 주창했다—옮긴이)로 여겨질 수도 있다. 그러나 가족계획이 의료 보건 제공에 초점을 맞추고 여성들이 표출하는 요구를 충족시킨다면, 이는 권한 분배, 평등, 복지라고 할 수 있다. 지구에 가져오는 혜택은 부수적인 것이다.

가족계획 접근성을 확대하기 위해 해결해야 할 과제는 저렴하고 문화적으로 적절한 기본 피임 도구를 제공하는 것부터 성관계와 재생산에 대한 교육까지, 멀리 떨어진 의료기관과 의료인의 적대적인 태도, 사회적·종교적 규범에서부터 피임 도구 사용에 대한 파트너의 반대에 이르기까지 실로 다양하다. 현재 전 세계적으로 여성이 실질적으로 원하는 재생산 관련 보건의료를 제공하려면 53억 달러의 자금이 필요하다.

그러나 가족계획의 성공 사례는 매우 놀랍다. 이란은 1990년대 초 역사상 가장 성공적인 노력 중 하나로 평가받는 프로그램을 시행했다. 우선 종교 지도자들이 자발적으로 이 프로그램에 참여해 대중을 교육하고, 무료로 피임 도구를 제공했다. 그 결과 출산율은 단 10년 만에 절반으로 줄었다. 방글라데시의 평균 출산율은 1980년대 6명에서 현재 2명으로 떨어졌다. 이는 매틀랩 병원에서 처음 시작한 가정방문이 전국으로 확산된 결과로, 이를 통해 여성 의료 종사자들이 여성과 어린이에게 기본적인 의료를 제공했다. 이들과 다른 성공 사례를 볼 때 피임만으로는 충분하지 않다는 사실을 알 수 있다. 가족계획에는 사회적 인식의 보강이 필요한데, 예를 들어 무엇이 '정상적인지' 또는 '옳은지'에 대한 인식을 바꾸는 데 라디오와 텔레비전 연속극을 활용하는 곳이 많이 있다.

25년 이상 가족계획 주제에 대해 침묵을 지켜온 기후변화에 관한 정부 간 협의체는 2014년 종합 보고서에 재생산 보건 서비스에 대한 접근성을 포함시켰고, 인구 증가를 온실가스 농도 증가의 중요한 요인으로 지적했다. 가족계획을 통해 복원력이 향상된다고 제시하는 증거들이 늘어나고 있다. 즉 가족계획은 지역사회와 국가가 지구온난화에 의해 야기된 불가피한 변화에 더 잘 대처하고 적응하도록 돕는다. 이는 기존의 불평등으로 인해 질병에서 자연재해에 이르기까지 더욱 불균형적으로 고통받는 여성과 소녀들에게도 시사하는 바가 크다. 그러나 이 주제는 여전히 많은 국가와 기관에서 금기시되고 있는데, 이는 인구 문제를 제기하거나 인구를 감소시키는 접근 방식이 본질적으로 인간 삶의 가치에 대한 모욕이라는 끈질긴 믿음이 자리 잡고 있기 때문이다. 지구온난화가 기승을 부리고 인간들로 가득한 행성에서는 그 반대의 믿음이 자리할 수 있을지도 모르겠다. 인간의 삶을 존중하기 위해서는 모두에게 생존 가능하고 활기찬 가정을 보장할 수 있어야 한다. 가족계획을 통해 여성과 아이들의 존엄성을 지키는 일은 중앙집권적인 정부가 출산율을 낮추거나 높이라고 강요하는 것에 관한 문제가 아니다. 배출량이 가장 많은 부유한 나라의 기관이나 운동가들이 다른 나라 국민에게 아이를 갖지 말라고 이야기하는 것에 관한 문제도 아니다. 이는 가장 본질적으로 여성의 자유와 기회, 그리고 기본권을 인정하는 것에 관한 문제다. 현재 가족계획 프로그램은 전체 해외 개발 원조액의 1퍼센트만을 지원받고 있다. 저소득 국가들이 목표를 달성하기로 한다면 그 규모는 두 배로 늘어날 수 있다. 이는 지구를 위해 의미 있는 일이 될 만한 도덕적 움직임이다.

효과

2050년까지 유엔이 2015년 내놓은 인구 중위 추계인 97억 명을 달성하는 데 있어 재생산 보건의료 및 가족계획의 확대는 필수 요소다. 특히 저소득 국가에서 가족계획에 대한 투자가 실현되지 않으면, 세계 인구는 10억 명이 추가되면서 예상치를 웃돌 수 있다. 우리는 97억 명이라는 목표가 실현된 세계와 가족계획이 거의 또는 전혀 실행되지 않은 세계에서 나타나는 에너지 소비량, 건축 공간, 식량, 쓰레기 배출량, 교통량의 차이를 바탕으로 이 솔루션의 효과를 측정했다. 그 결과 저소득 국가에서 1인당 연평균 10.77달러의 비용으로 119.2기가톤의 이산화탄소 배출량을 줄일 수 있을 것으로 나타났다. 여학생의 교육이 가족계획에 중요한 영향을 미치기 때문에 우리는 각 솔루션에 총 잠재 배출 감소량의 50퍼센트(각 59.6기가톤)를 할당한다.

여학생 교육

EDUCATING GIRLS

_____ 케냐는 교육 분야에서 상당한 성과를 거두고 있으며, 현재 소년 소녀의 초등학교 입학률은 80퍼센트에 달한다. 중등학교 입학률은 남학생과 여학생 모두 50퍼센트로 떨어진다. 낮은 입학률의 주요 원인은 빈곤이며, 사회경제적 인식을 보면 경제적으로 어렵더라도 남학생들이 고등교육의 혜택을 우선적으로 받는다.

6

2050년까지 감축 결과 및 순위

59.6기가톤
이산화탄소 감소

효과 참조

여학생 교육은 지구온난화에 극적인 영향을 미치는 것으로 드러났다. 교육을 많이 받은 여성일수록 더 적게 출산하고, 더 건강한 아이들을 낳으며, 재생산 건강을 더 적극적으로 관리한다. 2011년 『사이언스』 지는 여학생 교육이 인구 증가에 미치는 영향에 대한 인구통계학적 분석을 실었다. 이 저널은 한국이 세계에서 가장 교육 수준이 낮은 국가에서 가장 교육 수준이 높은 국가로 '고속 성장'한 시나리오를 상세하게 다룬다. 만약 모든 국가가 한국과 비슷한 비율로 여학생의 초중등학교 진학률을 100퍼센트 달성한다면, 2050년에는 현재의 입학률이 지속될 경우에 비해 전 세계적으로 8억4300만 명의 인구가 감소할 것으로 예측한다. 브루킹스연구소Brookings Institution는 "학교에 다니지 않은 여성과 12년의 교육을 받은 여성의 자녀 수 차이는 여성 1명당 4~5명까지 벌어진다. 그리고 인구 증가 속도는 여성이 교육을 받기 가장 어려운 국가에서 가장 빠르다"고 설명한다.

가장 가난한 나라에서는 1인당 온실가스 배출량이 적다. 그 이유는 물을 제대로 정화하거나, 밤에 책을 읽고 공부하거나, 소규모 사업장에 전력을 공급할 충분한 에너지가 없기 때문이다. 세계적으로 11억 명이 전기가 전혀 없는 곳에서 살고 있다. 연간 1인당 이산화탄소 배출량은 마다가스카르가 0.1톤, 인도가 1.8톤으로, 저소득 국가의 1인당 배출량은 미국의 1인당 배출량 18톤에 비하면 극히 적은 수준이다. 그럼에도 이런 국가의 출산율 변화는 사실상 전 세계의 각계각층에 여러 혜택을 가져올 것이다.

노벨평화상 수상자이자 여성을 위한 교육운동가인 말랄라 유사프자이는 "아이 한 명, 교사 한 명, 책 하나, 펜 하나면 세상을 바꿀 수 있다"는 유명한 말을 했다. 많은 증거가 그녀의 확신을 뒷받침한다. 우선 교육받은 여성은 더 높은 임금을 받고 더 높게 승진하며 경제 성장에 기여한다. 아기의 사망률과 마찬가지로 산모 사망률도 감소한다. 또한 어릴 때 결혼하거나 의지에 반하여 결혼할 가능성도 적다. HIV·AIDS와 말라리아의 발병률도 낮은데, 이는 '사회적 백신'의 영향이다. 농지는 더욱 생산적이고 가족은 영양 상태가 더욱 좋다. 또한 가정, 직장, 사회에서 더 많은 권한을 갖는다. 기본권인 교육은 소녀와 성

말랄라 유사프자이는 여성을 위한 교육운동가로서, 파키스탄 북부의 스와트밸리에서 태어났다. 유사프자이는 주로 아버지로부터 교육을 받았다. 탈레반 조직의 영향력이 증가하고 있음에도 불구하고, 스와트밸리의 교육열은 세계사회로부터 일찍이 인정을 받았다. 2012년 10월, 유사프자이가 시험을 치르고 집으로 돌아오던 중 한 탈레반 무장괴한이 버스에서 그녀를 암살하려 했다. 유사프자이는 세계 최연소 노벨평화상 수상자로, 현재 말랄라재단을 통해 학업과 여성운동을 계속하고 있다. 그녀의 목표는 전 세계의 소녀들에게 12년 동안 안전한 환경에서 양질의 교육을 받을 기회를 제공하는 것이다.

인 여성, 이들의 가족, 그리고 지역사회를 위한 활기찬 삶의 토대를 마련한다. 이는 인구 증가를 억제함으로써 배출량을 완화하는 동시에 세대 간 빈곤의 악순환을 끊을 수 있는 가장 강력한 지렛대다. 2010년 경제 연구 결과에 따르면, 여학생들을 교육시키는 투자는 "탄소배출 감소에 대한 기존의 거의 모든 선택 사항 중 비용 대비 경쟁력이 가장 큰" 방법이면서도 그 비용은 이산화탄소 1톤당 10달러에 불과하다.

교육은 또한 기후변화에 대한 영향의 측면에서 회복력을 제고한다. 온난화가 심화함에 따라 세계는 이를 필요로 한다. 저소득 국가들 전반에 걸쳐 가정과 공동체 생활의 중심에는 자연의 시스템과 여성 사이의 강한 연관성이 있다. 음식과 토양, 나무, 물의 관리자로서 여성의 역할이 증대되고 있다. 교육을 받은 소녀들이 교육을 받은 성인 여성이 되면서, 이들은 물려받은 전통 지식과 책을 통해 알게 된 새로운 정보를 융합할 수 있다. 다가올 미래에 여러 변화(과실을 죽이는 새로운 질병, 토양 구성 변화, 파종 시기 변화 등)가 반복되면, 교육을 받은 여성들은 자신과 자신의 피부양자를 관찰하고 이해하고 재평가하여 이에 따라 행동을 취할 줄 아는 다양한 방법을 모색할 수 있다.

교육은 또한 가장 극적인 기후변화에 대처할 수 있도록 여성들을 준비시킨다. 2013년의 한 연구는 여성 교육이 "자연재해에 대한 취약성을 개선할 가장 중요한 단 하나의 사회경제적 요소"라고 밝혔다. **가장 중요한 단 하나**. 이는 1980년 이후 125개국에서의 경험을 조사하여 도출한 결론으로, 다른 분석들을 반영하고 있다. 교육을 받은 소녀와 여성은 자연재해와 극단적인 기상 현상으로 인한 충격에 대처할 능력이 더 크며, 따라서 이런 충격이 발생했을 때 부상, 이주 또는 사망할 가능성이 더 낮다. 이렇게 취약성을 개선했을 때 그 영향은 그들의 자녀, 가족, 그리고 노인들에게까지 확대된다.

지난 사반세기 동안 지구촌은 여성의 교육에 대해 많은 것을 배웠다. 숱한 문제가 여학생들의 교육받을 권리를 방해하지만, 그럼에도 여성들은 전 세계적으로 교실을 굳건히 지키기 위해 노력하고 있다. 경제적 장벽에는 학교 수업료와 교복 값을 지불할 가족의 자금 부족 등이 포함된다. 또한 소녀들로 하여금 물이나 땔감을 가져오게 하거나 노점상에서 일하고 밭을 갈게 하는 등 더욱 즉각적인 소용을 우선시하는 관행도 포함된다. 또한 소녀들이 읽고 쓰는 것을 배우기보다는 가정을 돌봐야 하고, 어린 나이에 결혼해야 하며, 자원이 부족한 경우에는 남학생들이 우선 진학해야 한다는 등의 전통적인 믿음도 문화적 장벽으로 작용한다. 이런 장벽은 안전과도 관련이 있다. 멀리 떨어져 있는 학교 자체의 위험과 불편함은 말할 것도 없고, 등하굣길에 성차별적인 폭력의 위험에 처하게 되기도 한다. 장애, 임신, 출산, 여성 할례 등도 걸림돌이 될 수 있다.

이런 장벽은 분명 현실이지만 해결책 역시 현실이다. 가장 효과적인 방법은 접근성(등록금 및 등교 제반 경비, 근접성 및 적합성)과 품질(훌륭한 교사 및 높은 학업성취도)을 동시에 해결한다. 여성 교육에 대한 진전을 유지하고 개선하기 위해서는 지역사회의 힘을 동원하는 것이 가장 효과가 빠르다. 이에 관한 전반적인 해결책을 다룬 『여성 교육의 효과적인 방식What Works in Girl's Education』은 상호보완적인 7가지 중재 방안을 제시한다.

1. 학교에 드는 비용을 낮춘다. 예를 들어 소녀들이 학교에 다닐 수 있도록 가족 수당을 제공한다.
2. 소녀들이 건강이라는 장벽을 극복하도록 돕는다. 예를 들어 구충제를 나눠준다.
3. 학교까지 가는 시간과 거리를 줄인다. 예를 들어 자전거를 제공한다.
4. 학교를 여학생친화적으로 만든다. 예를 들어 나이가 어린 엄마들을 위

한 보육 프로그램을 제공한다.
5. 학교의 질을 높인다. 예를 들어 뛰어난 양질의 교사를 더 많이 배치하는 데 투자한다.
6. 지역사회 참여도를 높인다. 예를 들어 지역사회 교육운동가를 양성한다.
7. 비상시에도 여학생 교육을 지속한다. 예를 들어 난민 캠프에 학교를 설립한다.

현재 6200만 명의 여학생이 학교에 다니지 못하고 있다. 상황이 가장 심각한 것은 중등교육이다. 남아시아에서는 소녀 인구의 절반도 안 되는 1630만 명이, 사하라 이남 아프리카에서는 여자아이 3명 중 1명 미만이 중등학교에 다닌다. 전체 여자아이 중 75퍼센트가 초등교육을 마치지만 중등교육을 마치는 학생은 8퍼센트에 불과하다. 현재 교육 프로젝트에 대한 국제 원조는 연간 약 130억 달러다. 여학생 교육과 기후변화의 연관성을 고려할 때, 기후변화에 대응하고 이를 완화시킬 원조금은 세계가 이 솔루션을 빠르게 확장하는 데 큰 도움이 된다. 원조금이 필요한 교육업계와 입증된 기후변화 대책을 필요로 하는 세계 사이를 연결한다면 매우 강력한 힘을 발휘할 것이다. 게다가 여학생 교육에 대한 투자를 가족계획에 대한 투자와 연계하면 상호 보완적인 상생 전략이 된다. 교육은 모든 인간에게 타고난 잠재력이 있다는 믿음에 근거를 두고 있다. 기후변화에 있어 소녀들 한 사람 한 사람의 잠재력을 키우는 일은 우리 모두를 위한 미래를 키우는 일이다.

효과

여성 교육과 가족계획이라는 두 가지 솔루션은 가족의 규모와 전 세계 인구에 영향을 미친다. 이들 솔루션 간의 정확한 동학을 확정 지을 수 없기 때문에 우리는 각 솔루션에 전체 잠재적 영향의 50퍼센트를 할당한다. 우리는 이런 영향이 초등교육부터 중등교육까지 13년간의 학교교육에서 비롯된다고 가정한다. 유네스코UNESCO에 따르면 연간 390억 달러의 재정 격차를 해소함으로써 저소득국과 중저소득국에서 보편교육을 달성할 수 있다고 한다. 이로써 2050년까지 59.6기가톤의 배출량을 감소할 수 있다. 투자 수익은 계산할 수조차 없을 정도다.

건물과 도시

도시에 대한 생각은 돌고 돈다. 환경 파괴에 대한 비난에서부터, 적절히 설계되고 관리되었을 때 인류가 우리 행성에 미치는 영향이 가장 적은 장소이자 교육이 이루어지는 창조적이고 건강한 장소로서 도시 환경이 생물학적이고도 문화적인 방주가 될 수 있다는 견해에 이르기까지. 이런 주목할 만한 전환은 1960년대에 작가 제인 제이컵스와 조경사 이언 맥하그의 작업이 발단이 되어 건축가, 시장, 디자이너, 개발자들에게로 퍼져나갔다. 이들은 대자연과 인간 본성이라는 두 갈래의 규범을 바탕으로 도시의 생애를 재해석하는 일을 돕고 있다. 건물들과 더 넓어진 도시의 주거공간은 수도, 에너지, 조명, 설계 및 그 영향에 있어 혁신의 원천이 되었다. 재닌 베니어스와 같은 생물학자들은 공기, 물, 동·식물상, 꽃가루 매개자, 탄소 격리 등을 고려할 때 도시가 어떻게 그것이 세워진 원래 상태의 땅보다 더 생산적일 수 있는지 그 구조를 밝히는 중이다. 도시는 퇴화의 원인이나 요소가 되기보다, 환경과 인간 복지를 재생하는 쪽으로 변해가고 있다.

넷제로 건물

NET ZERO BUILDINGS

2050년까지 감축 결과 및 순위 79

비용 및 절감액은 재생에너지, LED 조명, 냉난방 장치, 절연 등에서 모델링함

한때 공학적 도전이자 건축적 기이함으로 여겨졌던 것이 전 세계적으로 이용 가능한 대안적인 건축 방법이 되었다. 넷제로 건물은 생산 에너지와 사용 에너지의 합이 0이 되는 건물로, 1년 치의 에너지를 자체 생산한다. 어떤 달에는 전기가 남을 수도 있고, 어떤 달에는 전기가 더 필요할 수도 있지만, 균형을 유지하면서 자급자족이 가능하다. 넷제로 건물은 에너지 사용을 줄이면서 재난이나 블랙아웃 상황에도 탄력적 운용이 가능하고, 필요에 의해 좀더 세심하게 설계되며, 일반적으로 관리비가 절감된다.

넷제로 건물의 설계는 에너지를 사용한 후 원래대로 되돌아가는 것을 목표로 한다. 건물 내 에너지 부하를 줄이는 여러 방법이 있다. 필요에 따라 낮에는 조명을 낮출 수 있다. 엘리베이터 대신 계단 이용을 유도하는 식으로 공간을 설계할 수 있다. 벽, 창문, 천장은 최대 단열력(열저항값R-value)을 보유해 겨울철에는 온기를 유지하고 여름철에도 서늘함을 유지한다. 비늘창과 디딤판은 해가 더 낮은 겨울철에 햇빛을 받고, 태양이 더 바로 위에 있는 여름에 필요한 그늘을 만들도록 설계된다. 전기변색 유리는 열, 태양, 실내외 온도 차에 따라 불투명도가 변한다. 창문이 옆에 있으면 스마트폰 앱으로 수동 조절할 수 있다. 열 교환기는 남아도는 칼로리를 빠짐없이 사용할 수 있도록 전략적으로 배치된다. 자연형 태양광 집열은 건물의 방향과 기술적인 창문 내기를 통해 달성된다. 에어컨은 흰개미집이나 지하 축열 방식과 같이 자연 환기 원리를 사용해 자연 대류와 시원한 바람을 만들어낸다.

넷제로 건물이 처음 도입되었을 때에는 건설 목표를 낮게 잡고 넷제로를 위험한 실험으로 보는 것이 합리적 시각이었다. 그러나 건축가들이 전 세계에 특별한 건물들을 짓기 시작하면서 이제 넷제로 건물을 흔히 볼 수 있게 되었다. 뉴잉글랜드의 한 건축회사는 넷제로가 아닌 건물은 짓지 않는다. 그들은 그 이유가 자신들의 명성을 유지하기 위함이라고 밝혔다.

_____로키마운틴연구소 혁신센터는 콜로라도주 바살트의 로링포크강 북쪽 연안에 있는 넷제로 건물이다. 1450제곱미터 면적의 2층 건물은 통합 프로젝트 수행 방식 소프트웨어 및 모델을 사용해 건설되었는데, 이 모델은 비슷한 규모의 전국 상업용 프로젝트에도 다시 사용될 수 있는 프로세스다. 미국에서 가장 추운 지역에 위치해 있지만, 이 단열 건물 외피는 R-50 벽과 R-67 지붕으로 지어졌다. 지붕에는 83킬로와트급 태양광발전 설비가 설치되어, 건물이 사용하도록 설계된 것보다 더 많은 에너지를 제공한다. 물 사용량도 이곳의 강우·강설량보다 더 적게 설계되었다. 콜로라도주에서는 아직 중수도 용수 사용이 허용되지 않지만, 허용되는 쪽으로 변화를 예상하고 중수도 용수 시스템을 설치했다. 냉난방 에너지를 절약하기 위해 공간이 아닌 냉난방에 초점을 두었다. 우선 대기 온도, 풍속, 습도, 의복 수준, 활동 수준, 주변 표면 온도 등 인간의 편안함에 영향을 미치는 여섯 가지 요인을 해결했다. 이런 요인들에 집중함으로써, 센터는 기존 상업용 건물의 온도 범위인 섭씨 21.1~26.4도보다 더 넓은 섭씨 19.4~27.8도에 맞추어 쾌적한 온도를 유지하고 있다. 이런 방식으로 에너지 사용을 50퍼센트 줄이고, 냉방장치를 없앴으며, 가장 추운 날에만 작은 난방장치를 가동한다.

하와이 카우푸니빌리지의 저렴한 주택 프로젝트와 독일 프라이부르크의 소넨시프 태양 도시(소비하는 에너지의 4배를 생산)와 같은 넷제로 마을, 구역, 공동체가 설계, 건설되고 있다. 매사추세츠주 케임브리지는 2040년까지 모든 건물을 넷제로화하는 계획을 세웠다. 캘리포니아는 2020년까지 모든 신규 주택 건설을 넷제로화하고, 2030년까지 모든 신규 상업용 건물도 넷제로화하도록 건축법을 개정할 것을 제안하고 있다. 현재 시카고에는 넷제로 건물인 월그린스 드러그스토어가 있다. 새로 등장하는 넷제로 건물들은 그 한계를 확장하여 제로 워터zero water와 제로 웨이스트zero waste에까지 도전한다. 즉 빗물을 채집하고 현장의 오수를 퇴비 형태로 처리하는 것이다.

넷제로 건물의 개념적 기원은 유기체에 있다. 종종 건물은 시스템으로 여겨지기보다 기능을 수행하도록 설계되고 고안되는 부품 내지 부분으로 여겨져왔다. 특히 엔지니어들은 왜곡된 인센티브를 받아왔다. 이들은 미래의 책임을 피하기 위해 건물에 필요한 냉방 시스템을 계산한 후, 시스템의 용량을 두 배로 늘린다. 일부 전문가들은 전체 구축 비용에 기반하여 보상을 받는데, 이는 효율성이 아닌 풍족함에 대한 보상이다. 패러다임이 바뀌면 건물, 부지, 날씨, 태양의 호, 건물 입주자들이 모두 하나의 시스템으로 보일 것이다. 건물들은 마치 생명체처럼 호흡한다. 건물은 공기를 들이마시고 내뿜는다. 이들은 에너지를 필요로 하지만 자연에서처럼 낭비하지 않는다. 즉 적절한 때 적절한 곳에서 적절한 양만을 사용한다.

미국 그린빌딩협의회는 1993년에 처음으로 건축물에 대한 높은 기준을 세웠다. 이 협의회야말로 정부보다 더 높은 기준을 요구하는 세계 최초의 관련 단체였다. 건축가 제이슨 매클레넌이 이끄는 캐스캐디아 그린빌딩협의회 분회는 제로에너지빌딩ZEB이 에너지 및 환경 디자인 리더십LEED(미국 그린빌딩협의회에서 개발, 시행하는 친환경 건축물 인증 제도—옮긴이) 표준을 훨씬 능가하는 수준으로 설계되었다고 믿었다. 그들은 넷제로 개념을 홍보하기 시작했는데, 이는 인터내셔널리빙퓨처연구소와 리빙빌딩Living Building의 아이디어로 이어졌다. 매클레넌이 건축가 밥 버케빌과 함께 리빙빌딩챌린지를 만든 바로 그해인 2005년에 건축가 에드 마즈리아는 2030 챌린지를 발표했는데, 이는 2030년까지 모든 건물을 탄소중립적으로 만들자는 단계적인 시간표였다. 넷제로 건물 기술을 사용하는 지역과 도시, 주 및 국가들이 이후 2030 챌린지를 채택했다. 2030년 미국의 건설 부문 에너지 소비량은 챌린지가 발표된 이후 11년 연속으로 감소해 250메가와트급 석탄발전소 1209기에 해당되는 5조4200억 킬로와트시가 감소했다. 한때는 작업장과 주거지를 건설한다는 개념이 허황된 꿈까지는 아니더라도 한계로 여겨졌으나 이제는 넷제로 건물이라는 개념 덕분에 전 세계에서 적용되고 있다.

효 과

넷제로 건물은 개별 솔루션들의 모자이크이기 때문에 감축 결과 및 순위를 제시하지 않았다. 넷제로는 스마트창, 녹색지붕, 효율적인 난방, 냉방 및 수도 시스템, 개선된 단열, 에너지 분산 및 저장, 그리고 고급 자동화 기술 등에 의존한다. 우리 분석으로는 이 모든 것이 개별적으로 취급된다. 2050년까지 신규 건물의 9.7퍼센트가 넷제로로 전환된다고 가정해 넷제로 건물을 단일 솔루션으로 계산하면 총 7.1기가톤의 이산화탄소가 감소한다.

걷기 좋은 도시

WALKABLE CITIES

인간은 걸어다니는 동물이다. 빠르게 걷거나 느리게 걸으면서 생활하도록 만들어졌다. 대부분의 역사에서 걷기는 교통수단의 주요한 형태였다. 모든 마을과 도시는 두 발로 걸어다닐 수 있도록 설계되었다. 피렌체나 마라케시를 상상해보라. 두브로브니크나 부에노스아이레스를 떠올려보자. 마음속으로 파리를 거닐어보자. 걷기 위주의 생활은 20세기 초중반에 자동차가 대량생산되고 도시와 교외 공간의 설계(또는 재설계)가 바뀌면서 변화를 맞았다. 이는 보건과 공동체, 환경에 큰 영향을 줄 만한 변화였지만, 계속해서 주류가 될 필요는 없다.

오늘날 전 세계 도시에서 '보행편의성'이 다시 선호하는 용어로 등장하고 있다. 이는 잘 설계되고, 살기에 적합하고, 지속가능한 도시를 표방하는 도시주의 운동 덕분이다. 걸어다닐 수 있는 도시, 그리고 걸을 수 있는 거리와 동네는 자동차보다 보행(또한 자전거이용)을 우선시하는 쪽으로 세심하게 계획되고 설계된다. 사람들은 자동차를 사용할 필요성을 최소화하고, 일회성에 의존하지 않는 선택을 한다. 보행자 중심 도시 환경의 부활은 오늘날 반드시 필요하다. 걷기를 통해 운전으로 인한 온실가스 배출을 극적으로 줄일 수 있기 때문이다. 어번랜드연구소UCL에 따르면, 걷기에 적합한 콤팩트 개발compact

2050년까지 감축 결과 및 순위			54
2.92기가톤 이산화탄소 감소	자료 불확실 결정 불가	**3조2800**달러 순절감액	

development(부지를 적절한 고밀도로 개발하고, 근접 거주가 가능하도록 토지이용 형태를 구축하여, 도시에 열린 공간을 확보하는 동시에 대중교통과 보행을 활성화하고 환경오염을 줄이고자 제안된 개념—옮긴이)을 통해 사람들은 20~40퍼센트 더 적게 운전한다.

도시계획가이자 저술가인 제프 스펙은 "보행자는 극도로 연약한 종이며, 도시생활에 있어 탄광의 카나리아 같은 존재다. 이 생명체는 적절한 조건하에서 번성하고 번식한다"라고 썼다. 스펙의 '일반 보행편의성 이론'은 사람들이 걷기를 선택하기 위해 충족되어야 하는 네 가지 기준을 요약한다. 걷기가 **유용**해야 하며, 개인이 일상생활에서 필요를 충족시킬 수 있어야 한다. 또한 걷기는 자동차와 다른 위험으로부터의 보호를 포함해 **안전**하다고 느껴져야 한다. 스펙이 말하는 '옥외 거실'로 보행자들을 유인할 정도로 **편안**해야 한다. 그리고 아름다움, 활기, 다양함이 공존하며 **흥미로워**야 한다. 다시 말해 걷기는 단순히 A 지점에서 B 지점까지, 걸어서 10~15분 정도 걸리는 거리를 걷는 활동이 아니다. 여기에는 '보행 유인책'이 동반되는데, 주로 동료 보행자의 밀도, 토지 및 부동산 용도의 혼합성, 걷는 사람들을 위한 매력적인 환경을 조성하는 핵심 디자인 요소가 포함된다.

'걷기'에 대해 생각해보면, 두 발로 걷는 사람들 자체에 초점이 맞춰진다. 그러나 안전하고 편리하고 바람직한 걷기를 위해서는 기반시설 네트워크가 갖춰져야 한다. 그것은 어떤 모습일까? 교외확산sprawl(도시의 급격한 팽창에 따라 기존 주거지역이 과밀화되면서 시가지가 도시 교외지역으로 무질서하게 확대되어가는 현상—옮긴이)과는 정반대다. 집, 카페, 공원, 상점, 사무실 등이 도보로 닿을 수 있는 밀도로 뒤섞여 있다. 도보는 폭이 넓고 자동차로 인한 교통체증으로부터 보호된다. 산책로는 밤에 불이 잘 켜져 있고, 가로수가 줄지어 심겨 있어 낮에는 그늘이 드리워진다. 이런 요소들은 효과적으로 서로 연결되면서 차 없는 거리로 이어진다. 도로, 선로 또는 수로를 가로지르는 관심 장소POI들은 안전하게 곧장 연결되는 횡단보도를 통해 접근할 수 있다. 이들 횡단보도는 정기적으로 보수된다. 거리 차원에서는 생명력 넘치는 건물들이 안전의식을 고양시킨다. 아름다움은 사람들을 밖으로 불러낸다. 자전거를 타거나 대중교통을 통해 어디든 거닐며 쉽게 둘러볼 수 있을 뿐 아니라, 다른 교통수단과도 쉽게 연결된다. 이런 많은 이점은 다른 교통 인프라를 구축하는 데 드는 비용의 극히

——부에노스아이레스의 산텔모는 자갈이 깔린 거리에 카페와 상점에 모여 있고, 사람들이 언제나 걸어다닐 수 있는 친밀한 동네다. 오늘날에도 오래된 교회, 골동품 상점이 있는 골목과 예술가들이 전 세계의 관광객을 끌어들이고 있다. 여기서 단 세 블록 떨어진 누에베데훌리오 거리는 정반대의 분위기다. 이곳은 차가 쏟아져나오고 사람 따위는 관심 없는 듯 큰 건물들이 무심하게 솟아 있는 시끄러운 도심이다.

일부만으로도 달성할 수 있다. 보행편의성은 또한 대중교통 시스템의 사용과 가격효율성을 향상시킨다.

도시를 더 지속가능하게 만드는 여러 요소는 도시를 더 살기 좋게도 만든다. 아마 그 방법들 중 걷기보다 더 좋은 것은 없을 것이다. 그렇기 때문에 환경보호론자들은 경제학자나 역학자와 같은 변화를 요구하고 있다. 보행 가능한 도시 장소는 주민, 기업, 관광객을 끌어들이는 한편, 지역 상인들은 보행편의성이 개선될수록 더 많은 이득을 얻는다. 이런 도시는 소득과 관계없이 각계각층의 사람들을 끌어모으고, 이에 따라 형평성과 포용력을 높인다. 많은 사람이 더 많이 걸을수록 교통 체증이 완화되고 그로 인한 스트레스도 줄며 오염도 감소한다. 자동차 사고도 줄어든다. 사람들이 더 많이 걸을수록(그리고 자전거를 더 탈수록) 그런 활동 방식은 더욱 안전해진다. 신체 활동이 증가하면 건강과 복지를 증진시켜 비만, 심장병, 당뇨병과 같은 문제를 해결한다. 사회적 상호작용과 이웃 간 안전이 향상되면서 창의성, 시민 참여, 자연 및 장소와의 교감도 향상된다. 걸을 수 있는 도시는 살기 좋고 더 매력적이어서, 시민들을 더 행복하고 건강하게 만든다. 건강과 번영, 지속가능성이 함께한다.

세계의 도시 인구가 계속 증가함에 따라 보행 가능한 도시 경관은 점점 더 중요해질 것으로 보인다. 2050년에는 도시인들이 세계 인구의 3분의 2를 차지할 것으로 예상된다. 이런 호황을 수용하기 위해 건설도 증가할 것이다. 오늘날엔 아주 많은 도시 공간이 있지만, 사람들은 이곳을 걷지 않는다. 그래도 여전히 이보다 훨씬 더 많은 도시 정책이 밀집된 복합 개발보다는 밀도가 낮은 형태의 개발을 조성하고 있는데, 이는 지역사회가 향후 오랫동안 고수할 수 있는 선택들이다. 그리고 도시들은 보행자 기반시설에 지나치게 적은 돈을 투자하고 있다. 저소득 국가에서는 도시 교통 예산의 약 70퍼센트가 자동차 중심 기반 시설에 들어가지만, 실제 이동의 약 70퍼센트가 도보 또는 대중교통을 택한다. 이런 모든 경향은 사람들이 정말로 원하는 것에 반한다. 현재 보행 가능한 곳에서 거주하려는 수요는 공급을 훨씬 능가한다.

보행편의성의 완전한 잠재력을 실현하기 위해서는 부동산, 토지용도지정 조례 및 도시 정책이 바뀌어야 한다. 기존의 단일목적 용도지정을 대체하는 형태기반 코드, LEED 근린 개발 등의 가이드라인, 도보환경점수Walk Score 등의 보행편의성 지수도 이미 변화를 보이고 있다. 어린이들을 함께 학교까지 걸어서 가게 하는 '걷는 스쿨버스'와 같은 제도는 걷는 습관을 일찍 확립할 수 있도록 돕는다. 궁극적으로 걷기 좋은 도시는 사람들이 걸으면서 활용할 때 가장 성공적이다. 다시 강조하지만, 걷기는 가장 매력적인 이동 수단이다.

효과

구축 환경(자연환경에 인위적인 조성을 가해 만들어낸 환경—옮긴이)의 여섯 가지 차원(6D: 수요demand, 밀도density, 설계design, 목적지destination, 거리distance, 다양성diversity)은 모두 보행편의성의 핵심 동력이다. 우리의 분석은 보행 가능한 근린의 대용으로서 인구밀도에 초점을 맞춘다. 도시가 밀집되고 도시계획가, 기업, 주민이 '6D'에 투자함으로써 현재 차량 이동의 5퍼센트를 2050년까지 보행이 대체할 수 있다. 그 결과 2.9기가톤의 이산화탄소 배출을 피할 수 있고 차량 유지비도 3조3000억 달러 절감할 수 있다.

자전거 인프라

BIKE INFRASTRUCTURE

______코펜하겐은 세계에서 가장 살기 좋은 도시로 여겨지는데, 자전거친화적 도시라는 점도 그 중요한 이유다. 코펜하겐 시민의 30퍼센트는 약 30킬로미터의 자전거 도로를 통해 직장과 학교, 시장을 다니고, 코펜하겐과 외곽 교외를 연결하는 3개의 자전거 고속도로를 이용한다. 현재 이런 고속도로가 23개 더 운행되고 있다. 사실상 다른 모든 유럽 도시와 마찬가지로, 코펜하겐은 20세기 대부분 동안 자전거 친화적이었다. 그러다 제2차 세계대전 이후부터 1960년대까지 자동차 교통이 발달하면서 오염되고 혼잡해졌다. 시민들은 이런 상황을 되돌리고 다시 자전거를 타기 위한 도시를 조성했다. 오늘날 코펜하겐은 자전거 인프라가 무엇을 할 수 있는지를 보여주는 산 증거다.

59

2050년까지 감축 결과 및 순위

2.31기가톤	-2조300억 달러	4005억 달러
이산화탄소 감소	순비용	순절감액

자전거는 스포츠맨들의 레저 아이템으로 19세기 유럽에서 처음 선보인 후 변화의 매개체가 되어왔다. 그러고 오래지 않아 널리 퍼지며 많은 사랑을 받았다. 무엇보다 사람들은 자전거를 쉽게 구할 수 있었다. 특히 청소년들이 사회적 편견으로부터 벗어나 이웃과 각기 다른 계층에 섞여 어울리게 되었다. 자전거는 또한 여성에게 이동의 자유를 주었고 복장과 여성다움의 규범을 재정의하는 데 도움을 주었다. 참정권 운동가인 수전 B. 앤서니는 1896년에 "자전거를 어떻게 생각하는지 말해보겠다. 이 세상 그 어떤 것보다 여성을 해방시키는 데 더 큰 도움이 되었다고 생각한다"라고 말했다.

20세기 초 자동차가 등장하자 모든 관심은 이 사륜차에 쏠렸고, 20세기 중반이 되자 암스테르담과 같은 유럽의 주요 자전거 도시들도 자동차가 지배하기 시작했다. 그러나 오늘날 자전거는 새로운 황금시대에 접어들고 있는 듯하다. 도시들은 교통난을 해소하고 하늘을 깨끗하게 하는 방법을 찾으며, 도시 거주자들은 합리적 비용의 교통수단을 찾고, 게으름이라는 질병과 피어오르는 온실가스도 무시할 수 없는 상황이 되었다. 이렇게 상호 연결된 여러 요구사항 중 하나로서, 자전거는 다시 한번 사회 변화의 동력이 될 수 있다.

영국 작가 롭 펜에 따르면, "자전거는 '적당한 표면'에서 같은 양의 노력을 들여 걷기의 4~5배 속도로 달릴 수 있다. 자전거는 지금까지 발명된 것 중 가장 효율적인 자가 동력으로 움직이는 교통수단이다". 자전거는 사실상 배기가스가 거의 발생되지 않기 때문에 기후변화 관점에서 볼 때 매우 효율적이다.

펜은 이렇게 말하면서도 자전거의 성공을 가로막는 강력한 장애물이 있음을 밝힌다. 여기서 '적당한 표면'이란 인프라를 말한다.

보행자나 자동차처럼 자전거도 세심하게 설계된 기반시설을 필요로 한다. 수많은 연구가 안전하고 활발한 자전거 문화를 지원하는 근본적인 요소들을 규명하려고 노력해왔다. 이런 연구들은 자전거 도로망과 도시 또는 마을의 자전거 이용자 수 사이의 긴밀한 관계를 파악한다. 이런 트랙은 직접적이고, 평평하고, 상호 연결되어 있을수록 더 좋다. 자전거와 자동차가 만나는 구간(교차로, 우회로, 접근 지점)을 철저하게 설계하는 일은 안전과 교통 흐름에 필수다. 예를 들어 빨간 신호등에서 자전거는 대기 중인 자동차보다 먼저 좁은 공간을 이동할 수 있기 때문에 눈에 잘 띄고, 방향을 전환하는 운전자들보다 먼저 진행할 수 있다. 다른 중요한 인프라에는 안전한 주차장, 잘 갖춰진 조명, 녹지, 대중교통 등 원하는 목적지와의 연결성이 포함된다. 형평성은 필수다. 일부 도시의 경우, 특권을 가진 지역에서만 자전거 인프라에 투자하는 경향이 있다.

자전거 인프라의 역할은 자전거를 탈 수 있는 안전하고 쾌적하며 효과적인 환경을 만드는 것이다. 자전거 운전자(연구에 따르면 특히 여성)는 자동차 교통과 분리되기를 원한다. 그러나 물리적 인프라만으로는 충분하지 않다. 덴마크, 독일, 네덜란드와 같이 자전거 타기가 일상화된 곳에서는 프로그램과 정책이 서로를 보완하는 일종의 사회 인프라가 육성된다. 교육 목표는 자전거 운전자와 자동차 운전자 모두를 대상으로 한다. 더욱 엄격한 책임법은 자전거 운전자를 우선적으로 보호한다. 자동차 소유에 대한 일종의 페널티는 자전거를 더욱 매력적으로 만든다. 또한 연구에 따르면 파리의 벨리브와 같은 도시 자전거 공유 프로그램과 보고타의 시클로비아와 같은 의식 고취 제도가 자전거 운전자 수를 증가시킨다. 직장에 샤워실이 있어 출퇴근 시 흘린 땀을 씻을 수 있고, 합리적인 가격으로 부품을 구입하고 유지·보수를 할 수 있다면 자전거를 소유하는 운전자가 증가할 것이다. 도시 설계는 자전거친화적 환경에 반드시 필요한 밀도, 접근성 및 연결성을 해결하는 데 있어 대단히 중요하다.

1967년 네덜란드의 한 당국자는 자전거 타기가 자살 행위에 버금간다고 선언한 바 있다. 이제 이런 개념은 바뀌려고 한다. 제2차 세계대전 이후, 네덜란드는 발전과 생활양식이 자동차 중심으로 바뀌었고, 급기야 교통사고 사망률이 증가했다. 어린이 사망률도 증가하면서 정부의 조치와 정책의 전환을 촉구하는 움직임이 일었다. 이것은 단 10년 만에 이뤄진 일이다. 암스테르담, 로테르담, 위트레흐트는 이제 세계의 자전거 메카 도시들이 되었다. 암스테르담에는 자전거가 자동차보다 4배 더 많다.

마찬가지로 코펜하겐의 인프라 투자로 인해 자전거 타기는 쉽고 빨라졌다. 여기에는 '그린 웨이브'와 같은 혁신이 포함된다. 그린 웨이브는 주요 도로의 신호등을 자전거 운전자의 속도에 맞춰 자전거가 오래도록 이동 속도를 일정하게 유지할 수 있다. 현재 코펜하겐은 반응형 신호등 시스템에 투자하고 있다. 시스템의 목표는 자전거의 경우 10퍼센트, 버스의 경우 5~20퍼센트 이동 시간을 단축하는 것으로, 자전거와 버스가 모두 매력적인 수단이 되게 한다. 동시에 주차 공간이 점차 줄어듦에 따라 자동차 인프라는 축소되고 있다.

이것은 수치로 증명된다. 덴마크 내 이동량의 18퍼센트가 자전거로 이뤄지는데, 네덜란드는 이 비율이 27퍼센트에 달한다. 자동차를 유난히 선호하는 미국에서는 단 1퍼센트만이 자전거로 이동한다. 하지만 희망은 있다. 2000~2012년에 전국적으로 자전거 통근은 60퍼센트 성장했고, 인프라 투자가 많은 오리건주 포틀랜드와 같은 곳에서는 이 기간에 1.8퍼센트에서 6.1퍼센트로 뛰어올랐다. 도시 차량 이동량의 40퍼센트가 3.2킬로미터 거리 내에서 이뤄진 것을 감안할 때, 자전거가 자동차를 대신할 수 있을 것으로 보인다.

네덜란드 역사가 상기시켜 주듯이, 모든 것이 자동차 위주로 편성되기 전까지 모든 도시는 자전거 도시였다. 언덕과 더위, 폭풍과 한파는 항상 자전거 운전자들에게 도전이 되겠지만, 대부분의 장벽은 전적으로 도시의 통제 안에 있다. 도시야말로 자전거의 고무 바퀴가 길 위에 닿는 장소다. 인프라가 많을수록 자전거도 많아진다. 자전거가 많아지면 문화 규범도 바뀌고(**간단하고 스마트하고 스타일리시한 수순이다**) 더 많은 사회가 수익을 거둘 수 있다. 깨끗한 공기와 신체 활동으로 인한 보건 혜택은 덤이다.

그러나 **투자**가 핵심이다. 대부분의 지역에서 자전거 인프라는 교통 체계에 할당되는 공공 자금의 극히 일부만을 차지한다. 상황은 곧 바뀔 것이다. 물론 안전에 대한 우려도 제기되지만 빠른 자전거 속도와 더 많은 자전거 인프라, 그리고 사망 위험 감소 사이에는 분명한 상관관계가 존재한다. 유럽의 새로운 자전거 고속도로부터 지역 내에서 자전거로 이동하기에 이르기까지, 자전거는 여러 방식으로 배기가스를 줄이면서 경제적이고, 건강에 좋은 데다, 획기적으로 판도를 바꿀 지위를 되찾을 수 있을지도 모르겠다.

효 과

2014년 전 세계 도시 여행의 5.5퍼센트가 자전거로 이루어졌다. 일부 도시에서는 자전거 점유율이 20퍼센트를 넘었다. 우리는 2050년까지 전 세계 도시의 자전거 점유율이 5.5퍼센트에서 7.5퍼센트로 증가할 것으로 예상한다. 기존의 교통수단으로 이동하던 5조7000억 여객킬로미터의 거리를 대체하고 2.3기가톤의 이산화탄소 배출을 피한다. 도로보다는 자전거 인프라를 구축함으로써, 자치단체와 납세자는 30년에 걸쳐 4000억 달러를 절감하고, 전 생애에 걸쳐 2조 1000억 달러를 아낄 수 있다.

옥상녹화

GREEN ROOFS

______슈테판 브레나이젠 박사가 설계한 스위스 바젤의 칸토날 병원 녹지 옥상에서는 도시와 라인강이 바라다보인다. 1937년에 지어진 이 건물은 1990년에 처음으로 옥상녹화를 도입했는데, 라인강의 강둑을 본떠 조성했다. 녹지 옥상에는 새들을 유혹하기 위한 두 구역의 자갈밭뿐만 아니라 넓은 풀밭도 있고 돌나물과 허브, 이끼도 심겨 있다. 큰 가지와 돌들이 배치되어 피복 역할을 하며 새, 거미, 딱정벌레, 무당벌레, 호박벌 등도 관찰할 수 있다.

2050년까지 감축 결과 및 순위

73

0.77기가톤 이산화탄소 감소	**1조3900**억 달러 순비용	**9885**억 달러 순절감액

하늘에서 내려다보면, 대부분의 도시는 회색과 갈색, 검은색 지붕들로 얼룩덜룩하다. 그러나 독일 슈투트가르트나 오스트리아 린츠의 일부 지역을 내려다보면 옥상들이 작은 공원 혹은 수풀이 우거진 광장 같다는 착각을 불러일으킨다. 사람들은 친환경 또는 '살아 있는' 지붕을 조성하는 오늘날의 움직임을 지지하는데, 이런 움직임은 지난 50년 동안 특히 유럽에서 시작되었다. 옥상녹화는 오랜 역사를 자랑하며, 특히 스칸디나비아에서 처음 인기를 끌었던 전성기의 바이킹 시대를 떠올리게 한다. 9세기 또는 10세기에 노르웨이에서도 현재 토르브타크torvtak라 불리는 잔디 지붕을 여기저기서 발견할 수 있었다.

오늘날 전통적인 옥상은 잔인하고 생명력 없는 장소일 따름이다. 유일한 목적이라곤 건물과 그 아래 거주자들을 외부 환경으로부터 보호하는 것뿐이다. 이 역할을 수행하는 동안 지붕은 태양과 바람, 비, 눈으로부터 공격을 받는다. 더운 날에는 주변 공기보다 섭씨 30도가량 더 높은 온도를 견딘다. 이 때문에 아래층은 더욱 시원해지기 어렵고 도시의 열섬 효과가 심화된다. 도시는 인근 시골이나 교외지역보다 현저히 더 덥기 때문에, 특히 어린아이나 노인, 환자들에게 매우 해롭다. 반면에 옥상녹화는 자연 생태계의 조절력을 이용하고 그 과정에서 건물의 탄소배출을 줄이도록 고안된 진정한 하늘의 생태계다.

살아 숨 쉬는 지붕의 성공 여부는 지붕 그 자체를 보호하고, 빗물을 걸러내고 배출하며, 식물이 잘 자랄 수 있도록 세심하게 설계된 옥상 층에 달려 있다. 최소한의 투입으로 최고의 성능을 도모한다면, 흙을 얇게 깔고, 바닥에 카펫처럼 자라는 돌나물과 같이 원기 왕성하고 자활이 가능한 지피식물을 기르는 것이 좋다. 미시간주 디어본에 있는 4헥타르 이상의 포드 트럭 공장 옥상에는 돌나물과의 꽃을 피우는 다육식물이 자란다. 또는 옥상녹화에는 사람들이 쉬고, 즐기며 꽃이나 음식을 기를 수 있는 완전한 정원이나 공원, 또는 농장을 유지하기 위한 집약적인 시스템을 유지할 수 있다. 이런 식으로 브루클린 전역에서 한때 사용되지 않았던 옥상이 도시 농업의 메카로 자리 잡게 되었다. 투자 강도, 구조적 요구 사항, 설치 및 유지 관리는 선택한 녹지 수준에 따라 달라진다.

옥상녹화는 기존의 유사한 지붕들보다 선행 투자 비용이 높고, 일부 유지·보수가 필요하지만 수익이 확실하며, 장기 비용은 기존에 필적할 정도를 넘어 더 낮아질 수도 있다. 토양과 식물은 일 년 내내 건물의 온도를 조절하는 살아있는 단열재로 기능한다. 여름에는 서늘하고 겨울에는 더 따뜻하다. 난방과 냉방에 필요한 에너지가 절약되기 때문에 온실가스 배출이 적어지고 비용도 낮아진다. 녹화를 통해 옥상 바닥 온도를 낮추기 위한 에너지 사용을 50퍼센트까지 떨어뜨릴 수 있다. 옥상녹화는 토양과 바이오매스의 탄소를 격리시키고, 대기오염물질을 걸러내며, 빗물 유거수를 줄인다. 또한 도시 경관 내의 생물다양성을 지원하며, 도시 열섬 현상을 해결하고, 해당 옥상뿐만 아니라 인근 건물에도 혜택을 준다. 초목이 지붕 자체를 외부 기후와 자외선으로부터 보호하기 때문에 옥상녹화의 수명은 기존 지붕 수명의 2배나 더 길다.

녹화된 옥상 근처에서 살거나, 일하거나, 노는 사람들은 더 큰 자연의 아름다움과 행복을 누린다. 이는 자연에 대한 인류의 선천적인 생명애愛의 결과다. 동시에 건축 개발자, 소유주, 운영자는 증대되는 자산의 가치와 매력을 즐긴다. 옥상녹화는 사람들이 땅에서 보고 싶어하는 것을 공중의 낭비되는 공간으로 되가져온다. 토지는 일반적으로 가장 제한된 도시 자원이지만, 옥상녹화를 통해 녹색 공간과 그에 수반되는 기후 이익을 달성할 공간적 기회를 얼마든지 창출할 수 있다. 시카고 시청이나 싱가포르 난양기술대학의 옥상녹화는 건물 꼭대기를 최대한 활용한 예다. 이런 상징적인 프로젝트와 다른 시범적 노력(걸어다니며, 차를 타고 다니며 볼 수 있도록 버스 정류장 위에 녹화 조성 등)은 더 많은 대중의 지지를 이끌어낸다.

옥상녹화를 가장 잘 실천하는 독일은 중요한 교훈을 준다. 옥상녹화를 위한 건설 장려책과 옥상녹화 사용을 장려하거나 의무화하는 건축 정책이 두 가지 큰 원동력이다. 이들 정책은 규모 확대를 위한 자극제가 된다. 예를 들어 싱가포르 정부는 친환경 비율을 높이기 위해 옥상녹화 비용의 절반을 지원한다. 시카고는 녹지 옥상이 있는 건물에 대한 승인을 빠르게 처리한다. 우수한 관리 및 유지에 관한 규정 역시 옥상녹화의 채택을 촉진할 수 있다. 또한 명확하고 일관된 산업 표준과 유능한 건축가, 엔지니어 및 건설업자가 품질을 보장할 수 있다. 2016년 10월, 샌프란시스코는 미국 최초로 옥상녹화 의무제를 채택했다. 2017년 기준, 새 건물에서 지붕 공간의 15~30퍼센트는 녹지를 조성하거나 태양에너지를 사용하거나, 아니면 둘 다 조성하도록 하고 있다. 다른 도시들도 이를 따라야 한다. 건물 내부는 물론 그 위의 생명을 돌봄으로써, 아무것도 없는 세계의 지붕에 꽃을 피워 도시를 생명 유지 시스템으로 바꿀 수 있다.

쿨루프cool roof(일반 지붕보다 태양열의 반사율이 높아 실내 온도를 낮추는 지붕—옮긴이)는 옥상녹화의 친척뻘로 옥상녹화와 유사한 영향을 미치지만 다른 방법을 사용한다. 장애물과 혜택도 다르다. 반사를 뜻하는 영어 단어 'reflextion'은 라틴어로 '젖히다'라는 뜻으로, 쿨루프는 바로 이 반사 원리를 활용한다. 예를 들어 37도에서 태양에너지가 기존의 어두운 지붕에 닿을 때,

그중 5퍼센트만이 공중으로 반사된다. 나머지는 건물과 주변 공기를 데우는 데 사용된다. 반면 쿨루프는 태양에너지의 80퍼센트까지 공중으로 반사한다. 쿨루프는 다양한 형태를 취한다. 밝은 색상의 금속, 지붕 널, 타일, 코팅, 막 등이 사용되며 더 많은 소재가 개발되고 있다. 어떤 기술이 사용되든, 점점 더 도시화되고 온난화되는 세계에서 태양에너지를 흡수하지 않고 원래 있던 곳으로 되돌려보내는 것은 필수다. 쿨루프는 건물에서 발생하는 열을 감소시켜 냉방에 필요한 에너지 사용을 절감할 뿐만 아니라 도시의 온도도 낮춘다. 최근의 연구는 열섬 현상이 특히 강하고, 치명적인 폭염 기간에 도시 열섬 효과를 완화하는 데 있어 쿨루프의 기능이 중요한 역할을 한다고 밝혔다. 도시의 성장은 계속되기 때문에 도시를 더 깨끗하고, 더 살기 좋은 곳, 삶의 질을 끌어올리는 공간으로 만드는 일은 필수다.

옥상녹화가 높은 설비 비용과 특별한 기술 때문에 다소 어려움을 겪는 반면, 쿨루프는 더 저렴하고 간단하며 기존의 설비와 유사하다. 효과도 탁월하다. 최고 수준의 반사 효과를 유지하기 위해 정기적인 청소가 필요하긴 하지만, 유지 관리의 필요성도 훨씬 낮다. 그러나 이런 용이함에도 불구하고 주변 환경을 고려할 필요는 있다. 쿨루프는 이웃에게 눈부심을 일으킬 수 있으며, 그 영향은 기후 조건에 따라 달라진다. 더운 지역은 냉방 효과로 더 많은 이익을 얻지만 추운 달에는 열 보유량이 감소한다. 추운 기후에서는 옥상녹화를 통한 단열이 연중 더 최적일 수 있다.

쿨루프는 새로운 개념이 아니지만 전 세계적으로 뿌리를 내리는 데에는 오랜 시간이 걸렸다. 미국과 유럽연합에서 쿨루프의 채택이 증가하고, 다른 곳에서도 관심이 증대되는 중이며, 어떤 곳에서는 공식으로 채택됐다. 캘리포니아는 10년 전 쿨루프를 주정부의 건축 효율성 기준인 타이틀 24Title 24에 통합했다. 캘리포니아에서 쿨루프의 성공은 규제와 리베이트, 인센티브 프로그램의 중요성을 포함해 우리가 앞으로 나아갈 길을 보여준다. 쿨루프 기술의 혁신도 유망하다. 전통적인 건축 미학은 소위 '흰색 옥상'에 반하는 방향으로 발전했는데, 이제 쿨루프의 재료도 여러 색상으로 출시된다. 겨울에 두드러지는 단점도 조정 가능한 반사 수준으로 해결할 수 있을 것이다. 태양에너지와 공기 온도뿐 아니라 배출까지도 '되돌리는' 쿨루프는 상당한 가능성을 품고 있다.

효 과

옥상녹화와 쿨루프를 모델링할 때 우리는 각 기술의 지역적 적용도 상정했다. 2050년까지 옥상녹화가 지붕 공간의 30퍼센트를 차지하고 쿨루프가 60퍼센트를 차지한다면, 전 세계적으로 총 3만7811제곱킬로미터의 효율적인 지붕이 설치될 것이다. 이런 기술을 결합하면 1조4000억 달러의 비용으로 0.8기가톤의 이산화탄소 배출량을 줄일 수 있으며 30년 동안 9880억 달러, 생애주기 기준 3조 달러의 비용을 절감할 수 있다.

LED 조명

LED LIGHTING

다른 첨단 기술과 마찬가지로 발광다이오드LED에는 오랫동안 알려지지 않은 역사가 있다. LED의 기원은 1874년으로 거슬러 올라간다. 독일의 물리학자 페르디난트 브라운은 한 방향으로 전기를 전도하는 결정 반도체인 다이오드를 발명했다. 그 후 다이오드의 개발은 매일 플러그를 꽂고, 켜고, 지켜보고, 구동하는 것을 가능하게 하는 수백 가지의 중요한 응용 부문으로 발전했다. 중요한 발견 중 하나는 특정한 조건에서 다이오드가 빛을 방출하는 방식이다. 이는 1907년에 처음 관측되었지만, 과학자들은 당시 이런 장치가 실제로 사용되는 것은 전혀 보지 못했다. 이 모든 상황이 1960년대에 제너럴일렉트릭, 텍사스인스트루먼트, 휼렛패커드가 상업용으로 개발해 특허를 받고 전문화하면서 바뀌었다. 1994년 일본 과학자 세 명이 고휘도 LED 전구를 발명해 2014년에 노벨물리학상을 받았다.

조명에는 크게 세 종류가 있으며, 각각 다른 메커니즘을 사용해 빛을 만든다. 백열전구는 진공에서 전하를 띤 텅스텐 필라멘트를 가열한다. 형광등은 전기를 이용해 가스를 이온화한다. 튜브를 코팅하는 인광체에 의해 흡수되는 자외선이 방출된다. 인광체는 가시광선을 방출한다. LED는 고체 상태이며, 전장

_____미국 정부의 위임을 받은 전시산업위원회는 제1차 세계대전 중에 미국 연료행정청을 포함한 많은 전시 기관을 설립했다. 제임스 A. 가필드 전 대통령의 아들인 해리 가필드가 이끄는 이 기관의 일은 필수 산업에 충분한 양의 에너지 공급을 보장하는 것이었다. 여기 보이는 멋진 아르누보 포스터 외에도, 위원회는 이미 유럽에서 시행되었던 일광절약시간제(서머타임)를 제정했다.

2050년까지 감축 결과 및 순위(가정용) **33**

7.81기가톤	**3235**억 달러	**1조7300**억 달러
이산화탄소 감소	순비용	순절감액

2050년까지 감축 결과 및 순위(상업용) **44**

5.04기가톤	**-2051**억 달러	**1조900**억 달러
이산화탄소 감소	순비용	순절감액

발광이라 불리는 과정을 통해 빛의 기본 단위인 광자를 방출하는 전하를 생성한다.

백열전구는 너무 비효율적이어서 빛을 조금 발산하는 실내 난방기에 비유되어왔다. LED 전구는 많은 빛을 발산하며, 반대로 작용하는 마이크로컴퓨터나 태양전지판과 좀더 유사하다. 즉 태양은 광자를 전자로, LED는 전자를 광자로 변환하는 것이다. 태양광과 LED는 같은 종류의 반도체를 가지고 있지만 LED는 회로판을 포함한다. 조명 스위치가 키보드 역할을 한다. LED는 같은 양의 빛을 낼 때 백열전구보다 90퍼센트나 더 적은 에너지를 사용하고, 소형 형광등의 절반쯤 되는 에너지를 사용하며, 유독 수은도 없다. 게다가 LED 전구는 백열전구나 형광등보다 훨씬 더 오래간다. 하루에 5시간을 켠다고 가정할 때 수명이 27년이나 된다. 이는 오래된 전구를 LED로 교체한다면 10~30퍼센트의 이익을 볼 수 있다는 뜻이다.

LED는 1960년대에 처음 상용화되었을 때 전자제품, 간판, 크리스마스 조명에 사용되었다. 오늘날엔 LED를 다양하게 묶어서 배열하는 등 유용하고 강력한 용도로 사용한다. 산광기를 사용하면 더욱더 넓은 영역을 비추거나 좀더 집중적으로 비출 수 있다. LED는 기본 규격에 맞춰 출시되므로 재래식 소켓에도 끼울 수 있다. 이는 현재 사용할 수 있는 다양한 범위의 LED 조명이 상용 또는 주거용으로 사용되는 거의 모든 유형의 전구를 대체할 수 있음을 의미한다. LED는 에너지 사용량의 80퍼센트를 (기존 기술처럼 열이 아닌) 빛을 생성하도록 전환하고, 그에 따라 냉방 부하를 감소시킨다.

LED에 대한 문제는 LED가 조명 설비의 표준이 될 것인지 여부가 아니라 언제 될 것인가에 있다. 가격은 와트당 백열등 및 형광등의 2~3배 수준이지만, 빠르게 하락하고 있다. 현재의 선행 투자 비용은 저소득층에게는 여전히 장애물로 남아 있다. 그러나 더 싼 전구를 계속 사용한다면 더 높은 에너지 비용을 지불하게 된다. 또한 LED는 현재 비용에도 불구하고 전기를 사용할 수 없는 가정에 이점을 제공한다. LED는 에너지 사용률이 낮기 때문에 작은 태양전지로 불을 켜는 것이 가능하며, 비싼 등유 램프와 유독 가스, 다량의 온실가스 배출을 대체할 수 있다. 전력망에 연결되지 않은 가정과 지역사회를 위해, 태양광 LED 조명은 저소득층 가구에 긍정적인 영향을 미칠 수 있다. 캘리포니아대 로렌스버클리 국립연구소에 따르면, "인류의 6분의 1이 매년 400억 달러 이상을 조명에 소비하고 있음에도(이는 전체 조명 비용의 20퍼센트에 달하는 금액이다), 그 빛은 여전히 전기가 들어오는 세계의 0.1퍼센트 수준이다"고 밝혔다. 반면 태양광 LED 조명 제품은 구입 후 1년 이내에 투자 비용을 회수한다. 인도에서만 거의 100만 개의 태양광 조명 시스템을 통해 학생들이 숙제를 하고 산부인과가 효과적으로 운영되며, 해가 진 후에도 사업을 영위한다. 그럼에도 여전히 해가 지면 10억 명이 넘는 사람들이 어둠 속에서 지낸다. LED는 기후변화만큼 '조명 빈곤'을 해결하는 데도 중요하다.

LED는 가로등 불빛으로도 도시 공간을 변화시키고 있다. LED 가로등은 최

______멕시코 쿠에체에 사는 타라우마라족 여성이 집에서 LED 랜턴을 밝히고 있다. 밤에 조명이 없는 집과 LED 랜턴 한 개라도 밝혀진 집을 비교해보라. 한 개의 LED 조명은 하루에 5시간씩 사용할 때, 27년 동안 쓸 수 있다. 이는 지구상에서 가장 비용이 적게 드는 형태의 조명이다.

대 70퍼센트의 에너지를 절약할 수 있고 유지·보수 비용을 크게 줄일 수 있는데, 이는 자체적으로 비용을 충당하는 LED를 통해 도시가 낡고 비효율적인 가로등을 개량할 수 있음을 의미한다. LED는 인간에게 건강상의 이점(고속도로에서의 주의력이나 주거지역에서의 수면 유도)을 제공하고 야생동물을 보호(예를 들어 새나 거북이가 인공조명에 의해 혼란스러워지는 것을 방지)하도록 '조정'될 수 있다.

태양광 LED 조명이 인간의 복지와 경제 발전에 미치는 영향은 일상생활에서 인공조명이 수행하는 필수적인 역할을 대변한다. 태양광 LED 조명을 통해 인간은 밤늦게까지 계속 활동할 수 있으며, 햇빛이 비치는 곳뿐만 아니라 그

너머까지 공간을 확장한다. 조명은 인간의 삶과 직결되어 있으며 세계 전기 사용량의 15퍼센트를 차지하는데, 이는 전 세계 모든 원자력발전소의 발전량보다 많다. 또한 수요가 증가하고 있다. LED는 에너지 사용과 배출은 물론 비용도 줄이면서 수요를 충족시키는 데 필수적이다. LED 기술로 전환을 의무화한 국가들은 이미 길을 밝히고 보상을 거둬들이고 있으며, 모두를 위해 가격을 낮추고 있다.

효과

우리 분석은 LED가 2050년까지 가정용 조명 시장의 90퍼센트, 상업용 조명의 82퍼센트를 차지할 것이라고 가정한다. LED가 다른 저효율 조명을 대체함에 따라 주거지역에서는 7.8기가톤의 이산화탄소 배출을, 상업지역에서는 5기가톤의 이산화탄소 배출을 피할 수 있다. 여기서 계산하지 않은 추가적인 이득은 독립형 등유 조명을 태양광 LED 조명 기술로 대체함으로써 얻을 수 있다.

열펌프

HEAT PUMPS

_____ 오스트리아의 현지 유틸리티 회사인 슈타트베르케 암슈테텐의 로베르트 지머 이사가 하수관에서 에너지를 포집해 재활용하도록 설계된 열펌프 앞에 서 있다.

2050년까지 감축 결과 및 순위

42

5.2기가톤 이산화탄소 감소

1187억 달러 순비용

1조5500억 달러 순절감액

벤저민 프랭클린은 냉장과학을 연구한 유일한 외교관일지도 모르겠다. 그는 1758년 영국 케임브리지에서 조지 3세와 미국 식민지 사이의 긴장을 줄이려고 노력하는 와중에도 연구실에서 실험할 시간을 찾았다. 그와 영국 화학자 존 해들리는 10년 전 한 스코틀랜드 과학자의 발견(휘발성 액체의 증발이 어떻게 냉각이라는 이차적인 효과를 내는지)에 흥미를 느꼈다. 기본 원리는 고에너지(높은 온도) 분자가 먼저 증발해 저에너지(낮은 온도) 분자가 뒤에 남는 것이다. 케임브리지에서 연구자들은 에테르 비커, 수은 온도계, 풀무를 준비했다. 온도계를 에테르에 적신 후, 가능한 한 빨리 액체를 증발시키기 위해 열심히 풀무를 움직였다. 온도계의 온도는 한 번의 실험만으로 섭씨 3.5도가 떨어졌고, 얼음의 축적으로 실험이 확고해졌다. 프랭클린은 "더운 여름날에 사람이 얼어 죽는 것을 볼 수도 있겠어"라고 친구에게 편지를 썼다. 과장된 말이었지만, 그 유명한 외교관 과학자는 옳았다. 그는 자신의 통찰력이 불러올 결과를 예견할 수 있었을까?

런던정치경제대학의 명예교수인 귄 프린스는 에어컨 중독이 미국에서 "가장 만연하고 가장 덜 주목받는 전염병"이라고 지적한다. 미국 내에서 건물을 시원하게 유지하는 데 드는 전기의 양은 아프리카 전역에서 모든 활동을 위해 사용하는 전력량과 맞먹는다. 어떻게 이런 일이 일어날 수 있을까? 화석연료는 풍부하고 쌌다. 그리고 아무도 온실가스 배출이나 지구온난화를 걱정하지 않았다. 직장에서나 가정에서나 시원한 공기가 우리를 맞아주었다. 비판론자들은 에어컨은 절대 밟아서는 안 되는 문명의 길이며, 반드시 빠져나와야 할 길이라고 주장한다. 맞는 말일지도 모르겠지만, 출구는 없어 보인다. 전 세계 인구(그중 많은 사람이 무더운 아시아와 아프리카에서 살고 있다)가 가장 원하는 것은 에어컨이 가져다주는 쾌적함이다. 인구 통계 자료만 보더라도 세계는 이번 세기에 에어컨 수요가 급격하게 증가한 것으로 나타났다. 한 연구에 따르면 2100년까지 그 수요는 무려 33배나 증가할 것으로 예측된다. 중국의 사례를 통해 미래를 점칠 수 있다. 1995년에서 2007년까지 10년간 중국 도시 주택의 냉방 설비 비율은 7퍼센트에서 95퍼센트로 급증했다. 중국은 곧 미국을 제치고 에어컨 선두 소비국이 될 것이다.

에어컨은 특히 보존과 효율성을 주제로 한 기사에서 헤드라인의 단골 소재로 등장한다. 그러나 난방 역시 에어컨 못지않게 비효율적이고 개선의 여지가 있다. 전 세계 건물에서 전체 에너지 생산량의 약 32퍼센트를 사용하며, 그중 3분의 1 이상이 냉난방에 사용된다. 여러 기관에서 효율성 증가 가능성을 분석하고 그 결과를 예측했다. 모두가 두 가지 사항에 동의한다. 무관심이 냉난방에서 발생하는 배출을 가속화한다는 점, 그리고 최대 효율성을 통해 에너지 사용을 30~40퍼센트까지 줄일 수 있다는 점이다.

효율성을 높이기 위한 수단은 바로 가까이에 있으며, 그것이 반드시 첨단 기술일 필요는 없다. 예를 들어 건물 내부의 온도 설정과 외부 온도 및 실제 인간의 점유를 상호 연관시키는 스마트 온도조절기는 당연한 기술인데도 종종 빠뜨리기 쉽다. 팬 속도는 매우 중요하지만 종종 잘못 설정된다. 외부 환기를 통한 온방이나 냉방을 복구하기 위한 열교환기는 필수다. 이런 저차원적 기술의 개입으로 기존 구조물을 개조하는 데는 비용이 더 많이 들지만, 모든 새 건물에서 의무화되어야 한다. 이런 수단은 돈을 절약하고, 불편함을 방지하며, 배출량을 줄인다. 이들을 여름에는 몇 도 더 높게, 겨울에는 몇 도 더 낮게 설정하는 온도조절장치와 결합시키면 에너지 이점은 기하급수적으로 늘어난다.

다른 기술보다 특히 두드러진 기술이 있다. 바로 열펌프다. 이는 전 세계의 냉난방 수요를 해결할 수 있으며, 재생에너지로 구동된다면 거의 모든 배출을 없앨 수 있다. 대부분의 사람이 집에 이미 열펌프를 가지고 있다. 바로 냉장고다. 작동 방식도 동일하다. 냉장고와 열펌프는 모두 압축기, 콘덴서, 팽창 밸브, 증발기를 가지고 있으며, 둘 다 열을 차가운 공간에서 뜨거운 공간으로 전달한다. 겨울에 밖에서 열을 끌어와 건물 안으로 보내고, 여름에는 안에서 열을 끌어내 밖으로 내보내는 것과 같다. 열의 원천이나 흡수원은 땅, 공기 또는 물이 될 수 있다. 공기 열펌프는 외부 온도가 섭씨 4.5도 이하로 떨어질 때 효율이 낮아지기 때문에 온난한 기후에서 가장 잘 작동한다. 그러나 새로운 기술로는 건물 단열이 잘되면 5도까지도 효과적으로 작동할 수 있다. 스칸디나비아나 일본 북부와 같은 지역에서 사용되는 지열 열펌프는 지구의 비교적 일정한 지하 온도를 이용하는 기술이다.

비용이 높을 수 있고 효율성은 지역 기후 조건에 따라 차이가 있지만, 열펌프는 적용하기 쉽고 기술에 대한 이해도도 높으며 이미 전 세계적으로 사용되고 있다. 열펌프는 실내 난방, 냉방 및 온수를 모두 하나의 통합 장치로 공급할 수 있다. 여기에는 효율에 관한 한 특별한 이점이 있다. 소비되는 모든 전기 장치에 대해, 최대 다섯 대에 해당되는 열에너지가 전달된다. 국제에너지기구에 따르면 건물 부분에 30퍼센트의 적절한 열펌프가 건물 부문에 30퍼센트 갖추어지면 전 세계 이산화탄소 배출량이 6퍼센트 감소할 수 있다고 한다. 이는 현재 시판되는 어떤 기술보다 더 큰 효율성을 자랑하는 수치다. 효율을 위해 설계된 재생에너지원이 건물 구조물과 결합될 때, 열펌프는 단지 따뜻한 공기를 전달하는 것 이상의 기능을 할 것으로 예상된다. 즉 지구 전체의 온실가스를 낮출 수 있다.

효과

주거용 및 상업용 건물 공간의 냉난방은 1만3000테라와트시 이상의 에너지를 필요로 하며, 2050년에는 1만8000테라와트시 이상으로 증가할 것으로 예상된다. 에너지는 가스로에서부터 에어컨 유닛에 이르기까지 현장 연료 연소 및 전기 기반 시스템에 사용된다. 고효율 열펌프는 연료 소비를 0으로 줄이고 전기를 적게 사용해 냉난방을 한다. 현재 채택률은 시장 점유율의 0.02퍼센트로 낮은 편이지만, 2050년에는 비용이 최대 25퍼센트까지 꾸준히 떨어지면서 급속한 성장이 예상된다. 기존 기술에 투입되는 비용 외에 1190억 달러의 비용을 들여 30년 동안 1조5000억 달러, 수명이 다하기까지 3조5000억 달러를 절감할 수 있다. 이 시나리오에 따르면 5.2기가톤의 이산화탄소 배출이 감축된다.

스마트글라스

SMART GLASS

유리창은 로마의 발명품으로 공중목욕탕, 중요한 건물, 그리고 엄청난 부잣집에서 사용되었다. 로마 시대의 유리는 상당히 불투명했는데 외부 환경으로부터 실내를 보호하기 위해 동물 가죽이나 천 또는 나무를 사용하던 것에서 크게 발전한 것이었다. 창문이라는 단어 자체는 '바람 눈目'을 의미하는 바이킹의 빈다우가vindauga에서 유래했다. 한때는 부의 상징이었던 유리창은 이제 전 세계 어느 곳에서든 흔히 볼 수 있게 되었으며, 유리창을 통하면 문을 열지 않고도 실내에서 빛을 받고 밖을 내다볼 수 있다.

한 가지 단점이라면 창문은 열기나 냉기가 전해지는 식으로 날씨의 영향을 받는다. 벽과 창문에 따라 실온을 유지하는 데 단열벽보다 열 배 이상 효율이 떨어진다. 겨울에 흔히 볼 수 있는 집의 열화상 이미지를 보면 창문 부근은 열 손실로 밝게 보인다. U값(열관류율)은 창의 효율성을 측정한 값으로 열이 드나드는 정도를 보여준다. 투명 유리로 된 단일 창은 U값이 보통 1.2~1.3이다. 공간을 사이에 두고 창이 두 개인 경우, U값은 0.5~0.7로 떨어진다. 즉 U값은 낮을수록 좋다(비슷한 측정 지표인 R값은 열 흐름에 대한 저항을 측정하므로 높을수록 좋다).

2050년까지 감축 결과 및 순위 **61**

2.19기가톤 이산화탄소 감소	**9323**억 달러 순비용	**3251**억 달러 순절감액

유리 사이에 층을 두는 것만이 창 효율을 향상시키는 유일한 방법은 아니다. 실제로 눈에 보이지 않는 반사면인 저방사low-e 코팅은 창의 U값을 더 낮춘다. 창틀 사이에 흔히 아르곤이나 크립톤을 사용하는 단열 가스를 주입하는 것도 마찬가지다. 밀폐된 고품질 프레임은 공기 누출을 방지한다. 이런 기술들은 지속적으로 비효율을 개선하고, 건물의 냉난방에 미치는 창의 영향을 감소시켰다. 미국 에너지 스타 프로그램에 의한 윈도 등급에 따르면, 0.15~0.2 정도의 U값을 갖는 창이 가장 효율적이다.

'스마트글라스'라 불리는 적응형 기술은 날씨에 따라 실시간으로 반응하는 창을 말한다. 화학에서 변색 현상은 물질의 색이 바뀌는 모든 과정을 말한다. 전기는 전기 변색으로, 열은 열 변색으로, 빛은 광 변색으로 이 과정을 촉발시킨다. 전기 변색 유리는 1970년대와 1980년대에 덴버 근처의 미국 국립재생에너지연구소, 캘리포니아의 로렌스버클리국립연구소 등에서 개발되었다. 전기 변색성을 띠게 하는 것은 사람 머리카락의 50분의 1 굵기인 나노스케일 금속 산화물들의 얇은 층인데, 세부적인 제조법은 제조사마다 다르며 연구를 통해 계속 진화하고 있다. 짧은 전압 버스트에 노출되면 이온이 다른 층으로 이동하며 유리의 색조와 반사성이 변화한다. 스마트폰이나 태블릿으로 조정되는 전기 변색 유리는 실내 조명만큼 전환이 자유롭다.

가장 발전된 형태의 전기 변색 창은 최적의 성능을 위해 빛과 열을 세분화한다. 추운 겨울날에는 태양에서 가시광선과 열복사가 모두 투과된다. 여름에

_____ 전기 변색 유리는 건물의 두 면에서 하루 네 번 반응한다. 색이 더해지면 유리는 실내의 일광 조명을 유지하면서 태양복사와 작업장의 눈부심 및 에어컨 부하를 감소시킨다. 센서와 실시간 기상 데이터까지 활용하여 낮 설정을 취소하고 더 많은 빛을 허용한다. 이 건물은 계절에 따른 온도와 빛의 변화에 대응하기 위한 알고리즘으로 설계되어 있는데, 간단하게 사용자의 책상에서 스마트폰으로 유리창을 제어해 눈부심, 빛, 색조를 조정할 수 있다.

는 열은 차단하면서 가시광선은 받아들이도록 유리를 작동시킬 수 있다. 전압을 약간 다르게 하면 둘 다 반사되어 방을 어둡게 할 수도 있다. 즉 블라인드를 닫거나 칠 필요가 아예 없다(보잉 787-9 드림라이너 기는 창문 블라인드 대신 전기 변색 유리를 사용한다).

동종 기술인 열 변색 유리는 전기를 필요로 하지 않는다. 외부 온도에 따라 자동으로 투명에서 불투명으로 전환했다가 다시 돌아온다. 마치 창문 버전의 무드 링과도 같다. 광 변색 창은 빛 노출을 기반으로 유사하게 작동한다. 어떤 안경 렌즈는 같은 화학 반응을 사용한다. 두 경우 모두 명확한 장점은 어떠한 행동도 필요로 하지 않는 것이지만, 열 변색 및 광 변색 창은 전기 변색 창보다 적응성과 제어력이 부족하다. 주문형 스마트 윈도에는 냉난방 효율 개선과 함께 조명용 에너지 부하를 줄일 수 있는 추가 이점이 있다.

일본의 전기 변색 유리 실험에서는 더운 날 냉방 부하가 30퍼센트 이상 떨어질 수 있다는 것이 밝혀졌다. 캘리포니아에 본사를 둔 기업인 뷰View에 따르면, 자사 전기 변색 라인은 기존 창문에 비해 에너지 사용을 20퍼센트 줄였다고 밝혔다. 하지만 다른 유리보다 50퍼센트 정도 비싼데, 이는 스마트글라스의 근본적인 단점이다. 커튼이나 블라인드의 필요성이 줄거나 없어지고 효율적인 냉방장치를 사용하는 경우 이 비용은 일부 보충될 수 있다. 가격효율성은 고온 환경 또는 태양 노출이 심한 곳에서 가장 클 수 있다. 시장이 커지면 가격은 계속 하락할 것이다. 미래형 기술이 「블레이드 러너」(1982)와 같은 영화에 등장한 이래로 변환 가능한 스마트글라스는 향후 건물 효율성을 증가시키는 일반적인 도구가 되었다.

효과

스마트글라스는 미래형 솔루션으로, 현재 상업용 건물 공간에서 0.004퍼센트 정도만 채택되고 있다. 우리는 주로 고소득 국가의 상업 부문에서 스마트글라스 사용이 증가할 것이고 2050년에는 그 비율이 새로운 상업 건물 공간의 29퍼센트에 이를 것이라고 가정한다. 잠재적 에너지 절감 효과는 냉방에 23퍼센트, 조명에 35퍼센트로 추정된다. 둘 다 기후 조건과 건물 위치에 따라 달라질 수 있다. 스마트글라스를 채택하면 에너지 사용 감소로 인해 2.2기가톤의 배출량을 줄일 수 있다. 9320억 달러의 비용을 들여 30년간 3250억 달러, 수명이 다하기까지 3조6000억 달러의 운영비를 절감할 수 있다.

스마트 온도조절기

SMART THERMOSTATS

눈에 잘 띄지 않는 상자나 공처럼 벽에 붙어 있는 온도조절기는 과소평가되기 쉽지만, 많은 건물에서 냉난방을 조절하는 관제 센터다. 유럽위원회EC에 따르면 주거용, 상업용, 산업용 건물에서 온도를 적당히 유지하면 유럽연합 내 에너지 사용량을 절반으로 줄일 수 있다고 한다. 주거용 온도조절기만 해도 미국 에너지 소비량의 9퍼센트를 조절한다. 주택 소유자, 임차인 및 건물 관리인에게 실시간 피드백을 제공하는 좀더 스마트하고, 프로그래밍이 가능하며, 센서가 연결된 온도조절기는 에너지 사용량 관리에 필수가 되고 있다. 현재 대부분의 자동 온도조절기는 수동 작동이나 사전 설정 프로그래밍을 요하는데, 연구에 따르면 이 둘을 효율적으로 사용하는 것에 대한 신뢰가 그다지 높지는 않은 것으로 밝혀졌다. 아무 어려움 없이 필요할 때 시간, 정도를 조절해가며

2050년까지 감축 결과 및 순위			57
2.62기가톤 이산화탄소 감소	**-742**억 달러 순비용	**6401**억 달러 순절감액	

손쉽게 집을 냉난방할 수 있다고 상상해보라. 이것이 네스트러닝서모스탯Nest Learning Thermostat이나 에코비Ecobee와 같은 스마트 온도조절기의 힘이다. 이들은 스스로 학습하고 작동할 수 있다는 점에서 '스마트'하다고 할 수 있으며, 인간 행동의 변덕에 대처하고 좀더 예측 가능한 에너지 절약을 추진할 수 있다.

200년 가까이 존재해왔음에도 불구하고 온도조절기 기술은 지난 10년 동안 최소한의 발전만을 거두었다. 네스트는 이전 아이폰 기술 팀이 개발해 2011년에 출시되었는데, 이들은 스마트폰으로 가정 내 구식 온도조절장치를 조절할 기회를 포착했다. 차세대 온도조절기는 알고리즘과 센서를 통해 데이터를 수집하고 분석하며 시간이 지남에 따라 학습한다. 사용자는 여전히 온도를 올리고 내릴 수 있는데, 이들 장치는 사용자의 선택 사항과 일과를 기억한다. 설치와 작동이 쉬운 온도조절기는 프로그램이 가능한 온도조절기가 할 수 없는 방식으로 일상생활의 역동성에 적응한다. 사람이 언제나 예측 가능한 일정을 따르는 것은 아니다. 어떤 날은 일찍 출근하고, 어떤 날은 늦게까지 외출하지 않는다. 스마트 온도조절기는 사람이 있는지 여부를 감지하고, 거주자의 선호도를 학습하며, 사용자가 더욱 효율적인 행동을 하도록 유도한다. 또한 최신 기술들은 수요 반응을 통합한다. 에너지 사용량이나 배출량이 가장 많을 때, 가격이 가장 높을 때, 소비를 줄일 수 있다. 좀더 포괄적인 가정 운영 시스템은 온수를 제어한다. 그 결과 집은 에너지 효율성이 높아지고, 편안하며, 운영 비용이 적게 든다.

집에 공기조화HVAC 시스템과 광대역 통신망이 있고 거주자가 스마트폰을 가지고 있다면, 스마트 온도조절기는 매우 효과적인 상호 연결 장치가 될 수 있다. 2년에 걸쳐 네스트랩스Nest Labs는 온도조절기가 에너지 사용과 비용 절감에 미치는 영향을 연구했다. 한 회사의 연구보고서에 따르면, 세 가지 다른 연구에서도 비슷한 결과가 나왔다. 즉 난방을 할 때 10~12퍼센트의 에너지가 절약되고 중앙 냉방을 할 때는 15퍼센트의 에너지가 절약된다. 정확한 절감 효과는 스마트 기술로 업그레이드하기 전 개별 온도조절기 사용 정도에 따라 달라진다. 많은 업계는 약 20퍼센트에 이른다고 추정한다. 주택이 건물이나 구역에 그룹화되거나 마이크로그리드에 연결된 경우, 개별 온도조절기는 전체 시스템을 좀더 효율적으로 만들기 위한 데이터를 제공할 수 있다.

북미에서 유래하여 유럽까지 이동한 스마트 온도조절기는 현재 시장의 단 2퍼센트만을 점유하고 있다. 성장의 여지는 비용이라는 한 가지 핵심 요소에 달려 있다. 사람들은 이미 온도조절장치를 가지고 있기 때문에 새로운 것을 구입하게 하고 설치를 유도하기 위해서는 이점과 낮은 진입 장벽이 필요하다. 낮은 가격과 인센티브 프로그램을 통해 주택 소유자들이 기존의 온도조절장치를 교체하도록 장려할 수 있다. 기술이 발전하고 경쟁이 심화되면서 가격도 하락해야 하며, 일부 유틸리티 기업은 이미 인센티브를 제공하고 있다(심지어 현재 가격대에서도 스마트 온도조절기는 2년 이내에 투자 원금을 회수한다). 수정된 건축 법규는 채택을 확대하는 데 도움이 될 것이고, 일산화탄소와 매연을 감시하는 온도조절기는 소비자들에게 매력적인 옵션이 될 수 있다.

효과

우리는 스마트 온도조절기 설치 비율이 2050년까지 인터넷 접속이 가능한 가정의 0.4퍼센트에서 46퍼센트로 증가할 것으로 예상한다. 이 시나리오에서 7400만 가구가 스마트 온도조절기를 보유할 것으로 예상된다. 에너지 사용을 줄이면 2.6기가톤의 이산화탄소 배출량을 줄일 수 있다. 투자 수익률은 높다. 2050년까지 스마트 온도조절기의 소유자들은 공공요금에서 6400억 달러를 절감할 수 있다.

지역난방

DISTRICT HEATING

밀도는 도시의 결정적인 특징이다. 좁은 도시 공간에서 우리는 도보로 이동하고 자전거를 타며, 사람들과 아이디어를 주고받고 풍부한 문화 모자이크를 형성한다. 밀도는 또한 도시 건물의 효율적인 냉난방을 가능하게 한다. 지역냉난방DHC 시스템에서는 중앙 발전소가 지하 파이프 연결망을 통해 온수와 냉수를 여러 건물에 공급한다. 열교환기와 열펌프는 건물을 배분 네트워크와 분리하여 난방과 냉방이 중앙 집중화되고 온도조절기는 독립적으로 유지된다. 지역냉난방은 각 건물에 작은 보일러와 냉방장치를 설치하기보다는 열에너지를 집단적으로 제공하며, 더욱 효율적이다.

지역난방의 초기 예는 로마에서 찾을 수 있다. 신전, 목욕탕, 심지어 온실을 따뜻하게 하는 데도 온수를 사용했다. 지역난방은 1882년에 다시 등장했다. 이때 뉴욕증기회사가 고객에게 지역난방을 제공하기 위해 맨해튼의 번화가에서 증기를 뿜어내기 시작했다. 엔지니어인 버드실 홀리는 뉴욕 록포트에 있는 자신의 소유지에서 이 발명품을 처음 시험했고, 이것이 미국의 여러 도시로 빠르게 확산되었다. 캐나다도 1911년에 토론토대에서 이 시스템을 설치하는 등 비슷한 시기에 지역난방을 시작했다(캠퍼스야말로 지역냉난방 설치 장소로 꾸준

2050년까지 감축 결과 및 순위			27
9.38기가톤 이산화탄소 감소	4571억 달러 순비용	3조5400억 달러 순절감액	

한 인기를 얻고 있는 곳이다). 1930년대까지 소련은 산업 시설에서 가정으로 열을 보내기 위한 네트워크를 구축하고 있었다. 북유럽 도시들은 1970년대에 연료 위기를 겪으면서 지역난방에 투자하기 시작했다.

덴마크의 코펜하겐은 지역냉난방 부문에서 세계적인 명성을 얻고 있다. 현재 석탄발전소와 폐기물에너지발전소에서 나오는 폐열을 연료로 하는 세계 최대의 지역난방 시스템을 통해 난방 수요의 98퍼센트를 충족시키고 있다(향후 바이오매스는 모든 석탄 사용을 대체하게 될 것이다). 2010년부터 코펜하겐은 외레순 해협의 차가운 물을 열선과 평행하게 흐르는 파이프를 통해 보낸다. 두 출처 모두 지역냉난방이 어떻게 혁신적으로 자원을 활용하고 폐기물 흐름을 수익원으로 전환할 수 있는지 보여주는 사례들이다.

코펜하겐에서 연료 공급원의 지속적인 이동은 지역냉난방의 주요 이점을 강조한다. 일단 배분 네트워크가 구축되면 어떤 힘으로 변형하고 진화할 수 있는가? 석탄은 지열, 물 집열 또는 지속가능한 바이오매스에 자리를 내줄 수 있다. 도시의 폐열(산업 시설에서 데이터센터, 가정 내 폐수에 이르기까지)을 포착하고 다른 용도로 사용할 수 있다. 실제로 지역냉난방은 다양하고 점점 더 깨끗한 방법으로 전 세계에서 사용된다. 건물 규모에서 가격 효율적이지 않을 수 있는 재생 가능한 자원은 시 차원에서 실현될 수 있다. 지역냉난방의 집단적 공급은 돈을 절약하는 규모의 경제를 만든다. 이와 병행하여 건물 효율성이 개선되어 시간이 지남에 따라 난방과 냉방 필요성이 감소한다.

____네덜란드의 빌렘 알렉산더르 국왕이 네덜란드 퓌르메런트에서 열린 바이오열설비센터 개소식에 참석하고 있다. 이곳은 연간 11만 톤의 바이오매스로 가동되어 2만5000명에게 80퍼센트의 녹색에너지를 공급한다.

도쿄의 지역 시스템은 개별 냉난방 시스템에 비해 에너지 사용과 이산화탄소배출을 절반으로 줄인다. 이는 지역냉난방의 잠재력을 보여주는 강력한 예다. 지역냉난방은 시용을 거치고 검증된 기술이지만, 특히 북유럽에서는 여전히 새로운 기술이고 세계 여러 곳에서 아직 생소하다. 또한 높은 선행 투자 비용과 시스템 복잡성도 여전히 걸림돌이 되고 있다. 지구가 더워지고 세계의 더운 지역 도시들이 성장함에 따라 관련성이 높아지고는 있지만, 지금까지 지역냉방은 난방보다 훨씬 덜 보편화되었다. 세계에서 가장 큰 지역냉난방 시스템 중 하나는 파리에 있는데, 이 덕분에 루브르박물관과 오르세미술관은 걸작을 보존하고 예술 애호가들은 편안하게 작품을 감상할 수 있다.

지역냉난방을 난방 또는 냉방을 위해 배치하든, 아니면 두 가지 모두를 위해 배치하든, 지방 자치 정부는 이 솔루션을 확장하는 데 가장 중요한 역할을 한다. 이들 정부는 계획, 규제, 자금 조달, 인프라, 에너지와 배출물 처리 계획을 세우는 데 처음부터 관여하는데, 이 모든 것이 지역 시스템의 생존성에 영향을 미치는 매우 중요한 일이다. 도시 의사결정자들은 집단적이고 효율적으로 세계 도시들의 난방과 냉방 문제를 해결하기 위한 필수 촉매제가 될 수 있으며, 이미 일부는 충분한 역할을 하고 있다.

효 과

기존의 독립형 온수 및 난방 시스템을 대체함으로써 지역난방은 이산화탄소 배출량을 2050년까지 9.4기가톤 줄일 수 있고, 3조5000억 달러의 에너지 비용을 절감할 수 있다. 우리 분석은 현재의 채택률을 난방 수요의 0.01퍼센트로 추정하며, 향후 30년 동안 10퍼센트로 성장할 것으로 본다. 천연가스가 현재 지역난방 설비의 가장 보편적인 연료원이긴 하지만, 우리는 시간이 지날수록 점점 보편화되는 지열과 태양열 에너지와 같은 대체 에너지원의 영향도 모델링했다.

매립지 메탄

LANDFILL METHANE

메탄은 강력한 분자다. 100년 동안 메탄의 온실가스 효과는 이산화탄소 효과의 34배에 달한다. 매립지는 메탄이 가장 많이 배출되는 원천으로 세계 총량의 12퍼센트를 배출하는데, 이는 8억 톤의 이산화탄소가 야기하는 온실효과에 해당되는 양이다. 그러나 메탄 역시 연료다. 매립지 메탄은 공기 중으로 흘러 들어가거나 폐기물로 흩어지지 않고 전기나 열을 발생시키는 꽤 깨끗한 에너지원으로 활용될 수 있다. 기후 이점은 두 가지다. 매립지 배출을 방지하고 석탄, 석유 또는 천연가스를 대체한다.

세계의 도시들은 매년 14억 톤의 고체 폐기물을 생성한다. 이는 2025년까지 총 24억 톤에 이를 것이다. 전 세계적으로(주로 선진국에서) 적어도 3억 7500만 톤의 고체 폐기물을 쓰레기 매립지로 보낸다. 그 결과는 더 지속가능한 폐기물 전환 방식인 감축, 재사용, 재활용 및 복원 등에 쓰이는 양에 훨씬 못 미친다. 그럼에도 잘 설계된 위생 매립지에 쓰레기를 보내는 것은 오염물이 새고, 물을 오염시키고, 건강을 해치는 개방형 쓰레기장에 버리는 것보다 훨씬 낫다. 이는 20세기까지 대부분의 지역에서 그랬듯이, 저소득 국가들에서 여전히 이뤄지는 보편적인 접근법이다.

2050년까지 감축 결과 및 순위

58

2.5기가톤	-18억 달러	676억 달러
이산화탄소 감소	순비용	순절감액

쓰레기 매립지 내용물은 주로 음식물 찌꺼기, 잘린 가지, 버려진 나무, 폐지 등으로 대부분 유기물이다. 처음에는 호기성 박테리아가 이 물질들을 분해하지만, 쓰레기의 층이 압축되어 덮이고 (결국 매립지 지붕 아래에 봉인되면서) 산소는 고갈된다. 산소가 없으면 혐기성 박테리아가 그 자리를 채우고, 분해 시 극소량의 다른 가스와 함께 이산화탄소와 메탄가스가 거의 같은 비율로 혼합된 바이오가스가 만들어진다. 이산화탄소는 자연 순환의 일부분이다. 하지만 메탄은 인공적으로 생성되는데, 이는 유기 폐기물이 위생 매립지에 버려져 생성되기 때문이다. 원래 그래서는 안 된다. 종이는 재활용되어야 하고, 음식 찌꺼기는 퇴비로 사용되거나 메탄 소화조를 통과해야 한다. 이들 폐기물은 파묻히지 않을 때 실질적인 가치를 창출할 수 있다. 하지만 매립지에 쌓이는 한, 우리는 매립지에서 나오는 메탄을 관리해야 한다. 당장 매립을 중단한다 해도 기존 매립지들은 앞으로 수십 년 동안 계속 오염될 것이다.

바이오가스 관리 기술은 비교적 간단하다. 천공된 튜브를 분산하여 매립지 깊은 곳까지 내려보낸 뒤 가스를 채집하고, 이를 중앙포집소로 이동시킨 뒤 그곳에서 배출하거나 연소시킨다. 더 좋은 방법은 압축 및 정화하여 발전기, 쓰레기 트럭 또는 천연가스 공급 장치의 연료로 사용하는 것이다. 매립지에서 배출되는 기체로 전기를 생산하는 것에 단점이 없지는 않다. 연소 과정에서 나오는 오염물질은 지역의 대기 질을 떨어뜨린다. 이는 스모그로 곤란을 겪는 도시에 큰 골칫거리를 안겨준다. 그럼에도 이 방법은 화석연료를 사용하는 것보다 더 낫고, 냄새와 폭발이나 화재의 위험을 줄여준다는 추가적인 이점이 있다(깨끗한 재생에너지의 완승이다).

메탄 생산량은 매립지에 따라 다르며, 포집되는 양도 다르다. 매립지가 더욱 폐쇄적일수록 포집은 더욱더 쉽고 효과적일 수 있다. 미국 쓰레기 매립지 연구에 따르면, 폐쇄된 매립지의 메탄 포집은 폐기물을 적극적으로 수용하는 매립지보다 17퍼센트 더 효율적이지만, (새로운 퇴적물로 인한 부패가 가장 활발한) 개방형 매립지는 메탄 배출의 90퍼센트 이상을 차지했다. 그래서 추출정은 폐쇄되고 지붕이 닫힌 매립지에 봉인된 기체를 더 철저히 뽑아낼 수 있지만, 가장 주목을 받아야 할 주범은 쓰레기가 계속 쌓이는 매립지다.

매립지는 배출의 온상이 될 까닭이 없다. 쓰레기를 줄이고 더 좋은 용도로 활용하려는 종합적인 전략의 일환으로, 매립지는 메탄 회수를 염두에 두고 설

미시간주 매립지의 메탄 포집 설비.

계·관리 및 규제되어야 하며, 점점 더 많아져야 한다. 문제에 집중해야 실질적인 결과를 도출할 집중적인 기회를 마련할 수 있다.

효 과

이 솔루션은 폐기물 처리 체계의 맨 아래에 있다. 매립 쓰레기는 식생활이 변하고, 쓰레기가 줄어들고, 재활용과 퇴비가 증가하면서 줄어든다. 폐기물에너지 시설에서 연소될 수 없거나 연소되어서는 안 되는 것이 마지막 수단으로 매립지에 도달할 것이다. 이런 해결책은 하룻밤 사이에 전 세계적으로 채택되지 않을 것이므로, 우리는 매립지 메탄 포집이 계속 제 역할을 할 것으로 가정한다. 전기 생산을 위한 매립지 메탄의 연소는 2.5기가톤의 이산화탄소에 해당되는 배출량을 감소시킬 수 있다.

단열
INSULATION

_____ 단열재는 새로운 것이 아니다. 북부 주민들과 농부들은 1000년 동안 잔디 지붕을 사용해왔다. 이곳은 '따뜻한 계절' 동안 기온이 평균 11.6도쯤 되는 아이슬란드와 노르웨이의 대서양에 위치한 작은 군도인 페로 제도의 교그브 마을이다.

2050년까지 감축 결과 및 순위			31
8.27기가톤 이산화탄소 감소	3조6600억 달러 순비용	2조5100억 달러 순절감액	

'단열'을 뜻하는 영어 단어 insulation은 '섬'을 뜻하는 라틴어 어원 insula에서 유래했다. 열 흐름의 관점에서 건물을 섬으로 만드는 것이 바로 단열재의 목적이다. 열은 온도 평형에 도달할 때까지 항상 따뜻한 곳에서 차가운 곳으로 이동한다. 건물 온도를 19.5~25.5도의 바람직한 범위로 유지하는 데 열 흐름은 매우 중요한 역할을 한다. 여름철에 뜨거운 공기가 실내로 침투하면 에어컨을 밤새 돌려야 한다. 겨울에는 따뜻한 공기가 창문과 문틈 사이로 흘러나가, 난방이 안 되는 다락방과 지하실, 굴뚝으로 이동하기 때문에 난방 시스템을 더 열심히 가동해야 한다. 원치 않는 열 취득이나 손실에 대한 격차를 줄이고 편안한 실내 온도를 유지하기 위해 우리는 천연가스나 전기 같은 에너지를 더 많이 사용한다. 미국 그린빌딩위원회에 따르면, 누입 공기는 가정용 냉난방 에너지의 25~60퍼센트를 차지하는데, 이는 단순히 낭비되는 에너지다. 건물 외피를 더 잘 절연함으로써 열 교환을 줄이고, 에너지를 절약하며, 배출을 피할 수 있다.

절연을 효과적으로 만드는 일은 열 저항, 즉 전도(소재를 통한 직접 열 교환), 대류(공기나 유체를 통한 열 순환), 방사(전자파에 의한 열 전달)를 통한 열 흐름에 얼마나 효과적으로 저항하는지에 달려 있다. R값은 열 저항 측정 시스템이다. R값이 높을수록 단열재의 효율이 높아지며, 이 단열재는 건물 내 설치 장소와 방법은 물론 유형, 두께 및 밀도에 따라서도 달라진다. 이상적으로 건물의 단열층은 바닥, 외벽 및 지붕의 모든 측면을 덮고, 열교 현상(스터드나 장선 같은 다른 건물 자재를 통해 온도가 더 높아지는 것)이라고 알려진 영향을 방지할 수 있도록 연속적이어야 한다. 공기 누출 및 외풍은 단열 성능에도 영향을 미치며, 이 때문에 밀폐가 잘되고 균열이 적은 건물 외장재가 매우 중요하다.

단열재는 새로운 건축과 종종 외부 마감 처리가 미흡한 오래된 건물의 개·보수를 통해 건물의 에너지 사용을 좀더 효율적으로 만드는 가장 실용적이고 가격효율적인 방법 중 하나다. 단열재는 상대적으로 저렴한 비용으로 습기를 억제하고 대기 질을 개선하는 동시에 공공요금도 낮춘다. 단열재의 범위도 넓다. 유리섬유는 가장 흔한 단열재 중 하나로, 이불솜이나 충전재처럼 쓰일 수 있다. 플라스틱 섬유는 유사한 제품으로 만들어질 수 있다. 미네랄 울은 털실이 아닌 현무암이나 고로 슬래그로 만든 자재다. 재활용 신문지는 구멍을 빽빽하게 채운 셀룰로오스 단열재로 들어간다. 폴리스타이렌 단열재는 단단한 보드에서 스프레이 폼까지 다양한 형태로 제공된다. 또한 삼, 양털, 짚과 같은 천연섬유도 사용된다. 반사형 단열재는 복사열을 처리하도록 설계되었다. 단열재 혁신은 폐가금류에서 나온 깃털의 공기 포획력을 이용하는 등 성능을 개선하고 있으며, 지속가능한 생산을 목표로 한다.

단열재의 힘은 1990년대 초 독일에서 제창된 엄격한 건축 방법과 표준 패시브하우스Passive House를 통해 최고조에 달했다. 이는 기존 방식에 비해 최대 90퍼센트까지 에너지를 절약하는 데 집중한다. 이 접근 방식은 위아래 그리고 사방에서 외부로부터 내부를 분리하기 위해 건물 전체에 밀폐된 외피를 만드는 데 초점을 맞추고 있다. 그 결과 땅 위에 눈이 쌓이면 따뜻한 공기가 새어나가지 못하고, 삼복더위가 찾아오면 시원한 공기가 빠져나가지 못할 정도로 밀폐된 구조물이 만들어진다. 일부 패시브하우스 주택은 굉장히 효율적이어서 헤어드라이어 정도의 열만으로도 난방이 가능하다. 보온병과 같은 건물 외피는 두꺼운 초단열 기초재, 벽재, 지붕재를 사용하고, 모든 균열, 이음매 및 틈새를 밀폐하며, 전도성 열교 현상을 해결하고, 고성능 3중창을 사용해 그 효과를 강화한다. 냉난방에 필요한 에너지를 적극적으로 줄이는 것은 분산형 재생에너지로 에너지 수요를 충족시키고 궁극적으로 넷제로 에너지 사용을 달성하는 토대를 마련한다. 패시브하우스는 단열재에 대한 높은 기준을 설정하기 때문에 대부분의 건물이 가까운 시일 내에 이 수준에 도달하지는 못할 것이다. 그러나 재정적 인센티브, 건물 효율 요구 사항 및 피고용인의 이익을 고려하는 진보적 이기주의를 통해, 건물이 지구에 지우는 무게를 가볍게 하는 데 중요한 역할을 할 수 있다.

효 과

단열재로 건물을 개·보수하는 것은 냉난방에 필요한 에너지를 줄이기 위한 가격효율적인 솔루션이다. 기존 주거용 및 상업용 건물의 54퍼센트가 단열재를 설치하면 3조7000억 달러의 실행 비용으로 8.3기가톤의 배출을 피할 수 있다. 30년에 걸쳐 순절감액은 2조5000억 달러가 될 수 있다. 단열재의 수명은 100년 이상 지속된다는 점에서 4조2000억 달러 이상의 생애주기 절감액을 실현할 수 있다.

개·보수

RETROFITTING

——1931년에 처음 건설된 엠파이어스테이트빌딩에서 5억 3000만 달러 규모의 개·보수가 이뤄지는 동안, 접수원이 안내 데스크에 앉아 있다. 이 아르데코 아이콘을 개·보수하면서 6500개의 창문과 모든 냉난방 및 조명 시스템이 교체되었다. 덕분에 38퍼센트의 에너지 절감이 실현되었다.

2050년까지 감축 결과 및 순위 80

비용 및 절감액은 재생에너지, LED 조명, 냉난방장치, 절연 등에서 모델링함

엠파이어스테이트빌딩은 결코 환경친화적 의도가 없었다. 그저 높게만 짓는 것이 목표였다. 세계에서 가장 높은 빌딩을 짓겠다는 건축업계 거물들 사이의 경쟁 끝에 탄생한 이 빌딩은 단 1년 만에 완공되었다. 1931년 5월 1일에 공식으로 문을 열었고, 이때 허버트 후버 대통령이 워싱턴 D.C.에서 점등했다. 이 건물은 1972년까지 가장 높은 빌딩이라는 명성을 유지했다. 강철과 화강암, 석회암으로 만들어져 과시와 힘의 상징이었던 엠파이어스테이트빌딩은 이제 건축 환경에서 에너지 효율을 달성하기 위한 개·보수의 상징이 되었다. 즉 건물 밖으로 빠져나가는 열과 밖에서 들어오는 냉기, 거주자들을 위한 냉난방 설비, 건물 조명 등의 문제를 새로 해결했다.

지구온난화는 밤낮으로 인간이 살고 있는 건물에 주의를 기울이지 않고서는 해결되지 않을 것이다. 전 세계적으로 건물은 에너지 사용의 32퍼센트, 에너지 관련 온실가스 배출의 19퍼센트를 차지한다. 미국에서는 건물 에너지 소비량이 전미 에너지 소비량의 40퍼센트 이상이다. 에너지를 전력망이나 천연가스 가스관에서 끌어내 건물의 냉난방 및 조명을 해결하고, 온갖 종류의 가전제품과 기계에 전원을 공급한다. 소비되는 에너지의 80퍼센트는 낭비된다. 조명과 전자제품은 불필요하게 켜져 있고 건물 외벽 틈으로 공기가 드나든다.

친환경 건물에 대한 관심은 대부분의 신축 건설에 몰린다. 다양한 표준, 즉 에너지 및 환경 디자인 리더십, 인터내셔널리빙퓨처연구소의 넷제로, 동명 독일 연구소의 패시브 하우스, 캐나다 천연자원부가 개발한 R-2000 등이 처음부터 제대로 건설하는 방법을 명시하여, 실제로 구현되기 전에 건축물에서 에너지가 낭비되지 않도록 설계하게끔 한다. 앞으로 다가올 구조들을 전망하고 구체화하는 것도 중요하지만, 상업용 건물을 포함해 기존의 건물을 개·보수하는 것 역시 중요하다. 미국에는 1억4000만 채의 건물이 있고, 그중 560만 채의 건물이 상업용이다. 이들 건물은 에너지 절감을 위한 가장 큰 잠재력을 지니고 있다. 오래된 건물들은 매년 1~3퍼센트의 비율로 새 건물로 대체되기 때문에 기존 건물들은 15~20년 후에도 여전히 대부분 그 자리에 있을 것이다.

엠파이어스테이트빌딩은 개·보수 노력의 중심에 있었다. 뉴욕시는 2050년까지 온실가스 배출량을 80퍼센트 줄이겠다고 약속했다. 시 당국은 이 목표를 달성하기 위해 건물들을 개·보수해야 했다. 21세기 초 엠파이어스테이트빌딩은 하루에 4만여 일인 가구 정도의 에너지를 사용했다. 민간, 자선 단체 및 비영리단체 간의 합작인 개·보수 프로젝트는 사용량을 40퍼센트까지 감축하겠다는 목표를 설정했다.

엠파이어스테이트빌딩은 440만 달러의 에너지 비용을 절감하고 10만 5000톤의 온실가스 배출량을 줄일 것이다. 엠파이어스테이트빌딩의 창문 6514개는 효율성을 향상시키는 열쇠였다. 1500만 달러 이상의 가치에 상당하는 낭비되는 에너지와 비용을 줄이기 위해 기존 창 사이에 단열 필름을 끼우는 식으로 현장에서 보수되었다. 비록 엠파이어스테이트빌딩이 아르데코 유산과 문화적 특질 때문에 주목할 만한 예이긴 하지만, 개·보수로 인해 달성할 38퍼센트의 에너지 절감은 단지 시작에 불과하다. 1970년에 지어진 시카고의 윌리스 타워는 개·보수를 통해 에너지 사용량의 70퍼센트를 절약했다. 오래된 건물을 위한 개·보수 방식으로는 현재 넷제로가 있다. 미국에는 엠파이어스테이트빌딩이나 윌리스타워처럼 4만6452제곱미터가 넘는 건물이 8000채 있다. 미국은 개·보수가 필요하고 에너지 절약, 투자비 회수, 일자리 창출 효과가 기대되는 1395채의 다른 건물에도 관심을 멀리해서는 안 된다.

개·보수는 잘 받아들여지는 방식이며, 건물 관리 자료도 잘 마련되어 있어 점점 더 효과적인 방식이 되어가고 있다. 건물에 따라 개·보수에 대한 투자 회수 기간은 평균 5~7년이다. 패니메이Fannie Mae와 같은 대부업계 대출금을 친환경 건물 개·보수에 사용한다면 상업용 주택담보대출을 5퍼센트 늘릴 것이다. 그러나 기존의 상업용 건물은 연 2.2퍼센트의 비율로 개·보수가 진행되고 있다. 부동산 분야에서의 문제와 별개로, 일반적인 장애물은 돈이다. 그러나 투자비 회수가 보장되기 때문에 자금을 조달할 수 있다. 현재 모든 도시에는 고객이 원하는 모든 종류의 개·보수를 진행할 수 있도록 자금 조달에 도움을 줄 컨설턴트들이 있다. 대부분의 유틸리티 기업도 컨설팅을 제공하는데, 다양한 가전제품과 조명, 변속 펌프, 그리고 땅에 에너지를 저장하고 비용을 절감할 수 있는 냉난방 시스템도 제시해준다. 또 거의 언급되지 않은 투자 회수가 있는데, 바로 개·보수된 건물의 입주율이 높아진다는 사실이다.

오늘날의 세입자들은 건강한 친환경 공간을 원하며, 대부분의 도시에서 친환경 공간을 위해서라면 기꺼이 더 많은 돈을 지불한다. 연구에 따르면, 잘 디자인된 친환경 직장에서 사람들은 더 창의적이고 생산적이며 행복감을 느끼고, 고용주들은 더욱더 쉽게 인재를 채용하고 유지한다. 조너선로즈컴퍼니와 같은 개발업자들은 뉴욕부터 오리건주 포틀랜드에 이르는 도심 지역의 오래된 사무실 건물을 찾아서 구입하고, 이들을 개량한 후 다시 임대한다. 개·보수는 업무 공간의 품질과 만족도를 높여 수요를 증가시킨다. 또한 건물의 수명을 연장시키고 그 가치를 높인다. 새로운 건물이든 구식 건물이든 친환경 건물은 주거하거나 일하기에 더 좋다. 소유는 말할 것도 없다.

그 가치를 발견하고 문제를 해결할 수 있는 사람들에게 개·보수의 사업 기회는 상당하다. 록펠러재단과 도이체방크의 기후변화 센터가 조사한 시장 규모와 분석에 따르면, 미국의 주거용·상업용·기관용 건물을 개조하는 데 2790억 달러를 투자해 10년 동안 1조 달러(미국의 연간 전기료의 30퍼센트에 해당) 이상의 에너지 절감액을 달성할 수 있다. 이 과정에서 330만 이상의 누적 근로 연수가 전역에서 창출되며, 미국의 배출량은 거의 10퍼센트 줄어들게 된다.

세계 1486만4486헥타르에 달하는 건축물(그중 99퍼센트가 친환경이 아니다)에 개별적으로 접근하는 것은 아마 막대한 재정과 배출량 절감을 실현하기 위한 제대로 된 방법이 아닐 것이다. 로키마운틴연구소는 시카고에서 더욱 산업화된 전략을 시행하고 있다. 개·보수 범위를 매우 효과적이고 광범위하게 적용할 수 있는 일련의 조치들로 제한하고, 완벽한 분석을 기반으로 추가 조치를 시행하며, 규모의 경제를 달성하기 위해 여러 건물에서 동시에 시행하고 있다. 초기 결과에 따르면, 이 전략은 개·보수 비용을 30퍼센트 이상 줄일 수 있고 4년 이내에 투자를 회수할 수 있다. 이것이 바로 사람과 에너지, 삶의 질과 경제, 그리고 대기의 미래를 연결하기 위해 필요한 노력이다.

효과

넷제로 건물과 마찬가지로, 이 솔루션에서는 어떠한 결과도 제시하지 않는다. 기존 주거 및 상업용 건물 공간을 개·보수한 건물주는 더 나은 단열재를 설치함으로써 냉난방 설비를 개선하고 관리 시스템을 업그레이드한다. 이들 솔루션은 개별적으로 계산되었다. 어떤 개·보수도 정확하게 똑같을 수는 없고, 예상 비용과 절감액 예측은 거의 불가능하다.

WATER DISTRIBUTION

물은 무겁다. 수원에서 처리 시설까지, 저장에서 배수까지 끌어오는 데 엄청난 양의 에너지를 필요로 한다. 사실 도시 내에서 물을 처리하고 배수하는 데 드는 전기는 비용의 큰 부분을 차지하며, 만만치 않은 수도 요금의 원인이 된다. 그러나 이 비용 청구서에 도시의 수도 시스템을 흐르는 모든 물이 해당되지는 않는다. 유틸리티 기업은 들어가는 물과 나오는 물의 차이를 설명하기 위해 '무수수량non-revenue water'이라는 말을 사용한다. 세계은행은 고소득 국가와 저소득 국가 사이에서 반반씩 매년 325억5000만 톤이 누수로 인해 손실된다고 계산하고 있다.

분배 중에 손실된 물을 '무수수량'이라 부른다는 사실은 유틸리티 기업과 자치단체에 무엇이 중요한지를 설명해준다. 문제가 되는 것은 가정용이나 사업체로 가는 것이 아닌, 세계의 배수관망으로 누수되는 물을 퍼올리기 위해 불필요하게 낭비되는 수십억 킬로와트의 전기다. 이런 유출과 손실을 최소화한다는 것은 물을 희귀 자원으로 보존하면서 에너지를 절약한다는 것을 의미한다.

많은 곳에서 노후한 물 인프라와 낙후된 파이프, 밸브는 큰 도전 과제다. 그러나 이들을 한꺼번에 교체한다는 것은 아주 극단적인 사례가 아니면 재정적으로 가능하지도, 필요하지도 않다. 그 대신 배수의 효율성 향상은 관리 방식에 따라 크게 달라진다. 일반 수도 사용자의 입장에서는 수압이 가장 중요하다. 이는 전체 시스템의 '건강'을 위해서도 가장 기본적인 사항이다. 『뉴욕타임스』의 설명에 따르면, "인체의 혈액 흐름과 같이, 안정적이고 적당히 낮은 수준의 압력이 가장 좋다"고 한다. 압력이 너무 높으면 물은 탈출할 방법을 찾는다. 압력이 너무 낮으면 주변의 액체와 오염물질이 수도관에 스며든다. 수도 유틸리티 회사는 '딱 적당한' 압력을 찾아야만 하는 상황에 놓여 있다. 이들의 일반적인 접근법 중 하나는 더 큰 시스템 내에 포함된 '중규모 배수 블록district metered areas'을 만드는 것인데, 각 블록에는 '문지기' 역할을 하는 특수 밸브가 있다.

최상의 수압 관리 조건에서도 누수가 발생할 수 있다. 서비스를 차단하고 도로를 잠기게 하는 갑작스러운 파열은 사실 낭비의 관점에서 보면 최악은 아니다. 단지 주의와 즉각적인 해결을 요구할 뿐이다. 더 큰 문제는, 탐지하기 힘든 더 작고 오랫동안 지속되는 누수다. 이에 대해서는 강력하고 철저히 탐지하고, 신속하게 해결하는 것이 관건이다. 누수를 찾고 정확히 탐지하는 데 다양한 도구와 기법을 활용할 수 있다. 특히 사용이 적은 시간인 밤에 가장 효과적이다. 센서와 소프트웨어가 지속적으로 진화함에 따라 누수 탐지와 압력 관리에 도움이 되고 있다. 사실 한 업계 전체가 물 손실을 해결하기 위해 나섰고,

『뉴욕타임스』는 이를 "1990년대 초에 영국의 우수하고 강박적이며 똑똑한 기술자들이 국가 누수 문제를 해결하기 위한 구상을 시작했다"고 설명했다. 이들의 방법론과 기술은 매우 획기적이었고, 지금은 영국을 넘어 다른 곳에서도 사용되고 있다.

물 손실 문제는 전 세계적인 현안이다. 미국에서는 배수의 약 6분의 1이 누수된다. 물 손실량은 일반적으로 저소득 지역에서 훨씬 더 높다. 때로는 전체 양의 50퍼센트를 차지하기도 한다. 이 손실을 절반으로만 줄여도 약 9000만 명의 사람에게 물을 추가로 공급할 수 있다. 필리핀의 수도 마닐라가 그렇게 했다. 손실을 절반으로 줄이는 데 성공했고, 수도공사는 130만 명을 더 고용할 수 있었으며 전 국민에게 물을 24시간 공급할 수 있게 되었다.

현재까지 마닐라와 같은 성공 사례는 고소득 국가들에서도 거의 찾아볼 수 없다. 수도 유틸리티 기업은 물 손실 문제를 해결하는 데 곧잘 실패한다. 그 이유는 제도적·기술적 역량이 약하고, 문제 해결을 위한 동기부여나 유인책이 없기 때문이다. 심지어 비용이 더 많이 들어도 차라리 새로운 처리 시설을 건설하는 게 더 쉽고 편하다고 생각한다. 누수 문제를 인정한다는 것은 경영상의 문제를 인정하는 것을 뜻하며, 잠재적으로 고객과 정치인의 분노를 자극할 수도 있는 탓에 유틸리티 기업은 인정하기를 꺼린다. 하지만 물 누수 문제를 해결해야 한다는 압력이 점점 커지고 있는 것도 사실이다. 금융 투자와 엔지니어링의 우수성이 절실히 필요하기 때문에 세계은행과 국제물협회IWA 간의 파트너십은 시급해 보인다.

지방자치 당국은 물 부족과 관련하여 할 일이 많다. 유틸리티 기업의 효율성을 높이고 고객 경험을 향상시키는 것 외에도, 누수를 막는 것은 새 공급원을 찾고 증가하는 인구에 물을 제공하기 위한 가장 저렴한 방법이다. 이와 같은 방식을 통해 지방 도시는 온난화가 심해질수록 더욱 빈번해지는 물 부족에 탄력적으로 대처하기 위해 수도 시스템을 관리할 수 있다. 배수 효율성은 기후변화 및 그 영향에 대처하도록 돕는다. 이는 사전 예방적이고 방어적인 해결책이다.

효과

압력 관리 및 능동적 누수 제어의 영향만 모델링해본다면, 2050년까지 전 세계 물 손실을 20퍼센트 더 줄일 수 있을 것으로 추정된다. 펌프 배수pumped distribution로 인한 이산화탄소 배출 감소량은 0.9기가톤으로 추정된다. 총 설치 비용은 1370억 달러이고 유틸리티 기업의 운영 비용 절감액은 2050년까지 9030억 달러다. 이 간단한 솔루션을 시행하면 30년 동안 813조8600억 톤의 물을 절약할 수 있을 것이다.

빌딩자동화

BIILDING AUTOMATION

건물은 정적 구조물로 위장한 복잡한 시스템이다. 에너지는 냉난방 시스템, 전기 배선, 온수, 조명, 정보통신 시스템, 보안 및 액세스 시스템, 화재 경보, 엘리베이터, 가전, 그리고 간접적으로 배관까지 복잡한 과정을 통과한다. 대부분의 대형 상업용 건물에는 어떤 형태로든 중앙집중식 컴퓨터 기반 건물 관리 시스템이 있다. 이를 통해 시스템을 감시·평가하고 제어할 수 있으며, 주거 경험을 향상시키는 동시에 에너지 효율을 높일 기회를 포착할 수 있다. 그러나 건물 관리 시스템은 수동적인 데다 인간의 오류에 취약하다. 자동화 시스템을 채택하면 사용되지 않았을 에너지의 효율성을 확보할 수 있으며, 일반 건물에서 평균 10~20퍼센트의 에너지 소비량을 줄일 수 있다.

빌딩자동화시스템BAS은 건물의 두뇌다. 센서를 갖춘 자동화된 건물들은 효율성과 유효성을 극대화하기 위해 지속적으로 건물 상태를 살피고 균형을 맞춘다. 예를 들어 주위에 아무도 없을 때는 조명이 꺼지고, 창문은 공기의 질과 온도를 향상시키기 위해 환기된다. 재래식 시스템은 마치 자동차 계기판과 같이 건물 관리자에게 어떤 조치를 취해야 하는지를 알려준다. 그러나 자동화 시스템을 갖춘 건물은 자율주행차량처럼 스스로 조치를 취한다. 신축 건물은

2050년까지 감축 결과 및 순위 **45**

4.62기가톤 이산화탄소 감소 | **681**억 달러 순비용 | **8806**억 달러 순절감액

처음부터 자동화를 구비할 수 있다. 오래된 건물은 자동화를 통합하도록 개·보수해 이익을 취할 수 있다.

빌딩자동화 시장은 확장되고 있다. 자동화 시스템이 확장되면서 입주자의 삶의 질과 생산성은 제고되었고 에너지, 운영 및 유지 비용은 절감되었다. 자동화 시스템은 열과 조명의 쾌적성, 실내 공기 질을 향상시켜 입주자의 만족도에 직접적으로 영향을 끼칠 수 있다. 세계그린빌딩협의회는 실내 공기 질이 생산성을 8~11퍼센트 향상시키는 데 기여할 수 있다고 보고한다. 빌딩자동화는 뭔가가 잘못된 경우 건물 관리자에게 빠르게 고칠 수 있도록 쉽게 알려준다. 자동화를 통해 모든 시스템 관리를 중앙집중화하고 단순화하므로 필요한 작업량이 줄어든다. 특히 친환경 건물의 경우, 빌딩자동화는 주요 건물 매트릭스를 측정하고 검증하여 사람 또는 기타 요인에 의해 손상될 수 있는 효율성을 보장하고 유지한다. 친환경 건물은 높은 효율 등급을 받을 수 있지만, 이 등급이 실제 작동과 일치해야만 효율성이 빛을 발한다.

채택에는 장벽이 존재한다. 에너지 관련 지출은 일반적으로 기업에서 작은 원가 동인이지, 큰 절감을 볼 수 있는 부문이 아니다. 빌딩자동화의 가치를 높이기 위해서는 높은 투자 선행 비용에 대해 높은 수익을 신속하게 창출해야 한다. 일부 사례에서처럼 예상 수익률을 실현하지 못하면 빌딩자동화에 대한 신뢰도가 크게 떨어진다. 임대인과 임차인 간의 계약도 또 다른 과제다. 건물의 소유자와 입주자가 다르면, 효율을 극대화하기 위한 동기는 감소된다. 전자

는 건물의 시스템에 대한 결정을 내리는 반면, 후자는 에너지 사용 비용을 부담하기 때문이다. 편안한 주거는 임차인의 만족도에 미치는 영향과 그로 인한 주거 기간을 고려했을 때, 그들 모두가 희망하는 공동의 목표다.

우리는 건물이 정적인 구조라는 이유로 기후변화에 대한 건물의 기여도를 쉽게 잊는다. 유엔 정부 간 기후변화 협의체에 따르면, 건물은 세계 에너지 사용량의 약 3분의 1, 세계 온실가스 배출량의 5분의 1을 차지한다. 빌딩자동화시스템은 에너지 사용을 억제하기 위한 강력한 솔루션 중 하나다. 가장 중요한 점은, 빌딩자동화시스템이 온도조절기 조정과 같은 개별적인 행동을 피하고, 효율성의 단계적 변화를 가능하게 한다는 것이다. 빌딩자동화는 지역 및 국가 건물 효율 요건을 충족하기 위해 빌딩자동화가 점점 더 필요해지고 있다. 또한 분산 에너지 전원, 외부 차양, 전환 가능한 유리창(스마트글라스) 등과 같이 건물 자체가 점점 더 복잡해지면서 빌딩자동화의 정교함은 계속 발전해야 한다. 이런 시스템이야말로 건물이 필요로 하는 '신경망'이다.

효과

빌딩자동화시스템을 통해 최대 20퍼센트 더 효율적인 냉난방이 가능해지며, 에너지를 조명과 가전제품 등에 11.5퍼센트 더 효율적으로 사용할 수 있다. 2014년 기준 상업용 건물 면적의 34퍼센트 수준인 빌딩자동화시스템 구축 비율을 이번 세기 중반까지 50퍼센트로 끌어올리면 건물주들은 680억 달러의 추가 비용으로 8810억 달러의 운영비를 절감할 수 있다. 이 방법으로 4.6기가톤의 이산화탄소 배출을 피할 수 있다.

토지이용

'드로다운'이란 말은 대기 중 온실가스 농도의 감소를 설명한다. 이를 달성하기 위한 두 가지 방법이 있다. 하나는 인간이 야기하는 배출량을 급격히 줄이는 것이고, 다른 하나는 육지와 해양을 활용해 공기 중에서 탄소를 격리시키고 수십 년, 심지어 수 세기 동안 이를 저장할 확실한 방법을 널리 채택하는 것이다. 실제로 드로다운에 영향을 미칠 수 있는 토지이용 방식의 영향을 적절히 측정하기 위해, 우리는 이들 영향을 별개의 솔루션으로 분류했다. 열세 가지 방법이 식량 생산과 관련되기 때문에 「식량」이라는 제목의 장에 포함시켰고, 아홉 가지는 여기서 설명한다. 우리는 우선 전 세계적으로 토지가 어떻게 사용되는지를 평가했다. 그런 다음 용도가 바뀌거나, 방목 또는 성장을 위해 사용되는 특정 기법이 바뀐다면 어떻게 될지를 계산했다. 계산에 포함되지는 않았지만, 제시된 스물두 가지 연구가 모두 후회 없는 솔루션이라는 점을 분명히 보여준다. 솔루션의 실행을 통해 토양 수분, 구름 양, 농작물 수확량, 생물다양성, 고용, 인간 건강, 소득 및 탄력성을 높이는 동시에 합성비료와 살충제의 필요성은 극적으로 감소시킨다.

삼림 보호

FOREST PROTECTION

모든 유형의 삼림 중에서 가장 중요한 것은 일차림으로, 천연림 또는 원시림이라고도 한다. 브리티시컬럼비아의 그레이트베어 우림지대, 아마존, 콩고의 삼림이 좋은 예다. 이들 삼림은 성숙한 캐노피(수풀이나 정글이 우거져서 형성된 나무 위의 덮개 모양 생태계를 말한다—옮긴이) 나무와 복잡한 하목층으로 어마어마한 세월 동안 삼림을 이루어왔고, 그 결과 지구상에 엄청난 생물다양성이 쌓이게 되었다. 일차림은 3000억 톤의 탄소를 보유하고 있지만 '지속가능성'이라는 미명하에 여전히 벌목되곤 한다. 연구에 따르면, 한 번도 손상되지 않은 일차림이 벌목되기 시작하면 지속가능한 삼림 관리 시스템에서조차 생물학적 파괴로 이어진다고 밝혀졌다.

한때 지구의 대부분은 숲으로 덮여 있었고, 인간의 간섭은 상대적으로 무시할 만한 수준이었다. 인간은 1만 년 전에도 돌도끼로 나무를 쓰러뜨렸지만, 당시의 수렵 채집인들에게는 많은 양의 나무가 필요하지 않았다. 농업이 뿌리를 내리고 공동체가 정착하면서 모든 것이 변하기 시작했다. 기원전 5500년경 문명과 민족국가들은 농업으로 유명해지기 시작한, 이른바 '비옥한 초승달' 지대에서 꽃을 피우기 시작했다. 최초의 철기, 문자 체계, 농작물은 고대 이라크

커모드곰은 400킬로미터 구간에 이르는 브리티시컬럼비아의 해안 온대우림인 그레이트베어 우림지대에 사는 침샨족의 수호동물이다. 커모드곰은 평소에는 눈에 잘 띄지 않는데, 이 사진에서 보는 바와 같이 연어가 회귀하는 철에는 개울 또는 폭포 근처에서 쉽게 볼 수 있다. 이 삼림은 개간과 벌목을 멈추기 위해 시행된 가장 성공적인 캠페인 중 하나인 그레이트베어 우림지대 캠페인 덕분에 오늘날 대체로 훼손되지 않은 채 남아 있다. 1984년부터 클레요쿼트사운드에서 시작해, 캐나다 원주민과 비정부 환경기구들이 맥밀런블레델 사에 부여된 벌목권에 항의하기 위해 숲을 봉쇄했다. 22년간의 지칠 줄 모르는 운동 끝에 브리티시컬럼비아의 크리스티 클라크 주지사는 2016년 2월 캐나다 원주민, 목재 회사, 환경단체 간의 협정을 발표하면서 6만3940제곱킬로미터 중 85퍼센트에 달하는 숲을 보호할 것이라고 공언했다.

인과 다른 중동 민족에 의해 개발되었다. 야생 밀, 완두콩, 과일, 양, 돼지, 염소, 소를 식량 삼아 인구가 불어났다. 식량이 남아돌자 인간은 예술, 정치, 통치, 법, 수학, 과학, 교육에 눈을 돌려 이들을 발전시켰다.

그런데 무슨 일이 일어난 걸까? 숲이 잘려나갔다. 토양 침식이 가속화되었다. 비는 더 이상 숲의 토양을 비옥하게 하지 않았고 오히려 흙을 앗아갔다. 이후 관개 작업으로 토양은 염류화되었고, 한때 농작물이 번성했던 곳에 죽음의 염전이 생성되었다. 마른 흙에 과도한 방목을 하다보니 흙이 날아가버렸다. 고대 이라크와 그 주변의 이야기가 전 세계에도 퍼지고 있다. 오늘날 세계의 많은 분쟁지역, 즉 시리아, 남수단, 리비아, 예멘, 나이지리아, 소말리아, 르완다, 파키스탄, 네팔, 필리핀, 아이티, 아프가니스탄에서 삼림지대가 파괴되었다. 이들 국가는 모두 삼림 벌채, 통제되지 않는 땔나무 채집, 과도한 방목, 토양 침식, 사막화로 고통받는다. 미얀마, 타이, 인도, 보르네오, 수마트라, 필리핀, 브라질의 대서양림, 소말리아, 케냐, 마다가스카르, 사우디아라비아 등은 원래 숲 서식지의 90퍼센트 이상을 잃었다.

2015년 세계 나무 개체 수는 3조 그루로 추정된다. 예상했던 것보다는 상당히 높은 수치이지만, 매년 150억 그루 이상이 베어져나간다. 인간이 농사를 시작한 이후로 지구상의 나무 수는 46퍼센트나 감소했다(현재 숲은 지구 표면의 약 30퍼센트인 4000만 제곱킬로미터를 차지한다). 중국 황하의 색깔은 수백 년에 걸친 삼림 벌채와 과도방목의 결과인 황투고원의 토양이 침식되면서 변했다.

유럽의 숲은 17세기에서 20세기에 걸쳐 개간되었고, 19세기와 20세기에 미국의 숲도 마찬가지로 개간되었다. 20세기에 중남미, 동남아시아, 아프리카에서는 목초지를 만들기 위해 벌목이 자행되었고, 야자유를 채집하기 위해 삼림이 마구 개간되었다. 세계야생생물기금에 따르면, 세계는 매분 48개의 축구장을 합친 크기만큼의 숲을 잃고 있다.

삼림 벌채 및 이와 관련된 토지이용 변화로 인한 탄소배출량은 전 세계 총량의 10~15퍼센트로 추산된다. 기가톤으로 환산하면 2001년에서 2015년까지 25퍼센트 감소했지만, 2050년까지 식량 생산을 늘리기 위해서는 삼림 벌채율이 다시 상승할 수도 있다. 기존의 농작물과 목초지에서 더 많은 식량을 재배하거나, 더 넓은 숲과 생태계가 식량 생산을 위해 전환되어야 한다는 뜻이다.

삼림 벌채 과정으로 인해 나무에 있는 지상 바이오매스 탄소의 손실 외에

—— 프랑스의 인권 변호사이자 가톨릭 신부인 앙리 데 로지에는 브라질에서 우림 일부를 소의 목초지로 바꾸는 데 혈안이 된 대지주들의 다음 표적으로 떠올랐다. 그를 죽이는 대가로 약 3만 8000달러의 현상금이 붙었다.

도 토양에 있는 지하 탄소도 상당한 손실이 예상된다. 특히 불을 개간에 활용하거나 토양 탄소가 지하에 밀집된 이탄泥炭지인 경우에 더욱더 그렇다. 삼림이 농경지나 목초지로 전환되면 토양 탄소가 20~40퍼센트 감소할 것으로 추정된다.

모든 삼림 벌채를 중단하고 산림 자원을 복구함으로써 우리는 전 세계 탄소 배출량을 3분의 1까지 상쇄할 수 있다. 많은 정부 및 민간 이니셔티브가 이런 결과를 목표로 하고 있으며 전 세계적으로 접근법을 어느 정도 조합하여 실행하고 있다. 이런 전략에는 공공 정책 및 기존 벌목방지법 시행, 토착민 토지 보호, 시장 주도 메커니즘, 소비자에게 정보를 제공하고 구매 결정에 영향을 미치는 환경 인증 프로그램의 시행(많은 기업이 삼림 벌채 반대 공약에 서명했다), 지속가능한 임업 및 농업 형태, 부유한 국가와 기업이 열대우림을 보존하기 위해 보유국에 대금을 지불하도록 하는 많은 프로그램 등이 포함된다.

가장 두드러진 성과별 지급 프로그램은 2008년부터 운영되는 유엔 산림 전용 및 황폐화 방지REDD+ 프로그램이다. 또 다른 프로그램은 뉴욕산림선언NYDF으로, 40개의 국가와 60여 개의 다국적 기업이 승인했다. 산림탄소협력기구FCPF는 산림 탄소 저장량을 보존·증가시키고 삼림 벌채와 파괴를 감소시킨 국가들을 지원하기 위해 11억 달러에 가까운 기금을 모았다. 토지 소유자, 산림 거주자 및 기타 선거구에 대해 보상하는 것은 숲을 보존하는 것이 개간하는 것보다 경제적으로 더 이득이 되도록 하기 위함이다.

산림 보존의 혜택은 다양하다. 비목재 제품(야생동물 고기, 자연식, 여물, 사료), 침식 방지, 조류·박쥐·벌들이 제공하는 무료 수분과 모기를 비롯한 해충 관리, 그리고 기타 생태계 서비스 등을 들 수 있다. 그러나 산림 보존의 혜택은 이전에 숲이 우거진 땅에서 생계를 꾸려나가는 소외된 사람들에게는 공허한 메아리일 뿐이다. 숲 언저리에 사는 사람들이야말로 핵심 관계자들이다. 기존

말레이시아의 열대지방 경제는 여러 세기 동안 꾸준한 수요가 있었지만 지난 20년 동안 특히 집중적으로 일어났다. 이 기간에 목재 회사들은 목재 판매로 이익을 얻었을 뿐만 아니라 야자유 농원을 조성함으로써 이익을 증대시켰다. 토지 전용과 마찬가지로 벌목의 상당 부분이 불법이었고, 그 영향은 파괴적이었다. 벌목으로 인해 말레이시아 열대우림의 대부분이 황폐화되거나 파괴되었으며, 삼림 벌채율은 그 어떤 열대 국가보다 더 빠르게 상승했다. 가장 지능이 높은 영장류 중 하나인 멸종 위기종 오랑우탄의 서식지였던 보르네오 열대우림은 이제 20퍼센트 정도만이 남아 있다. 이 사진은 상류의 벌목 때문에 빗물이 흘러내려 주황색으로 물든 미리강으로, 토사가 뒤섞인 모습이다. 헤링본 무늬로 묶인 잔가지들은 나무들이 되살아나기 전에는 숲이 복원될 수 없다는 것을 암시한다.

삼림에서 가치를 끌어내는 그들에게 일종의 보상과 생계 수단이 있어야 한다.

열대우림은 모든 육지 동식물의 3분의 2가 서식하는 곳으로 생물다양성의 대체 불가한 원천이다. 이들은 신약 개발을 위한 유전 형질의 원천이며, 그중 4분의 1은 약용식물에서 직간접적으로 유래하거나 전통적인 식물 사용에 기초한 새로운 화합물 합성을 통해 고안된다. 이런 가치는 수량화하거나 예측하기 어려우며, 그 효익이 즉각적이지 않을 수도 있다.

숲을 살리기 위한 효과적인 의제를 설정하려면 생태계, 지구온난화의 위험, 정치적 의지, 지역 승인, 부패하지 않은 지배 구조에 대한 집단적 이해가 필요하다. 그런 점에서 브라질에 필적할 만한 나라는 없다. 브라질은 1998~2004년에 폴란드에 버금가는 크기인 31만 제곱킬로미터의 숲을 벌목하고 태웠다. 그 후 10년 동안 국가가 다면적 전략을 공격적으로 감행한 결과 손실을 80퍼센트나 줄일 수 있었다. 브라질은 강력한 시행 정책을 제정하고 (독일과 협력하여) 과학적 모니터링을 도입했다. 여기에는 새로운 삼림 벌채가 이뤄지면 이를 경고할 수 있도록 한 위성사진도 포함된다. 브라질은 정착민들이 토지를 개간하지 않고 소유권을 주장할 수 있도록 소유법을 개정하고 토지 등록 프로그램을 마련했다. 삼림 벌채의 시발점인 파라주에서는 등록 부동산이 2009년 500건에서 오늘날 11만2000건으로 확대되어 사유지의 62퍼센트를 차지하고 있다. 또한 브라질은 삼림 벌채율이 높은 정부 기관에 대한 신용 제한, 지속가능한 개발 및 삼림 벌채 감소 프로젝트에 대한 재정 지원을 확대하고, 이미 농업에 사용되고 있는 토지의 생산성을 늘렸다.

최근에 삼림을 벌채한 땅에서 생산된 농산물 유통을 금지하기로 한 콩 상인들의 자발적인 합의, 삼림 벌채업자로부터 사들인 물품 구매를 금지하기로 한 아마존 3대 정육업자와 그린피스 간의 2009년 협정 또한 의미가 깊다. 2013년에는 공급업체 준수율이 93퍼센트에 달했다. 95개의 도축장 중 65 곳이 삼림 벌채 제로화에 서명했다. 그러는 동안 소와 콩의 생산량은 증가했다.

2015년 브라질은 노르웨이로부터 10억 달러의 보상금 중 1억 달러를 최종 지급받았다. 노르웨이는 2008년 산림 벌채율 감소 목표를 달성한 국가에 포상금을 지급하려는 목적으로 기금을 조성했다. 아힘 슈타이너 유엔환경계획 사무총장은 "브라질은 과거의 관행에서 완전히 벗어나, 산림 보존이 기후에 관한 국제 협력의 중요한 메커니즘이 될 수 있다는 인식을 심어줬다"고 말했다. 그러나 2016년 들어 엄격한 법률 집행에도 불구하고 농사를 짓고자 개간된 산림지대의 면적이 다시 증가했다. 이런 퇴보에 대해 누구도 제대로 설명할 수는 없지만 메시지는 분명하다. 소위 소 '세탁업자'(불법으로 개간된 삼림에서 소를 키우는 업자들—옮긴이)의 책임도 간과할 수 없지만, 보존 캠페인의 열쇠는 변함없는 의지와 헌신이다.

의심할 여지 없이 아마존은 세계에서 가장 위대한 단일 자연 자원이다. 열대우림은 40년 안에 사라져버릴 수 있는 속도로 줄어들고 있다. 노르웨이가 앞장선 산림 보호 자금 조달은 우리가 할 수 있는 일이 무엇인지를 보여주는 모델이다. 이 모든 삼림을 구하기 위해 얼마만큼의 '비용'이 들지 추정하기는 어렵지만, 매년 전 세계가 무기를 구입하는 데 쓰는 1조2000억 달러의 약 4퍼센트 수준일 것으로 추산된다. 그레이트베어 우림지대에서 싱싱한 연어를 먹고 있는 곰의 사진은 어떤 가격이나 계산, 금전적 가치를 뛰어넘는 부적과도 같다. 탄소 격리 및 저장에 미치는 영향을 종합해보면, 삼림 보호와 열대 및 온대 산림 복원은 지구온난화를 해결하기 위한 가장 강력한 해결책이다.

효과

삼림 보호가 이뤄지는 단위면적만큼, 벌채와 파괴의 위협도 사라진다. 추가로 275만1862제곱킬로미터의 삼림을 보호함으로써 이 솔루션은 2050년까지 총 6.2기가톤에 달하는 이산화탄소 배출을 피할 수 있다. 아마 더 중요한 것은, 이 솔루션을 통해 보호되는 총 삼림 규모가 거의 930만7770제곱킬로미터에 이르며, 245기가톤의 탄소 저장량을 확보할 수 있다는 점이다. 대기 중으로 방출될 경우 895기가톤이 넘는 이산화탄소와 맞먹는 양이다. 비용은 토지 소유자 수준에서 발생하는 게 아니므로 추산하지 않았다.

연안습지
COASTAL WETLANDS

______알래스카의 턴어게인암Turnagain Arm 물길을 따라 난 개펄과 늪. 영국 탐험가 제임스 쿡이 북서항로를 찾는 동안 막다른 지점('되돌아가야 하는')이라고 밝혀져 이런 이름이 붙었다. 이 지역은 조수간만의 차가 매우 크기 때문에 썰물 때는 넓은 갯벌을 드러내고 물이 차오르면 잠긴다. 이 내륙 습지 뒤로 추가치산맥이 병풍처럼 드리워져 있다.

52

2050년까지 감축 결과 및 순위

3.19기가톤 이산화탄소 감소	자료 불확실 결정 불가	**53.34**기가톤 이산화탄소 저장

육지와 바다가 만나는 길고 긴 해안가를 따라 기수汽水(강어귀에 있는 바닷물—옮긴이)가 얕게 흐르는 곳에 세계의 염습지와 맹그로브, 해초 군락이 발달한다. 이 연안습지 생태계는 남극 대륙을 제외한 모든 대륙에서 발견된다. 이들 생태계는 물고기의 배양소이자 철새들의 사육장, 폭풍우와 홍수를 저지하는 첫 방어선, 수질을 향상시키고 대수층을 재충전하는 자연 여과 시스템이 되어준다. 습지는 육지와 비교했을 때 지상의 식물과 뿌리, 토양에 엄청난 양의 탄소를 격리시킨다.

수백 년, 아니 수천 년 동안 흡수된 이 '푸른 탄소blue carbon'(바닷가에 위치하기에 붙은 이름)는 오래도록 간과되어왔다. 연안습지는 장기간에 걸쳐 열대우림보다 5배나 많은 탄소를 대부분 깊은 습지 토양 속에 저장할 수 있다. 맹그로브 숲의 토양만 해도 전 세계 배출량의 2년 치(220억 톤)에 상당하는 탄소를 보유할 수 있는데, 이 중 상당수는 습지 생태계가 사라지면 빠져나갈 것이다. 상황은 연구와 보호 노력에 힘입어 변하고 있다. 국제사회에서는 직면한 압력과 잘 알려지지 않았던 흡수원에 대한 인식이 커지고 있다.

인류 역사에서 흔히 '습지'는 '버려진 땅'을 의미했는데, 주로 농업에서 도시 정주定住 장려 정책에 이르는 다양한 목적을 위해 제방을 쌓고, 준설하고, 물을 빼기 위한 장소였다. 해안 생태계는 모기약, 오염, 유사 유출, 목재 추출, 침입종, 화석연료 산업의 운영 등으로 어려움을 겪어왔다. 습지는 새우 양식장, 야자 농장, 콘도 개발, 골프장에 길을 내주었다. 지난 수십 년간 세계 맹그로브 숲의 3분의 1 이상이 사라졌고, 세계 인구 증가와 식량 수요가 계속해서 교차하며 습지에 대한 개발 압력은 더 세질 가능성이 크다.

연안습지가 인구 증가와 식량 수요에 굴복할지 여부는 좋든 나쁘든 기후변화에 영향을 미칠 것이다. 습지가 손상되지 않고 건강함을 유지할 때 늪, 맹그로브, 해초 숲은 탄소를 흡수하고 보유한다. 식물의 급격한 성장과 산소 부족으로 인해 죽은 식물들이 빠르게 쌓이고, 축축한 혐기 조건에서 천천히 분해됨으로써 탄소가 풍부한 토양이 만들어진다. 『네이처』 지에 따르면, 세계 탄소 배출량의 약 2.4~4.6퍼센트가 해양 생물체에 의해 포집되고 격리된다. 유엔은 격리량의 최소 절반이 '푸른 탄소' 습지에서 발생하는 것으로 추정된다고 밝혔다. 이런 생태계가 퇴화되거나 파괴될 때 단순히 탄소 흡수 과정이 멈추는 것이라고 생각해서는 안 된다. 연안습지는 오랫동안 격리된 대량의 탄소를 내뿜는 무시무시한 방출원이 되는 것이다.

기후변화를 억제하는(혹은 기후변화를 심화시키는) 푸른 탄소의 역할에 대한 인식이 커지면서 습지가 기후변화의 영향에 대처하는 데 중요하다는 사실도 명백해지고 있다. 해빙과 열팽창으로 해수면이 상승하고 폭풍 활동이 증가함에 따라 해안 공동체가 위협받고 있으며 해안선 생태계를 파도와 급류로부터 보호해야 할 필요가 생겼다. 홍수 방지대, 댐, 제방 등 인간이 만든 장벽이 점점 더 취약해지고 있기 때문에 특히 그렇다. 습지의 차폐와 완충 기능은 현재의 건강과 미래의 탄력성을 위해서라도 더욱 중요하다.

물론 최적의 시나리오는 연안습지가 손상되기 전에 보호하고 습지가 보유한 탄소를 덮는 것이다. 1971년 람사르 협약에 의해 가속화된 정부 규제와 비영리 프로그램은 인도네시아의 와수르 국립공원이나 플로리다의 에버글레이즈 국립공원과 같은 중요한 습지 보호를 위해 노력하고 있다. 보호지역을 지정하는 것은 앞으로도 중요하겠지만, 광범위한 토지 보존은 농업이나 개발에 이용 가능한 지역을 줄여야 한다는 것을 의미하기 때문에 실현하기 어렵고 비용이 많이 들 수 있다. 체서피크만의 스미스소니언환경연구센터와 같은 단체들은 격리 극대화를 위한 과학기구를 설립하고 있다.

탄소 흡수원으로서의 효용성은 훼손되지 않은 습지와 비교조차 할 수 없지만, 보호지역 지정과 함께 이미 퇴화된 연안습지를 복구하고 복원하는 것도 가능하다. 복원 노력은 생태계의 과정을 단순히 실행하게 하는 것부터 제방, 도랑, 배수, 개발의 유산을 바로잡는 것까지 다양하다. 수동적인 복원은 비용이 덜 들고 장기적으로 더 효과적이다. 그러나 습지가 심하게 퇴화되었을 때는 조수를 자유롭게 흐르게 하고 자연 서식지가 번성하도록 돕기 위한 집중적인 노력이 필요할 수 있다. 델라웨어만에서 네덜란드의 해안까지 '살아 있는 해안선'은 규제 없는 조석지를 되살리고 있다. 살아 있는 해안선을 되살리기 위해 도로 등 기반시설을 없애는 것 외에 연안습지대에 움직일 여지를 주는 것도 도움이 된다. 해수면이 계속 상승함에 따라 연안 생태계는 내륙에서 더 높은 지대로 이동해야 할 수도 있는데, 인간의 정착지는 이런 이동에 방해가 될 수도 있다.

육지에서의 탄소배출 노력과 달리, 연안의 탄소배출은 이제 막 시작된 단계다. 2008년 이후 유럽의 기업들은 세네갈에서 활동하면서 맹그로브 숲 복구에 수백만 달러를 투자하고 자국 배출량을 상쇄하기 위해 탄소배출권을 받는다. (대부분 여성인) 현지인들이 땔감, 어류, 연체동물의 자원으로서 공동으로 보유한 땅에 수천만 그루의 나무를 심었다. 그들은 나중에야 탄소배출권이 팔리고 기업들이 그들의 저임금 노동에서 이익을 얻는다는 것을 알았다. 게다가 실망스럽게도, 그들은 더 이상 복원된 해안지역의 주요 자원에 접근할 수 없다는 것을 알게 됐다. 새로 심은 나무의 생장과 탄소 흡수에 방해가 되기 때문에 새조개나 땔감을 주우러 들어가지도 못했다. 그러나 마을 사람들은 이렇게 복구된 해양 '완충재' 덕분에 여러 혜택도 받고 있다. 파도와 바람으로부터 땅을 보호하고 새, 원숭이, 몽구스의 서식지가 복원되며 새끼 물고기가 안전하게 자랄 수 있게 되었다.

세네갈에서의 성공은 세계적으로 적용될 수 있다. 인간의 삶과 해안 생태계는 복잡하게 얽혀 있기 때문에 더 큰 이해가 필요하다. 푸른 탄소를 통해서든 아니든 지구온난화에 대처하기 위한 노력의 순수 가치에는 이행하는 자의 엄격함과 관찰자의 경계가 포함된다. 연안습지 투자가 잘 이뤄지면, 지역적으로나 전 세계적으로 수익이 몇 배나 증가할 수 있다. 해안 생태계 보존은 대기를 정화하고 생물다양성과 수질을 끌어올리며, 폭풍에 대한 방어를 강화하여 지역사회의 권리와 행복을 동시에 개선할 수 있다.

효과

전 세계 4900만 헥타르의 연안습지 가운데 현재 720만 헥타르가 보호되고 있다. 2050년까지 2300만 헥타르가 추가로 보호된다면, 그 결과 배출량이 줄어들고 총 3.2기가톤의 이산화탄소를 격리시킬 수 있다. 지역이 제한되어 있긴 하지만, 연안습지에는 커다란 탄소 흡수원이 있다. 연안습지를 보호함으로써 15기가톤의 탄소를 보유할 수 있을 것으로 추정되는데, 이는 공기 중에 방출된다면 약 53기가톤 이상의 이산화탄소에 상당하는 양이다.

열대림

TROPICAL FORESTS

최근 수십 년 동안 열대림(적도 북쪽이나 남쪽 23.5도 내에 위치한 삼림)은 대대적인 개간, 파편화, 퇴화, 동식물상의 고갈 등으로 큰 고통을 겪었다. 한때 세계 육지 면적의 12퍼센트를 덮고 있던 열대림은 이제 불과 5퍼센트만을 차지하며, 많은 곳에서 파괴가 계속된다. 그러나 (소극적이면서도 의도적인) 복원은 점점 더 늘어나는 추세다. 숲이 차지하는 지구 탄소 흡수원을 측정한 2011년 연구에 따르면, "열대지방은 세계에서 가장 큰 숲지대로 가장 집중적인 토지 용도 변경이 일어나며, 가장 높은 탄소 흡수율을 보유한 곳이지만, 불확실성이 가장 높은 곳이기도 하다"고 밝혔다. 삼림 파괴가 지속됨에도 불구하고 열대림의 재성장은 연간 6기가톤의 이산화탄소를 격리시킨다. 이는 전 세계 연간 온실가스 배출량의 11퍼센트, 미국에서 배출되는 전체 배출량에 해당된다.

주로 농업 용지 또는 주거지로 사용하기 위해 숲을 파괴할 때 이산화탄소가 대기로 방출된다. 열대림 손실만 해도 인간의 활동으로 인한 온실가스 배출량의 16~19퍼센트를 차지한다. 숲을 복원하는 것은 그 반대다. 숲 생태계가 되살아나면서 나무, 흙, 잎사귀, 그 외 다른 식물들이 지구온난화 순환에서 탄소를 흡수하고 잡아낸다. 비록 그 다양성이 과거의 지형과 즉각적으로 같아지지는 않겠지만, 복원된 숲은 물순환을 지원하고, 토양을 보존하며, 서식지와 꽃가루 매개자를 보호하고, 식량·의약품·식이섬유를 제공하며, 사람들에게 살고 모험하고 경탄할 장소를 제공한다. 시골지역, 특히 숲 주변에서 혜택받지 못한 거주자들에게 중요한, 이런 생태계 재화와 용역은 기후변화가 지속되고 지역사회가 그 영향에 적응해야 함에 따라 더욱 중요해질 것이다.

세계자원연구소에 따르면 전 세계 삼림지대의 30퍼센트가 완전히 개간됐다. 또 다른 20퍼센트는 파괴되었다. 연구팀은 "전 세계적으로 19억4200만 헥타르 이상의 삼림이 복원될 가능성이 있다. 이는 남아메리카보다 더 넓은 면적이다"라고 보고했다. 이들 땅의 4분의 3은 숲, 나무, 농경지가 혼합된 '모자이크' 산림 복원 접근 방식에 가장 적합할 것으로 보인다. 사람이 거의 살지 않는 최대 4억8000만 헥타르에 이르는 땅이 조밀한 수관 밀도를 가진 큰 숲으로 복원되기만을 기다리고 있다. 이는 우리에게 어마어마한 기회이고, 그 대부분은 열대지방에 있다.

복원이란 훼손된 산림 생태계가 원래의 형태와 기능을 회복하도록 조치를 취하는 것을 의미한다. 식물과 동물이 돌아온다. 생물 종 간의 상호작용이 되살아난다. 숲은 다차원적인 역할을 되찾는다. 1995년에 빌 매키번은 미국 동부 해안을 따라 숲이 되살아나는 과정을 연대순으로 기록하면서, "중요한 것은 단순한 나무 수가 아니라 숲의 질이다"라고 주장했다. 일반적으로 생태계가 더 많은 해를 입을수록 복구는 더 복잡하고 비용은 더 많이 든다. 최근 연

목장을 만들기 위해 숲을 태워 개간하는 것은 오랫동안 선호된 방법이다. 화전은 조삼모사와도 같은데, 얕은 산성 토양이 빨리 퇴화하고 악화되기 때문이다. 사진은 볼리비아 동북쪽에 있는 론도니아주에서 찍은 것이다.

구는 황폐한 열대림의 불변성에 대한 오랜 가정을 보완해왔다. 사실 열대림은 우리가 이전에 생각했던 것보다 훨씬 더 탄력적이다. 열대림은 66년의 기간 동안 과거에 지녔던 바이오매스의 90퍼센트를 회복할 수 있다.

구체적인 역학은 열대림의 복원 또는 복구 방식에 따라 다르다. 가장 간단한 시나리오는 농작물을 재배하거나 계곡을 댐으로 만드는 등 산림 이외의 용도로 사용되는 땅을 풀어주고, 그 자리에 어린 숲이 저절로 생겨나도록 내버

_____코스타리카에 있는 몬테베르데 운무림 보존지구는 1만500헥타르의 원시림으로 아마 전 세계에서 가장 다양한 생물 종을 보유하고 있을 것으로 추정된다. 한국전쟁 징병을 피하기 위해 앨라배마에서 코스타리카로 이주한 퀘이커 농민들에 의해 이름이 붙여졌다(코스타리카는 코스타리카를 선택한 동인이었던 군대를 막 폐지했다). 그들에게는 이것이 그린 마운틴이었고, 그 이후로 몬테베르데가 되었다.

려두는 것이다. 그러면 자연스럽게 숲이 재생되고 복원된다. 보호 조치는 화재, 침식 또는 방목과 같은 문제가 발생하는 것을 막는다. 다른 기법들은 토종 묘목을 심고 외래종을 없애는 등 좀더 집약적이다. 이런 기술은 생명체가 번성할 기회를 주고 자연 생태학적 과정에 가속력을 부여한다. 이들은 토양이 심하게 퇴화되고 (근처에 숲이나 지하에 남아 있는 씨앗을 보유한) 천연 종자은행이 존재하지 않는 곳에서 특히 중요하다. 복원된 숲에서는 묘목이 자라면서 토양 건강을 증진시키고, 잡초를 없애고, 새와 꽃가루 매개자를 끌어들여 회생을 도우며 이후의 자연 재생과 승계를 돕는다.

산림 생태계를 복원할 때 인간의 시스템은 복원의 성공 여부에 있어 매우 중요하다. 인간의 손길이 전혀 닿지 않던 자연의 시대는 지났다. 오늘날과 같이 인구 밀도가 높은 세계에서 숲과 사람이 분리된 경우는 거의 없기 때문에 숲을 복원한다는 것은 생태학적으로 다시 튼튼하게 만드는 것 이상의 의미를 지닌다. 산림 복원은 사회적·경제적으로 실행 가능해야 하며, 더욱 바람직하게는 가치 있는 것이어야 한다. 즉 지역사회에 자부심과 이익을 가져다주고, 놀이 공간과 식량 공급을 하는 원천이 되어야 한다. 특히 기후 관점에서 탄소 감축으로 인한 전 세계적인 이점은 지구온난화와 그 영향에 적응하는 지역적 이점을 충족시켜야 한다. 이런 상호 간의 이익을 달성하지 못하면, 복구가 아예 시작되지 않을 수도 있고, 더 심각하게는 후속 피해로 인해 투자가 다시 빠져나갈 수도 있다. 투자가 계속되려면 지역사회의 성장에 관심을 갖는 것이 중요하다.

사람과 숲의 상호 연결성을 감안해 숲 복원을 위한 특별한 의사결정 틀이 등장했다. 바로 산림경관복원FLR이다. 유엔식량농업기구가 제안한 이 접근 방식은 "경관을 통합된 전체로서 본다. (…) 서로 다른 토지이용, 그 연결성, 상호작용, 그리고 (복원) 개입의 모자이크 등을 하나로 간주하는 것"을 의미한다.

이는 산림 복원을 위한 공식이 하나가 아님을 뜻한다. 나무 재배는 물론 필수적인 개입이지만, 산림경관복원은 인간 이해 당사자들과 그들의 참여가 똑같이 중요하다고 주장한다(유엔식량농업기구가 개발한 10가지 복원 지침 중 하나도 '나무 심기'다). 협업 과정을 통해 복원을 이루는 것은 지역사회와 함께, 그리고 지역사회를 위해 복원 작업을 실현하고, 산림 피해의 근본 원인을 해결하며, 때로는 경쟁적인 목표를 달성할 수 있고, 복원된 숲이 도전자가 아닌 챔피언이 된다는 것을 의미한다. 복원은 여론 광장에서 이뤄지는 것이 아니고, 땅에서 시작해 땅에서 끝나는 것이다.

현재 삼림 복원을 위해 노력하는 세계적인 운동이 있다. 중요한 변화는 2011년에 시작되었는데, 당시 본챌린지Bonn Challenge는 2020년까지 전 세계 1억5000만 헥타르의 숲을 복원한다는 야심 찬 목표를 세웠다. 2014년 뉴욕산림선언은 이 목표를 확약하고, 2030년까지 세계적으로 3억5000만 헥타르의 누적 목표를 추가했다(이들 목표는 우선 삼림 벌채 중단에 초점을 맞춘 다른 목표들까지 수반한다). 2030년까지 세계가 3억5000만 헥타르에 달하는 숲을 복원한다면, 총 12~33기가톤의 이산화탄소가 대기에서 사라져 지상으로 되돌아오고, 이와 함께 다른 무수한 재화와 용역을 제공할 것이다.

최근의 분석에 따르면, 활발한 산림 복원에는 (항상 필요한 것은 아니지만) 일반적으로 1헥타르당 1000~3000달러가 든다. 이 숫자는 용지비를 포함하지 않으며 심은 종, 사용된 방법, 시작 조건 및 프로젝트 규모에 따라 달라진다. 지금부터 2030년까지 3억5000만 헥타르의 숲을 복원하는 데는 3500억 달러에서 최대 1조 달러에 달하는 비용이 들 수 있다. 그러나 투자 수익은 더 클 것으로 예상된다. 국제자연보전연맹의 추산에 따르면 "3억5000만 헥타르의 목표를 달성하면 유역 보호, 농작물 수확량 향상, 임산물 등으로 연간 1700억 달러의 이익을 얻을 수 있으며, 연간 최대 1.7기가톤에 달하는 이산화탄소를 격리시킬 수 있다".

복원 기회의 대부분은 주로 열대지역의 저소득 국가들에 있다. 이곳에서 이루어지는 삼림 복원은 인류 전체에 가치와 서비스를 제공하기 때문에, 이들 국가가 필요한 투자 수준을 관리할 수도 없고 관리할 필요도 없다. 전 인류가 이해 당사자로서, 어떤 이들은 다른 사람들보다 기후변화 문제에 더 큰 책임이 있다.

열대림 복원은 개발을 위해서도 반드시 이뤄져야 한다. 숲은 목재에서 관광, 자연산 고기에서 농작물 수분, 장작에서 수력발전까지, 깨끗한 물에서 모기 퇴치까지, 산사태 예방에서 홍수 조절에 이르기까지 수입, 식품 안전, 에너지, 건강, 안보의 원천이다. 숲은 인간의 생존과 삶의 질을 위한 역동적인 엔진이다. 이런 여러 혜택을 위해 우리는 열대우림 복원에 대한 강력한 지역별·국가별 공약을 촉발하기에 이르렀다. 아프리카삼림경관복구계획AFR100은 2030년까지 1억 헥타르(독일 국토 면적의 3배)의 황폐된 땅을 복구하는 데 전념하고 있다. 아마존은 삼림 벌채율을 2005~2015년에 80퍼센트나 줄였는데, 이는 한때 불가능할 것 같았던 위업이다. 브라질은 1180만 헥타르 이상의 삼림을 복구하고 있다. 복원은 국가적으로는 개발 보상을 얻고 국제적으로는 탄소 흡수원에 대한 보상을 누리는 수단이다.

산림 복원은 강력한 해결책이므로 공약과 자금 조달이 국제적으로 우선 과제가 될 필요가 있다. 복원 노력은 성공하기도 실패하기도 하는 등 천차만별이었기 때문에 원인을 분석하고, 모범 사례를 확장하며, 효과를 내지 못하는 방법은 폐기해야 한다. 각 목표는 (특히 토착민들의) 토지권과 거주권을 존중하고, 잘 준비되어야 하며, 기술적으로 완성도 있어서 강력한 정책을 효과적으로 집행할 수 있어야 한다. 그 성공 여부는 토지이용 관행을 바꾸고 육류 소비를 줄이는 데 달려 있기 때문에 농업 용지를 확대하지 않고도 증가하는 세계 인구를 먹여 살릴 수 있다. 19세기와 20세기를 관통하는 의제 중 하나는 방대한 숲의 상실이었다. 숲의 복원과 재건은 21세기의 의제가 될 수 있다.

효과

이론적으로 열대지방의 3억300만 헥타르의 황폐한 땅을 지속적이고 손상되지 않은 숲으로 복원할 수 있다. 본 챌린지와 뉴욕산림선언의 현재 목표 및 추정 공약을 사용해 우리는 이 솔루션으로 1억7600만 헥타르 규모의 복구가 이뤄질 수 있다고 가정한다. 자연적으로 자라는 숲은 헥타르당 연간 3.5기가톤의 이산화탄소를 격리해 2050년까지 총 61.2기가톤의 이산화탄소를 격리시킬 수 있다. 여기서는 토양 유기물 및 지상 바이오매스에 저장된 탄소만 집계되었으며, 지하 바이오매스는 포함되지 않았다.

대나무

BAMBOO

필리핀의 건국 신화에 따르면, 최초의 남자 말라카스Malakas(강인함을 상징한다)와 최초의 여자 마간다Maganda(아름다움을 상징한다)는 반으로 쪼개진 대나무에서 나왔다. 이 이야기는 대나무가 등장하는 많은 아시아의 신화 중 하나다. 대나무는 인간이 천 가지 용도로 길러온 식물인데, 지구온난화를 해결하는 데 있어서도 한 가지 방법이 될 수 있다. 대나무는 다른 어떤 식물보다 공기에서 탄소를 신속하게 빼내 바이오매스와 토양에 빠르게 격리시키며, 악화된 토양에서도 잘 자랄 수 있다. 어떤 종들은 적절한 환경에서, 수명이 다하기까지 헥타르당 187~750톤에 달하는 탄소를 격리시킬 수 있다.

대나무는 성장을 촉진시킬 필요가 없는 종이다. 세계에서 가장 빨리 자라는 상위 10위 안의 식물인 부평초, 해조, 해조류, 칡 등도 대나무 앞에서는 1위를 할 기회조차 없었다. 봄에 대나무 옆에 앉아 있으면, 한 시간에 2.5센티미터 넘게 자라는 것을 볼 수 있다. 대나무는 한창 자라는 계절에 최대 높이에 도달하는데, 그 시기에 종이를 만들기 위해 자르거나 4~8년에 걸쳐 더 성숙하도록 놔둔다. 잘린 대나무는 다시 싹을 틔우고 자란다. 관리된 대나무는 전 세계적으로 2300만 헥타르 규모 이상에서 재배된다.

2050년까지 감축 결과 및 순위

35

7.22기가톤	**238**억 달러	**2648**억 달러
이산화탄소 감소	순비용	순절감액

그저 풀에 지나지 않지만, 대나무는 콘크리트의 압축 강도와 강철의 인장 강도를 가진다. 프레임에서 바닥, 너와에 이르기까지 건물의 거의 모든 측면과 음식, 종이, 가구, 자전거, 보트, 바구니, 직물, 숯, 바이오연료, 동물 사료, 심지어 배관에도 사용된다. 대나무는 아시아(중국에서는 '인민의 친구'라 불린다)에서는 그 가치를 충분히 인정받고 있지만, 여전히 세계 여러 곳에서 잡초로 여겨진다. 그러나 탄소 격리를 포함한 다목적 용도는 대나무를 세계에서 가장 유용한 식물 중 하나로 만들어준다.

대나무는 풀이기 때문에 식물석phytolitths이라고 하는 미세한 실리카 구조를 포함한다. 미네랄로 구성된 식물석은 다른 식물성 성분보다 퇴화에 더 강하다. 식물석이 저장하는 탄소는 수백 또는 수천 년 동안 토양에 격리되어 있을 수 있다. 식물석과 대나무의 빠른 성장률을 결합하면 탄소를 억제하는 강력한 수단이 된다. 대나무의 탄소 영향은 면, 플라스틱, 강철, 알루미늄, 콘크리트와 같은 온실가스 고배출 물질을 대체할 수 있기 때문에 더욱 크다고 할 수 있다. 또한 종이에 사용되는 펄프의 대체재로서 대나무는 기존 소나무 재배지보다 6배나 많은 펄프를 생산할 수 있다.

그러나 대나무는 생태학적인 문제를 일으킬 수 있다. 대나무는 외래종으로 많은 곳에서 자연 생태계에 해로운 영향을 미치며 확산될 수 있다. 적절한 장소를 선택하고 성장을 관리하는 데 주의를 기울여야 한다. 대나무는 또한 조림에 사용되는 단일 품종 조림지와 똑같은 단점이 있다. 특히 경사가 가파르거나 침식이 심한 부지에서 상업적 용도에 초점을 맞춤으로써 대나무의 긍정적인 영향(유용한 제품, 탄소 격리 및 대체 물질로부터의 배출 방지)을 극대화하는 동시에 부정적인 영향을 최소화할 수 있다.

효과

현재 대나무가 자라는 땅은 3100만 헥타르에 달한다. 우리는 1500만 헥타르의 황폐화되거나 버려진 땅에서 대나무가 추가로 재배될 것이라고 가정한다. 우리는 탄소 격리 계산에 살아 있는 바이오매스와 수명이 긴 대나무 제품을 모두 포함하여, 연간 헥타르당 7.25톤의 탄소가 격리될 것으로 본다. 대나무가 알루미늄, 콘크리트, 플라스틱 또는 강철을 대체하는 경우, 2050년까지 격리되는 총 7.2기가톤의 이산화탄소에 포함되지 않은 배출도 피할 수 있다. 초기 240억 달러를 투자하면 30년 동안 2650억 달러의 수익을 올릴 수 있다.

사막을 막은 사람

마크 허츠가드

연구에 따르면 기후변화에 관하여 발표되고 방송되는 뉴스의 98퍼센트가 부정적이고 암울하다는 평가가 나왔다. 마크 허츠가드의 저서 『핫: 지구에서 다음 50년 살아가기Hot: Living Through the Next Fifty Years on Earth』에서 발췌한 이 글에서는 그렇지 않다. 이 책은 사막화보다 더 다루기 힘든 강우 조건에 직면해 사막화가 유보된다는 이야기를 다루고 있다. 주인공인 야쿠바 사와도고는 아프리카의 부르키나파소에서 '사막을 막은 사람'으로 알려져 있다. 이 책은 땅을 잘 아는 사람들, 즉 수목과 농작물의 간작을 통해 중요한 발견을 한 농부들로부터, 그들의 방식, 그들의 땅에서 도출된 해결책을 이야기한다. 간작은 새로운 발견이 아니다. 수천 년 동안 존재해왔다. 지구온난화가 우리에게 주는 선물 중 하나는 한때 알고 있었던 방식으로 돌아갈 길을 찾도록 동기를 부여해준다는 것이다. 서구사회에서는 아프리카가 '개발'되도록 도와야 한다는 오랜 전제가 있어왔다. 가난을 해결하기 위한 서구의 원조와 개발 모델은 아프리카인들과 많은 연구에 의해 해체되었지만, 그럼에도 여전히 지속되고 있다. 마크의 책에 등장하는 사람들은 세 가지를 기른다. 바로 나무와 작물, 그리고 지혜다. 외국의 원조와 유전자 조작된 옥수수, 지원금이 왔다 갔다 하지만, 성공적으로 지구온난화를 해결하려면 우리는 결과를 이해하고 협력적인 자세로 장소에 맞는 해결책을 고안할 수 있는 지구 곳곳의 모든 사람의 능력을 신뢰하는 법을 배워야 하며, 아무리 좋은 의도라 할지라도 해결책을 강요하지 말아야 한다. —폴 호컨

야쿠바 사와도고는 자신이 몇 살인지 잘 몰랐다. 그는 어깨 위에 도끼를 걸친 채 여유롭게 농장의 숲과 들판을 성큼성큼 걸어갔다. 그러나 그는 가까이서 보면 수염이 희끗희끗했고, 알고 보니 증손자들도 있었기 때문에 적어도 예순 살, 어쩌면 일흔 살 가까이 되었을지도 모른다. 부르키나파소라고 알려진 나라가 프랑스로부터 독립한 해인 1960년 훨씬 이전에 태어났다는 뜻이다. 그러니 그가 왜 읽고 쓰지 못하는지도 설명이 된다.

그는 프랑스어도 배우지 못했다. 자신의 부족 언어인 무레Mòoré를 저음으로 천천히 굴리듯 발음하고, 가끔 짧은 푸념으로 문장을 끝마치기도 했다. 그러나 문맹임에도 불구하고, 야쿠바 사와도고는 지난 20년 동안 사헬 서부를 완전히 뒤바꾼 나무 기반 농업 접근법의 선구자다.

"기후변화는 내가 할 말이 있는 주제다." 사와도고는 말했다. 그는 여느 지역 농부들과 달리 '기후변화'라는 용어에 대해 어느 정도 이해하고 있었다. 황토색 면으로 된 상의를 입은 그는 뿔닭 우리에 그늘을 드리우는 아까시나무와 대추나무 아래 앉아 있었다. 그의 발치에서 두 마리의 소가 졸고 있었고, 아직 늦

——야쿠바 사와도고.

은 오후인 공기 중에는 염소 울음소리가 떠다니고 있었다. 부르키나파소 북부에 있는 그의 농장은 지역 기준으로 볼 때 규모가 컸으며(20헥타르), 대대로 그의 집안에서 운영하고 있었다. 나머지 가족들은 1980년대의 끔찍한 가뭄 이후 농장을 포기했는데, 그때 연간 강우량이 20퍼센트 줄어 사헬 전역에서 식량 생산이 감소했고, 광활한 사바나가 사막으로 변했으며, 굶주림으로 수백만 명이 목숨을 잃었다. 사와도고에게 농장을 떠난다는 것은 생각조차 할 수 없는 일이었다. 그는 별다른 설명 없이 "아버지가 여기에 묻혔다"고 말했다. 그가 생각하기에, 1980년대의 가뭄이 기후변화의 시작이었다. 아마 그의 말이 맞을지도 모른다. 과학자들은 인간이 야기한 기후변화가 언제 시작되었는지 분석했는데, 일부 과학자는 20세기 중반까지 거슬러 올라간다고 말한다. 어쨌든 사와도고는 지금까지 20년 동안 더 덥고 건조한 기후에 적응해왔다고 전했다.

"가뭄을 지나는 동안 사람들은 새로운 방식으로 생각해야 하는 끔찍한 상황에 처했다." 혁신가라고 자부한 사와도고는 말했다. 가령 지역 농부들 사이에서는 자이zai라고 부르는 구멍을 파는 것이 관행이었다. 자이는 얼마 안 되는 빗물을 받아서 곡식의 뿌리에 집중적으로 공급하는 얕은 구덩이를 말한다. 사와도고는 좀더 많은 빗물을 받기 위해 자이의 크기를 늘렸다. 그러나 가장 중요한 혁신은 건기에 자이에 거름을 추가하는 것이라고 그는 말했다. 동료들은 이를 쓸데없는 짓이라며 조롱했다.

사와도고의 실험은 효과를 내며 입증되었다. 곡식 수확량이 예상대로 증가했던 것이다. 그러나 가장 중요한 결과는 사와도고도 예상하지 못한 것이었다. 거름에 들어 있는 씨앗들 덕분에 기장과 수수 이랑 사이에서 나무가 싹트기 시작했다. 성장 시기가 이어짐에 따라 나무들이 기장과 수수의 수확량을 더욱 늘려주는 동시에, 퇴화된 토양의 생명력을 회복시키고 있다는 것이 명백해졌다(나무들은 이제 몇 미터 길이로 자랐다). 사와도고는 "황폐해진 땅을 재생시키는 기법을 사용한 이래, 풍년이든 흉년이든 우리 가족은 식량을 걱정할 일이 없어졌다"고 말했다.

사헬 서부의 농부들은 더 부유한 나라에서는 간과되곤 하는 비밀 무기를 배치함으로써 놀라운 성공을 거두었다. 그 무기란 바로 나무였다. 그들은 나무를 심는 게 아니라 자라게 한다. 30년 동안 사헬에서 농업 문제를 연구해온 네덜란드 암스테르담자유대의 환경 전문가인 크리스 레이와 이 기술을 연구한 다른 과학자들은 나무와 농작물을 혼합하는 것(그들은 '자연재생법FMNR'이라고 부르는데, 혼농임업이라고도 알려져 있다)은 다양한 혜택을 가져온다고 말한다. 예를 들어 나무 그늘과 그루터기는 끔찍한 열기와 돌풍으로부터 농작물을 보호해준다. "과거에는 바람에 날린 모래가 모종을 덮거나 파괴했기 때문에 농부들은 때때로 밭에 서너 번, 다섯 번씩 씨를 뿌려야 했다." 뜨거운 열정을 지닌 은발의 네덜란드인 레이는 말했다. "바람을 누그러뜨리고 흙을 고정시키는 나무들 덕분에 농부들은 한 번만 파종하면 된다."

나뭇잎은 다른 목적에 쓰인다. 땅에 떨어진 잎은 피복으로서의 역할을 해 토양의 비옥도를 높이며, 다른 먹을 것이 거의 없는 계절에는 가축 사료로 쓰일 수도 있다. 비상시에는 사람들이 굶주림을 피하기 위해 나뭇잎을 먹을 수도 있다.

사와도고가 개발한 식목 구덩이와 다른 간단한 물 채집 기술 덕분에 더 많은 물이 토양에 스며들 수 있게 되었다. 놀랍게도 1980년대의 가뭄 이후 급격히 줄어든 지하수면은 이제 다시 채워지기 시작했다. 레이는 "1980년대에는 부르키나파소 중앙 고원의 지하수면이 1년에 평균 1미터씩 줄어들었다"고 말했다. "1980년대 말 자연재생법과 양수 기술이 자리 잡기 시작한 이래, 인구 증가에도 불구하고 많은 마을에서 지하수면이 적어도 5미터 이상 증가했다"고 덧붙였다.

일부 분석가는 1994년 시작된 강우량 증가로 인해 지하수면이 상승했다고 분석한다. 그러나 레이는 이런 분석은 이치에 맞지 않으며, 지하수면 상승은 훨씬 더 전에 일어났다고 설명했다. 연구에 따르면 니제르의 일부 마을에서도 같은 현상이 나타났는데, 1990년대 초에서 2005년 사이에 광범위한 집수 조치로 인해 지하수면이 15미터 상승했다.

시간이 지나면서 사와도고는 점점 더 나무에 매료되었고, 그의 땅은 농장이라기보다 차라리 숲처럼 보였다. 그래도 (캘리포니아 출신인 내 눈에는) 나무 수가 적고 듬성듬성해 보일 때가 있었다. 나무를 가끔 쳐주는데(가지를 잘라내서 판다), 그러고 나면 다시 자란다. 그리고 나무들이 토양에 주는 혜택 덕분에 새로운 나무들도 잘 자랄 수 있게 된다. 사와도고는 "나무가 많을수록 얻는 것도 많다"고 설명한다. 목재는 아프리카 농촌의 주요 에너지원이다. 나무껍질이 넓어지면서 사와도고는 나무를 요리, 가구 제작, 건축용으로 판매해 수입을 늘리고 다각화했다. 이는 핵심 응용 전략이라 할 수 있다. 또한 사와도고는 나무들이 천연 약재의 원천이며, 현대적 보건 혜택이 부족하고 비용이 많이 드는 지역에서 이는 결코 적지 않은 이점이라고 말한다.

"나무는 적어도 기후변화에 대한 부분적인 해결책이라고 생각한다. 나는 다른 사람들과 이 정보를 공유하고자 애썼다. 개인적인 경험에 따르면 나무는 폐와 같다. 나무를 보호하지 않고 수를 늘리지 않으면 세상에 종말이 닥칠 것이다." 사와도고는 덧붙였다.

사와도고가 특별한 게 아니었다. 말리에서는 경작지 이랑 사이로 나무들이 줄지어 서 있는 것을 어디에서나 볼 수 있다. 이웃 농민인 살리프 알리에 따르면, 이런 성공 소식이 전해지면서 혼농임업이 이 지역 전체로 퍼져나가고 있다고 한다. 그는 "20년 전 가뭄 이후 이곳 상황은 상당히 절박했지만 지금은 훨씬 더 잘살고 있다"라고 말했다. "예전에는 대부분의 가정에 곡물 저장고가 하

나밖에 없었다. 경작하는 땅은 늘지 않았지만, 이제 집집마다 저장고를 서너 개씩은 가지고 있다. 그리고 가축도 훨씬 많아졌다." 그는 나무들이 제공하는 많은 혜택(그늘, 가축 사료, 가뭄 방지, 땔감, 심지어 산토끼와 다른 작은 야생동물의 귀환)을 입에 침이 마르도록 자랑했다. 그러던 중 우리 일행 한 명이 "이 근처에서 이런 종류의 농사를 짓지 않는 사람을 찾을 수 있을까요?"라고 물었다.

그는 "찾을 수 있으면 찾아보세요. 요즘은 다 이런 식으로 농사를 지어요"라고 대답했다.

호주 선교사이자 처음부터 자연재생법에 찬성했던 개발업자 토니 리노도는 "혼농임업의 장점 중 하나는 바로 무료라는 것이다. 그들은 나무를 잡초로 보기를 멈추고 자산으로 보기 시작했다"라고 말했다. 단, 이렇게 했을 때 제재를 받지 않는 경우에 말이다.

사람들이 그 결과를 직접 눈으로 확인함에 따라 혼농임업은 농가에서 농가로, 마을에서 마을로 저절로 확산돼나갔고, 다들 이 관행을 적용하기 시작했다. 미국지질조사국의 그레이 태펀이 1975년 항공 사진을 2005년 같은 지역의 위성사진과 비교하기 전까지는 혼농임업이 얼마나 널리 퍼졌는지 몰랐다. 레이, 리노도 등 다른 지지자들도 위성사진으로 확인된 증거에 놀랐다. 이토록 많은 지역에서 이토록 많은 농부가 이토록 많은 나무를 키우고 있었는지 그들은 전혀 몰랐다.

"사헬, 그리고 아마 아프리카 전역에서 가장 커다란 긍정적 환경 변화일 것이다." 레이는 말했다. 그는 위성사진과 토지 조사, 일화 증거를 종합할 때 니제르에서만 2억 그루의 나무를 재배하고 602만 헥타르의 땅이 복원되었다고 추정했다. 그는 설명했다. "많은 사람이 사헬이 그저 우울하고 암울한 곳일 뿐이라고 생각하고 나 자신도 절망적인 사연을 꽤 갖고 있는 사람이지만, 사헬의 많은 농부가 이제 30년 전보다 훨씬 더 잘살고 있다. 모두 그들이 이뤄온 혁신 덕분이다."

레이는 또 이렇게 덧붙인다. 혼농임업을 이렇게 강력하게(또한 지속가능하게) 만드는 것은 아프리카인들이 이 기술을 보유하고 있다는 데서 비롯되는데, 농작물과 함께 나무를 키우는 것이 그들에게 많은 이익을 안겨준다는 사실을 아는 이상 사람들은 이를 간과할 수 없다. 가브리엘 쿨리발리는 진상 조사를 마친 뒤 브리핑에서 "이번 여행 전에는 식량 증산을 위해 어떤 외부의 개입이 필요한지 늘 고민했다"라고 말했다. 그는 유럽연합 등 국제기구의 자문위원으로 일한 바 있는 말리인이다. 쿨리발리는 덧붙였다. "그러나 이제는 농민들이 스스로 해결책을 만들 수 있다는 것을 알게 되었다. 바로 이 점이 이 해결책을 지속가능하게 만든다. 농부들 자신이 이 기술을 관리하기 때문에 아무도 이를 빼앗을 수 없다."

혼농임업의 성패가 외국 정부나 인도주의 단체로부터 받는 큰 액수의 기부금에 달린 것은 아니다. 자금이 결과로 실현되지 않을 수도 있고, 돈이 부족하면 언제든지 거둬들여질 수도 있다. 이것이 바로 레이가 컬럼비아대 지구연구소를 관장하는 경제학자 제프리 색스가 추진한 밀레니엄빌리지 모델보다 혼농임업이 더 우월하다고 보는 이유다. 밀레니엄빌리지 프로그램은 아프리카의 여러 지역에 있는 12개 마을에 초점을 맞추고 있으며, 그들에게 발전을 위한 '블록재', 즉 현대식 씨앗과 비료, 깨끗한 물을 위한 시추공, 진료를 위한 보건 클리닉을 무료로 제공한다. "웹사이트 소개 글을 읽으면 눈물이 난다"고 레이는 말한다. 그는 설명했다. "아프리카의 기아를 종식시키려는 그들의 비전은 몹시 아름답다. 그러나 문제는, 이 방법이 소수의 선택된 마을에서만 일시적으로 작동된다는 점이다. 밀레니엄빌리지에는 지속적인 외부 개입(비료와 다른 기술뿐만 아니라 이를 위한 비용)이 필요하며, 이는 지속가능한 해결책이 아니다. 외부 세계가 이런 개입을 필요로 하는 모든 아프리카 마을에 무료로 또는 보조금을 지급하는 방식으로 비료와 시추공을 제공하는 것은 상상하기 어렵다."

그러나 외부 세계도 해야 할 역할이 있다. 해외 정부와 비정부기구는 농민에게 나무의 소유권을 부여하는 등 필요한 정책을 변경하도록 아프리카 정부를 설득해야 한다. 사헬 서부에서 아주 적은 비용으로 혼농임업을 효과적으로 확산시킨 풀뿌리 정보 공유에 자금을 댈 수도 있다. 비록 농부들이 동료에게 혼농임업의 장점을 알리기 위해 가장 많은 노력을 기울였지만, 중요한 지원은 레이, 리노도와 사헬에코Sahel-Eco 및 호주 월드비전과 같은 소수의 운동가와 비정부기구로부터 왔다. 이들 지지자는 이제 "사헬을 다시 푸르게Re-greening the Sahel"라는 이니셔티브를 통해 다른 아프리카 국가들에도 혼농임업 채택을 장려하고자 한다고 레이는 말한다.

인류가 통제할 수 없는 것을 피하고 기후변화의 불가피한 여파를 관리하기 위해 우리는 가능한 한 최선의 선택을 취해야 한다. 적어도 가장 가난한 인류 구성원들에게는 혼농임업이 그중 하나다. "아프리카에서 이미 달성한 것을 보고 그 위에 구축하자." 레이는 촉구한다. "결국 아프리카에서 일어나는 일은 아프리카인들이 무엇을 하느냐에 따라 결정되므로, 그들이 그 과정을 소유해야만 한다. 우리로서는 아프리카의 농부들이 많은 것을 알고 있고, 그들로부터 배울 것이 많음을 깨달아야 한다."

다년생 식물 바이오매스

PERENNIAL BIOMASS

봄에 심고, 여름에 자라고, 가을에 수확한다. 이 주기는 인류가 농사를 지어온 1만 년 동안 존재해왔다. 이것은 우리가 생산 주기에 대해 흔히 생각하는 방식이지만, 모든 농작물에 적용되는 것은 아니다. 정원사들은 다년생과 일년생의 차이를 잘 알고 있다. 수선화는 연중 돌보아야 하지만 어찌됐든 계절이 오면 피고 또 핀다. 정원에서라면 감각과 시간이 관건이다. 그러나 농부의 밭에서라면 더 중요한 역학관계가 작용한다. 일년생 식물에 비해 다년생 식물은 영양분의 유출, 토양 침식, 합성비료 살포, 디젤 연료를 사용하는 장비 없이도 자랄 잠재력을 지닌다. 바이오에너지 작물은 일년생을 다년생으로 바꾸고, 그 과정에서 탄소를 끌어낼 기회를 제공한다.

식물 재료는 다양한 방법으로 에너지를 생성하는 데 사용된다. 열이나 전기를 생산하기 위해 연소되고, 메탄을 생산하기 위해 혐기적으로 소화된다. 또한 연료로 사용되기 위해 에탄올, 바이오디젤 또는 식물성 경화유로 변환된다. 운송 수단 부문에서 바이오에너지는 소비 연료의 2.8퍼센트를 차지한다. 전력 부문에서는 전체의 2퍼센트를 차지한다. 바이오에너지 부문 전체가 성장할 것으로 예상된다.

2050년까지 감축 결과 및 순위

51

3.33기가톤 이산화탄소 감소

779억 달러 순비용

5419억 달러 순절감액

바이오에너지에 사용되는 식물 재료가 일년생인지 또는 다년생인지 여부(또는 폐기물 함량 여부)에 따라 큰 차이가 난다. 미국은 액체 바이오연료 생산 부문에서 세계를 선도하고 있다. 미국 내에서 재배되는 옥수수의 40퍼센트는 에탄올이 된다. 그러나 이 일년생 작물에 막대한 보조금이 들어가고, 에너지 투입량이 지나치게 많기 때문에 기후에는 거의 또는 전혀 도움이 되지 않는다. 옥수수 에탄올 생산은 물 공급을 위협하며, 온실가스 배출을 줄이는 데 어떠한 진전도 가져오지 않은 채 식품 가격만 올릴 뿐이다.

다년생 바이오에너지 작물은 다를 수 있다. 적절히 재배하면 이들 작물은 옥수수 에탄올에 비해 온실가스 배출량을 85퍼센트 줄일 수 있다. 지팽이풀, 수크령, 기간테우스억새는 식량 작물보다 물과 영양분이 적게 드는 튼튼한 초본식물로 씨를 뿌리지 않고 해마다 수확할 수 있다. 미루나무, 버드나무, 유칼립투스, 아까시나무와 같은 단벌기 목본 작물의 수명은 20~30년이다. 이들 작물은 저목림 작업이라고 하는 과정을 통해 수확된다. 저목림 작업은 작물을 지면 가까이에서 자르는 방식을 말하는데, 그러면 빠른 성장이 반복해서 이어진다. 가장 중요한 것은 다년생 식물이 토양 탄소에 미치는 영향이 일년생 식물과 극적으로 다르다는 점이다. 기존 일년생 바이오에너지 작물을 다년생 작물로 대체하면 격리를 통해 순긍정적 효과를 볼 수 있다. 게다가 많은 식물이 식량 생산에 적합하지 않은 황폐한 땅에서 자랄 수 있는 유력한 후보들이다. 옥수수나 다른 일년생 식물에 비해 다년생 식물이 식물 재료의 총생산량은

_____ 억새는 한 계절에 키가 3미터나 자라기 때문에 코끼리풀이라 불리기도 한다. 한 농부가 추수기에 밭에 서 있다.

적을 수 있지만, 침식을 방지하고 좀더 안정된 수확량을 생산하며, 해충에 덜 취약한 데다 꽃가루 매개자와 생물다양성을 지원한다.

바이오에너지가 식품 공급을 위협하거나 숲을 침해하지 않고도 기후에 도움이 될 수 있는 정도와 여부에 대한 열띤 논쟁은 계속되고 있다. 바이오에너지에 대한 이야기는 특별할 것이 없으며 (거의 논의되지 않았음에도 불구하고) 다년생 식물은 그 결과의 중심에 있다. 그러나 다년생 식물이 묘책이라는 뜻은 아니다. 우리가 사용하는 에너지의 양과 우리가 생산해야 할 식량을 고려하면, 식물 연료로 모든 요구를 충족시킬 토지는 충분하지 않다. 그러나 선택의 문제도 아니다. 우리는 지구온난화를 되돌리기 위해 여러 대책을 필요로 한다. 태양열과 바람과 같은 좀더 효율적인 재생에너지는 화석연료를 대체할 수 있으며, 또한 그래야만 한다. 좀더 엄격한 비행기 연료 등의 용도에서 바이오에너지는 중요한 대체재를 제공할 수 있다. 신중하게 잘 사용한다면 다년생 바이오에너지 작물은 주목할 가치가 있는 솔루션이다.

효과

다년생 바이오에너지 작물은 바이오매스 에너지 생성을 위한 원료를 제공하며, 이를 통해 배출량을 줄일 수 있다. 또한 이들 작물은 2050년까지 3.3기가톤의 이산화탄소를 줄일 수 있는데, 그 이유는 일년생 작물을 대체하고 더 많은 토양 탄소를 격리시키기 때문이다. 우리 분석은 다년생 식물 바이오매스 경작지가 현재 20만 헥타르에서 2050년까지 5700만 헥타르로 확대될 것으로 가정한다. 다년생 작물은 일년생 작물보다 재배에 비용이 많이 들지만, 30년에 걸쳐 5420억 달러의 수익을 거둬들일 것으로 예상된다.

이탄지대

PEATLANDS

“땅 자체는 친절한 검은 버터다.” 셰이머스 히니는 1969년에 자신의 시 「소택지Bogland」에서 이렇게 썼다. 히니는 아일랜드를 염두에 두었지만, 그의 시는 전 세계의 소택지(늪지 또는 수렁)를 선명하게 드러냈다. 소택지는 단단한 땅도 아니고 물도 아닌, 그 중간이다. 이탄은 죽어서 분해되는 식물로 이뤄진 짙고 걸쭉하며 수분이 많은 물질이다. 이탄은 습지 이끼, 풀, 그 외 다른 식물들이 살아 있는 식물층 아래에서 산소가 거의 없는 상태로 서서히 부패하면서 수백 년, 심지어 수천 년에 걸쳐 생성된다. 이런 산성의 혐기성 환경은 철기시대와 그 이전부터 인간의 유해, 이른바 ‘습지 미라’를 보존할 수 있었다. 충분한 시간과 압력, 열을 가하면 이탄은 석탄이 된다.

이탄층의 깊이는 0.5미터에서 20미터까지 다양하며, 엄청난 양의 탄소를 보유한다. 평균 탄소 보유량은 50퍼센트 이상이다. 바로 이런 이유와 접근성 때문에 이탄은 최초로 널리 사용된 화석연료였다. 아일랜드에서 핀란드와 러시아까지, 말린 이탄 벽돌을 태워 난방과 조리, 심지어 전력 생산에 오랫동안 사용했고, 어떤 지역에서는 지금도 사용하고 있다. 이탄은 17세기 네덜란드 황금시대의 핵심이었다. 풍부하고 값이 싸며 운반도 쉬운 에너지원으로 네덜란

이 그림은 이탄지대에서 적응한 식물 중 일부를 보여준다. 여기에는 사초과 식물, 이끼류, 끈끈이귀개속 식물, 난초과 식물, 습지 은매화, 그 외 영양분이 부족한 습지 환경에서 잘 자라는 다른 식물 종들이 포함된다.

2050년까지 감축 결과 및 순위

21.57기가톤	자료 불확실	1230.38기가톤
이산화탄소 감소	결정 불가	이산화탄소 저장

13

드 산업과 국제시장을 위한 상품 생산을 가능하게 했다. 오늘날 이런 독특한 생태계는 지구 육지 면적의 3퍼센트에 불과하지만 탄소 보유량의 측면에서 볼 때는 해양에 이어 두 번째다. 해양의 탄소 저장량은 전 세계 삼림의 두 배나 되며, 500~600기가톤에 이를 것으로 추정된다. 최근 몇십 년 동안 숲에 많은 관심이 쏟아졌지만, 사회는 탄소 저장원으로서 이탄지대의 소중한 역할에 이제 막 눈을 뜨고 있다. 이탄이 마르지 않는 한 이는 계속될 것이다.

이탄지대가 탄소를 효과적으로 비축하기 위해서는 광합성을 통해 탄소를 흡수하고 저장하는 식물, 그리고 탄소가 대기 중으로 다시 빠져나가지 못하게 하는 혐기성 조건을 만드는 물이 있어야 한다. 세계 이탄지대의 85퍼센트는 중요한 수분 보유력을 지니고 있다. 훼손되지 않은 고대 생태계로서 이탄지대는 물을 흡수하고 정화시키며, 홍수로부터 보호하고, 여우에서 오랑우탄까지 생물다양성을 지원하는 동시에 효과적으로 탄소를 채집할 수 있다. 토지 보존과 화재 예방을 통해 이탄지대를 보호하는 일은 지구 온실가스를 관리할 가장 좋은 기회이며 비교적 가격효율적인 기회다(훼손되지 않은 이탄지대는 약간의 메탄을 방출하지만 여기서 격리되는 탄소량은 방출되는 메탄 양보다 훨씬 더 많다).

물론 탄소를 흡수하고 보유하는 능력에는 이면이 있다. 다른 생태계보다 1헥타르당 최대 25배 많은 탄소를 보유하는 이 습지들은 붕괴될 경우 강력한 온실 굴뚝이 될 수 있다. 15퍼센트는 이미 굴뚝을 통해 빠져나갔다. 이탄이 공기 중에 노출되면, 그 안의 탄소는 산화되어 이산화탄소가 된다. 이탄이 축적되는

드론에서 본 아일랜드의 수확된 이탄지대. 이탄지대의 생태계는 전체 아일랜드 면적의 17퍼센트를 차지하며, 로마 시대부터 연료와 겨울 난방을 위해 직접 손으로 캐냈다('이끼 속에서 작업'한다고 알려져 있다). 오늘날 국영기업 보드나모나Bord Na Móna가 도입한 기계가 사람을 대체했고, 소택지는 돌이킬 수 없을 정도로 손상되었다. 2015년에 이 회사는 2030년까지 이탄 수확을 단계적으로 중단하고 지속가능한 바이오매스, 풍력 및 태양 발전으로 전환하겠다고 발표했다.

데는 수천 년이 걸릴 수 있지만 한번 파괴되면 온실가스가 방출되는 데 불과 몇 년도 걸리지 않는다. 오염된 이탄지대는 세계 육지 면적의 0.3퍼센트를 차지하지만 이 작은 부분이 인간에 의한 이산화탄소 배출량의 5퍼센트를 내뿜는다.

이탄지대 붕괴의 원인은 다양하다. 이런 늪 생태계는 주로 북반구 전역의 온대~한대 기후에서 발견되며, 인도네시아나 말레이시아와 같은 열대~아열대 기후뿐 아니라 북아메리카, 북유럽, 러시아의 대부분 지역에 걸쳐 있다. 동남아시아에서는 산불, 그리고 야자유 및 펄프 농장을 위한 개간 등이 이탄지대 파괴의 주요 원인이며, 이런 추세는 늘어나고 있다. 실제로 이탄지대 파괴는 인도네시아의 온실가스 배출량이 그토록 높은 이유이기도 하다. 토지 용도 변경과 임업으로 인한 배출량이 국가 총계에 포함되면, 인도네시아는 인도, 러시아와 함께 세계 5대 배출국에 속하게 된다. 지구온난화가 심화함에 따라 이탄지대 화재의 위험도 증가한다. 세계의 더 온화한 지역에서는 연료에 사용하기 위한 이탄 채굴, 원예 상품으로서 이탄 이끼 추출, 목재 생산과 방목을 위한 이탄지대 파괴가 주요 원인으로 지목된다.

파괴가 시작되기 전에 멈추는 것만큼 효과적이지는 않지만, 물이 빠지고 손상된 이탄지대를 복구하는 것은 필수 전략이다. 재습윤이 최우선 과제인데, 물을 보존하고 지하수면을 상승시켜 넓은 이탄지대를 포화시키는 것을 목표로 한다. 즉 물이 새어나오는 것을 막고 토양을 다시 채우는 것을 말한다. 일단 이탄지대가 습윤화되면 산화 및 탄소배출이 억제된다. 라틴어로 '습지'를 뜻하는 palus, '재배'를 뜻하는 cultura의 합성어인 paludiculture(늪지 경작)는 이탄을 보호하고 재생하기 위해 바이오매스를 배양해 지대를 다시 적시는 과정으로 이루어진다. 이것은 시간이 지남에 따라 이탄층을 재생시키고 오렌지나 차나무와 같은 특정 작물을 수용할 수 있는 매우 기술적인 식물 부패 과정이다. 결국 복원 방식은 생태계가 정상으로 되돌아오도록 돕는 것이어야 한다.

이탄지대 보호는 아직 초기 단계에 있다. 이때 지대의 분포를 측정하고 모니터링하는 것이 매우 중요하다. 이탄지대의 위치와 상황을 파악해 지식이 행동을 이끌어야 한다. 하지만 과학자들은 아직도 배워야 할 것이 많다. 실제로 한 연구 팀이 2014년 콩고 브라자빌의 외딴 지역에서 영국만 한 크기의 늪을 발견했다. 이탄지대가 더운 기후에 어떻게 반응할지는 아직 불확실하다. 이탄지대의 생태적 온전성을 유지하거나 복원하기 위한 유인책 개발이 핵심이다. 특히 이것이 식량이나 목재를 재배함으로써 앞서 언급한 다른 경제적 이득을 얻는 것을 의미한다면 더더욱 그렇다. 스웨덴에서 수마트라까지, 국가와 국경을 초월한 다양한 이니셔티브가 이탄지대를 보호하고 복구할 목적으로 생겨났다. 이들 이니셔티브는 훼손되지 않은 이탄지대에 있는 평야의 완전한 보존과 향후 물 빠짐 금지에서부터 재습윤 계획, 대중의 인식 제고 캠페인, 책임 있는 관리 방식에 대한 교육까지 다양하게 설정되어 있다. 수천 년 동안 이탄지대는 신성한 의례 공간이었으며, 때로는 신들에게로 통하는 관문으로 여겨지기도 했다. 오늘날 이와 유사한 숭배를 통해 이탄층의 죽음과 부패가 계속해서 생명을 주는 힘이 될 수 있다는 믿음이 생겨났다.

효과

이탄지대의 총 보호 면적이 현재 320만 헥타르에서 2050년까지 2억4600만 헥타르(현재 훼손되지 않은 이탄지대의 67퍼센트)로 증가한다면, 21.6기가톤의 이산화탄소 배출을 피할 수 있다. 2억4600만 헥타르의 이탄지대는 336기가톤의 탄소, 달리 말해 대기 중으로 방출될 경우 약 1230기가톤에 달하는 이산화탄소를 보유하게 된다. 이탄지대는 지구 면적의 3퍼센트에 불과하지만 유기물이 가장 풍부한 토양이다. 이 토양이 붕괴되면 엄청난 양의 탄소가 방출된다. 비용은 토지 소유자 수준에서 발생하는 게 아니므로 추산하지 않았다.

선주민의 토지 관리

INDIGENOUS PEOPLES' LAND MANAGEMENT

____이 장에 실린 두 장의 사진은 캐나다 국제보존기금ICFC이 찍은 것이다. ICFC는 카야포족과 협력해 1050만 헥타르에 달하는 그들의 땅을 호시탐탐 노리는 벌목꾼, 광부, 브라질 개척민 사회로부터 보호해왔다. 위성사진으로 볼 때 마투그로수와 파라에 있는 카야포족 대대로 내려오는 땅은 흠잡을 데 없는 아마존의 보석이다. 이들 땅을 경계로 그 옆에는 도로와 개간지, 국경도시가 있고, 소를 키우고 농사를 짓기 위해 땅을 개간하느라 피운 불에서 연기가 뿜어져나온다. 카야포족의 노력이 항상 성공한 것은 아니다. 수십 년간의 법적·정치적 저항에도 불구하고, 2011년 3월에 파라의 싱구강에 엄청난 파괴력을 지닌 벨루몬치댐 건설이 시작됐다. 이를 둘러싼 법률 공방은 여전히 계속되고 있다.

2050년까지 감축 결과 및 순위

39

5.25기가톤 이산화탄소 감소	자료 불확실 결정 불가	**849.37**기가톤 이산화탄소 저장

선주민 공동체는 기후변화에 끼친 영향이 가장 적음에도 불구하고 기후변화로 인해 가장 큰 영향을 받는 지역 중 하나다. 그들은 토지를 기반으로 한 생계, 식민지 개척의 역사, 사회적 소외 때문에 환경 변화의 부정적인 영향에 특히 취약하다. 그들의 터전은 원시림이나 작은 섬, 고지대, 사막 변두리와 같이 더욱더 취약한 장소에 있다. 생태계가 변화함에 따라 선주민 공동체가 대응하기 시작했다. 현지 지식과 전통 방식, 과학 기술을 이용해 그들의 생계와 지역 자원 관리의 균형을 맞춰나가기 시작한 것이다. 그들은 특정 환경에 순응하는 것을 넘어 모든 사람에게 이익이 될 정도로 지구온난화를 완화시키고 있다.

선주민 공동체는 오랫동안 삼림 벌채, 광물, 석유, 가스 채굴, 단일 재배 농장의 확대를 최전선에서 반대해왔다. 그들의 저항은 토양에 기반을 둔 탄소배출을 막고, 탄소 격리를 유지하거나 증가시킨다. 전통적인 토착 방식과 토지 관리는 생물다양성을 보존하고, 다양한 생태계 서비스를 유지하며, 풍부한 문화와 전통적인 삶의 방식을 보호한다. 선주민과 공동체가 소유한 토지는 최소 4억8500만 헥타르의 숲(지구 삼림의 약 14퍼센트)을 포함해 전체 토지 면적의 18퍼센트를 차지한다. 이들 숲은 377억 톤의 탄소를 보유하고 있다.

선주민 공동체에서 기후변화는 물리적 풍경 이상으로 많은 영향을 미친다. 기후변화는 인권, 문화, 지식의 저장고, 관습적인 지배에 도전한다. 유엔 정부간 기후변화 협의체는 기후변화가 이런 공동체에 미치는 고유한 영향뿐만 아니라 기후변화에 적응하고 이를 억제하는 전략을 개발할 때 전통적인 지식과 과학이 이룰 수 있는 중요한 기여를 인정했다. 전 세계의 많은 이니셔티브는 선주민 공동체와 지역사회의 효과적인 참여를 지원해, 전통 지식과 관행이 지역적 맥락과 관련 있고 가장 취약한 사람들의 요구에 부응하는 지구온난화 해결책이 될 수 있도록 노력하고 있다.

전통 시스템은 지상 및 지하 탄소 저장량을 늘리고 다양한 방식을 통해 온실가스 배출량을 줄일 잠재력을 가지고 있다. 지역 선주민 공동체는 화전(또는 이동농법), 혼농임업, 유목, 어업, 수렵 및 채집, 전통적인 산림 관리를 통해 생태계 경계 내에서 다양한 방식으로 살아간다. 이런 문화 중 많은 것이 오랜 시간 동안 자연의 순환 및 자원과 공존해왔으며, 수천 년이 넘도록 자연을 훼손하지 않은 채 살고 있는 문화도 있다.

텃밭

종종 숲과 가까운 곳에 사는 공동체에서 볼 수 있는 텃밭은 태곳적부터 세계 여러 곳에서 행해진 소규모 형태의 농업이다. 남아시아와 동남아시아에서는 텃밭이 농경지의 상당 부분을 차지하는데, 인도네시아는 약 514만 헥타르, 방글라데시는 53만 헥타르, 스리랑카는 105만 헥타르의 땅이 텃밭으로 이용된다. 텃밭 가꾸기는 효율적인 영양 공급, 높은 생산성, 다양한 종 구성, 사회적·문화적 가치 유지 등 재배자와 환경에 다양한 이점을 제공한다. 이렇게 다양한 시스템은 생물다양성을 보존하고, 지역 식량 안보를 충족시키며, 토양과 수자원을 보존하는 데 도움을 준다. 텃밭은 단일 재배 생산 시스템에 비해 탄소 격리 잠재력이 더 높으며, 이는 성숙림의 격리율과 비견될 만하다.

혼농임업

상당량의 탄소가 나무와 농작물 생산을 통합하는 혼농임업에 의해 격리된다.

혼농임업 시스템은 토양 침식으로부터 땅을 보호하고, 유기물과 토양 영양소를 재활용하며, 단일 작물에 영향을 미치는 시장 상황과 날씨로부터 소작농의 수입을 보호하고, 높은 종 다양성을 유지할 수 있다는 이점으로 잘 알려져 있다.

화전

또 다른 토착 방식은 경작지가 해마다 계속 바뀌는 화전재배다. 화전이라는 용어는 일년생 작물 재배를 위해 삼림지를 불태우고 개간한 후, 회복이 가능하도록 일정 기간 휴경하는 것을 말한다. 많은 정부가 산림과 토양에 비효율적이고 파괴적이라는 점을 고려해 화전 농업을 없애려고 시도해왔다. 그러나 연구에 따르면, 화전농업은 토지 전환에 비하면 삼림 벌채의 주요 원인이 못 되며, 일년생 작물 재배나 경작에서보다 화전농업에서 훨씬 더 많은 탄소가 격리되는 것으로 나타났다.

유목

전 세계의 토착 유목민은 광활한 규모, 종종 가혹할 정도의 규모로 자연 방목장을 관리한다. 그들은 이런 시스템을 생산적으로 사용해 그들의 생계 요구를 충족시키고 상당한 양의 탄소를 격리시키는 생태계를 유지한다. 방목장은 전 세계 토지 면적의 약 40퍼센트를 차지하며, 단일 토지 사용량으로는 세계에서 가장 넓다. 아주 오래전부터 선주민 집단은 이런 땅의 대부분을 수렵, 채집, 방목, 계절 농업을 위해 이용하고 관리해왔다. 유목 관리에 종사하는 선주민 공동체는 본질적으로 유목민이며, 밀도가 낮고 이동이 많은 인구에 속한다. 목축장은 1억~2억 명에 이르는 목축민의 생계를 책임지며, 이들 목축민은 전 세계적으로 4억8500만 헥타르 이상의 방목장을 관리한다. 이런 시스템은 생물학적으로 다양하고 생산성이 높으며, 많은 양의 탄소를 보존한다. 문헌에 따르면 이런 토지는 전 세계 토양 탄소의 30퍼센트를 저장하고 있으며, 개선된 방목장 관리 방식 하에서 2030년까지 훨씬 더 많은 탄소를 격리시킬 잠재력을 가지고 있다. 또한 유목은 유사한 환경에서 상업적인 목축이나 이동이 적은 가축보다 1헥타르당 생산성이 더 높은 것으로 나타났다. 가축을 일시적으로 방목하는 것은 일년생 작물 생산이나 바이오에너지 작물 생산과 같은 다른 토지이용 시스템에 비해 (대기 중으로 방출될 위험이 있는) 탄소를 확보하는 데 도움이 된다.

전통적인 목축 시스템은 기후변화와 목축지에 대한 현대화 압력으로 인해 억압을 받고 있다. 목축민은 지역과 국가 경제에 크게 기여하지만, 역사적으로나 오늘날에나 부당한 대우를 받는다. 그들의 자급자족적 생활 방식과 문화는 비효율적이고 비이성적이며, 기술 수준이 낮고 원시적이며, 환경 파괴적인 것으로 인식된다. 이렇게 깊게 뿌리 잡은 편견은 예를 들어 전통적인 방목지를 국유화하려는 시도를 통해 목축민의 토지와 전통적인 생활 방식을 폐기하려는 새로운 정책들을 뒷받침한다. 최악의 경우, 목축민에 대한 이런 고정관념은 민족적 편협성을 낳고 강제 퇴거와 인권 침해를 초래할 수 있다. 유목과 전통적인 방목장 관리 방식은 유목민 정착과 현대화라는 사회적·정치적 압박 속에서도 전 세계 대부분의 방목장에서 계속되고 있다. 공동 지역 보존 협약, 선주민에 대한 토지 소유권 부여 또는 토착지 반환과 같은 현대적 협정은 목축민에게 방목장을 지속적으로 사용할 권한을 부여하는 데 도움이 된다.

화입火入 관리

전 세계적으로 인류는 역사적으로, 그리고 현재에 이르기까지 수많은 이유로 화재생태학을 실천해왔다. 북아메리카 전역의 원주민들은 역사적, 고고학적

증거에 기록될 수 있는 화입을 활용해 광범위한 토지를 관리해왔다. 넓은 지형에 걸쳐 특정 식량원, 사냥, 식물 재료에 유리한 환경을 조성하기 위해 고도의 화입 기술을 적용했다. 태평양 서북부의 선주민들은 거주지를 만들고 유익한 동물 종의 생산량을 늘리기 위해 산림 개간에서 대초원에 이르는 다양한 생태계에 영향을 주고자 화입을 관리했다. 호주 북부의 원주민들은 계절적 화입을 규제하는 기술을 적용해왔다. 화입은 숲과 시골을 개방하고, 식물의 성장을 통제하며, 사냥감을 쫓고, 문화적 의무를 준수하기 위해 행해져왔다. 전통적인 화입 관리는 잡목 제거를 위해 건기 초기에 약하게 불을 지르는데, 이를 통해 자연적으로 일어나는 화재나 사람이 일으키는 화재의 강도를 낮출 수 있다.

공동체 관리 산림

산림에 대한 선주민 및 공동체의 관리는 수 세기 동안 이뤄져왔다. 국가는 선주민이나 공동체가 이런 땅을 소유 또는 관리하는 것을 공식적으로 인정하거나 인정하지 않을 수 있다. 그러나 선주민과 공동체가 관리하는 많은 삼림지대는 전통적인 관행과 관습법에 의거한다. 전 세계적으로 약 4억~5억 명의 사람이 생계를 숲에 의존하고 있다. 이들 중 6000만 명에 이르는 선주민이 라틴아메리카, 서아프리카, 동남아시아에 거주한다. 공동체 관리하에 있는 전체 삼림지대는 소유 형태와 관계없이 32억 헥타르에 이를 것으로 추정된다.

휴경지 관리, 순화종을 기르는 산림 과수원, 성림, 산림종과 나무로 구성된 선택적 재배, 집약적 산림 관리 등이 모두 다양한 산림 관리 방법으로 간주된다. 토착 관리는 개별적인 산림 관리 방식을 아우르며, 산림의 사용과 보존에 관한 공동체의 집단적 의사결정 과정을 포함한다. 산림 보유권의 상실과 불안정한 토지 권리는 토착림이나 공동체 관리 삼림을 황폐화하고 파괴하는 주요 원인이다. 많은 연구에 따르면, 소유권을 유지하는 공동체 산림은 소유권이 없는 공동체의 삼림에 비해 벌채율이 낮고 더 건강한 생태계를 유지한다고 한다. 공동체 관리는 황폐화 속도를 낮추고, 바이오매스 성장을 강화하며, 격리율을 높이고, 숲의 배출률을 감소시키는 데 도움이 된다. 소유권과 산림 변화 사이의 연관성을 평가하는 118건의 사례를 검토한 결과, 소유권 유지는 긍정적인 산림 관리 결과 및 산림 파괴 감소와 관련이 있는 것으로 밝혀졌다. 또 다른 연구에서 공동체 관리형 산림은 그렇지 않은 산림에 비해 평균적으로 헥타르당 5톤씩 탄소 저장량이 증가한 것으로 나타났다.

삼림지의 감소 추세에도 불구하고 전 세계적으로 선주민과 공동체가 소유하는 산림의 면적은 2002년 3억8400만 헥타르에서 2013년 4억8500만 헥타르로 늘어났다. 전체 삼림지 대비 비율은 같은 기간 10.8퍼센트에서 15.4퍼센트로 증가했다. 세계적인 추세가 긍정적으로 나타나는 반면, 국가적 수준에서 선주민과 공동체가 관리하는 산림의 비율은 천차만별이다.

이렇게 다양한 비율에도 불구하고, 선주민과 공동체가 관리하는 산림을 지정하고 소유를 지지하는 정책의 지속적인 추세를 고려할 때, 이에 따른 전체 면적과 총 산림지역의 비율은 모두 확대될 것으로 예상된다. 산림권에 대한 법적 인정을 넘어, 산림 안보를 강화하기 위해 기술 지원, 선주민의 의사결정 과정 참여, 공동체 지도 제작, 불법 정착민 추방, 공동체 산림 관리 추진 등을 위한 정부 조치가 필요하다. 토착지 관리를 늘리기 위해서는 소유권 정책 환경 지원과 토지 권리 보호를 위한 정부 협력이 필요하다.

효과

선주민은 전 세계적으로 5억2000만 헥타르의 토지에 대해 소유권을 확보하고 있다. 물론 이들이 살고 관리하는 면적은 더 크다. 우리의 분석은 선주민이 관리하는 토지에서 탄소 격리율이 더 높아지고 삼림 벌채율이 낮아질 것이라고 가정한다. 2050년까지 안정적인 소유권이 보장된 산림지가 3억6768만 헥타르 증가한다면 삼림 벌채 감소를 통해 6.1기가톤의 이산화탄소 배출을 피할 수 있을 것이다. 이 솔루션은 선주민 관리하에 있는 전체 산림지역을 9억 헥타르까지 확대할 수 있고, 대기 중으로 방출될 경우 대략 850기가톤 이상의 이산화탄소에 상당하는 232기가톤의 탄소 저장량을 확보할 수 있다.

온대림

TEMPERATE FORESTS

세계 삼림의 4분의 1은 주로 위도 30도에서 50~55도 사이의 북반구 온대지역에 분포한다. 어떤 나무는 낙엽수여서 겨울에 잎을 떨어뜨리고, 또 다른 나무는 상록수로 사시사철 푸르다. 19세기 후반까지 온대림은 삼림 벌채의 진원지였다. 역사적으로 99퍼센트의 온대림이 어떤 식으로든 바뀌었다. 즉 나무가 잘리고, 농지로 전환되고, 개발로 훼손되었다. 그러나 숲은 탄력성이 있다. 생태학적 무결성을 완전히 되찾기 위해 몇십 년의 시간이 필요할지라도 숲은 자연 또는 인간이 야기한 영향으로부터 끊임없이 회복을 거듭하는 역동적인 시스템이다.

오늘날 온대지역의 산림은 증가하고 있다. 이는 목재 수입에 대한 의존성, 개간된 땅을 포기하는 결과로 이어지는 개선된 농업 생산성, 산림 관리 방식 개선, 의도적인 보존 노력 등 덕분이다. 이런 움직임 덕분에 일부 황폐화된 토지가 다른 토지 용도로 전환되는 것을 막고, 수동적으로 능동적으로 지원했든 삼림 복원이 가능해졌다. 세계적으로 7억6800만 헥타르에 달하는 온대림은 순탄소 흡수원이 되었다. 바이오매스 밀도의 증가와 전체적인 면적 증가는 이들 생태계가 매년 약 0.8기가톤의 탄소를 흡수한다는 것을 의미한다. 숲을

2050년까지 감축 결과 및 순위

12

22.61기가톤 이산화탄소 감소

자료 불확실 결정 불가

복원하면 더 많은 탄소를 격리시킬 기회가 생긴다. 세계자원연구소에 따르면 추가로 5억6600만 헥타르에 달하는 면적(대규모의 폐쇄림이든, 나무가 드문드문 자라고 농업이 함께 실행되는 모자이크 혼합림이든)이 복원 대상이라고 한다.

세계자원연구소, 국제자연보전연맹, 사우스다코타주립대의 공동 연구는 인류 앞에 놓인 전망을 계량화하고 시각화하는 '지구 산림 및 자연경관 복원 기회를 표시한 지리부도'를 제작했다. 현재 삼림지대와 잠재적 산림지대를 번갈아 보노라면, 미국 동부 절반과 유럽 대륙은 반점형 녹색에서 짙은 녹색으로 변한다. 이 지도책은 84퍼센트의 아일랜드 면적을 대규모 복원 또는 모자이크 복원의 기회로 분류한다. 에메랄드아일은 한때는 완전히 산림이었다. 18세기에 이르러 숲의 대부분이 목초지로 바뀌었다. 미국은 삼림복원 추세가 이미 진행 중이어서 상당한 복구 기회를 갖고 있다. 1990년대부터 2000년대까지 미국 삼림지대가 제공하는 탄소 흡수원은 33퍼센트 증가했다. 미국 이스트코스트는 부활의 본거지로서 조지아주부터 메인주까지 이어지는 애팔래치아산맥을 따라 산림의 규모가 계속 커지고 있으며 상태도 개선되고 있다. 버려진 농지가 주된 자극제가 되어 한때 들판이 있던 곳에 서서히 숲이 형성되고 있다. 이는 자발적 복원의 한 예다.

온대림은 열대림과 같은 정도의 대규모 삼림 파괴 위협을 받지는 않지만, 개발로 인해 계속 파괴되고 있다. 온난화되는 세계는 앞으로 나아가야 할 복구 노력에 자꾸만 제동을 건다. 혹자는 온대림에 대한 압력이 높아지고 있다는

점을 감안할 때 지금이 '엄청난 혼란'의 시대라고 주장한다. 날씨는 더 더워지고 가뭄은 잦아지며, 폭염은 더 길어지고, 산불도 더욱 극심해질 뿐만 아니라 해충과 병균 감염도 악화되고 있다. 이런 폐해는 자연의 재생능력을 넘어서는 수준으로 온대림을 망가뜨릴 수 있으며, 과잉개발을 대체하여 숲의 건강과 항상성을 위협하는 주된 요인이 되어왔다. 복구 노력도 이에 대응해 진화를 거듭해나가야 할 것이다.

그러나 늘 산림 손실 방지가 산림을 복원하고 황폐한 땅을 고치려는 노력보다 우선이다. 복원된 숲은 결코 원래의 생물다양성과 구조, 복잡성을 완전히 회복하지 못하며, 한 번의 삼림 파괴로 손실된 탄소의 양을 격리하는 데는 수십 년이 걸리기에, 복원은 보호의 대체 방법이 될 수 없다.

_____뉴질랜드 남섬의 피오들랜드 국립공원에서 자라는 이끼, 양치식물, 남부너도밤나무. 120만 헥타르에 달하는 우거진 산림은 산 정상에서 바다까지 이어지며, 그 사이에 호수와 열대우림이 자리 잡고 있다. 피오들랜드의 강우량은 미터로 측정된다고 알려져 있다. 이곳은 가파른 경사면, 깊은 계곡, 마르지 않는 습기 때문에 1952년 공원으로 지정되기까지 인간이 살기 어려운 땅이었다.

효과

우리는 온대림 복원이 자연재생을 통해 9500만 헥타르까지 추가 확대될 것으로 예상한다. 이는 열대림 복구에 이용 가능한 면적에는 훨씬 못 미치지만, 2050년까지 22.6기가톤의 이산화탄소를 격리시킬 수 있는 규모다.

나무의 숨겨진 삶

페터 볼레벤

몇 년 전에 내가 관리하는 유럽너도밤나무 보호구역에서 이끼에 덮인 이상한 돌을 발견했다. 나중에 생각해보니, 몇 번이나 지나쳤음에도 별 관심을 두지 않았던 곳이었다. 한데 그날은 걸음을 멈추고 허리를 굽혀 자세히 살펴봤다. 그 돌들은 형태가 특이했다. 속은 비고 살짝 휘어 있었다. 조심스럽게 이끼를 들췄더니 그 밑에 나무껍질이 숨어 있었다. 그러니까 돌이 아니라 오래된 나무였던 것이다. 보통 유럽너도밤나무 껍질이 이렇게 습한 지형에 노출되면 몇 년 지나지 않아 썩고 만다. 그런데 그 '돌'은 아주 단단했다. 게다가 또 한 번 나를 놀라게 한 사실은 아무리 애를 써도 그 나무껍질을 들어올릴 수 없었다는 점이다. 어떤 연유에서인지는 몰라도 땅에 찰싹 달라붙어 있었다.

나는 주머니칼을 꺼내 껍질을 살살 긁어냈다. 그랬더니 그 밑에서 초록색 층이 나왔다. 초록색? 초록은 신선한 나뭇잎의 엽록소에서나 볼 수 있는 색이다. 아니면 이런 엽록소는 살아 있는 나무줄기에 저장되어 있다. 그렇다면 이 나뭇조각은 살아 있다는 뜻이다! 자세히 주변을 살펴보니 남아 있는 '돌'은 뚜렷한 패턴을 그리고 있었다. 그 돌을 중심으로 지름이 1.5미터 정도 되는 원이 그려졌다. 그러니까 그 돌은 수령이 오래된 거대한 그루터기의 자투리였다. 남아 있는 것은 맨 바깥쪽 테두리뿐이었다. 속은 완전히 썩어 부엽토가 된 지 오래였다. 이것이 말해주는 바는 나무가 적어도 400~500년 전에 쓰러졌다는 사실이다. 그런데 나무의 잔부는 어떻게 이렇게 오랫동안 생명을 품고 있었을까?

살아 있는 세포는 당의 형태로 영양분을 섭취한다. 숨을 쉬어야 하고 아주 조금이라도 자라야 한다. 그러나 잎이 없이는(즉 광합성 없이는) 불가능한 일이다. 지구상의 어떤 존재도 이렇게 수 세기 동안 영양분 없이 생명을 유지할 수는 없다. 그것이 아무리 나무의 잔부라도, 혼자 살아가는 그루터기라도 마찬가지다. 이 그루터기에는 뭔가 다른 일이 일어나고 있는 것이 분명했다. 뿌리를 통해 주변 나무들의 도움을 받았던 것이다. 이와 유사한 현상을 연구하는 과학자들은 이런 교류가 뿌리 끝을 감싸며 자라 나무들끼리 영양을 주고받도록 돕는 균류를 통해 원격으로 이뤄지거나, 서로의 뿌리가 뒤엉켜 직접적으로 이뤄졌을 것이라고 밝히고 있다. 내가 우연히 발견한 그루터기가 어느 쪽에 해당되는지는 알 수 없었다. 그 주변을 이리저리 파헤쳐 손상을 가하고 싶지 않았기 때문이다. 하지만 한 가지만은 분명했다. 주변의 다른 유럽너도밤나무들이 그루터기에 당을 공급해주며 그 나무의 생명을 유지시켜주었다는 사실이다.

길가의 경사면을 보면 나무들이 뿌리를 통해 서로 어떻게 연결되었는지 눈으로 확인할 수 있다. 이런 경사면에서는 비가 오면 흙이 씻겨나가기 때문에 지하의 네트워크가 그대로 드러난다. 실제로 독일의 하르츠산맥을 연구하는 과학자들은 같은 종에 속하는 나무 개체들이 대부분 그런 시스템을 통해 서로 연결되어 있으며 상호 의존적이라고 밝혔다. 이런 네트워크를 통해 나무들은 영양분을 나누고 필요할 때는 도움을 주기도 한다. 결론적으로 숲은 개미 군락과 비슷한 슈퍼 유기체인 것이다.

물론 이 모든 것이 우연이 아니냐는 의문을 제기할 수도 있다. 나무뿌리들이 아무렇게나 뻗어나가 우연히 같은 종의 나무를 만나는 거라고. 그러다가 서로 얽히고설켜 어쩔 수 없이 영양분도 나누게 된다고. 일종의 사회 공동체를 형성하지만, 이것은 그저 '가는 게 있으면 오는 게 있는 법'일 뿐 그 이상의 의미는 없다고 말이다. 이런 메커니즘 자체가 숲의 생태계에 큰 득이 되는 건 맞지만, 나무들의 적극적 상호 지원과 도움이라기보다는 그저 우연히 발생한 결과에 불과하다는 것이다. 하지만 자연은 우리가 생각하는 것보다 훨씬 더 복잡하다. 투린대의 마시모 마페이가 주장하듯이, 식물(여기에는 나무도 포함된다)은 자신의 뿌리를 다른 종의 뿌리와, 심지어 같은 종 다른 개체의 뿌리와도 구분할 수 있다.

그런데 왜 나무는 그런 사회적 존재가 되었을까? 왜 자신의 영양분을 다른 동료들과, 심지어 경쟁자가 될 수도 있는 다른 개체들과 나누는 것일까? 그 이유는 인간사회에서의 이유와 같다. 함께하면 더 유리하기 때문이다. 나무는 숲이 아니다. 나무는 그 자체로는 지역의 일정한 기후를 조성할 수 없고 바람과 기후에 대책 없이 휘둘려야 한다. 그러나 많은 나무가 함께하면 생태계가 형성되고 더위와 추위를 막으며 많은 양의 물을 저장하고 습기를 유지할 수 있다. 이런 안전한 환경에서 나무들은 오래오래 살 수 있다. 이 단계까지 이르기 위해서는 무슨 일이 있어도 공동체를 유지해야 한다. 모든 개체가 자신만 생각한다면, 상당히 많은 나무가 결코 오래 살지 못할 것이다. 나무들이 일정하게 죽어나가면 숲에는 구멍이 뚫리고, 그 구멍을 통해 태풍이 불어닥쳐 나무들의 뿌리가 뽑혀나갈 것이다. 한여름의 열기는 숲의 바닥까지 침투하여 숲을 말려버릴 것이다. 그러면 모든 나무가 고통받는다.

그러므로 나무들은 한 그루 한 그루가 소중한 공동체의 자산이며, 가능한 한 우리 곁에 오래오래 살아남아주어야 한다. 그렇기 때문에 병이 든 개체가 있으면 되살아날 때까지 지원해주고 영양분을 공급해주는 것이다. 지금 도움을 주는 나무는 다음번에는 도움을 받게 될 처지에 놓일지도 모른다. 이렇게 서로를 돌보는 은회색 유럽너도밤나무들을 보면 코끼리 무리가 생각난다. 코끼리들도 서로를 돌본다. 아프거나 연약한 동료가 있으면 다시 일어설 수 있게 도와주고, 심지어 죽은 동료도 내버리지 않는다.

모든 나무는 이렇게 공동체의 일원이지만, 구성원들의 수준은 다르다. 예를 들어 대부분의 그루터기는 부엽토로 썩다가 200년 안에(나무치고는 그리 긴 세월이 아니다) 사라진다. 앞서 설명한 이끼 낀 '돌'처럼 몇 안 되는 개체만이 수백 년동안 살아남는다. 무엇이 다른 것일까? 나무사회도 인간사회처럼 계층이 있는 것일까? '계층'이라는 말이 정확한 표현은 아니겠지만, 있는 것 같다. 계층이라기보다는 결합의 정도(아니면 애정의 정도)라고 할 수 있을지도 모르겠다. 나무들은 이 강도에 따라 동료에게 도움을 줄지 말지를 결정하는 것이다.

숲의 꼭대기를 올려다보는 것만으로도 이런 현상을 직접 확인할 수 있다. 보통의 나무들은 가지를 키가 같은 이웃 나무의 가지 끝과 맞닿는 곳까지만 뻗는다. 그 이상은 자라지 않는다. 두 가지가 맞닿아 공기를 만나고 빛을 쬘 공간이 이미 꽉 차버렸기 때문이다. 하지만 나무가 서로 맞닿아 있는 가장자리의 가지들은 꽤 튼튼해 보인다. 그래서 그 위에선 치열한 다툼이 벌어지고 있다는 인상을 받는다. 그러나 진정한 친구인 이들은 처음부터 상대의 방향으로 굵은 나뭇가지가 지나치게 자라지 않도록 조심한다. 나무들은 서로에게서 아무것도 빼앗고 싶어하지 않기 때문에 수관의 바깥쪽 가장자리, 즉 '친구가 없는' 쪽으로만 튼튼한 가지를 발달시킨다. 친구가 된 나무들은 뿌리를 통해 밀접하게 연결되어 있기 때문에 때로는 함께 죽기도 한다.

나무의 뿌리는 수관 너비의 두 배까지 뻗어나간다. 따라서 이웃한 나무끼리는 뿌리가 서로 포개지고, 서로 협력하며 자란다. 그러나 언제나 예외는 있다. 숲에도 외톨이가 있다. 이런 외톨이 나무들은 다른 나무들과 교류하는 것을 원치 않는다. 이런 반사회적 나무는 단순히 참여하지 않으니 경고 신호도 전혀 듣지 못할까? 다행히 그렇지 않다. 숲에는 균류가 존재하므로 메시지를 빠르게 전달해줄 수 있다. 이들 균류는 인터넷 광섬유와 같은 역할을 한다. 가는 선들이 지하로 뚫고 들어가 믿을 수 없을 정도로 조밀한 밀도로 그 속을 누비고 다닌다. 한 티스푼 정도의 흙에 몇 킬로미터나 되는 '균사'가 들어 있다. 그러니 균류 하나가 몇백 년 동안 수 제곱킬로미터까지 뻗어나가 온 숲을 연결하는 것이다. 균류는 한 나무의 신호를 다른 나무에게 전달하고, 나무들은 그 덕분에 곤충이나 가뭄, 기타 위험 정보를 서로 교환할 수 있다. 『네이처』 지는 수잰 시마드 박사가 발견한 내용을 '우드와이드웹wood wide web'이라고 이름 붙였고, 과학계는 이 용어를 그대로 사용하고 있다. 어떤 정보가 얼마나 많이 교류되는가에 대한 연구는 이제 막 시작되었다. 일례로 시마드 박사는 다른 나무 종들이 서로를 경쟁자로 간주할 때조차 교류하고 있다는 것을 발견했다. 거기서 균류가 역할을 톡톡히 해내고 있으며, 정보와 자원을 공평하고 조화롭게 나눠주고 있다.

나무 지붕 아래서는 매일 감동적인 드라마와 러브스토리가 펼쳐진다. 아주 가까이에 마지막 남은 자연이 펼쳐진다. 아직 모험을 경험할 수 있고 비밀을 밝혀낼 수 있는 그런 자연이다. 누가 알겠는가? 어쩌면 언젠가 정말로 나무의 언어가 해독되어 믿기 힘든 놀라운 이야기들이 우리 눈앞에 펼쳐질지. 그때까지는 숲을 산책하면서 상상의 나래를 마음껏 펼쳐도 좋다. 아마 당신의 상상이 현실과 그리 멀리 떨어져 있지는 않을 테니.

페터 볼레벤, 『나무의 숨겨진 삶The Hidden Life of Trees: What They Feel, How They Communicate, Discoveries from a Secret World』(Greystone Books, 2016)에서 발췌.

조림
AFFORESTATION

______오리건주 유머틸라에 있는 전형적인 단층 구조 조림지로, 마디 없이 위로 자라도록 2.5미터 간격을 두고 심은 미루나무들로 조성되었다.

2050년까지 감축 결과 및 순위

15

18.06기가톤 이산화탄소 감소	**294**억 달러 순비용	**3923**억 달러 순절감액

나무가 자라면서 광합성을 통해 탄소를 합성하고 격리시키는 능력은 매우 중요하다. 이 능력 덕분에 조림은 온난화 시대에 매우 중요한 실천 방법이 되었다. 조림의 목적은 적어도 50년 동안 나무가 없었던 지역에 새로운 숲을 조성하는 것이다. 황폐화된 목초지와 농경지, 또는 채굴 등으로 심각하게 훼손된 땅이 전략적 재식과 다년생 식물 바이오매스로 회생할 기회를 간절히 기다리고 있다. 침식된 경사지, 산업용 부지, 버려진 땅, 고속도로 중앙분리대, 온갖 종류의 습지도 마찬가지다. 방치되고 잊힌 거의 모든 공간이 대기 중의 탄소를 땅으로 끌어내리는 데 도움이 될 수 있다.

가장 성공적인 조림 사업은 자생수종을 심는 것이다. 그러나 개식은 다양한 형태를 띤다. 다양한 토착종의 씨앗을 조밀한 토지에 심는 것부터 전 세계에서 가장 널리 사용되며 빨리 자라는 몬터레이소나무처럼 조림목으로서 단일 외래종을 도입하는 것까지 어떤 구조든 간에 이들은 모두 탄소를 끌어당겨 보유하고, 토양으로 분배하는 탄소 흡수원의 역할을 한다. 연간 격리되는 탄소의 양은 식물 종, 부지, 토양 상태 및 구조 등의 세부 사항에 따라 달라진다.

옥스퍼드대에서 내놓은 최근 논문은 2030년이면 조림으로 연간 1~3기가톤의 이산화탄소를 줄일 수 있을 거라고 보수적으로 추정한다. 여기서는 전 세계의 토지 가용성이 주요 변수로서, 인구와 식생활에서부터 농작물 수확량, 바이오에너지 수요에 이르는 다양한 요인에 영향을 받아 예측하기 어렵다. 조림 사업은 탄소배출 잠재력이 큰 반면, 새로운 숲이든 오래된 숲이든 화재와 가뭄, 해충, 도끼나 톱에 취약하다는 약점도 있다.

현재까지 플랜테이션 형태가 조림 사업의 대부분을 차지하며 세계적으로 증가하고 있다. 목재와 섬유를 얻기 위해 나무를 심고 탄소배출권도 판매한다(인공림은 규모만으로는 전체 삼림 피복의 7퍼센트에 불과하지만, 상업용 목재의 약 60퍼센트를 생산한다). 조림지는 논란의 대상이 되기도 하는데, 이는 전적으로 경제적 동기 때문에 벌어지며 토지, 환경 또는 주변 공동체의 장기적인 안녕을 거의 고려하지 않는 태도가 문제가 된다. 일부 조림지는 자연림이나 다른 중요한 생태계를 내체하고 명금에서 달팽이에 이르기까지 동물상에서 하위에 속하는 종들을 지원한다. 이들 조림지는 병에 약하기 때문에 감염을 통제하기 위해 종종 화학비료도 사용해야 한다. 또한 녹색장성Great Green Wall이라 불리는 중국의 삼북방호림三北防護林 사업에서 그랬듯이 지하수를 고갈시킬 수 있다. 그로 인해 지역민과 선주민 공동체의 권리 및 이익은 무시되거나 고의적으로 침해를 당한다. 특히 외국 자본이 토지를 인수해 조림지를 조성할 수 있도록 한 저소득 국가들은 더욱 취약하다. 그 결과 조림이 실행되는 방식에 대한 강한 반발과 파리협정에 따른 토지 개방에 관한 우려가 이어졌다. 이윤만 추구하는 방식의 개방은 강제 이주, 문화적 단절, 인권 침해 등을 초래할 가능성이 크다.

이런 문제들 때문에 인공림을 더욱더 지속가능하게 만들기 위한 노력이 이어졌다. 여기에는 자연림의 전환을 허용하지 않는 제삼자 인증제도 등도 포함된다. 그러나 조림지가 제공하는 혜택도 부인할 수 없다. 조림지는 목재 생산과 탄소 격리에 도움을 주는 것 외에 '식물 보존'의 기능도 수행한다. 실제로 자연림의 벌목을 줄일 수 있다. 2014년에 실시된 한 연구 결과에 따르면 전 세계 자연림 수확량이 26퍼센트 감소한 것으로 나타났다. 세계자연기금WWF이 발족한 뉴제너레이션플랜테이션New Generation Planation과 같은 이니셔티브는 잘 설

——— 단층 구조 조림은 단일 재배된 소나무와 미루나무, 그리고 빠르게 자라는 다른 나무들로 이뤄져 있는데, 그중 일부는 성장을 가속화하기 위해 유전적으로 변형된 종이다. 단층 구조 조림지는 상당한 양의 탄소를 격리시키지만, 생물다양성의 부족과 토양을 고갈시키고 산성화시키는 속도 때문에 나무가 자라는 사막과 같다. 사진은 미야와키(Miyawaki) 방법 또는 아날로그 포레스트리(analog forestry)라 불리는 조림 방식으로, 자연림 형성을 모방한 조림 기술이다. 이는 상층, 중층, 하층의 캐노피 나무와 관목층, 초본층으로 이뤄진 다층의 구조를 형성하며, 100년 이상 지속가능한 생태계다. 이런 조림 방법은 생물량에 비해 생물다양성의 비율이 더 높고, 생산성이 더 뛰어나며, 탄소를 더 많이 격리시킨다. 그러나 모든 나무를 동시에 베어내는 동령림과 산업비림에 사용되는 수확 방법에는 적합하지 않다.

계된 조림지와 포용적 관리 방식이 주를 이루도록 하여 조림지의 재화를 최적화하는 동시에 생태계와 공동체의 건전성을 확보하기 위해 노력하고 있다. 조림지는 당연히 받아들여질 것이기 때문에 세계자연기금과 같은 단체들은 기업이나 정부 등 주요 행위자를 참여시키고, 조림에 이상적인 황폐화된 땅을 확인하는 것이 매우 중요하다는 것을 알고 있다. 다목적 조림지는 다양한 사회적, 경제적, 환경적 목표를 충족시킬 수 있으므로(일자리가 거의 없는 곳에 일자리를 제공하는 것을 포함해), 이런 목표를 염두에 두고 구상·실행되어야 한다.

물론 조림지가 유일한 대안은 아니다. 생태학적 사막인 단일 재배 조림지(종종 잠재적으로 부정적인 영향을 미치는 침입종을 도입하기도 한다)에 맞서기 위해, 일본의 뛰어난 식물학자인 미야와키 아키라는 전혀 다른 조림 방법을 고안했다. 1970년대와 1980년대에 미야와키는 일본 고유의 숲을 더 잘 이해하기 위해 사찰과 사원을 연구했다. 수십 년, 아니 수 세기에 걸쳐 토착종인 떡갈나무, 밤나무, 월계수나무는 목재 생산을 위해 도입된 소나무, 쿠프레수스속 나무, 삼나무로 대체되었다. 그는 이 가짜 자생림이 복원 탄력성도 없고 기후변화에도 적응하지 못한다는 것을 깨달았다. '잠재 자연 식생potential natural vegetation'이라고 하는 독일의 기법을 바탕으로, 미야와키는 진정한 자생림을 조성하는 데 앞장섰다. 그는 현재 전 세계에 4000만 그루 이상의 나무를 심었다.

미야와키의 방법은 유기물이 부족한 땅에 수십 그루의 자생종 나무와 다른

토착 식물을 가까운 거리에 함께 심는다. 이 묘목들이 자라면서 자연선택이 활발해지고 풍부한 생물다양성을 갖춘 탄력성 있는 산림으로 커져간다. 미야와키의 숲은 처음 2년(잡초를 없애고 물을 주어야 하는 시기)이 지나면 완전한 자생이 가능하며, 10~20년 정도면 완전히 성숙한다. 이는 자연에서 산림을 다시 형성되게 하려면 수백 년이 걸리는 것과 대조된다. 같은 크기의 공간에서, 기존 조림지에 비해 미야와키 숲의 생물다양성은 100배나 더 풍부하고 30배나 더 조밀하며, 더 많은 탄소를 격리시킨다. 이들 숲은 아름다운 자연과 서식지, 식량을 제공하고 쓰나미로부터 환경을 보호한다.

우리는 조림을 넓은 땅에서 일어나는 일이라고 생각하지만, 누구라도 어디에서나 조림을 실천할 수 있다. 미야와키의 접근과 도요타의 조립 공정에서 영감을 받아 기업가인 슈벤두 샤르마가 만든 어포레스트Afforestt는 누구나, 어떤 땅에서든지 산림 생태계를 만들 수 있도록 돕는 오픈소스 방법론을 개발하고 있다. 여섯 개의 주차 공간만 한 크기에 아이폰 한 대 가격으로 300그루 규모의 숲을 만들 수 있다.

'인도의 산림인'이라 불리는 자다브 파옝은 세계에서 가장 큰 하중도인 마줄리섬에서 526헥타르 규모의 땅에 단독으로 조림지를 조성했다. 파옝은 어떠한 보조금이나 재정적 지원도 받지 않고, 완전히 침식된 브라마푸트라강의 모래톱에 전통 지식을 바탕으로 땅을 갈고 토착종의 씨앗을 뿌리며 천연 재생의 길을 닦았다. 오늘날 자다브의 숲은 놀랄 만큼 많은 동식물 종을 보유하고 있으며 생물다양성의 보금자리이자 섬의 자연침식 방지제로서의 역할을 해내고 있다.

조림지로 가장 적합한 장소는 대부분 저소득 국가에 위치해 있으며, 종종 다면적 기회를 제공한다. 새로운 산림을 조성함으로써 탄소를 흡수하고, 생물다양성을 지원하며, 땔감과 식량, 의약품에 대한 인간의 필요를 해소할 수 있을 뿐 아니라 홍수와 가뭄 방지 등의 생태계 서비스를 제공할 수도 있다. 공동체에 산림의 사회경제적·환경적 이익을 인식하게 함으로써 지역 공동체를 조림 사업에 참여시키는 것이 성공의 열쇠다. 조림은 수십 년이 걸리는 노력이므로 조림 사업을 제대로 이행하게 하려면 선행 투자 비용을 지원하고, 임산물을 위한 시장이 개발되어야 하며, 재식과 수확이 지속적으로 이루어질 수 있도록 명확한 토지권을 보장해야 한다. 모바일 기반 토지 검증과 함께 부상하는 지리 공간 및 원격 탐사 기술은 건강한 조림을 담보하는 강력한 모니터링 도구 역할을 할 수 있다. 이런 접근법을 적용함으로써 대기 중 탄소 저감 이상의 효과를 기대할 수 있다. 또한 생태학적으로 건전하고, 사회적으로 정당하며, 경제적으로 이득이 되는 방법으로 새로운 숲을 만들 수 있다.

효과

2014년 현재, 2억8600만 헥타르의 땅이 조림지에 사용되었다. 8250만 헥타르의 한계지에 목재 조림지를 조성하면 2050년까지 18.1기가톤의 이산화탄소를 격리시킬 수 있다. 조림에 한계지를 사용하면 재래식 방법에서 행해질 수 있는 삼림 벌채를 간접적으로 피할 수 있다. 실행에 290억 달러의 비용이 들지만, 목재 조림지가 늘어난 만큼 토지 소유자들에게 2050년까지 3920억 달러 이상의 순이익을 가져다줄 수 있다.

수송 체계

수송 부문은 양날의 칼이다. 여기서는 화석연료에 의존하는 비행기, 기차, 선박, 자동차, 트럭의 연료 효율을 크게 향상시키는 솔루션을 제시한다. 그러나 이런 수송 방식을 줄이지 않는 한 효율 개선 효과는 소비 증가에 의해 약화될 것이다. 이 장에는 화석연료에 의존하지 않고 수송할 수 있는 솔루션도 포함되어 있다. 전기자동차는 휘발유보다 4배 더 효율적이다. 현재 가격으로 풍력 터빈을 구동하는 경우, 전기료를 휘발유로 환산하면 리터당 8~13센트다. 자전거 역시 연료 없이 갈 수 있는 기동성을 제공한다. 수송 체계의 사용과 지속가능성은 사람들의 일상(어디서 어떻게 살고, 일하고, 놀 수 있는가)과 분리될 수 없다. 앞으로 도시 환경의 설계와 과잉 소비의 감소가 우리 일상에 큰 영향을 미칠 것이다.

대중교통
MASS TRANSIT

러시아 모스크바 가든링의 저녁 퇴근 시간.

2050년까지 감축 결과 및 순위

37

6.57기가톤 이산화탄소 감소	자료 불확실 결정 불가	2조3800억 달러 순절감액

브라질 쿠리치바는 버스 네트워크를 구축할 때 기후변화를 염두에 두지 않았다. 1971년 당시 브라질의 독재 정권은 자이메 레르네르라는 젊은 건축가를 시장으로 임명했다. 브라질 정권은 그가 순순히 권위주의 노선을 따를 것이라고 생각했지만 큰 오산이었다. 상황은 생각한 대로 진행되지 않는다. 당시 도시계획가들 사이에서는 지하철과 경전철이 인기였지만, 레르네르는 레일을 기반으로 하는 시스템이라면 어떤 것이라도 구현하기까지 지나치게 많은 시간과 비용이 들어갈 것이라고 봤다(그는 "창의력을 원한다면 예산에서 0 하나를 없애라. 지속가능성을 원한다면 0을 두 개 없애라"라는 유명한 말을 했다).

레르네르는 시류에 전혀 부합하지 않는 대안을 고안했다. 바로 버스였는데, 평범한 버스가 아닌 레일의 장점을 추가한 버스였다. 특히 괄목할 만한 점은 주요 도로를 따라 전용 차선을 설치했다는 것이다. 별도의 차선이 있기 때문에 버스들이 자동차와 뒤엉키는 일이 없었다. 게다가 설치 비용은 기찻길을 까는 비용보다 50배나 낮았다. 그 후 1990년대 초, 쿠리치바의 버스 정류장은 지하철역과 더 비슷하게 재설계되어 승객들이 더 편리하게 이동할 수 있도록 했다. 승객은 버스에 타서 요금을 지불하는 대신 역에서 요금을 지불한다. 타는 문은 하나가 아니라 여러 개다. 이 독특한 튜브 형태의 역들은 이제 도시 곳곳에 있으며(이 도시의 브랜드로 자리매김했다), 매일 200만 명의 승객이 이곳을 통해 이동한다(참고로 런던 지하철 이용객 수는 하루 평균 300만 명이다).

쿠리치바는 간선급행버스체계BRT를 개척했고, 이어 중남미 전역(보고타에 성공적으로 정착한 트랜스밀레니오TransMilenio가 그 예다)과 전 세계 200여 개 도시에서 이 모델을 복제했다. 간선급행버스는 현재 승객과 마일리지를 두고 자동차와 경쟁하고 있는 대중교통의 한 형태다. 어떤 형태든 간에 대중교통은 배출 장점에 맞춰 척도를 사용한다. 자동차를 운전하거나 택시를 잡는 대신 전차나 버스를 타면, 온실가스 배출을 피할 수 있다. 기술적 용어를 쓰자면, '전환교통체계modal shift'가 중요하다.

수송 부문은 전 세계 온실가스 배출량의 23퍼센트를 차지한다. 그중 도시 수송이 가장 큰 배출원이고, 그 비중은 점점 더 커지고 있다. 이는 주로 자동차 사용이 증가하고 있기 때문이다. 물론 대부분의 교통수단은 제2차 세계대전 전까지 대중교통이었는데, 그 이후 고소득 국가에서 일반 시민들이 살 수 있는 자동차가 등장했다. 고정 노선과 일정표로부터 벗어나 자유로이 이동할 수 있다는 점은 강력한 매력이었고(지금도 여전히 그러하다), 도시와 교외 공간이 자동차 위주로 설계되면서 자동차는 필수품이 되어갔다. 특히 미국에서는 자동차 보급과 스프롤(도시 개발이 인근의 미개발 지역으로 확산되는 현상)이 함께 진행되었다. 대중교통이 발달한 미국 대도시 지역 전체에서, 5퍼센트 미만의 일일 통근자만이 대중교통을 이용한다. 이와는 대조적으로, 싱가포르와 런던에서는 이동의 절반이 대중교통을 통해 이뤄진다. 신흥국에서는 자동차 사용이 증가하고 있지만(심지어 쿠리치바에서도 그렇다), 저소득 국가에서는 여전히 대중교통이 도시 기동성의 주요 형태로 남아 있다. 간선급행버스 시스템의 일부로서든 다른 차량과 섞여서든, 버스는 전 세계적으로 가장 일반적인 대중교통 수단이다.

배출량 감소 외에도 대중교통에는 많은 장점이 있다. 그중에서 가장 분명한 것은 교통 체증 완화다. 대중교통은 자동차보다 더 적은 탄소발자국으로 더 많은 사람을 이동시킬 수 있는데, 지하철과 같은 형태는 완전히 도로에서 벗어나

별도의 선로를 사용한다. 런던의 지하철인 언더그라운드와 방콕의 스카이트레인은 이름 그 자체에 두 번째 장점이 드러난다. 지하철을 이용하면 차로 이동하는 사람이 더 적어지기 때문에 사고와 사망률도 낮아진다. 운전자, 승객, 보행자가 모두 안전하다. 대중교통은 자동차 위주의 교통 체계보다 더 적은 공간을 필요로 하기 때문에(주차 공간만 생각하더라도 그렇다), 도시의 땅을 다른 용도(녹지 공간, 주택, 사업장 등)와 경제활동을 위한 공간으로 전용할 수 있다. 또 전반적으로 공기 오염이 감소한다. 버스는 역사적으로 더러운 에너지인 디젤 엔진으로 동력을 얻어왔다. 새로운 버스는 더 깨끗하며, 어떤 버스는 전기나 천연가스를 연료로 사용한다.

대중교통은 또한 도시를 더욱 공평한 장소로 만드는 중요한 사회적 이점이 있다. 운전을 하지 못하는 젊은이와 노인, 신체적 활동에 제약이 있는 사람들, 자동차를 소유할 여력이 없는 사람들을 위해 편리한 서비스를 제공한다. 이들이 대중교통의 유일한 사용자는 아니지만, 대중교통이 없었다면 기동성 접근에서 배제되었을 수 있는 사람들이다. 대중교통은 각계각층의 사람들이 서로 마주치고 공간을 공유하는 광장의 한 형태이기도 하다. 애덤 고프닉은 『뉴요커』에서 이렇게 말했다. "열차는 작은 사회다. 같은 시간에 어디론가 향하고, 함께 있으며, 같은 창문, 같은 풍경을 공유하며 같은 목적지를 가진다." 대중교통은 이동 수단인 동시에 독특한 문명 체험이기도 한 것이다.

이런 장점에도 불구하고 대중교통은 다양한 도전에 직면해 고민을 계속하고 있다. 자동차의 매력은 강력하고 문화적으로 많은 곳에 자리 잡고 있다(젊은 세대들 사이에서는 덜하지만). 특히 행동 변화에 더 큰 노력과 시간, 비용이 필요하다면 습관을 바꾸기는 더욱더 어렵다. 대중교통이 성공을 거두려면 실현 가능할 뿐만 아니라 효율적이고 매력적이어야 한다. 한 가지 핵심 요소는 지하철, 버스, 자전거 공유 및 차량 공유에 단일 카드를 사용하거나 단일 스마트폰

동쪽으로 향하는 메트로폴리탄에어리어익스프레스MAX 경전차가 오리건주 포틀랜드 시내의 얌힐가와 세컨트가에 정차한다. 모두 97개의 역이 있으며, 탑승객은 일주일에 약 12만 명이다.

앱으로 둘 이상의 교통수단을 사용하도록 이동을 계획하는 등 여러 교통수단을 좀더 원활하게 사용하도록 유도하는 것이다. 승객에 대한 호소 외에 대중교통은 전체적인 도시 디자인에도 의존한다. 도시의 밀도는 중요한 요소로, 사람들이 대중교통을 사용할 수 있을 정도로 충분히 가까운 곳에서 살거나 일해야 하며(퍼스트마일, 라스트마일[퍼스트마일은 자동차나 지하철, 버스 등을 타기까지의 첫 번째 이동 구간이고 라스트마일은 최종 목적지에 도착하기까지 마지막 이동 구간을 의미한다—옮긴이]로도 알려져 있는 문제) 높은 점유율을 달성해야 한다. 그래야 대중교통이 수익이 나고 효율적으로 돌아간다. 빈 버스는 결코 해결책이 될 수 없다. 이런 정도의 밀도를 달성하려면 근본적인 조직 개편과 '재고밀화'가 이루어져야 하며, 여전히 성장 기회가 있는 도시들은 이를 미리 계획해두어야 한다. 조밀한 도시 공간은 저렴한 비용으로 어렵지 않게 '연결된' 도시를 조성할 수 있다.

이상적인 조건에서조차 교통 인프라에 투자하는 것은 재정적으로나 정치적으로 어려운 과제가 될 수 있지만, 이런 투자에는 배당금이 뒤따른다. 대중교통의 혜택은 이용객뿐만 아니라 도시에 거주하는 모든 사람에게 귀속된다(대중교통이 없다면 누구도 피할 수 없는 부담이 지워진다). 버스나 지하철, 전차에 투자하지 않는다면 전환교통체계는 곧장 자가용으로 전환되고, 교통 체증과 대기오염으로 이어질 수 있다. 그러면 온실가스 배출이 낮은 교통체계에 대한 염원은 멀어질 수 있다. 자전거 타기나 걷기(그리고 이를 가능케 하는 인프라)와 함께, 대중교통은 도시에 기동성, 거주 편의성, 형평성을 가져다준다. 이동은 인간의 기본적인 본성이다. 인간은 필요성과 즐거움, 호기심 등의 이유로 여기서 저기로 이동한다. 기동성은 개개인의 생활과 도시에 활력을 부여한다. 대기에 이런 즐거움을 빼앗길 필요는 없다.

효과

도시 대중교통 이용률은 저소득 국가의 소득이 증가하면서 37퍼센트에서 21퍼센트로 감소할 것으로 예상된다. 2050년까지 도시 대중교통 이용률이 40퍼센트로 증가한다면, 이 솔루션은 자동차에서 배출되는 6.6기가톤의 이산화탄소를 줄일 수 있다. 우리 분석은 다양한 대중교통 선택지(버스, 지하철, 전차, 통근 열차)를 포함하며, 승객이 지불하는 비용(승차표 구입비 대비 차량 구입 및 유지비)을 조사한다.

고속철도
HIGH-SPEED RAIL

1964년 일본은 올림픽을 기념하며 500킬로미터 떨어진 오사카-도쿄를 잇는 세계 최초의 고속 '탄환' 열차를 개통했다. 이 열차는 오늘날 하루 40만 명 이상의 승객이 이용하는, 세계에서 가장 바쁜 고속철도 노선이다. 국제철도연맹에 따르면, 전 세계적으로 3만 킬로미터 이상의 고속 철로가 있다고 한다. 현재 건설 중인 철도까지 완성되면 그 길이는 50퍼센트 증가할 것이며, 이외에도 수천 킬로미터 이상을 달릴 철도가 건설 계획 중에 있다. 중국은 가장 긴 초고속 철로를 가지고 있고(전체 초고속 철로의 50퍼센트), 서유럽과 일본이 그 뒤를 따른다. 중국, 일본, 한국은 초고속 철도를 변주한 자기부상열차를 도입했다. 원리는 자석을 이용하여 지지 구조물에서 열차를 살짝 들어올리는 것이다. 따라서 매우 부드럽게 달리며 소음도 없다. 이 열차는 시속 약 430킬로미터의 속도를 자랑하며 상하이와 멀리 떨어진 공항을 한 번에 연결한다.

고속철도HSR는 디젤을 사용하지 않고 거의 전기로만 구동된다. 이는 수백 킬로미터 떨어진 두 지점을 연결하는 가장 빠른 방법이며, 일반 차량이나 비행기와 비교했을 때 탄소 배출량을 최대 90퍼센트까지 줄일 수 있다. 고속철

2050년까지 감축 결과 및 순위

66

1.42기가톤 이산화탄소 감소	1조500억 달러 순비용	3180억 달러 순절감액

도의 시장 이점은 7시간 이하의 이동 시간에 있다. 기차역은 도시와 주요 교외 지역의 중심에 위치해 있으므로 현재로서는 안전 문제를 우려할 필요가 없다. 또한 새 열차는 편안한 객실과 멋진 외관을 갖추고 있으며 인터넷 접근성도 완벽하다. 고속철도의 장기적인 성공은 중거리(4시간)의 고밀도 노선에 달려 있다. 서유럽과 아시아의 일부 인기 있는 시장의 경우, 고속열차가 이 노선들로 전체 여행 사업의 절반 이상을 점유했다. 고속철도는 사실상 런던-파리, 파리-리온, 마드리드-바르셀로나 노선을 독점하고 있다. 2013년 고속열차는 3540억 여객킬로미터(여객 수에 수송 거리를 곱한 것)를 기록했는데, 이는 전 세계 철도 시장 수송량의 약 12퍼센트를 점유한다.

미국은 매사추세츠주와 로드아일랜드주의 전원지역에 총 45킬로미터에 달하는 고속 철로를 자랑한다. 암트랙Amtrack의 아셀라Arcela 서비스가 제공하는 노선이다. 고속철도에 대한 열정이 아마도 미국에서 가장 높은 캘리포니아주의 경우, 유권자들은 첨단 시스템 설치 착수금으로 100억 달러를 승인했다. 캘리포니아 고속철도 시스템이 완성될 경우 자동차 이용을 연간 약 58억 킬로미터 줄일 수 있는데, 이는 도로를 다니는 자동차를 매일 30만 대 줄여 220만 톤의 온실가스를 없애는 것과 같은 효과이다. 그러나 진전은 더디고 장애물도 존재한다. 2028년에 완공이 계획되어 있지만 아무도 계획대로 완공될 것이라고 예상하지 않는데, 예상 비용이 330억 달러에서 980억 달러로 3배나 증가했기 때문이다.

2016년 1월 19일 도카이여객철도JR Central 신칸센 고속열차가 도쿄역에 도착하고 있다. 일본 철도 차량 제조업제들은 신칸센 고속열차 시스템에 사용되는 기술과 표준으로 일본철도그룹과 협력해 사업을 전 세계로 확장해왔다. 텍사스센트럴파트너스Texas Central Partners는 2018년에 신칸센 고속열차 기술을 사용해 휴스턴과 댈러스 사이에 텍사스센트럴레일웨이 고속철도 건설을 시작할 계획이다.

가장 큰 장애물이 바로 이 비용이다. 새 역을 건설하는 것도 그렇지만 기차 자체도 비싸다. 튼튼한 철로는 킬로미터당 94만~500만 달러에 이른다. 그 외에도 다리, 터널, 고가교 등이 있다. 암트랙은 북동부 회랑Northeast Corridor(보스턴에서 뉴욕시, 워싱턴 D.C.에 이르는 인구 밀집 지대—옮긴이)에 시속 354킬로미터의 고속철도 시스템을 만드는 데 1500억 달러가 들 것으로 추산한다. 시속 257킬로미터의 속도 시스템이라도 약간밖에 더 절감할 수 없다. 비용 측면에서 정부 보조금과 소비세가 필요한데, 고속철도 반대론자들은 보조금이 든다는 이유로 고속철도가 비경제적이라고 주장한다. 그러나 고속철도가 건설되지 않더라도 모든 교통 시스템은 (드러난 것이든 아니든) 상당한 규모의 정부 보조금을 받기 때문에 이 잠재비용을 모두 고려해야 한다. 새로운 고속도로, 낡은 고속도로에 도입할 새로운 차선, 공항 확장, 교통 정체, 시간 낭비, 늘어나는 온실가스에 대한 비용을 지불하는 당사자는 민간 기업이 아닌 일반 대중이다. 고속철도 프로젝트에서 제외되는 공공 비용은 교통 시스템의 자본 비용에서 공제되어야 한다.

고속철도 찬성론자들은 고속 열차가 석유에 대한 의존도를 종식시키고 오염물질 배출을 엄청나게 줄일 것이라고 주장한다. 이것은 비현실적인 기대이다. 고속철도는 손익분기점을 맞추려면 높은 여객킬로미터를 필요로 한다. 고속철도를 지속할 수 있을 만한 충분한 인구밀도를 가진 곳은 세계적으로 몇몇 지역밖에 되지 않는다. 운영 중인 고속철도의 탄소발자국은 비행기나 자동차보다 낮지만, 상당한 항공 및 차량 여행 거리를 대체해야만 그 효과가 유의미하다. 고려해야 할 또 다른 요소는 고속철도를 건설하는 데도 상당한 온실 가스가 방출된다는 것이다. 특히 고속으로 이동하는 열차를 지지할 만큼 튼튼한 철로를 건설하는 데 많은 양의 시멘트가 필요하다(이건 활주로와 도로도 마찬가지다).

고속철도가 항공기, 자동차, 재래식 철도에 비해 가지는 장점 중 하나는 시간이 지날수록 에너지원이 더 청정해질 가능성이 높다는 것이다. 정부가 전 세계적으로 탄소 없는 발전소를 추진할수록 고속철도는 점점 더 청정해진다. 이러한 장점은 전기자동차가 보편화됨에 따라 자동차 운행이 탄소 집약도가 낮아진다는 사실 때문에 사소해 보일 수도 있다. 항공 운행은 효율성이 증가할 가능성이 낮지만, 고속철도의 경우 탑승자 수가 기대치를 충족하거나 초과한다면 승객당 배출에 편익이 있다.

또한 고속철도는 스마트 성장의 중요한 요소가 되며, 도심의 활성화를 돕는다. 고속철도의 대도시 거점 운항 방식hub & spoke 설계(도시 중심 역이 대중교통을 위한 공간을 공유하고 근처에 적절히 기획된 혼합 용도 지역이 있다)는 기후, 보건, 사회적 편익에 크게 기여할 수 있고, 지속가능한 운송 시스템의 일부로서 배출 이익을 증가할 수 있다.

고속철도가 확대되었을 때의 또 다른 경제적, 환경적 이점이 있다. 여행자들이 재래식 철도에서 고속철도로 옮겨감에 따라 철도 화물 운송에 더 많은 철로를 사용할 수 있다. 이를 통해 디젤 트럭으로 물품을 운송함으로써 발생하는 비용과 온실가스 배출량을 줄일 수 있으며, 경제성장을 도울 수 있다. 다른 장점으로는 자동차와 비행기와 달리 고속 열차로 여행하기가 비교적 더 쉽고 편하며, 더 많은 사람이 이용할 수 있는 여행 접근성이 생긴다는 점이 있다. 이러한 추가 편익을 정량화하고 기존의 편익 비용비 분석에 포함시키기는 어렵지만, 추가 연구를 통해 고속철도에 유리한 결과가 도출될 수도 있으며 이 경우 고속철도가 인프라 개발을 위한 최적의 선택이 된다.

효과

건설되는 고속철도와 승객이 예상 속도로 계속 증가한다면, 이 솔루션은 2050년까지 1.4기가톤의 이산화탄소 배출량을 줄일 수 있다. 300킬로미터의 평균 운행 길이, 10만3000킬로미터의 전 세계 철로 네트워크는 연간 60억에서 70억 명의 승객을 수송할 수 있다. 지역적으로, 가장 큰 변화는 아시아, 특히 중국에서 이뤄질 것이다. 단거리 중전철 고속철도가 도시에 집중된다면 그 영향은 더 커질 수 있다. 실행에는 1조 달러라는 엄청난 비용이 소요된다. 그러나 30년 동안의 운영 비용 절감액은 3100억 달러, 고속철도 인프라 수명 동안 9800억 달러로 추산된다.

선박

SHIPS

세계 무역 물품의 80퍼센트 이상(무게 기준)이 바다 위를 떠다닌다. 2015년, 9000여 척의 상업용 선박(대형 선박, 드라이 벌크선, 컨테이너선)이 100억 톤이 넘는 화물을 이동시켰다. 탄소 효율을 따졌을 때 선박은 철도 시스템을 지리적으로 사용할 수 없는 지역에서 물품을 한 지역에서 다른 지역으로 이동시키는 가장 효율적인 방법이다. 비행기는 같은 양의 물품을 같은 거리만큼 운반할 때 선박보다 47배나 많은 이산화탄소를 배출한다. 선박 운송은 세계 경제에 필수적인 산업이지만 눈에 잘 띄지 않는다.

오일, 철광석, 쌀, 운동화 등을 운송하는 선박은 세계 온실가스 배출량의 3퍼센트를 생산하는데, 이 배출량은 세계 무역이 증가함에 따라 계속 늘어난다. 경제 및 에너지 변수에 따라 2050년에는 50~250퍼센트 더 높아질 수 있다는 전망이 나오고 있다. 여태 자동차 배기가스에는 많은 주의를 기울였지만, 선박이 기후에 미치는 영향은 우선순위가 아니었다. 그런데 이제 산업계와 정부, 비정부기구는 높은 배출량 없이 공해상으로 이동하는 방법을 강구하고 있다.

운송량이 많기 때문에 운송 효율을 높이는 것만으로 상당한 변화를 일으킬

2050년까지 감축 결과 및 순위

7.87기가톤 이산화탄소 감소 | **9159**억 달러 순비용 | **4244**억 달러 순절감액

32

수 있다. 선박을 설계하는 것에서부터 시작이다. 효율적인 선박은 그렇지 않은 다른 선박보다 크고 길다. 선박 구조의 불필요한 부분을 없애고 가벼운 재료를 사용해야 한다. 일부 새로운 선박들은 배의 후미에 덕테일(저항을 낮추기 위해 선박의 고물에서부터 돌출되는 평평한 연장 부분)을 설치하고, 압축공기를 선체 하부를 통해 펌핑해 물을 '윤활하게' 가를 수 있는 기포층을 형성한다. 이 두 가지 혁신만으로 선박의 종류에 따라 연료 사용량을 7~22퍼센트 줄일 수 있다. 효율적인 선박은 또한 전기 및 자동화 시스템을 제공하는 태양열 패널과 같은 추가 장비를 탑재하여 최적의 선박 성능을 평가할 때 어림짐작을 완전히 배제할 수 있다. 일부 설계 및 기술 접근 방식은 새로운 선박 건조에만 적용할 수 있는 반면 다른 일부 기술은 개·보수 선박에만 사용 가능하다. 현재 사용 중인 선박은 수십 년 동안 유지되기 때문에 후자의 기술은 특히 중요하다.

주요 목표는 선박 설계와 탑재된 기술을 향상시키는 것이다. 2011년, 국제해사기구IMO(안전하고 청정한 운송을 담당하는 유엔 기구)는 새로운 건조에 대한 선박제조연비지수EEDI를 제정했다. 이 지수는 자동차의 연비 표준과 마찬가지로 새로운 선박이 최소 수준의 에너지 효율을 충족하고 시간이 지남에 따라 그 기준을 높일 것을 요구한다. '지속가능한 해운 이니셔티브SSI'는 2040년까지 완전히 지속가능한 해운 산업을 만들기 위해 15개의 유수 해운사와 세계야생생물기금WWF, 미래를 위한 포럼Forum for the Future이 공동으로 협력하는 파트너십이다. 2011년, 라이트십RightShip과 카본워룸Carbon War Room의 공동 노력으

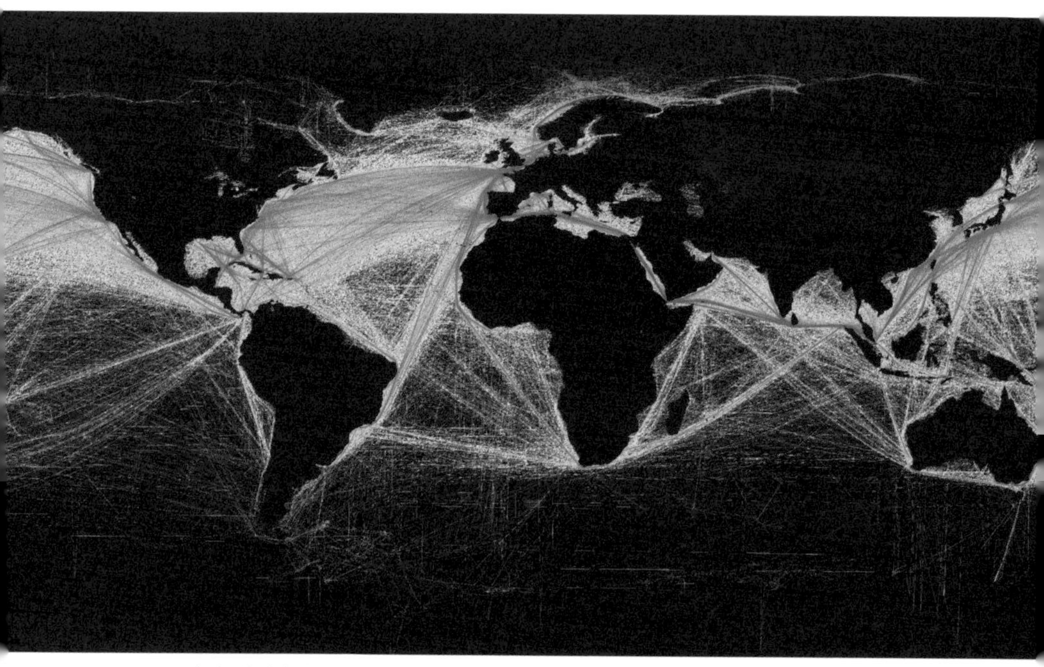

——이 지도에 나와 있는 항로를 가로질러 상선들이 이동하려면 하루에 7억9450만 리터의 연료가 필요하다. 1년 동안 늘어난 국제 선박까지 추가하면 8억 톤 이상의 이산화탄소 및 기타 온실가스가 배출되며, 이는 운송 부문 총 배출량의 11퍼센트다.

로 신구 상업용 선박을 위해 A부터 G까지 등급을 매기는 온실가스 배출 등급제를 만들고, 이산화탄소 오염을 기준으로 각 선박을 동급 선박과 비교했다. 등급제는 다른 전문 지표와 마찬가지로 투명성을 창출하고, 선박 효율성을 향상시키는 데 주요 문제점인 분산된 인센티브를 해결한다. 화물을 발송하는 회사가 연료비의 대부분을 지불하기 때문에 선주들은 성능이 불투명하더라도 선박을 개량할 이유가 거의 없다. 온실가스 배출 등급제는 지렛대의 새로운 중심점을 만든다. 비용을 줄이려는 용선주의 기준 안에서 그런 공급망이 이를 충족하는 선박을 목표로 할 수 있다. 이미 세계 무역의 20퍼센트가 은행, 보험사, 지역 항만 당국처럼 이 시스템을 사용한다. 브리티시컬럼비아의 두 항구에서는 청정하고 등급이 좋은 선박의 항만 수수료를 할인해준다.

유지·보수와 운영은 해양 연료 효율을 위해서도 필수다. 이 테크닉은 프로펠러에서 이물질을 없애거나 상어 가죽과 같은 코팅으로 선체의 표면을 매끄럽게 하는 것만큼 간단할 수도 있다. 해양 생물들은 배의 선체에 쉽게 달라붙는데, 이 무게가 증가하면 항력이 생성되어 연료 효율을 감소시킨다. 이런 생물 부착은 연료 소비를 40퍼센트까지 증가시킬 수 있다. 거칠고 이빨 같은 질감의 상어 비늘은 해조류와 따개비 등이 상어의 몸에 달라붙는 것을 방지하는데, 이런 상어 비늘의 특성을 살려 플로리다대의 앤서니 브레넌 교수는 더욱더 원활한 항해와 깨끗한 선체 유지를 위해 생체모방 코팅 기술을 개발했다. 화물선을 좀더 유체역학적이고 에너지 효율적으로 만들 수 있는 여러 기술과 관행 중 하나다.

선박의 운항 속도를 줄이는 것(전문 용어로 '선속 감속')은 연료 소비량을 크게 줄일 수 있는 방법 중 하나다. 이때 절감량은 최대 30퍼센트에 달한다. 2009년 세계 불황이 닥친 후 한 가지 긍정적인 면이 있다면 선속 감속이 업계 전반에서 표준이 되었다는 것이다. 경로와 기상 계획 역시 중요하다. 설계, 기술, 유지·보수, 운용에서 얻는 장점을 일괄적으로 적용하면 업계 최고의 선박은 다른 선박들의 2배만큼의 효율성을 달성할 수 있다. 요컨대 효율을 고려하는 여러 수단을 사용해 2020년까지 선박의 오염물질 배출량을 20~40퍼센트, 2030년에는 30~55퍼센트까지 줄일 수 있다.

해양 운송을 더욱더 효율적으로 만드는 것은 기후 조건을 개선하는 데 도움이 될 뿐 아니라 대기 질과 인간의 건강에도 중요하다. 선박은 석유 정제의 마지막 단계에서 분리되는 질 낮은 벙커시유를 사용하는데, 이 연료는 자동차나 트럭에 사용되는 디젤보다 3500배나 더 많은 유황을 함유한다. 배가 모이는 항구 도시들은 벙커유가 공기 중으로 내뿜는 질소와 황산화물과 입자상 물질로 인해 가장 큰 피해를 보는 곳이다. 연구원들은 심혈관 질환과 폐 질환 및 배에서 방출되는 입자상 물질로 인해 6만 명의 사망자가 발생한다고 추정한다. 일부 항구는 선박들이 해안에 접근할 때만 비교적 청정하게 연소되는 디젤 연료로 전환하도록 요구하는데, 이를 통해 선박에서 나오는 위험한 오염물질에 대한 노출을 획기적으로 줄일 수 있다. 이와 유사하게, 많은 항구가 도킹된 선박들에게 전력을 얻기 위해 석유연료를 사용하는 발전기를 가동하기보다는 육지 전원에 연결하도록 요구한다.

설계 혁신과 온실가스 배출 등급제 덕분에 해운 사업은 점차로 변화하고 있다. 그러나 해양 선박의 온실가스 배출 통제는 세계 기후변화 협정에 포함되지 않으며, 세계 배기가스 목표도 설정되거나 합의된 바 없다. 2016년 10월, 국제해사기구는 2023년까지 탄소배출량 감축에 대한 논의를 연기했다. 이는 2050년까지 해양 산업이 전 세계 탄소배출량의 17퍼센트를 차지할 것이라는 예측을 감안하면 너무 늦은 것이다. 연간 19조5000억 달러의 화물이 선적된다는 점을 감안하면, 해운업에 책임을 촉구하는 일은 화물 선적을 수주하는 기업의 몫으로 돌아가야 한다. 라이트십과 카본워룸의 등급제는 실행 가능한 시간 내에 전 세계 탄소배출을 줄이는 수단이 될 수 있다. 선박이 온실가스를 줄이는 것은 자발적인 선택으로 남아 있고, 이것만으로는 변화를 충분히 빠르게 이끌어낼 수 없다. 어류, 건물, 식료, 목재와 마찬가지로 친환경 선적 인증이 필요할 수도 있다. 경제학은 개선을 위해 일한다. 연료비는 선박 운항의 주요 비용이며, 이는 운송업자와 이를 이용하는 회사, 그리고 궁극적으로 운송물을 구매하는 기업과 소비자 모두가 가능한 한 연료 사용량을 줄이고 탄소배출량을 감소시켜야 하는 관계자라는 것을 의미한다.

효과

국제 해운업계의 효율성이 50퍼센트 증가하면, 2050년까지 7.9기가톤의 이산화탄소 배출량을 감축할 수 있다. 그렇게 되면 30년간 4240억 달러의 연료비가 절감되고 선박 수명 동안 1조 달러가 절감된다.

전기자동차

ELECTRIC VEHICLES

1828년에 첫 시제품이 선을 보인 이후 전기자동차는 200년 가까이 여러 기대를 한몸에 받아왔다. 1891년 헨리 포드는 디트로이트의 에디슨조명회사에 들어가 토머스 에디슨 밑에서 일했는데, 이후 둘은 평생을 같이할 친구가 되었다. 포드가 막 사업을 시작했을 때 포드를 지지하고 가솔린으로 움직이는 자동차 개발을 격려한 사람이 바로 에디슨이었다. 아이러니하게도 에디슨은 고성능 저비용의 배터리를 만들려 노력했고, 일부는 특별히 전기자동차를 위해 고안했다. 그러다가 어느 순간 에디슨은 포드에게 이런 글을 남겼다. "전기는 중요한 것이다. 수많은 레버로 기어를 움직이며 복잡하게 윙윙대고 쿵쾅댈 일이 없다. 강력한 연소 기관이 내는 무시무시하고 불확실한 진동 소리도 없다. 고장이 자주 나는 냉각수 순환 시스템도, 악취가 나는 가솔린도, 소음도 없다."

젊은 포드는 납득하지 못했고 계속해서 모델 A와 모델 T를 제작했다. 360달러의 자동차는 날개 돋친 듯 팔렸고 1914년에 25만 달러의 판매량을 넘어섰다. 그해에 에디슨의 재촉은 효력을 발휘하는 듯했다. 에디슨이 곧 저렴하고 가벼운 배터리를 공급할 것이라고 생각한 포드는 에디슨과 협력해 '에디슨 포드'라는 전기자동차를 만들겠다고 발표했다. 그러나 몇 달이, 아니 몇 년이

2050년까지 감축 결과 및 순위

26

10.8기가톤	14조1500억 달러	9조7300억 달러
이산화탄소 감소	순비용	순절감액

지나도록 에디슨포드는 결코 세상에 나오지 못했다. 에디슨은 가볍고 내구성이 좋은 배터리를 만들 수 없었다.

사실 전기자동차는 어느 한 사람에 의해 발명된 것이 아니라 전 세계의 획기적인 기술이 모여 시간이 지남에 따라 진화되었다. 19세기 초에 영국, 네덜란드, 헝가리, 미국의 발명가들은 여러 유형의 소형 전기자동차EV를 만들었지만, 최초의 실용 자동차는 19세기 말이나 되어서야 볼 수 있었다. 1891년 아이오와 출신의 화학자인 윌리엄 모리슨이 시속 22.5킬로미터까지 속도를 낼 수 있는 6인승 차량을 만들었다. 19세기가 끝날 무렵 미국에서 구동되는 운송 수단은 가솔린, 전기, 증기기관을 연료로 사용했다. 전기자동차는 다양한 이유로 가솔린과 증기 동력차의 판매를 모두 앞질렀다. 시동을 걸기 위해 손으로 크랭킹cranking하거나 기어를 바꿀 필요가 없었고, 증기 동력차보다 주유 후 주행거리가 더 길었기 때문이다. 또한 오늘날의 전기자동차와 마찬가지로 소음이 적었고 대기를 오염시키지도 않았다.

1920년대경 미국의 도로망이 개선되어 장거리 여행이 늘어나면서 가솔린 차량에 비해 주유 후 주행거리가 짧은 전기자동차의 한계점이 드러나기 시작했다. 한편 가솔린 자동차의 인기는 높아져만 갔다. 헨리 포드는 대량생산을 시작했고, 전기자동차보다 싸게 만들었다. 찰스 케터링은 전기 스타터를 발명해 손을 사용한 크랭킹의 필요성을 없앴고, 텍사스에서 원유까지 발견되어 일반 소비자가 가솔린을 충분히 감당할 수 있게 되었다. 그 이후로 내연기관이

자동차 시장을 장악했다. 다만 오늘날 도로를 달리는 10억 대 이상의 자동차를 위해 대기의 질은 높은 대가를 감수해야 했다. 공교롭게도 현재 도로에는 100만 대 이상의 전기차가 운행되고 있으며, 두 차량이 미치는 영향의 차이는 현저하다.

세계 원유의 3분의 2가 자동차와 트럭에 연료를 공급하는 데 쓰인다. 교통 부문이 차지하는 오염물질 배출은 이산화탄소 발생원으로서 발전 부문에 이어 2위를 차지하며, 전체 배출량의 23퍼센트를 차지한다. 개발도상국들이 산업화함에 따라 2035년에는 자동차 수가 20억 대를 넘어설 것으로 예상된다.

전기차는 전력망 또는 분산 재생에너지로 구동되며, 여기에는 연료 전지를 사용해 차내 전기를 생성하는 수소 차량이 포함된다. 효율이 15퍼센트 정도인 가솔린 차량에 비해 전기자동차의 효율은 약 60퍼센트로 알려져 있다. 전기자동차는 '연료'도 더 싸다. 전기자동차인 닛산 리프는 시간당 1킬로와트의

전력으로 5.3킬로미터를 주행한다. 밤에 충전하면 킬로와트시당 7센트 정도의 비용이 들며, 이는 리터당 약 20센트와 맞먹는다. 리터당 60센트 가격의 가솔린으로 리터당 14킬로미터를 달리는 닛산 베르사Versa와 비교할 때, 리프가 리터당 9.7킬로미터를 달린다면, 69퍼센트의 비용 절감을 달성할 수 있다.

가솔린 리터당 이산화탄소 배출량은 3킬로그램인 반면, 10킬로와트시 전기의 배출량은 평균 5.53킬로그램이다. 전기가 전력망을 통해 발생된다면 여기서 배출량은 50퍼센트, 태양열에서 발생되는 경우 95퍼센트나 줄어든다.

점차로 선택하는 이들이 늘어 10년도 채 되지 않아 전기자동차는 판매량이 10배나 늘었다. 2014~2015년 판매량은 주로 중국에서 힘을 받으며 31만5000대에서 56만5000대로 크게 늘었다. 전 세계 전기자동차의 3분의 2가 3대 자동차 소비국인 미국, 중국, 일본에서 판매된다. 전기자동차의 선두 주자인 테슬라Tesla는 2016년 콤팩트 모델 3를 32만5000건 선주문받으면서 자동차 업계에 충격을 안겨주었다. 대당 계약금은 1000달러였다. 테슬라는 자사의 입지를 강화하고 비용을 줄이기 위해 네바다에 리튬이온 배터리 제작을 위한 세계 최대의 공장을 세웠다. 세계적으로 여러 정부 프로그램들이 전기자동차 구매를 장려한다. 미국은 7500달러의 보조금까지 제공한다. 미국과 중국은 현재 정부 차량의 최소 30퍼센트를 무공해 자동차로 사용하도록 의무화했다. 인도는 2030년까지 모두 전기 차량으로 바꿀 계획이며, 이런 노력에 인센티브를 부여한다.

전기자동차는 미국에서 가장 큰 2개의 경제 부문인 자동차와 석유 사업 모델에 혼란을 가져올 수 있다. 전기자동차는 제작이 간편하고, 가동부가 적으며, 필요한 유지·보수도 많지 않고, 화석연료도 필요 없기 때문이다. 그러나 혼란이 금방 찾아올 것 같지는 않다. 아직 전기자동차의 판매량은 전체 자동차 판매량의 극히 일부분에 머물러 있다. 이런 불균형은 판매 가능한 모델의 수를 보아 쉽게 짐작할 수 있다. 가솔린 차량엔 수백 가지 모델이 있지만, 전기 차량의 모델은 여태껏 35가지에 불과하다. 헤비듀티카heavy duty car 시장에서는 전기 구동 열차, 지하철, 산업 장비(지게차 등)의 오랜 전통을 바탕으로 변화가 더욱더 빠르게 다가올 수 있다. 상업용 사업자는 원가를 상각할 수 있기 때문에 추가 자본 투자가 가능하다. 전기 충전을 목적으로 쉽게 창고를 개조할 수 있는 플리트(개인이나 가족이 아닌 기업, 정부 기관 또는 기타 조직이 소유하거나 임대하는 차량군—옮긴이) 사업자는 역시 가솔린 자동차를 전기로 구동되는 트럭, 밴, 자동차로 자연스럽게 대체할 수 있다. UPS와 페덱스FedEx 플리트 일부를 포함해 수천 대의 전기 구동 버스와 배송 트럭이 북미와 아시아, 유럽의 도시를 누빈다. 중국은 8만 대의 전기 버스를 보유하고 있다. 런던의 상징적인 이층 버스도 곧 전기 버스로 전환될 예정이다.

그럼 문제점도 있을까? 전기자동차에는 '주유 후 주행거리' 문제가 존재한다. 최초의 전기자동차를 부담 없이 구매할 수 있도록 하기 위해 이들 모델의 배터리는 한 번 충전에 최대 160킬로미터 이하를 주행하도록 설계되었고 현재 일반적으로 130~145킬로미터 정도다. 하이브리드 플러그인은 충전 없이 약 80킬로미터를 갈 수 있다. 쉐보레의 볼트Volt는 이 정도면 매일 출퇴근을 포함한 이동의 90퍼센트를 충분히 채울 수 있다고 주장한다. 이 수치는 개선될 것이다. 자동차 제조업체들은 2017년까지 320킬로미터의 주유 후 주행거리를 약속했다.

주유 후 주행거리 문제에 대한 궁극적인 해결책은 충전소 간의 네트워크다. 전 세계의 충전소는 2012~2014년에 2배로 증가해 1만여 개가 생겼고, 이 수치는 수요에 따라 급격히 증가할 것이다. 충전소 자체는 포트당 3000~7500달러로 그렇게 비싸지는 않다. 충전소는 태양열 설비를 이용해 전기가 가장 저렴할 때 자동차의 연료를 충전하거나, 태양열이나 풍력이 풍부할 때 전력망에

'연료'를 채울 수 있다. 대형 몰이나 체인점의 경우 아웃렛에 포트를 설치하고 있다. 앱을 사용해 공공이든 민간이든 가장 가까운 충전소를 정확히 찾아내는 것도 가능하다. 충전소 네트워크는 21세기 전력망이 필요로 하는 전기 저장장치를 제공하는 동시에 주유 후 주행거리 문제를 완화하면서 확장, 혁신, 개선될 것이다.

전기자동차 시장에 대한 전망은 다양하다. 수십 년 안에 도로에 전기자동차 1억 대가 생길까? 1억5000만 대? 블룸버그는 2015년 60퍼센트의 매출 증가를 들어 향후 25년간을 예측했다. 그는 전체 신규 매출의 35퍼센트를 포함해 2040년까지 4억 대의 누적 매출이 발생할 것이라고 한다. 전기자동차와 자율주행차량 간의 자연스러운 시너지 효과가 어떻게 발휘될지도 두고 볼 일이다. 이 둘은 차량에 대한 소프트웨어 플랫폼 역할을 할 것이기 때문이다. 현재 애플과 구글은 자동차 디자인을 연구하고 있다(특히 애플은 전기차에, 구글은 자율주행차량에 주력하고 있다—옮긴이). 이들은 우리가 흔히 생각하던 전기자동차는 절대 아닐 것이다. 전기자동차의 혁신 속도는 그들이 미래의 자동차라는 것을 보장한다. 지구온난화와 이산화탄소 배출을 우려하는 사람들의 관심사는 이 미래가 얼마나 빨리 도래하느냐 하는 것이다.

효 과

2014년에 30만5000대의 전기자동차가 판매되었다. 전기자동차 사용이 2050년까지 총 여객마일의 16퍼센트까지 증가한다면 연료 연소로 인한 10.8기가톤의 이산화탄소 배출을 피할 수 있다. 이 분석은 전기발전으로 인한 배출량과 내연 자동차에 비해 전기자동차를 생산할 때 나오는 높은 배출량을 감안한 것이며, 배터리 가격 하락으로 기대되는 약간분의 전기자동차 가격 하락도 포함한 분석이다.

승차 공유

RIDESHARING

얼핏 보면 매우 위험해 보이지만 사실은 지프가 멈춘 후 사람들이 올라타 포즈를 취한 것이다. 차량과 이동성 확보는 목재나 어장과 같이 귀중한 재화이지만 부유한 국가의 사람들은 차를 당연하게 여기고 사소한 잔일에 무심코 사용하는 경향이 있다. 우리는 기동성이 얼마나 중요한지, 자원을 가지게 되었을 때 어떻게 자원을 공유할 수 있는지 보여주기 위해 이 사진을 여기에 실었다.

2050년까지 감축 결과 및 순위			75
0.32기가톤 이산화탄소 감소	비용 없음	1856억 달러 순절감액	

1908년 포드 모델 T가 출시된 이후, 사람들은 차량의 수용력을 가족과 친구에게만 제공하는 데 그치지 않았다. 2015년, 옥스퍼드 영어사전에 동사 'ride-share'가 공식적으로 추가 되었다. 오랫동안 이어져온 관습을 일컫는 신조어 '라이딩셰어링(승차 공유)'은 출발지와 목적지가 같은 운전자와 승객을 짝지어 빈자리를 채우는 간단한 행위다(종종 같은 취급을 받기도 하는 택시와 같은 차량을 이용한 서비스는 이 개념에서 제외한다). 제2차 세계대전 중 카셰어링car-sharing 클럽의 등장은 공익을 위한 카풀 서비스의 첫 번째 사례다. "자동차를 혼자 타는 것은 히틀러를 돕는 것이다"라는 말까지 생겼다. 카풀은 전쟁을 지원하기 위한 위한 자원을 보존하는 것이었고, 고용주들은 회사 게시판을 통해 운전자와 탑승자를 연결할 책임이 있었다. 1970년대 석유파동이 일어났을 때, 대기오염에 대한 대중의 우려가 증가하면서 고용주 또는 정부가 지원하는 이니셔티브가 다시 한번 확산되었다. 연료 절약을 위해 다인승 차량HOV에 인센티브를 주어 사람들이 함께 탈 수 있도록 동기를 부여했다. 워싱턴 D.C.와 그 밖의 통근자들 사이에서 '슬러깅slugging(출근 시간에 다인승 차선을 이용하기 위해 자신의 자동차에 모르는 사람들을 더 태우는 것—옮긴이)'이라고 알려진 비공식적인 카풀이 자리를 잡았다. 승차 공유의 전성기였던 1970년대에는 5명 중 1명이 카풀로 출근했다.

2008년 미국 통계국이 카풀에 대해 재조사했을 때, 출퇴근을 위한 승차 공유는 상당히 줄어든 것으로 밝혀졌다. 1990년대와 2000년대 초, 교통 혼잡과 대기 질 문제를 해결하기 위한 방편으로 승차 공유를 장려하는 노력이 있었음에도 미국인의 10퍼센트만이 이를 이용했다. 그러나 세계 경제의 어려움, 스마트폰과 소셜네트워크의 연결성, 그리고 도시 밀레니얼 세대의 자동차 소유에 대한 관심 감소로 인해 자동차 공유는 다시 관심을 얻고 있다. 기후 위기를 감안할 때 이런 부활은 시기적절하다. 승차를 공유하면 비용을 분담할 수 있고 교통량이 줄어든다. 인프라 부하가 줄어들고, 통근 스트레스도 해소된다. 개인당 배출량도 줄일 수 있다. 현재 미국에서 통근 시 사용되는 자동차 100대 중 단 6대만이 또 다른 통근자를 태운다. 이 숫자가 조금이라도 늘어났을 때 그 영향을 상상해보자. 운전자가 일주일에 단 하루만이라도 승객이 되는 것이다. 승차 공유는 또한 '퍼스트·라스트마일' 문제를 해결해 A 지점, 대중교통, B 지점 사이에 존재하는 격차를 줄임으로써 다른 형태의 수송 체계를 실현 가능하게 만든다.

새로운 아이디어는 아니지만, 새로운 기술의 물결이 승차 공유에 박차를 가하고 있다. 스마트폰을 통해 사람들은 위치, 목적지 등을 실시간으로 공유한다. 이런 정보를 다른 사람과 매치하고 최적의 경로를 매핑하는 알고리즘이 매일 개선되고 있다. 소셜네트워크로 맺어진 신뢰 덕분에 만나본 적 없는 사람과 함께 차를 타거나 모르는 사람에게 차 문을 열어줄 가능성이 커졌다. 신뢰성, 유연성 및 편의성을 보장하는 데 필요한 임계 수요를 확보함으로써 대중 승차 공유 플랫폼은 언제나, 어디에서든 공유 차량을 찾을 수 있게 해주었다. 과거에는 이 점이 승차 공유의 한계였다. 일회성 공유든 장기간 공유든 동일한 목적을 가진 이들을 매치해주는 것이 피어투피어peer-to-peer 비즈니스 모델의 핵심이다. 블라블라카BlaBlaCar는 20개국에서 2500만 명의 회원이 장거리 여행을 함께할 수 있도록 지원한다. 우버풀UberPool과 리프트라인Lyft Line은 같은 방향 또는 인근 목적지로 향하는 사람들을 연결하는 알고리즘을 사용해 탑승 및 하차 체인에 따라 승객을 그룹화한다. 우버는 중국에서만 매달 2000만 번의 풀링을 운행한다. 구글의 웨이즈Waze는 2015년부터 이스라엘에서 카풀을 하는 통근자들을 이어주었고, 현재 이 콘셉트를 기반으로 샌프란시스코에서 시범 운영을 하고 있다(리프트는 베이에리어에서 이와 유사한 출퇴근 서비스를 테스트했지만, 결과가 좋지 않았다). 이 회사들은 이용자가 밀집한 지역에서 더욱 흥미로운 시도를 해볼 수 있다. 운전자는 돈을 벌거나 시간을 절약할 수 있다면 기꺼이 승차 공유를 할 것이고, 동승자는 효율적인 비용으로 편하게 차를 탈 수 있다면 기꺼이 비용을 분담할 것이다.

차에 사람들을 2배, 3배로 태우는 것이 항상 즐거운 일은 아니다. 지난 세기에 증명되었듯이 연료 가격이 낮으면 카풀은 감소한다. 무료 또는 저렴한 주차장이 많아지면 사람들은 혼자 이동한다. 카풀의 이점은 분명하지만 자율성, 프라이버시, 편의에 대한 욕구도 마찬가지다. 그런 의미에서 혼자 운전하는 것은 사회학자 로버트 D. 퍼트넘이 '나 홀로 볼링bowling alone'이라고 명명한 현상으로 보인다. 이는 현대사회에서 사회 자본과 공동체의 쇠퇴를 의미한다. 낯선 사람에 대한 위험 인지도 카풀을 막는 이유 중 하나다. 다행스러운 사실은 승객과 운전자가 서로 연결될 때 지역사회, 연결성, 참여가 촉매작용을 한다는 것이다. 승차 공유는 이동수단을 넘어 상상으로의 초대장이다. 많은 사람에게 자동차는 일상생활에 없어서는 안 될 것처럼 보였다. 그러나 어떤 이들은 기동성을 접근성 서비스로 개념화하기 시작했다. 자동차가 각 개인이 소유해야 하는 어떤 것보다는 공유되는 뭔가로서 사용될 때, 우리는 미래를 엿볼 수 있다. 차가 적어진 미래를.

그렇다면 도로 위를 달리는 자동차의 빈 좌석을 채우려면 어떻게 해야 할까? 석유 가격과 도시 설계와 같은 대규모 변화는 분명 승차 공유의 미래에 큰 역할을 할 테지만, 성공의 열쇠는 더 역동적이고, 유연하며, 비용 효율적으로 변화하는 것이다. 이는 기술이 현재와 마찬가지로 승차 공유의 미래에 상당한 영향을 미칠 것이고 적어도 일정 수준 이상의 이용자를 달성하는 데 도움을 줄 수 있다는 것을 의미한다. 세계 최고의 알고리즘은 다수가 없으면 작동하지 않을 것이며, 영업상의 이익이 줄어들 수도 있지만 플랫폼 간 데이터를 공유하면 가장 효과적인 매칭이 가능해질 것이다. 기업가와 코더 외에도, 사용자와 정부 역시 지난 승차 공유 시절의 번영기에 그랬던 것처럼 해야 할 역할이 있다. 승차 공유를 촉진하고 장려하기 위한 정책은 승차 공유 비용에 대한 조세 프로그램부터 통행료 및 주차비 인하에 이르기까지 다양하다. 자기 차에 타는 것만큼 남의 차에 타는 것도 쉽고 합리적이라면 승차 공유가 더 늘어나지 않을까? 승차 공유는 개인에게 이득이 되는 일일 뿐만 아니라 덤으로 온실가스 배출도 줄일 수 있는 솔루션이다.

효과

승차 공유에 대한 이 분석은 자동차 소유율과 1인 운전자의 비율이 높은 미국과 캐나다의 통근자들에게만 초점을 맞춘다. 통근 카풀이 2015년 10퍼센트에서 2050년에는 15퍼센트로, 카풀당 평균 2.3명에서 2.5명으로 늘어난다고 가정했을 때, 승차 공유는 0원의 실행 비용으로 0.3기가톤의 이산화탄소 배출량을 줄일 수 있다.

전기자전거
ELECTRIC BIKES

전기자전거가 중국에서 열풍을 일으키고 있다. 이런 추세의 시작은 1990년대 중반으로 거슬러 올라간다. 당시 중국의 부유한 도시들은 세계에서 가장 더러운 도시 공기를 조금이라도 되돌리기 위해 엄격한 오염 방지 규정을 시행했다. 현재 중국에서는 수천만 명의 사람이 전기자전거로 통근하며, 전기자전거 소유자가 자동차 소유자보다 2배 더 많다. 한 전문가에 따르면, 이는 "역대 최대의 대체 연료 차량 채택"이라고 한다. 중국이 전 세계 전기자전거 판매량의 95퍼센트를 차지한다는 것은 별로 놀랄 일도 아니지만, 전 세계적으로도 전기자전거 이용자가 느는 추세다. 그 이유는 도시 거주자들이 혼잡한 도시를 편리하고 건강하며 저렴하게 이동하면서도 그 과정에서 탄소배출까지 억제할 수 있는 방법을 모색하고 있기 때문이다.

모든 도시 이동 경로의 절반가량은 전기자전거로도 충분히 움직일 수 있는 약 10킬로미터 미만이다. 그러나 자전거를 타고 편하게 다닐 수 있을 만큼 평평하고 완만한 지역에 사는 사람은 거의 없다. 어떤 이들은 나이가 많거나 장애를 가지고 있다. 또 다른 이들은 통근 시간이 길어 시간 제약을 받거나, 땀을 흘리면서 목적지에 도착하고 싶지 않다고 생각한다. 전기자전거는 탑승자

2050년까지 감축 결과 및 순위

69

0.96기가톤 이산화탄소 감소 | **1068**억 달러 순비용 | **2261**억 달러 순절감액

의 등에 강풍과 맞먹는 힘을 부여하므로 탑승자는 쉽게 언덕을 오르고 더 유연하게 주행하며 더 긴 거리를 이동할 수 있다. 재래식 자전거에 매력을 느끼지 못하는 경우, 이런 전동식 추진력을 갖춘 전기자전거를 고려해볼 수도 있다. 실제로 전기자전거가 점점 더 효율적이고 저렴해짐에 따라, 1인 차량 구동과 같이 오염을 가중시키는 교통수단을 이용하던 이들이 전기자전거로 옮겨가고 있다.

2012년에 판매된 3100만 대의 전기자전거는 여러 형태와 모양으로 출시되었다. 어떤 것은 커다란 바구니가 달린 해변용 자전거이고, 또 다른 것은 날렵하고 스포티한 외관으로 바퀴가 2개인 버전의 테슬라로 보면 된다. 이외의 다른 모델들은 스쿠터와 같은 외형을 가졌다. 스타일에 상관없이, 이 자전거들은 모두 동일한 기본 기술을 공유한다. 전기자전거에는 바퀴를 회전시키는 체인을 움직이는 크랭크가 돌아간다. 그러나 이 필수 부품들은 혼자 구동되지 않는다. 속도를 올릴 때나(일반적으로 최대 시속 32킬로미터) 피곤할 때 다리를 보조할 수 있는 소형 배터리 구동 모터가 탑재된다(속도 제한이 없으면 전기자전거가 자전거 차선에서 안전하게 주행하기에 너무 빠를 수 있다).

물론 이 배터리는 가까운 아웃렛에서 충전하는데, 이 아웃렛은 석탄부터 태양열까지 어디서든 전기를 받아 제공할 수 있다. 이런 이유로 전기자전거는 어쩔 수 없이 일반 자전거를 타는 것이나 단순히 걷는 것보다 배출량이 높지만, 그래도 여전히 전기자동차를 비롯한 일반 자동차나 기타 형태의 대중교통

한 독일 자전거 정비사가 베를린에 있는 자신의 매장에서 최신 전기자전거를 시운전하고 있다.

보다는 훨씬 낫다(때로는 승객이 빽빽이 들어찬 열차나 버스가 이동한 여객마일당 에너지 효율 면에서 전기자전거보다 나을 수 있다). 탄소배출에 대해서는 운송수단이 어떤 연료를 사용하느냐에 따라 결정적인 차이가 생길 것이다. 다른 형태의 전동 방식 수단이 내연기관의 사용을 줄이고 점차 재생에너지로 전력망을 공급받음에 따라 현재 전기자전거가 자랑하는 엄청난 배출 이점은 줄어들 것으로 예상되지만, 여전히 무시할 수는 없을 것이다.

전기자전거의 배터리는 효용성(따라서 해결해야 할 과제)의 핵심이기도 하다. 전기자전거는 비싸다. 기존 자전거 가격의 약 5배다. 배터리는 사용 유형에 따

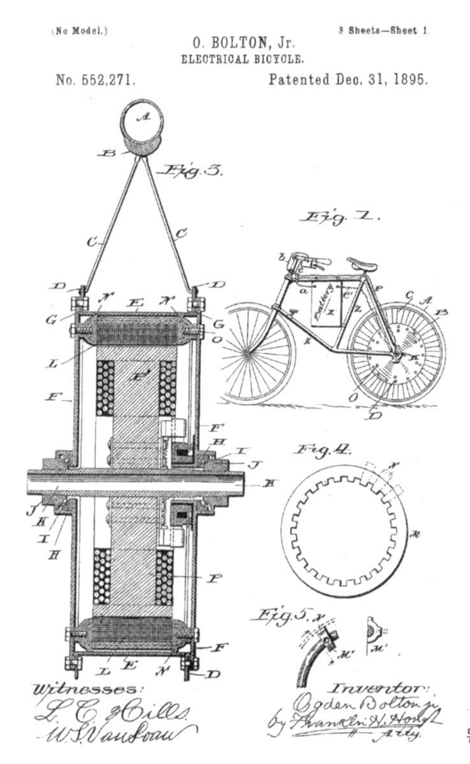

1895년에 제출된 전기자전거 특허에 삽입된 그림. 오하이오주 캔턴의 오그던 볼턴이 설계.

라 범위가 넓지만, 비용을 올리는 주요 부품이다. 중국에서 많이 사용하는 밀폐형 납산 배터리는 다소 저렴하지만 환경오염 문제를 야기한다. 특히 배터리 재활용이 어렵기 때문이다. 리튬이온 배터리는 이런 오염 문제를 해결하고 성능을 향상시키지만 훨씬 높은 비용이 든다. 배터리 기술이 발전하고 충분한 규모를 달성함에 따라 가격이 하락하면 전기자전거는 점점 더 매력적인 선택지가 될 것이다. 보조를 맞추려면 효과적인 배터리 재활용이 필수다.

1895년에 처음 전기자전거에 대한 특허를 낸 이에 관해서는 거의 알려진 바가 없다. 그는 오하이오주에 살던 오그던 볼턴이라는 발명가였다. 그의 설계도는 125년 전에 제작되었지만 놀랍도록 현대적이었다. 당시 유행한 세발자전거에 모터를 달려는 시도도 있었다. 이제 전기자전거는 재래식 자전거의 높은 인기를 거의 따라잡고 있다. 향후 몇 년 안에 전기자전거는 일반 자전거를 위해 지어진 것과 동일한 인프라 및 점점 발전하는 자전거 문화 자본의 혜택을 받을 것이다. 그러나 전기자전거는 일반 자전거에는 없는 복잡한 규제 문제를 안고 있다. 특히 전기자전거의 허용 시기와 장소에 관한 문제다. 전기자전거는 다양한 형태와 기능을 가지고 있기 때문에, 정책 입안자들은 도로 규칙(또는 자전거 도로)을 정의하는 데 애를 먹고 있다. 전기자전거를 제대로, 안전하게 탈 수 있게 만드는 명확하고 일관된 규제가 성장에 도움이 될 것이다. 전기자전거는 이미 지구상에서 가장 흔하고 빠르게 판매되는 대체 연료 차량이다. 전기자전거가 오늘날 세계에서 환경적으로 가장 건강한 수송 수단임을 감안할 때, 그 인기는 지속적인 성장을 약속하는 좋은 징조다.

효 과

2014년에 전기자전거 총 이동거리는 약 4000억 킬로미터로 추산된다. 이는 대부분 중국에서 달린 거리다. 시장 조사에 근거해, 2050년까지 연간 1조9310억 킬로미터까지 전기자전거를 통한 이동이 증가할 수 있다고 예측된다. 자동차에서 전기자전거로의 전환은 아시아 전역 및 고소득 국가에서 큰 성장을 약속할 수 있다. 이 솔루션은 1기가톤의 이산화탄소 배출을 줄인다. 전기자전거 소유자들은 2050년까지 2260억 달러를 절약할 수 있다.

자동차

CARS

2013년에 전 세계적으로 약 8300만 대의 자동차가 생산되었다. 이들 대부분은 재래식 내연기관을 포함한다. 이런 내연기관은 화석연료를 운동에너지로 전환하고 온실가스를 방출하는 산업혁명 시기에 없어서는 안 되었던 발명품이다. 미국에서는 소위 '경량light duty' 차량이 연간 배출량의 15퍼센트 이상을 차지하고, 전 세계적으로는 수송 부문에서 발생되는 배출량의 25퍼센트를 차지한다.

2013년에 새로 생산된 자동차 중 130만 대에는 전기 모터 및 배터리와 함께 내연기관이 포함되었다(연료 경제성 및 배출 저감을 위한 하이브리드 차량). 이는 자동차의 장점을 극대화하고 단점을 보완한 것이다. 가솔린엔진 또는 디젤엔진은 고속 주행(고속도로 주행) 유지에 탁월하지만, 처음 움직일 때 정지해 있으려는 관성을 극복하는 데 어려움을 겪는다. 전기 모터는 저속 주행과 정지 상태에서 시동을 걸 때 특장점을 발휘한다. 또한 교통 신호등 앞에서 정지했을 때, 엔진 없이도 자동차의 에어컨과 부속품을 계속 가동시킨다. 제동 중 일반적으로 열로 방출되는 운동에너지를 포착하고 그것을 다시 전기로 변환하며, 엔진의 성능을 향상시킨다. 따라서 차체가 더 작아도 효율적일 수 있다. 엔진

4기가톤	-5987억 달러	1조7600억 달러
이산화탄소 감소	순비용	순절감액

이 약하면 모터가 강하고, 모터가 약하면 엔진이 강하다.

두 종류의 모터와 내연기관이 모두 포함되어 있으므로 '하이브리드'라고 불리는 이 자동차에서 전기 모터와 가솔린 또는 디젤엔진의 페어링은 내연기관이 본래 하던 일의 일부분만 하면 된다는 것을 의미한다. 가솔린은 필요한 에너지의 일부만 제공한다. 배터리로 저장된 전기가 이를 보완해 차량이 갤런당 1마일(또는 리터당 1킬로미터) 이상의 거리를 이동하므로 배기가스는 감소한다. 국제에너지기구에 따르면 하이브리드 자동차는 엔진만 있는 자동차에 비해 연료 경제성을 25~30퍼센트 개선한다고 한다(도시에서 주로 사용하면 이 수치는 더 높아진다). 이미 상승세에 있는 전기자동차는 미래 그 자체다. 그러나 하이브리드 차량은 현재 핵심 자동차로, 주로 제한된 주행 범위에서부터 추가적인 인프라 요구까지 전기자동차가 직면한 문제들로부터 비교적 자유롭다. 하이브리드는 화석연료에 의해 구동되지 않는 자동차로 사회가 전환될 때까지 자동차 연비를 증가시키기 위해 구현할 수 있는 가장 효과적인 기술이다.

하이브리드라는 단어와 거의 비슷한 의미의 제품명을 가진 도요타 프리우스는 1997년에 일본에서 처음 출시됐다. 프리우스는 상업적으로 출시된 최초의 하이브리드 자동차였지만, 가장 초기 형태의 전신은 거의 1세기 전에 공개되었다. 1900년에 페르디난트 포르셰는 배터리 구동 휠허브 모터와 2개의 가솔린엔진을 결합한 전기자동차를 설계했다. '로너포르셰 셈퍼비버스'('언제나 생동감 있는')로 불리는 이 자동차는 배터리를 재충전하기 위해 연소기관이 작동될 때까지 배터리 전원으로만 긴 거리를 달릴 수 있었다고 한다. 이와 같은 기본 기술을 사용한 모델이 오늘날 쉐보레 볼트와 새롭게 제작된 현대 아이오닉이다. 포르셰는 1901년 파리 모터쇼에서 하이브리드 프로토타입을 처음 선보인 후 로너포르셰 믹스테로 개량해 그해 연말까지 5대를 판매했다. 믹스테의 기술적 복잡성 때문에 가격과 유지비는 매우 높았고, 당시의 배터리는 비싼데다 무거웠다. 결국 포르셰의 하이브리드는 기존의 가솔린 자동차와 경쟁할 수 없었다.

하이브리드 자동차는 기술 복잡성, 배터리, 비용 문제, 저렴한 기름 가격 때문에 20세기의 상당 기간 동안 시들해졌다. 지난 20년간 하이브리드의 재등장과 성장은 세계의 선진 경제국들을 비롯해 최근 중국에서도 채택된 연비 기준에 빚을 지고 있다. 이 표준은 기업 평균연비 규제제도CAFE로 1975년에 미국이 처음으로 제정했다. 2014년 기준, 세계 자동차 시장의 83퍼센트가 연비 규

제너럴모터스의 쉐보레볼트 콘셉트는 고도로 발전된 플러그인 전기 하이브리드 차량이다. 그러나 1.0리터, 3기통 터보 차저 모터는 절대로 바퀴에 직접 동력을 공급하지 않는다. 대신 일정한 속도에서 구동되는 연소기관을 사용해 효율을 극대화하고 전기 모터에 전력을 공급하며 리튬이온 배터리를 충전한다. 결과적으로 단 1.5리터의 가스로 96킬로미터를 이동할 수 있다. 이는 리터당 평균 64킬로미터에 해당된다.

제를 받았다. 이런 의무 규제 때문에 자동차 제조업자들은 에너지 비효율성과 싸워야 했다. 엔진 열 손실, 내풍성, 구름 저항, 제동, 공회전 등 에너지가 손실되는 기타 요소들을 제외하면 가솔린 차량의 에너지 소비 중 21퍼센트만이 차량 구동에 사용된다. 그 결과로 발생하는 힘 중 95퍼센트는 운전자가 아닌 차체에 동력을 공급한다. 본질적으로 자동차에 사용되는 에너지의 99퍼센트는 낭비다. 70킬로그램의 사람을 움직이기 위해 1360킬로그램의 강철, 유리, 구리, 플라스틱을 움직여야 하는 것이다.

하이브리드 자동차는 이런 비효율성의 일부를 만회할 수 있다. 두 종류의 엔진 및 모터를 함께 사용하는 것과는 별도로 엔진 크기를 줄이고, 차체를 유선형으로 만들고, 가벼운 소재로 제작하며, 가동부를 변경해 마찰을 줄이는 것이다. 연료 소비를 줄이기 위한 이런 추가 기술은 여기저기서 몇 퍼센트포인트 정도의 개선 결과를 낳기 때문에, 기존 자동차에서 독립적으로 사용하는 기술보다 하이브리드나 전기차를 더 잘 보완한다.

연비 표준, 유가, 신차 라벨링, 효율적인 차량에 대한 차별화된 세율 등과 같은 재정적 인센티브가 하이브리드 차량이 채택되는 데에 영향을 미친다. 연비 규제가 강화됨에 따라 하이브리드와 전기 차량은 시장에서 더 많은 점유율을 차지할 것이다. 이들 차량의 성장은 가격, 특히 배터리 가격에 달려 있다. 하이브리드 차량은 배터리 가격이 하락함에 따라 경쟁력이 점점 더 높아지고 있지만, 여전히 기존 자동차보다 더 비싸다. 국제에너지기구는 하이브리드 차량이 3000달러의 가격 프리미엄이 붙지만, 자동차 수명 동안 연료 비용을 줄임으로써 소유주들이 전반적인 절감 효과를 볼 수 있다고 추정한다. 그럼에도 선행 투자 비용은 엄두도 못 낼 정도로 높다. 또한 하이브리드가 차량 주행 마일의 증가를 앞당겨 전반적인 연료 소비량을 증가시킬 수 있다는 우려도 일각에서 제기된다. 그러나 연구에 따르면 소위 이 '반동 효과'가 그리 크지는 않으며, 개인용 교통수단의 경우 몇 퍼센트포인트에 불과하다고 밝혔다.

전 세계적으로 자동차 수는 10억 대 이상에 달한다. 2035년까지는 20억 대로 불어날 것이다. 카풀, 승차 공유, 재택근무, 대중교통 등의 성장에도 불구하고 자동차는 사라지지 않는다. 사람들은 자동차가 제공하는 자유, 유연성, 편리함, 편안함에 계속 끌린다. 배출량을 줄이면서, 특히 중국이나 인도 같은 신흥국에서 자동차 수를 늘릴 수 있을까? 하이브리드는 연료 효율을 높이고 자동차 산업의 혁신에 도전하면서 혁명의 선봉장에 서 있다. 그러나 결국은 전기로만 구동되는 차량을 최종 목표로 해야지만 유의미한 성과를 거둘 수 있을 것이다. 세계 자동차의 97퍼센트가 여전히 내연기관만을 포함하고 있지만, 그 비율은 점차로 변화하고 있다. 이 변화는 엔진이 없는 전기차로 향해갈 때 더 빠르게 진행될 것이다.

효과

일부 온실가스 배출량 전망치 추산은 2050년에 2300만 대의 하이브리드 차량이 운행될 것으로 예측하는데, 이는 자동차 시장의 1퍼센트도 채 안 되는 수치다. 우리는 2050년에 하이브리드 차량이 시장의 6퍼센트, 즉 3억1500만 대까지 성장할 것으로 추정한다. 이렇게 추가된 3억1500만 대의 자동차는 2050년까지 4기가톤의 이산화탄소 배출량을 줄일 수 있다. 하이브리드 차량 소유자는 30년 동안 연료와 운영비를 1조7600억 달러 절약할 수 있다.

항공기

AIRPLANES

기동성은 부정할 수 없는 사회적 공익이며 세계 경제에 없어서는 안 될 요소다. 그러나 항공기가 이동하면서 남기는 온실가스(이산화탄소, 질소산화물, 비행운의 수증기, 검은 탄소)는 그렇지 않다. 플로리다 탬파만을 횡단하는 23분간의 첫 번째 상용 비행 이래 100년이 지난 후, 항공 산업은 세계 온실가스 배출의 주범이자 세계 수송 체계의 중심이 되었다. 2013년에 30억 매 이상의 항공권을 판매한 항공 산업은 다른 어떤 수송 체계보다 빠르게 성장하고 있다. 승객과 화물 항공이 모두 증가하고 있다(항공 화물량의 절반은 여객기의 '배' 부분에서 운송되고, 나머지 절반은 지정된 화물기로 이동한다). 전 세계적으로 약 2만 대의 항공기가 운행되며 연간 총 배출량의 최소 2.5퍼센트를 생산하고 있다. 2040년까지 5만 대 이상이 비행할 것으로 예상되므로, 배출량을 줄이려면 연비가 극적으로 개선되어야 한다.

효율성은 점점 나아지고 있다. 그 주된 이유는 연료가 항공사 운영 비용의 30~40퍼센트를 차지하며 따라서 연료 효율에 따라 항공기 구매가 결정되기 때문이다. 2000년부터 2013년까지 미국 국내선의 연비는 40퍼센트 이상 증가했다. 같은 기간 더 무거운 제트기를 이용하는 국제선의 연비는 17퍼센트나

2050년까지 감축 결과 및 순위

43

5.05기가톤	6624억 달러	3조1900억 달러
이산화탄소 감소	순비용	순절감액

개선됐다. 이런 상승은 주로 항공기의 개선 덕분이며, 항공사들 역시 각 항공기의 운항 용량을 극대화하기 위해 노력했다. 추진 기술, 공기역학을 고려한 항공기 형태, 경량 소재 및 개선된 운영 관행은 효율성을 더욱 향상시킬 수 있다.

모든 운송 수단과 마찬가지로 엔진은 개선을 위한 핵심 영역이다. 제트 엔진은 공기를 빨아들이면서 작동하는데, 이 공기는 압축되어 연료와 결합되고 연소된다. 연소에너지는 엔진의 터빈을 회전시키고 추력을 발생시킨다. 엔진 전면에 있는 산업용 터보팬은 일부 공기를 엔진 중심으로 유도해 해당 공정에 공급한다. 또한 엔진 중심 주변의 공기를 우회해 추진력과 효율을 높이고 소음을 줄인다. 공기 통과율이 높은 엔진은 연료 효율을 약 15퍼센트 향상시킨다. 엔진 제조업체인 프랫앤휘트니Pratt&Whitney의 경우, 터보팬 엔진 설계에 기어를 추가하면 연료 사용량이 추가로 16퍼센트 감소한다. 이 기어는 엔진 팬이 엔진의 터빈과 독립적으로 작동할 수 있게 해주기 때문에 공기 통과 개선을 위해 최적의 속도로 회전할 수 있다. 다른 회사들은 연료 사용을 줄이기 위해 세라믹 복합재를 사용한다. 내열성이 강한 세라믹 복합재는 고온에서 연료를 더욱 효율적으로 연소시키는 동시에 엔진 중량을 감소시킨다. 롤스로이스Rolls-Royce는 최신 세대의 경량 엔진에 강하고 가벼운 탄소 섬유를 사용한다. 무게 문제를 해결할 수 있다고 가정하면 궁극적으로 하이브리드 및 배터리 구동 엔진에서 좀더 광범위한 변화가 발생할 수 있다.

항공기 설계에 관한 한, 변경 사항은 아주 작은 것부터 큰 것까지 매우 다양하다. 보잉Boeing사가 '윙렛winglet'이라 부르고 에어버스가 '샤클렛sharklet'이라 부르는 기술은 날개의 공기역학을 개선하기 위해 새처럼 생긴 끝부분으로 신형과 구형 항공기 모델 모두에서 연료 사용을 최대 5퍼센트까지 줄인다. 지느러미 같은 판 하나가 위로 굽어지고 또 다른 판이 아래로 굽어져 분할된 시미터 윙렛(끝이 굽은 언월도scimitar sword에서 이름을 따옴)은 여기에 2퍼센트를 추가한다. 윙렛은 현재 효율적인 디자인의 기본이다.

미 항공우주국은 연구대학 및 기업 공학팀과 협력해 엔진 배치, 동체 폭, 길이, 너비, 날개 배치, 심지어 항공기 본체의 종합적인 재설계 등 좀더 광범위한 발전을 위해 노력하고 있다. 예를 들어 보잉과 미 항공우주국은 쥐가오리를 닮은 항공기를 연구 중인데 날개를 항공기 본체에 이음매 없이 통합하는 것이 특징이다. 오늘날 미 항공우주국의 아음속 풍동에는 6퍼센트 축약 모형이 날고 있지만, 실제 모델을 10년 안에 사용할 수 있을 것으로 보인다. 또한 두 기관은 지지력을 보강하기 위해 버팀대 또는 트러스를 사용한 더 길고 얇고 가벼운 날개 디자인을 연구하고 있다. 엔진을 본체 후방으로 이동시킴으로써 더 얇은 날개를 사용할 수 있게 되었다. 이처럼 좀더 극적인 재설계를 통해 효율성이 50~60퍼센트 향상될 수 있으리라 예측된다. 이런 노력은 미래의 비행기 시대를 예고하고 있으며, 그 미래는 그리 멀지 않다.

기존 항공기는 택싱(항공기가 공항 또는 비행장에서 계류장 구역을 나와 유도로에서 활주로까지 이동하는 것—옮긴이), 이륙 및 착륙과 같은 특히 연료 소모량이 많은 구간에서 단순한 조작 변경을 통해 상당한 연료 절감을 달성할 수 있다. 매사추세츠공대는 2개의 엔진이 아닌 단일 엔진을 통한 택싱이 지상에서 연료 소비를 절감할 수 있는 가장 효과적인 방법이라고 밝혔다. 게이트에서 런웨이까지(또는 그 반대)의 연료 소비를 40퍼센트까지 줄일 수 있으며, 대형 항공

미 항공우주국은 오랫동안 선구적으로 미래 항공기 설계를 실험해왔다. 이들은 새로운 설계를 통해 항공사들이 향후 수십 년간 2500억 달러를 절감할 수 있으리라 믿는다. 이 프로토타입으로 인해 기존 여객기보다 연료와 오염이 70퍼센트 줄었고 소음도 50퍼센트나 감소했다. 여기에 소개된 항공기는 여러 N+3 디자인 중 하나이며, 향후 3세대까지 사용할 수 있는 항공기다. 더블버블Dubble Bubble이라 불리는 이 매사추세츠공대 모델은 2배 넓은 동체 후면에 3개의 엔진을 배치해 날개가 더 작고 가벼워지도록 했다. 후면 엔진 배치를 통해 엔진의 크기가 작아지고 무게가 줄어든다. 대형 항공기 각 부품의 최적화는 다른 구성요소에 차례로 영향을 주고, 결국 획기적인 효율성으로 이어진다.

사는 연간 1000만~1200만 달러를 절감할 수 있다. 비록 시간이 더 오래 걸리기는 하지만, 엔진을 끈 채 비행기를 견인하는 것은 효율적인 택싱을 위한 또 다른 전술이다. 연속 강하와 늦은 강하continuous and late descent 착륙 방법에 관한 관심도 높아지고 있다. 낮은 고도(효율이 가장 낮은)에서 비행하는 시간을 줄여

연료를 절약하는 방법이다. 항공기가 기내 컴퓨터를 통해 서로 커뮤니케이션하는 사례가 점차 늘고 있으므로, 자체적으로 항공 교통 관제를 이행하고 비효율적인 지그재그형 항공 경로를 제거해 효율성을 높일 수 있다. 또 다른 연구 그룹은 최근 택싱과 비행의 모든 단계에서 조종사와 함께 행동경제학적 접근법을 시험해보았다. 항공기 기장에게 목표 및 개인 맞춤형 피드백과 함께 연료 효율에 대한 월별 자료를 제공했을 때, 연료 효율 관행이 9~20퍼센트 향상되었다. 항공사는 이산화탄소 1톤이 줄 때마다 250달러를 절감했다.

항공기가 낭분간은 액체 연료에 의존할 것이기 때문에, 해조류로 만든 연료와 같은 제트 바이오연료에 대한 투자가 증가하고 있다. 카본워룸CWR은 지속가능한 항공 연료를 '가장 까다로운 배출 저감 기회'이자 '항공에서 탄소중립적인 성장을 달성할 가장 큰 잠재력'이라고 칭했다. 현재 제트 바이오연료 옵션이 존재하긴 하지만, 비용이 많이 들 뿐 아니라 공급이 제한적이며 인프라는 열악하다. 카본워룸은 공항을 규모에 맞는 수요를 통합하고 공급을 조정하는 중추로 꼽으며, 실행 가능한 사업 모델을 실현하기 위해 노력하고 있다. 단, 현재로서는 바이오연료가 항공 온실가스 배출에 미칠 수 있는 영향이 불확실하다.

항공사의 연료 효율이라는 명확한 경제적 이점에도 불구하고 규제 또한 주요한 역할을 맡아야 한다. 국제청정교통위원회ICCT가 연비와 항공사 수익성의 관계를 조사했을 때 인과관계는 반대로 나타났다. 실제로 2010년에 수익성이 가장 높은 미국 항공사는 연료 효율성이 가장 낮은 것으로 나타났다. 위원회의 표현대로 "연료 가격만으로는 효율성의 충분한 동력이 되지 않을 수 있다. (…) 고정 장비 비용, 유지·보수 비용, 노동 계약 및 네트워크 구조가 모두 때로는 상쇄적인 압력을 가해야 한다". 항공사에 연료 효율 데이터를 보고하도록 요구하는 것은 혁신과 정책 수립을 위한 첫 번째 단계가 될 수 있다. 항공사와 노선별 연비 등급을 통해 소비자와 투자자가 좀더 정보에 입각해 선택할 수 있기 때문이다. 운영 관행은 항공사마다 크게 다르기 때문에 정책 입안이야말로 효율적인 운영 관행을 채택하도록 장려할 수 있는 방법이다.

여러 해 동안 기후변화에 대한 항공기(및 선박)의 책임은 국제 규제를 피해 갔다. 그러나 2016년 10월, 191개국이 국제항공 탄소 상쇄 및 감축제도CORSIA를 통해 항공 배출 가스를 억제하기로 합의하면서 상황이 바뀌었다. 이 협정은 배출 상한이나 페널티를 부과하는 대신, 탄소 격리 프로젝트를 통해 항공기 배출량을 상쇄하는 계획(초기에는 자발적)에 참여한 항공사 목록을 제시한다(2020년에 이르면 대부분의 배출량이 상쇄되는 기준치에 도달할 수 있을 것이다). 항공사들은 항공 산업에서 배출량을 줄이는 데 더 큰 책임을 지게 된다. 연료 효율을 향상시킴으로써 항공사들은 연간 수입의 약 2퍼센트로 예상되는 상쇄 비용을 피할 수 있다. 항공 산업이 충분한 진전을 이루려면 변화를 위한 다른 지렛대가 더 필요할 것이다.

효과

이 분석은 연료 효율이 가장 높은 최신 항공기의 채택, 기존 항공기의 (윙렛, 신형 엔진, 경량 인테리어로) 개·보수, 구형 항공기의 조기 퇴역과 같은 솔루션에 초점을 맞췄다. 그 경우 30년 동안 5.1기가톤의 이산화탄소 배출을 저감할 수 있고, 제트 연료와 운영 비용에서 3조2000억 달러를 절약할 수 있다. 기타 효율 개선 수단이 추가적인 배출 감소 및 절감 효과를 제공할 것이다.

트럭

TRUCKS

"가스, 디젤, 난방유, 석탄 중에서 가장 친환경적인 연료는 태우지 않는 연료다." 인터페이스Interface의 창립자이자 최고경영자, 기업 지속가능성 전문가였던 레이 앤더슨은 이렇게 말했다. '가장 친환경적'이라는 단어를 '가장 싼'이라고 바꿔도 마찬가지다. 가장 싼 연료는 태우지 않는, 살 필요도 없는 연료다. 에너지 효율 대책의 핵심은 비용을 절감하고 오염을 방지하는 바로 이 조합이다. 전 세계 화물 트럭 업계에 이런 금융 혜택과 환경 편익을 통합하는 것은 기후변화의 시대에 특히 중요하다.

트럭이 군 작전 활동의 핵심이었던 제1차 세계대전 전까지 마차와 철도 전신으로부터 진화한 트럭은 여전히 걸음마만 뗀 상태였다. 이후 발전된 트럭 기술과 개선된 도로의 결합은 수송 체계에 더 많은 가능성을 열어주었다. 디젤 트럭은 1930년대에 처음 도입되었고 1950년대에 한층 더 발전해 현재는 화물 운송을 지배하고 있다. 트럭은 미국 내 화물의 거의 70퍼센트를 운송하는데, 연간 80억 톤이 넘는다. 심지어 철도 또는 선박으로 운송할 때도 결국 여정의 마지막은 트럭이 책임진다.

미국과 전 세계에서 그 모든 화물을 운송하려면 대량의 디젤연료가 필요하

2050년까지 감축 결과 및 순위 **40**

6.18기가톤 이산화탄소 감소

5435억 달러 순비용

2조7800억 달러 순절감액

다. 미국에서만 해도 트럭은 매년 1893억 리터의 디젤을 게걸스럽게 들이키고 있으며, 온실가스 배출에 미치는 트럭의 영향은 그들의 크기만큼이나 크다. 미국에서 전체 차량의 4퍼센트, 총 이동거리의 9퍼센트를 자치하는 트럭은 전체 연료의 25퍼센트 이상을 소비한다. 전 세계적으로 도로 화물차의 배출은 전체 배출량의 약 6퍼센트를 차지한다. 운송에 의해 배출되는 탄소는 최근 수십 년 동안 급증했으며, 트럭 운송으로 인한 배출량은 개인 운송 배출량을 크게 능가했다. 소득이 증가함에 따라 화물 활동과 도로 화물 배출량이 계속 증가할 것으로 예상되기 때문에 극적인 효율성 개선이 필수다.

화물 1톤을 특정 거리만큼 이동시키는 데 사용되는 연료의 비율을 줄이기 위한 두 가지 주요 방법이 있다. 새로 출시될 트럭이라면 그 비율을 줄이도록 설계하거나, 기존 차량에 그런 설비를 추가 설치하는 것이다. 2011년 오바마 행정부는 2014~2018년에 제작된 신형 중량 트럭에 대한 첫 연비 기준을 발표했다. 두 번째 발표에서는 연료 효율이 높은 기술의 지속적인 혁신과 채택을 목표로 했다. 이를 위해서는 개선된 엔진과 공기역학적 설계, 가벼운 중량, 구름 저항을 적게 받는 타이어, 하이브리드화 및 자동 엔진 정지가 요구된다. 최고 수준의 자동 변속기는 수동 운전 시 운전자의 잘못된 운전 습관을 극복할 수 있다. 2010년 미국 가격을 기준으로, 신규 트럭 현대화에는 약 3만 달러의 투자가 필요하지만, 연간 연료비에서 그만큼이 절감된다. 투자 회수 기간은 1~2년 정도로 짧다.

만MAN이 제조한 콘셉트S 트럭은 기존 40톤 트럭에 비해 연료 소비를 25퍼센트 감소시킨다. 트럭과 트레일러를 결합한 이 트럭은 공기역학적으로 항력을 줄이도록 설계되었다. 또한 자전거를 타는 사람들이 바퀴 밑으로 끌려오는 것을 막도록 고안되었다. 앞 유리는 운전자의 시야 확보 정도와 안전성을 크게 높이도록 설계되었다.

트랙터 트레일러의 평균 수명은 미국의 경우 평균 19년이고, 저소득 국가에서는 더 길다. 트럭의 긴 수명에 비춰볼 때, 기존 차량의 효율성을 개선하는 일이 급선무다. 특히 트럭이 상당히 오래되어 효율이 떨어지는 국가라면 더욱 중요하다. 트럭의 공기역학 개선, 공회전 방지장치 설치, 구름 저항을 줄이는 업그레이드, 변속기 교체, 자동 크루즈 컨트롤 장치 통합 등 몇 가지 조치를 취해 에너지 낭비를 줄이고 연료 성능을 높일 수 있다. 각 조치의 효과는 그 자체로는 비교적 사소할 수 있지만, 함께 결합되는 순간 상당한 차이를 만들어낸다.

기존 트럭의 효율성을 향상시키는 것은 상대적으로 비용이 낮지만 투자 수익률은 높다. 카본워룸에 따르면, 미국의 전형적인 중량 트럭의 경우 연료 사용을 5퍼센트 줄이면 연간 4000달러가 넘는 비용을 절감할 수 있다고 한다.

연료 탱크와 손익 계산이 긴밀하게 연결된 산업에서 비용 절감이 복합적으로 이뤄지는 것이 중요하다. 그러나 선행 투자금을 조성하기 위한 자본은 특히 자금 조달에 어려움을 겪는 소규모 업자들에게는 큰 난제가 될 수 있다. 또한 분리된 인센티브도 문제가 될 수 있다. 효율성 업그레이드에 대한 비용을 지불하려는 소유자가 연료 비용을 부담하지 않을 경우, 고용인은 이를 받아들일 이유가 거의 없다. 다양한 효율성 기술의 성능에 대한 유효하고 신뢰할 수 있는 데이터의 부족은 채택에 또 다른 장애를 가져온다. 카본워룸과 기타 단체들이 이 문제를 해결하기 위해 노력 중이다.

새 트럭과 기존 트럭의 효율성 개선 외에도, A 지점에서 B 지점으로 가는 경로의 최적화, 빈 트레일러로 운행하는 구간 축소, 연료 절약을 위한 운전자 교육 및 보상은 총 주행거리를 줄이고 갤런당 이동거리를 늘릴 수 있다. 장기적으로는 저배출 연료나 전기 엔진을 사용하는 트럭으로 전환하는 것이 필수다. 무거운 짐을 실을 수 있는 더 큰 트럭을 만드는 것도 상황을 진전시킨다. 이 과정에서 도시지역에 많은 해를 끼치고 공중보건에 영향을 미치는 이산화황, 산화질소, 입자 물질 등 대기오염 물질이 감소하는 이득도 얻을 수 있을 것이다. 자발적 트럭 개조부터 연비 기준을 정하는 국가 정책에 이르기까지 도로 화물 운송을 좀더 효율적으로 만들기 위한 지속적인 노력을 통해 업계는 물론 대기의 질도 향상시킬 수 있다.

효과

트럭의 연료 절감 기술 채택이 2050년까지 2퍼센트에서 85퍼센트로 증가한다면, 이 솔루션은 6.2기가톤의 이산화탄소 배출량을 줄일 수 있다. 실행을 위해 5440억 달러를 투자하면 30년 동안 연료비 2조8000억 달러를 절약할 수 있다.

텔레프레전스
TELEPRESENCE

1942년에 로버트 하인라인이 쓴 단편 과학소설 「월도Waldo」는 텔레프레전스의 탄생에 크게 기여했다. 텔레프레전스는 멀리서도 상호작용할 수 있도록 돕는 기술이다. 인공지능AI 분야의 선구자였던 매사추세츠공대 마빈 민스키 교수는 하인라인이 고안한 원시적인 시스템에서 영감을 얻었다. 이는 민스키가 찾던 모델에 완벽하게 어울리는 뮤즈 역할을 했고, 민스키는 AI 분야에서 자신의 작업이 "과학적인 정도만큼이나 허구적인 세계에서 행해지고 있다"고 평가하면서 실용주의와 상상력 사이의 중간 영역을 포용했다. 그는 1980년 기사에서 '텔레프레전스telepresence'라는 용어를 고안해냈고, 실제 있는 곳이 아닌 먼 곳에 존재한다는 느낌과 그곳에서 행동을 할 수 있는 능력을 인간에게 부여할 것이라는 비전을 밝혔다. 그는 "먼 곳에 있는 자신의 존재는 그에게 거인의 힘과 외과의사의 섬세함을 부여한다"고 썼다.

민스키는 또한 텔레프레전스 분야가 계속해서 해결하려고 노력하는 핵심 문제를 설명했다. "텔레프레전스 개발에서 가장 큰 도전은 '그곳에 있다는' 감각을 달성하는 것이다. 텔레프레전스가 실물의 진정한 대용품이 될 수 있을까?" 많은 사람이 직접 대면하는 것보다 더 좋은 것은 없다고 주장하겠지만,

2050년까지 감축 결과 및 순위

63

1.99기가톤	1277억 달러	1조3100억 달러
이산화탄소 감소	순비용	순절감액

텔레프레전스는 대면과 무척 근접한 환경과 느낌을 조성하는 것을 목표로 한다. 일련의 고성능 비주얼, 오디오, 네트워크 기술과 서비스를 통합함으로써 지리적으로 떨어져 있는 사람들이 직접 경험의 좋은 측면을 다수 포착하는 방식으로 상호작용할 수 있다. 스카이프나 페이스타임의 업그레이드 버전을 상상해보라. 원격으로 존재하고 기능하는 것이 가능하다면 이동의 필요성이 점점 줄어든다. 여기에 텔레프레전스가 기후변화를 줄일 수 있는 잠재력이 있다. 글로벌 비즈니스와 국제 협력이 곳곳에서 시시각각 일어나는 세계에서 사람들이 같은 장소에 있지 않고도 함께 일할 수 있다면 이동 때문에 발생되는 탄소배출을 피할 수 있다. 이전 탄소 공개 프로젝트CDP에 따르면, 미국과 영국의 기업들은 1만 개의 텔레프레전스 장치를 활성화함으로써 2020년까지 600만 톤의 이산화탄소를 줄일 수 있다. 이는 100만 대 이상의 승용차가 뿜어내는 연간 온실가스 배출량에 준하며, 그 과정에서 거의 190억 달러를 절약할 수 있다.

1980년에 민스키가 상상한 세계가 실제로 그만큼 가까이 오지는 않았지만, 텔레프레전스는 이제 다양한 방식과 설정으로 현실화되고 있다. 기업과 학교에서부터 병원과 박물관에 이르기까지 가상적 상호작용은 새로운 가능성을 열어 보이고 있다. 외과 의사는 모바일 텔레프레전스 로봇을 이용해 오스틴에서 암만까지 여행하지 않고도 희귀한 수술 방법에 대해 실시간으로 조언할 수 있다. 비행기를 한 번도 타지 않고, 시드니와 싱가포르의 텔레프레전스 회의실

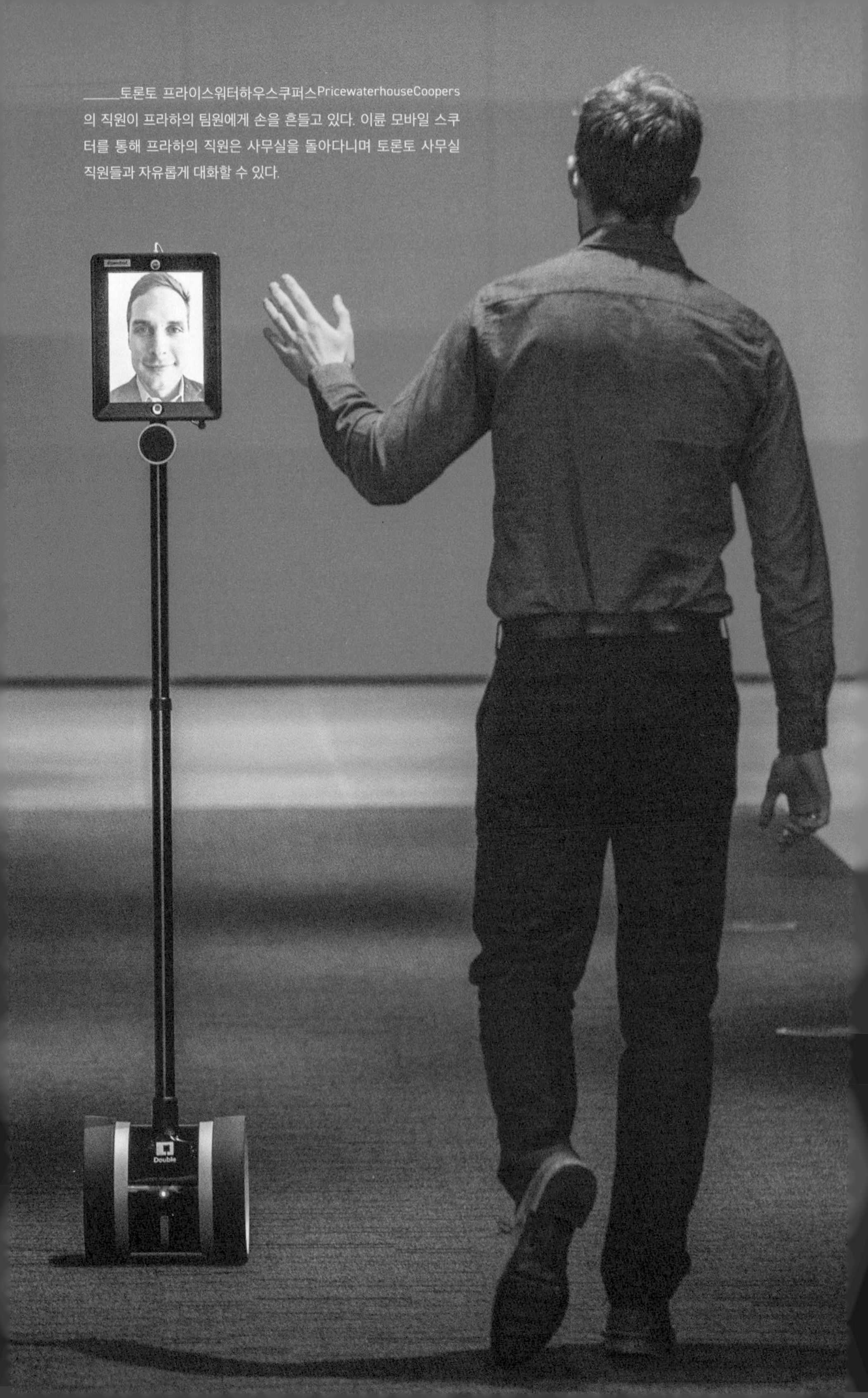

토론토 프라이스워터하우스쿠퍼스PricewaterhouseCoopers의 직원이 프라하의 팀원에게 손을 흔들고 있다. 이륜 모바일 스쿠터를 통해 프라하의 직원은 사무실을 돌아다니며 토론토 사무실 직원들과 자유롭게 대화할 수 있다.

에 모여 경영진들이 인수 방안을 논의할 수 있다. 텔레프레전스를 전격 수용한 회사들은 여러 방면에서 이동을 줄이고 있다. 탄소배출을 억제하는 것 외에 다른 이점도 있다. 이동이 줄어듦으로써 비용이 절감되는 것은 물론 빡빡하지 않은 일정 덕에 직원들이 한숨 돌릴 수 있다. 원격 회의의 생산성, 신속하게 의사 결정을 내릴 수 있도록 하는 점, 지역 간 대인관계 강화 등도 장점이다.

완전한 편익을 달성하려면 표준 화상회의보다 훨씬 더 높은 비용의 초기 투자가 필요하다. 텔레프레전스 시스템은 초기 비용과 지속적으로 지출되는 비용이 높지만, 사용 빈도가 높아 사용당 비용이 줄어드는 효과가 있다. 투자 회수는 1~2년 내에 빠르게 이뤄진다. 텔레프레전스의 성공은 또한 강력한 네트워크 인프라, 숙련된 기술 지원, 특정 회의실을 전용 공간으로 사용하는 것에 달려 있다. 일단 텔레프레전스 기술이 설치되면 회사는 직원에게 교육을 하고, 이동을 줄이는 정책을 수립하며, 높은 사용률에 보상을 줌으로써 텔레프레전스 사용을 장려할 수 있다. 낮은 비용과 높은 단순성·신뢰성·효율성을 기대할 수 있지만, 기술 채택과 이에 요구되는(텔레프레전스를 사용하고 또 잘 사용할 수 있는) 행동 변화는 여전히 시간을 필요로 한다. 이런 추세가 지속되고, 개선된 기술이 온라인에 등장하며, 비용과 배출량을 줄여야 한다는 압박감이 쌓이고, 긍정적인 텔레프레전스 경험을 가진 사람들이 증가한다면 텔레프레전스를 채택하는 경우가 빠르게 늘어날 것이다. 그러면 출장을 가지 않고도 일할 수 있으며, 탄소배출 역시 현 상태를 유지할 것이다.

효과

텔레프레전스는 비즈니스 관련 항공 이동이 차지하는 배출량을 줄임으로써 30년 동안 2기가톤의 이산화탄소를 줄일 수 있다. 이 분석은 2050년에 1억 4000만 건 이상의 비즈니스 관련 이동이 텔레프레전스로 대체된다고 가정한다. 조직의 경우, 텔레프레전스 시스템에 투자함으로써 1조3000억 달러의 비용을 절감하고 820억 달러 가치의 비생산적인 이동 시간을 줄일 수 있다.

기차

TRAINS

레일 위를 달리는 기차는 연료로 운행된다. 대부분 디젤 연소 엔진에 의존하며, 일부는 전력망을 사용하기도 한다. 열차는 최근 수십 년 동안 연료 사용 효율을 꾸준히 향상시켜왔다. 1975~2013년에 에너지 소비량은 여객 철도에서 63퍼센트, 화물 철도에서 48퍼센트 감소했다. 배출량은 각각 60퍼센트와 38퍼센트 감소했다. 하지만 2013년에는 수송 분야 내 배출량의 3.5퍼센트를 차지하는 2억6000만 톤이 넘는 이산화탄소를 내뿜었다. 전 세계 승객과 상품의 8퍼센트를 수송하는 철도의 효율성을 지속적으로 향상시키는 것은 매우 중요하다.

철도 회사들은 이미 다양한 기술적, 운영적 조치를 취하고 있다. 기관차가 퇴역함에 따라 더욱더 효율적인 모델들이 기관차를 대체하게 되었고, 많은 모델에 공기역학적 설계가 적용되었다. 일부 모델에 하이브리드 디젤전기 엔진과 배터리를 장착해 하이브리드 자동차와 유사한 효율을 얻고 연료비를 10~20퍼센트 절약했다. 일부 열차에는 열로 손실된 에너지를 포집해 사용하는 재생 제동 시스템이 설치되고 공회전 중 연료 사용을 억제하는 (효율적인 자동차와 마찬가지로) '스톱스타트stop-start' 기술이 적용되었다. 미국 여객 서비스

0.52기가톤
이산화탄소 감소

8086억 달러
순비용

3139억 달러
순절감액

인 암트랙은 회생 제동을 통해 에너지 소비를 8퍼센트 줄였다. 기관차의 동력을 열차 전체에 분산시키면 연료 사용도 개선된다.

좀더 전략적으로 설계되는 효율적인 기관차는 각 차량을 더욱 개선함으로써 강화된다. 이 차량들은 공기역학을 고려해 회전력이 낮은 베어링을 장착했기 때문에 무게는 가볍지만 더 많은 화물을 실을 수 있다. 차량 간 간격을 없애면 항력이 줄어들고, 여러 차량이 연결되어 길고 무거운 열차는 더욱더 효율적임이 입증된 바 있다. 레일 자체의 윤활이 개선되면 마찰을 줄일 수 있다. 초고효율 설계에도 불구하고 기차가 운행하는 방법은 여전히 중요하다. 소프트웨어가 열차 속도, 간격, 타이밍을 제어하고, 기관차 엔지니어에게 효율성 정보와 '코칭'을 제공해 성능을 개선할 수 있다.

전기 열차의 수는 늘어나고 있지만, 배출 감소의 정도는 전력을 공급하는 망의 효율성에 달려 있다. 국제에너지기구는 "철도 전화電化를 통해 전체 수명을 기준으로 약 15퍼센트의 효율성을 개선할 수 있다"고 밝혔다. 전기 생산이 재생에너지로 전환된다면, 철도는 거의 제로 배출에 가까운 수송 잠재력을 제공할 것이다.

한편 디젤 동력이든 전기 동력이든 열차의 연비를 개선하면 비용을 절감하고 경쟁력을 높일 수 있으며, 특히 화물 수송에서는 그 효과가 크다. 로키마운틴연구소가 지적했듯이, "세계에서 가장 오래된 교통 플랫폼 중 하나인 열차는 일반적으로 더 낮은 비용으로 트럭보다 리터당 15배 더 긴 톤마일을 이동

텍사스주 포트워스의 한 공장에서 대기 중인 제너럴일렉트릭의 에볼루션 시리즈 티어 4 하이브리드 기관차의 도색되기 전 모습. 티어 4 시리즈 디젤 전기 기관차는 배출 측면에서 세계에서 가장 효율적이며, 1리터의 연료로 1톤의 화물을 211킬로미터 이동시킬 수 있다. 20만 킬로그램에 달하는 본체는 공기역학적으로 설계되어 효율성에 거의 영향을 미치지 않고도 무거운 화물을 운송할 수 있다. 이 기관차는 8000여 종에 달하는 연료 절감 솔루션과 함께 에너지를 배터리에 포집하고 저장하는 회생 제동 장치를 통합하고 있다.

할 수 있다". 비용상의 이점이 더 크기 때문에 기업이 트럭보다 기차를 선택할 때 상품의 대량 수송으로 인한 배출을 감소시킬 수 있다(물론 발전이 재생에너지로 전환될 때까지 역설적 문제가 남아 있기는 하다. 많은 화물 열차가 석탄과 석유를 수송하기 때문에 효율성이 높아지면 화석연료 회사의 수익만 커진다).

19세기 초 영국에서 대중이 증기기관차를 이용하기 시작했을 때, 기관차 1대는 1시간 이내에 15킬로미터를 이동하며 6대의 석탄 차와 450명의 승객을 수송할 수 있었다. 말이 끄는 차량에 비해 속도는 엄청났다. 오늘날 디젤 기관차는 1리터의 연료로 1톤의 화물을 191.5킬로미터 이상 운반할 수 있다. 1980년에는 1리터의 디젤로 단 100킬로미터밖에 달리지 못했다. 철도 부문 배출의 약 80퍼센트를 중국·유럽연합·인도·일본·러시아·미국이 차지하는데, 이는 아주 작은 정책적 개입이라도 엄청난 영향을 미칠 수 있음을 의미한다. 열차가 연간 280억 명의 승객과 120억 톤 이상의 화물을 수송하고 있기 때문에 이제 업계는 가장 효율적인 선두의 모델을 따라야 할 때다.

효 과

전 세계적으로 26만7150킬로미터의 선로가 전화되었다. 2050년까지 100만 킬로미터까지 증가한다면 연료 사용으로 인한 이산화탄소 배출량을 0.5기가톤 줄일 수 있다. 이런 추가적인 전화에 8090억 달러의 비용이 소요되며, 30년 동안 3140억 달러, 인프라 전체 수명 동안 7750억 달러를 절약할 수 있다. 사용률이 높은 노선을 우선순위에 두면 순비용을 낮출 수 있다.

재료

생물학자 존 토드는 20세기에 재료에 대해 가장 통찰력 있는 말을 했다. 그의 말은 다음과 같다. "쓰레기는 음식과 같다." 이는 모든 생명체의 섭리를 꿰뚫는 말인데, 토드가 이 말을 했을 때의 제조업계의 현실과는 극명한 대조를 이뤘다. 그 이후로 산업은 오랜 시간을 거쳐 발전해왔으며, 책임 있는 회사들은 재료 공급과 폐기 후 처리 과정에 세심한 주의를 기울이고 있다. 즉 사회는 제품과 건축에 사용되는 재료 등을 적게 사용하고 재사용하고 재활용할 방법을 재설계하기 시작했다. 가장 최신의 발견을 여기서 다루진 않겠지만, 이 섹션에서는 지구온난화를 반전시킬 수 있는 노력에 기여하는 공통 기술과 기법을 자세히 설명한다. 절감 순위가 1위인 솔루션이 이 장에 포함되어 있다는 사실은 재료의 효율적 활용이 무엇보다 중요한 것임을 역설한다.

가정폐기물 재활용

HOUSEHOLD RECYCLING

20세기 이전에는 '재활용'이라는 명칭이 따로 필요하지 않았다. 한정된 자원 내에서 운용하기 위한 노력으로 사람들은 낭비를 피했고, 부서진 물건을 고쳤고, 물건들에 제2의 용도를 부여할 방법을 찾았다. 1960년대가 되어서야 폐기물 관리의 맥락에서 이 용어를 쓰기 시작했는데, 그 이후 현대 환경 운동의 주요 안건으로 빠르게 자리 잡았다. 캐나다의 영향력 있는 환경 단체인 폴루션 프로브Pollution Probe는 초기부터 '절감, 재사용, 재활용Reduce, Reuse, Recycle'이라는 캐치프레이즈를 사용했다. 이 '3R'은 소비자 폐기물의 문제를 해결하고 매립지와 소각장으로 향하는 재료의 흐름을 제한하기 위한 주문이 되었다. 우선 사용을 줄이고 재사용한 다음 재활용한다. 가정에서의 재활용은 이제 재료를 가치 사슬로 편입시켜 그 과정에 기후변화를 누그러뜨리는 의미 있는 방법이다.

세계적으로 도시화가 진행되면서 도시 쓰레기는 빠르게 증가하고 있다. 지난 세기에 폐기물은 10배 증가했으며, 전문가들은 2025년까지 추가로 2배가 될 것으로 예상한다. 이는 소득 증가와 소비 증가가 결합한 부산물이다. 이 폐기물들의 절반 정도가 가정에서 발생하며, 이를 관리하는 것은 지방 정부의

수단의 다사나시족은 가장 훼손되지 않은 문화를 간직한 집단 중 하나다. 한때 유목민이었던 그들은 원래의 목초지를 잃으면서 이제 주로 농업에 종사하고 있다. 전통이든 아니든, 다사나시족 여성들은 재활용에 있어서 놀라울 정도로 창의적이다. 병뚜껑, 시곗줄, 심카드를 재활용해 머리장식과 목걸이를 만든다. 오모강 정착지 근처에 작은 마을과 술집이 생겨나면서 병뚜껑이 많아져, 여성들은 직접 만든 머리장식을 방문하는 관광객들에게 팔기 시작했다.

책임이다. 저소득 도시는 예외인데, 하이터치/하이테크 방식의 수거 및 처리 기술 대신 임의의 수거자가 비공식적으로 쓰레기를 수거해간다. 버려지는 물품은 음식물, 실외 쓰레기, 종이, 판지, 플라스틱, 금속, 옷, 기저귀, 나무, 유리, 재, 배터리, 가정용 전자제품, 페인트 깡통, 자동차 기름, 대용량 품목 등이다. 이런 폐기물 목록은 국가마다 각양각색이지만, 고소득 국가에서는 종이, 플라스틱, 유리, 금속이 폐기물의 절반 이상을 차지하며, 모두 재활용할 수 있는 소재다(독성 또는 고부가가치 부품 등 흔하지 않은 품목도 많이 재활용되어야 한다).

가정용 폐기물의 재활용 여부는 온실가스 배출에 큰 영향을 미친다. 수거된 물질에서 새로운 제품을 생산하는 것은 자원 채굴 감소, 오염물질 최소화, 일자리 창출이라는 장점 외에 에너지 절감 효과도 크기 때문이다. 예를 들어 알루미늄 제품을 재활용하면 새로운 재료로 만드는 것보다 에너지를 95퍼센트나 적게 사용한다. 물론 알루미늄과 같이 가장 효율적인 재활용 재료도 온실가스를 배출하지 않는 것은 아니다. 수거, 수송, 처리 과정에서도 적어도 당분간은 화석연료의 도움을 받아야 한다. 그래도 오염 측면에서, 재활용은 배출 문제를 해결하면서 폐기물을 관리하는 효과적인 접근 방식이다.

폐기물을 전환하고 재활용하는 과정을 '가치화valorization'라고 부르기도 한다. 이 용어는 버려지는 물질에서 그것이 보유하는 가치를 추출해내는 것을 말한다. 재활용된 물질은 재화로서뿐만 아니라 흡수원으로서도 가치를 지닌다. 재화로서의 가치는 일반적으로 떠올릴 수 있는 가치다. 예를 들어 종이 섬유가 재활용 펄프로 재가공되면서 가치가 창출되는 경우다. 이런 상품 가치 때문에 쓰레기 수거업자는 계속 폐기물을 수거하고, 재활용 창업이 지속되고, 보스턴이나 부에노스아이레스는 압축 플라스틱 병을 중국으로 보낸다. 그 결과 세계적으로 재활용 물품 시장이 확산된다. 둘째로, 자주 간과되지만 재활용은 흡수원의 역할을 한다. 쓰레기 매립지나 소각장에 쓰레기를 보냄으로써 발생하는 경제적, 사회적, 생태적 비용을 흡수하는 것이다. 이 두 가지 활용 방법은 가치를 창출하고, 다양한 부문에서 비용을 절약하며, 특히 금속과 종이의 경우 소득을 창출한다.

재활용률(퇴비를 포함하여 성공적으로 용도 변환이 이뤄진 폐기물 비율을 측정하는 것)은 전 세계의 도시마다 다르다. 후발 주자들을 선두 주자들의 속도에 맞추게 하는 것이 당장 해결해야 할 문제다. 흥미로운 사실은, 여러 저소득 국가의 도시 재활용률과 비공식 시스템이 고소득 국가의 공식적인 시스템과 비슷한 수준에 있다는 점이다. 인도 델리와 네덜란드 로테르담 모두 3분의 1 수준의 재활용률을 맴돈다. 샌프란시스코와 호주 애들레이드는 65퍼센트 이상을 달성한 선두 주자에 속하지만, 필리핀 케손시티와 말리 바마코도 마찬가지다. 또 한 가지 중요한 사실은, 비공식적인 재활용이 도시 빈민의 생계를 지원하며(건강에 미치는 영향이 없는 것은 아니지만) 자원이 부족한 도시들이 쓰레기 관리에 드는 돈을 절약하게 한다는 점이다. 화물 자전거로 가정용 재활용 서비스를 제공하는 나이지리아의 위사이클러스Wecyclers 등과 같은 소규모 업체의 역할이 점점 더 중요해지고 있다.

이 부문을 선도하는 고소득 국가의 도시들은 가정용 재활용 시스템을 성공시키면서 이에 대해 많은 것을 배웠다. 대중 인식 제고는 필요하지만 절대 충분하지 않다. 확실한 공식은 없지만 가장 효과적인 시스템은 간편한 수거 환경 조성과 행동을 유도하는 인센티브를 사용하는 것이다. 샌프란시스코에서 시행되는 것과 같은 종량제 프로그램은 쓰레기 매립지로 보내지는 쓰레기의 처리 비용을 각 가정에 청구하지만, 재활용과 퇴비는 무료로 수거한다(샌프란시스코는 재활용 물품에 빠르게 성장하지만 종종 간과되는 폐기물인 의류를 포함한다). 소비자가 구매 시 상환 보증금을 내도록 하는 메커니즘은 병부터 전기제품까지 폭넓게 적용되며 회수율도 높일 수 있다. 일관적인 접근 방식만을 적용하는 것은 엇갈린 결과를 낳기도 했다. 이제 여러 자치단체는 도로가에 커다란 쓰레기통을 두고 다양한 재활용품을 한데 모아 재활용의 흐름을 일관적으로 관리하려 한다. 그러나 이 공간에는 많은 '창의적'이고 '희망 사항적'인 재활용품(여기에는 정원 호스가, 저기에는 스티로폼 용기가 버려진 채)들이 쌓였고, 결국 처리하는 데 비용이 더 많이 드는 오염을 야기했다.

가정용 폐기물 재활용은 또 다른 도전에 직면해 있다. 바로 쓰레기 자체의 변화다. 탄산음료 병에서 유아용 젖병에 이르기까지 포장은 '경량화'되고 있다. 새로운 디자인은 더 적은 원재료를 필요로 하며 운송 비용(그리고 종종 온실가스 배출)을 절감한다. 그러나 동시에 이런 디자인은 재활용이 어려울 수 있고, 가공해 판매할 수 있을 정도가 되려면 더 많은 양이 모여야 한다. 한때 재활용품 수입의 대부분을 책임졌던 신문은 판매량이 급감했다. 이런 변화는 세계 상품 시장의 불가피한 변동성과 결합되어 산업계를 바짝 긴장하게 만든다. 그럼에도 '제로 폐기물'의 움직임은 계속되고 있다. 독일에서 도입된 그린도트 Green Dot 라벨링 시스템의 채택은 계속 증가해, 제조업체로부터 자금을 모아 회수 및 재활용 비용을 충당하고 있다. 또한 유럽연합이 2030년까지 65퍼센트의 재활용을 목표로 한 것처럼 강력한 도시 재활용 목표를 세우는 이들도 증가하고 있다. 재활용과 더불어 원료 절감과 재사용 노력은 더 이상 지구를 덮히지 않으면서 폐기물을 관리하는 핵심 요소가 될 것이다.

효 과

가정용 및 산업용 재활용 해결책이 함께 모델링되었으며 금속, 플라스틱, 유리, 고무, 섬유, 전자 폐기물 등의 재료를 고려했다. 종이 제품과 유기 폐기물은 별도의 폐기물 관리 해결책으로 처리한다. 매립과 관련된 배출량을 줄이고 새로운 원료 대신 재활용 재료를 사용함으로써 배출 감소가 이뤄진다. 재활용 자재의 약 50퍼센트가 가정에서 나오는 상황에서 전 세계 평균 재활용률이 총 재활용 쓰레기의 65퍼센트까지 증가한다면, 가정폐기물 재활용은 2050년까지 2.8기가톤의 이산화탄소 배출을 피할 수 있다.

산업폐기물 재활용

INDUSTRIAL RECYCLING

"재료 취득, 제작, 소비." 이것은 산업 시대의 작동 메커니즘이다. 필요한 자원을 가져다가 물건으로 만들어 부산물은 버리고, 사용한 물품은 결국 폐기한다. 오늘날 새로운 순환적 사고방식이 그 논리를 대체하기 시작했다. 자연에는 순환이 존재한다. 물과 영양소는 폐쇄된 순환 고리에서 움직이며, 쓰레기는 없다. 버려진 것이 자원이 된다. 자연의 지혜를 바탕으로 하는 순환 비즈니스 모델은 낡은 상품과 고철 재료를 새로운 제품의 소중한 자원으로 본다. 이 모델은 원자재로 시작해서 매립지와 소각장에서 끝나는 선형적 흐름을 바꾸어 산업 시스템을 생태계처럼 기능하게 만든다. 회사들은 폐기물을 재활용하는 곳으로 보내기도 하지만, 스스로 재활용의 주체가 되기도 한다. 처음부터 사용하는 재료를 줄이고 폐기물을 재활용·재사용해, 원재료의 추출·운반·처리 과정에서 배출되는 온실가스를 줄일 수 있다. 세계 경제는 현재 지구가 재생할 수 있는 것보다 훨씬 더 빨리 재료들을 사용하기 때문에 이런 관행은 자원 부족 문제를 동시에 해결한다.

폐기물의 절반, 혹은 그 이상의 비율이 가정 밖에서 발생한다. 산업 및 상업 폐기물의 원천은 무수하다. 온갖 직종의 제조업체, 건설 현장, 광산, 에너지 및

—— 2012년 카펫 타일을 만드는 글로벌 기업 인터페이스코퍼레이션Interface Corporation이 런던동물원과 협업해 특이한 주제를 연구했다. "카펫 제작이 어떻게 세계의 불평등을 해결할 수 있을까?" 그 해답을 이 장의 두 사진에서 찾을 수 있다. 개발도상국의 해안지역 사람들과 함께 일하면서 인터페이스는 암초와 산호초 사이에 널브러져 있는 버려진 어망을 구입했다. 이는 여전히 바다에서 물고기를 죽이고 있는 64만 톤의 버려진 어망(유령 어망) 중 일부였다. 지금까지 지역사회에는 버려진 어망을 재활용하거나 폐기하는 지속가능한 방법이 없었다.
이 이니셔티브를 넷웍스Net-Works라고 부르는데, 이 프로그램의 중심에는 자금 지원, 대출, 해안 청소, 판매로부터의 예금, 지역 보존 프로젝트의 재정 관리를 돕는 지역 은행들이 있다. 버려진 어망은 아쿠아필Aquafil 회사가 가공 처리해 폐기물에서 나온 나일론을 100퍼센트 재활용 카펫 연사로 바꾼다. 그것을 인터페이스의 디자인과 결합해 다음 쪽의 사진에서 보는 것과 같은 카펫을 만들어낸다. 카펫의 디자인은 이 어망을 회수한 바다를 닮아 있다. 2016년 기준, 35개의 지역사회에 넷웍스가 설립되었고, 137톤의 폐그물을 수거했다. 이를 통해 900여 가구가 소액 대출은 물론 은행 업무를 이용할 수 있게 되었다.

2050년까지 감축 결과 및 순위

56

2.77기가톤	3669억 달러	711억 달러
이산화탄소 감소	순비용	순절감액

화학 공장, 상점, 식당, 호텔, 사무실 건물, 스포츠 및 음악 행사장, 학교, 병원, 교도소, 공항 등 이루 다 꼽을 수도 없다. 이곳들은 모두 사용과 폐기의 현장이다. 여기서 나오는 폐기물은 직물, 종이, 판지, 기타 포장, 플라스틱, 유리, 금속뿐만 아니라 음식과 조경에서 발생되는 일상적인 것들을 포함한다. 또한 컴퓨터, 스크린, 프린터, 전화기 등 정보 시대의 폐기물, 수은, 납, 비소를 포함한 독성 물질을 포함하는 전자 폐기물뿐만 아니라 콘크리트, 철강, 목재, 재, 타이어 등 산업 고체 폐기물 등 방대한 양을 포함한다(세계 대부분의 전자 폐기물 쓰레기장은 규제와 집행이 느슨하고 암시장이 횡행한다). 쓰레기 전부가 제2의 삶을 찾을 수 있는 것은 아니지만, 적어도 대부분은 그럴 가능성이 있다.

일련의 노력이 상업 및 산업폐기물의 고리를 원형으로 잇는 데 일조할 수 있다(일부는 가정폐기물에도 적용된다). 생산자책임재활용제EPR는 기업이 단순히 상품을 만드는 것뿐만 아니라 사용 후 관리에 대한 책임을 지게 만드는 제도로, 최근 인기를 끄는 정책이다. 기업이 이렇게 하지 않으면 대중이 처분의 부담을 져야 한다. 이 재정 정책은 생산자들에게 복원과 재활용 비용을 청구하거나 그 과정에 직접 참여하도록 요구한다. 2006년부터 네덜란드는 이 제도를 포장 부문에 활용해왔다. 생산자들은 이 수거법을 통해 전자 폐기물을 처분한다. 카펫 타일 제조업체인 인터페이스와 같은 회사들은 자발적으로 그들의 제품을 회수하려고 노력한다. 그래서 버려진 타일은 다시 새로운 타일의 재료가 된다. 아웃도어 의류 회사인 파타고니아는 '헌 옷'을 수거해 수선하고 너무 낡은 것이라면 재활용한다. 그러나 자발적으로 이런 책임 있는 행동을 하는 것은 쉬운 일이 아니다. 이를 정책화하면 기업들에게 미래를 생각할 기회를 제공하고, 제품을 더욱더 튼튼하게, 고치기 쉽게, 가능한 한 재활용하도록 만들 수 있다. 재활용은 물건의 수명이 다한 시점에 행하지만, 물건을 생산하는 초기 단계에서부터 가능성을 고려해야 한다는 뜻이다.

재활용 및 재사용이 가능한 상품의 교환을 도모하는 노력도 반드시 필요하다. 이런 노력의 일환으로 2015년 중고 물품의 중개자로서 미국 머티리얼마켓플레이스U. S. Materials Marketplace가 출범했다. 이 이니셔티브는 관련 있는 당사자들을 이어줄 기회를 적극적으로 식별하고 연결해, 필요한 경우 기업 간 거래를 중개한다. 이와 병행하여 재활용 과학 교육과정도 진화해야 한다. 스위스 건축가 발터 슈타헬은 『네이처』에서 "복구 고리를 이으려면 소재의 탈폴리화,

반타얀섬 수거 지점의 여성들이 자신들의 노동 결실을 살펴보고 있다. 100퍼센트 재활용 어망으로 만든 카펫 타일이다. 여성들은 그물을 씻고, 무게를 재고, 분류한 후, 세부로 수출할 준비를 한다.

탈합금화, 탈라미네이트화, 탈경화화, 탈코팅화를 위한 새로운 기술이 필요할 것"이라고 촉구했다. 혁신적인 전환 기술은 재활용률을 크게 높일 수 있다. 물론 재활용 자체는 통합적인 전략의 한 부분일 뿐이다. 이 전략은 원생 재료를 재활용된 재료로 바꾸고, 재료를 좀더 효율적으로 사용하며, 좋은 디자인과 견고한 구조를 통해 제품 수명을 연장하는 것 모두를 고려해야 한다. 쓰레기가 항상 보물이 될 수 있는 것은 아니지만, 의도적인 관리를 통해 순환성이 산업 내부에 자리 잡는다면 큰 환경적·경제적 이득이 실현될 수 있음을 여러 증거 자료가 뒷받침한다.

효과

앞에서 언급한 바와 같이, 가정 및 산업폐기물 재활용을 함께 모델링했다. 이 둘의 총 추가 실현 비용은 7340억 달러로 추정되며, 30년 동안 총 운영 비용 절감액은 1420억 달러다. 평균적으로 재활용 가능한 재료의 50퍼센트는 산업과 상업 부문에서 나온다. 재활용률이 65퍼센트에 이른다면, 2050년까지 상업과 산업 부문은 2.8기가톤의 이산화탄소 배출을 피할 수 있다.

대체 시멘트

ALTERNATIVE CEMENT

_____ 판테온은 로마 시대의 사원으로 2000년 전 마르쿠스 아그리파의 집정관 시절에 건설이 시작되어, 128년경 하드리아누스 황제 때 완공되었다. 2000년이 지난 지금도 세계에서 가장 큰 무근 콘크리트 돔으로 남아 있다. 더욱 더 놀라운 사실은 콘크리트가 훼손되지 않고 여전히 튼튼하며 거의 변하지 않은 상태로 남아 있다는 점이다. 현재 교회 자리에 서 있는 돔의 중앙 오쿨루스(판테온의 돔 정상부에 있는 원형 개구부—옮긴이)의 높이는 43.3미터다. 매년 600만 명의 사람이 이곳을 방문한다.

2050년까지 감축 결과 및 순위			36
6.69기가톤 이산화탄소 감소	-2739억 달러 순비용	자료 불분명 결정 불가	

미국 서부에 후버댐과 그랜드쿨리댐이 건설되기 수 세기 전에 콘크리트공학의 대표적인 위업으로 로마의 다리와 아치, 콜로세움, 수도교가 있었다. 로마의 콘크리트는 웅장한 판테온을 만드는 데 사용되었다. 128년에 완공된 이 신전은 무게 5000톤, 높이 43미터로 무근 콘크리트로 만들어졌고 2000년이 지난 지금까지도 세계에서 가장 큰 돔으로 잘 알려져 있다. 오늘날의 콘크리트로 지어져 300년 동안 사용되었다면 로마가 몰락하기 전에 무너졌을 것이다. 로마의 콘크리트는 현대의 콘크리트와 마찬가지로 모래와 바위가 섞여 있었지만, 특정 화산에서 나온 석회, 소금물, 그리고 포촐라나pozzolana라 불렸던 재도 추가되었다. 화산 분진을 오푸스캐멘티시움opus caementicium이라 불렀던 시멘트에 섞으면 수중 공사도 가능했다.

콘크리트의 기술과 과학은 대부분 로마 제국 자체와 함께 사라졌다가, 19세기에 부활해 진화를 거듭했다. 오늘날 콘크리트는 세계 건설 자재를 장악하고 있으며 거의 모든 인프라에서 찾아볼 수 있다. 콘크리트의 배합은 간단하다. 모래와 쇄석, 물, 시멘트를 섞어 굳힌다. 석회·실리카·알루미늄·철로 구성된 시멘트는 접합재 역할을 하는데, 모래와 바위를 함께 코팅하고 접착시키는 이것은 굳은 후 돌과 같이 놀랍도록 단단한 재료가 된다. 시멘트는 또한 회반죽에도 사용되며, 보도블록이나 기와와 같은 건축재에도 사용된다. 질량을 기준으로 했을 때 시멘트의 사용량은 계속 증가 중인데, 인구 증가보다 훨씬 더 빠른 속도다. 질량을 기준으로 했을 때 시멘트는 물 다음으로 세계에서 가장 많이 사용되는 물질 중 하나다.

시멘트는 인프라를 지탱하는 힘의 원천이지만, 온실가스 배출의 원천이기도 하다. 세계적으로 가장 흔한 형태인 포틀랜드 시멘트를 생산하기 위해, 분쇄한 석회암과 규산알루미늄 점토의 혼합물을 섭씨 약 1450도의 거대한 가마에서 구워낸다. 그렇게 하면 석회암의 탄산칼슘을 분리하여 원하는 석회 함량을 함유한 산화칼슘과 폐기물인 이산화탄소로 분리할 수 있다. 가마의 다른 쪽에서는 '클링커clinker'라고 하는 작은 덩어리가 나오는데, 이 덩어리는 식힌 후 석고와 결합되어 우리가 시멘트라고 알고 있는 밀가루 같은 가루에 섞이게 된다. 탈탄소화된 석회암은 시멘트 산업 배출량의 약 60퍼센트를 차지한다. 나머지는 에너지 사용의 결과물이다. 시멘트 1톤을 제조하려면 181킬로그램의 석탄을 태우는 것과 동등한 에너지가 필요하다. 이 배출물까지 고려하면 1톤의 시멘트가 생산될 때마다 거의 1톤의 이산화탄소가 대기 중으로 방출된다. 매년 약 46억 톤의 시멘트가 생산되는데, 이 중 절반은 중국에서 생산되며 이 과정에서 배출되는 탄소량은 연간 인위적 탄소배출의 5~6퍼센트를 차지한다.

좀더 효율적인 시멘트 가마와 다년생 식물 바이오매스와 같은 대체 가마 연료는 에너지 소비로 인한 배출량을 해결하는 데 도움이 될 수 있다. 탈탄소 과정에서 나오는 배출을 줄이기 위해 시멘트의 구성을 바꾸는 것이 결정적인 전략이 될 수 있다. 기존의 클링커는 화산재, 특정 점토, 잘게 분쇄한 석회암 등으로 대체될 수 있다. 여기에 고로高爐 슬래그와 비산재도 포함된다. 고로 슬래그는 원래는 산업폐기물로, 엠파이어스테이트빌딩과 파리메트로 건설에 사용되었던 철 제작 중에 나온 부산물이며, 비산재는 석탄 화력발전소에서 나온 분말 잔여물로 후버댐 건설에도 사용되었다. 이들 재료는 가마 공정이 필요하지 않아 시멘트 생산 공정 중 탄소배출이 가장 많고 에너지 집약적인 단계를 건너뛴다. 이미 고로 슬래그의 90퍼센트 이상이 클링커 대신 사용되고 있다. 비산재의 3분의 1 역시 재사용되며, 이 수치는 더 늘어날 수 있다. 시멘트의 최종 용도와 사용되는 비산재의 종류에 따라 비산재와 포틀랜드 클링커를 다양한 비율로 혼합할 수 있다. 보통 비산재는 혼합물의 45퍼센트를 차지한다.

궁극적으로 세계는 석탄발전을 지양하고 그에 따른 배출물을 줄이는 쪽으로 나아갈 테지만, 석탄을 여전히 사용하는 한 비산재 시멘트는 부산물을 효율적으로 이용하는 사례다. 비산재를 매립지나 축양지로 보내는 것보다야 훨씬 낫다. 가용성이 핵심 요소다. 지역적마다 그 종류가 매우 다양하고, 석탄발전소의 가동이 점점 줄어드는 추세에서 비산재를 활용하는 것은 어려울 수 있다. 비록 더 많은 비용이 들기는 하지만, 과거의 비산재를 얻기 위해 매립지를 채굴하는 것도 미래의 잠재적 자원이 될 수 있다. 운송 비용 관리와 일정한 품질 역시 클링커 대체재로서 비산재에 새 생명을 불어넣기 위해 중요하다. 건강에 미치는 비산재의 영향에 대한 의문은 끊임없이 제기되고 있다. 석탄 부산물인 비산재에는 독소와 중금속이 함유되어 있다. 과학자들은 이런 요소들이 콘크리트 내부에 안전하게 고정되어 있는지, 아니면 누출될 수 있는지의 여부와 구조물의 수명이 끝날 때 어떤 위험이 발생할 수 있는지에 대한 연구를 계속하고 있다.

유엔환경계획에 따르면 전 세계 평균 클링커 대체율은 현실적으로 40퍼센트에 이를 수 있고(모든 대체재를 감안), 연간 최대 4억4000만 톤의 이산화탄소 배출량을 줄일 수 있다고 한다. 특정한 구성 비율에 따라 포틀랜드 시멘트의 대체재는 대기에 미치는 영향 그 이상의 이점을 가진다. 작업하기에 더 편리하고, 물이 덜 필요하며, 밀도가 높고, 부식과 불에 더 강하고, 더 오래 지속될 수 있는 것이다. 비록 이 대체재들이 자리를 잡는 데는 시간이 걸리겠지만, 궁극적으로는 굉장한 효과를 낼 수 있다.

정부와 기업들은 클링커 대체재의 가능성을 구체화하기 시작했다. 유럽연합은 지역 표준으로 이용 가능한 대부분의 비산재를 재사용한다. 이런 정책 변경 이전에는 활용률이 지역마다 달랐으며, 어떤 곳에서는 10퍼센트에 불과했다. 뉴욕시는 지역적으로 조달할 수 있고 매립 공간을 절약할 새로운 대체물로 간유리병을 채택했다. 이는 성장 가능성이 큰 혁신이다. 도시부터 국제적 수준에 이르기까지, 새로운 표준과 제품 척도 수립은 건설 산업 내에서 관행을 바꾸고 인도와 초고층 건물, 도로, 활주로에 대체 시멘트 사용을 촉진하기 위한 핵심이다.

효과

비산재는 연소된 석탄의 부산물이기 때문에 1톤이 생성될 때마다 15톤의 이산화탄소 배출이 뒤따른다. 시멘트에 비산재를 사용해도 배출량의 5퍼센트밖에 절감할 수 없지만, 2020~2050년에 생산된 시멘트의 9퍼센트가 기존의 포틀랜드 시멘트와 45퍼센트의 비산재를 혼합한 것이라면 2050년까지 6.7기가톤의 이산화탄소 배출을 피할 수 있다. 2740억 달러의 생산 절감액은 대부분 시멘트 수명의 연장으로 인한 것이다.

냉매 관리

REFRIGERATION

모든 냉장고, 슈퍼마켓 진열대, 에어컨에는 열을 흡수하고 방출하는 화학 냉매가 포함되어 있어 음식을 차갑게 하고 건물과 차량을 시원하게 유지할 수 있다. 냉매, 특히 염화불화탄소CFC와 수소염화불화탄소HCFC는 한때 태양의 자외선을 흡수하는 데 필수인 성층권 오존층을 고갈시키는 주범이었다. 1987년 오존층 파괴 물질에 관한 몬트리올 의정서 덕분에 (에어로졸 캔과 드라이클리닝에서 표준으로 사용되던 오존을 고갈시키는 화학물질과 함께) 염화불화탄소와 수소염화불화탄소는 단계적인 절감을 거쳐 사용되지 않게 되었다. 지구 전체가 법을 통해 의무적으로 행동 방침을 채택한 것은 남극 오존층에 뚫린 구멍을 발견한 후 채 2년이 지나지 않았을 때였다. 30년이 지난 지금, 오존층은 치유되기 시작했다.

냉매는 여전히 전 지구적인 문제를 야기한다. 상당한 양의 염화불화탄소와 수소염화불화탄소가 여전히 남아 있어 오존 파괴의 가능성이 존재한다. 이들을 대체하는 화학물질(주로 수소불화탄소HFC)은 오존층에 악영향을 미치지는 않지만, 지구온난화를 일으킬 수 있는 능력은 화학 성분비에 따라 이산화탄소보다 1000~9000배나 더 크다.

2050년까지 감축 결과 및 순위

1

89.74기가톤 이산화탄소 감소	자료 불확실 결정 불가	**-9028**억 달러 순절감액

2016년 10월, 170여 개 국가에서 온 관계자들이 르완다의 키갈리에 모여 수소불화탄소 문제를 해결하기 위한 논의를 가졌다. 까다로운 세계 정치가 얽혀 있음에도 불구하고 그들은 주목할 만한 합의에 도달했다. 몬트리올 의정서 개정을 통해 세계는 2019년 고소득 국가들을 시작으로 2024~2028년에는 저소득 국가들까지 수소불화탄소를 단계적으로 폐지하기로 합의했다. 프로판이나 암모늄 같은 천연 냉매가 수소불화탄소의 대체재로 시판되고 있다.

파리 기후 협정과 달리 키갈리 개정의정서는 구체적인 실행 목표와 일정표, 미준수 시 처벌 형태의 무역 제재, 전환 비용의 재원을 마련하기 위한 부국들의 약속 등을 의무적으로 규정했다. 이것은 기념비적인 성과다. 존 케리 당시 미 국무장관은 "(기후변화에 대해) 우리가 단번에 해낼 수 있는 가장 큰일"이라고 칭찬했다. 과학자들은 이 협정이 지구 온도를 섭씨 0.5도 낮출 것이라고 추정한다.

수소불화탄소를 단계적으로 폐기하는 과정은 수년에 걸쳐 전개될 것이며, 그동안 냉매는 주방과 응축 장치에 끈질기게 남아 있을 것이다. 특히 빠르게 발전하는 개발도상국에서 에어컨 사용이 급증함에 따라 수소불화탄소 저장고는 모든 국가가 사용을 중단하기 전까지 크게 성장할 것으로 보인다. 로런스버클리 국립연구소는 2030년까지 전 세계적으로 7억 대의 에어컨이 가동될 것이라고 밝혔다. 따라서 이에 대응하는 조치가 필요하다. 여기에는 사용하지 않는 냉매 처리뿐만 아니라 사용되는 냉매를 전환하는 문제도 포함된다.

——— 마리오 호세 몰리나파스켈 엔리케스는 멕시코의 화학자로 오존층을 위협하는 염화불화탄소를 밝혀내 1995년 노벨화학상을 받았다. 그는 함께 노벨상을 받은 셔우드 롤런드와 작업하며 염화불화탄소가 어떻게 대기권에 머물고, 가스가 발생하는 염소 원자가 어떻게 대기 오존을 파괴하는지를 연구했다. 그들의 연구로부터 염화불화탄소를 금지하는 '오존층 파괴 물질에 관한 몬트리올 의정서'가 생겨났다. 결과적으로 197개 국가가 2028년까지 수소불화탄소를 단계적으로 폐지하는 협정인 몬트리올 의정서에 2016년 키갈리 개정의정서를 채택했다. 수소불화탄소는 오존층을 부식시킬 뿐만 아니라 인류에 알려진 가장 강력한 온실가스 중 하나다.

냉매는 생산, 충진, 서비스 및 누출 시 등 수명 주기 전반에 걸쳐 배출이 발생하지만 폐기 시 가장 큰 손상이 발생한다. 냉매 배출량의 90퍼센트는 수명이 다했을 때 발생한다. 화학물질(또는 화학물질을 사용하는 기구)을 제대로 폐기하지 않으면, 이 물질들은 대기 중으로 빠져나가 지구온난화를 일으킨다. 반면에 냉매 회수율이 높을수록 경감 효과는 엄청나다. 냉매를 조심스럽게 제거하고 보관한 후 재사용할 수 있도록 정제하거나 온난화를 유발하지 않는 다른 화학물질로 변형할 수 있다. 공식적으로 파괴destruction라 불리는 후자 공정은 배기가스를 확실히 감소시키는 하나의 방법이다. 비용이 많이 들고 매우 기술

——— 싱가포르 시내. 아시아 거리 어디에서나 볼 수 있는 에어컨 실외기.

적이지만, 표준 관행이 되어야 한다.

100년도 채 안되어 미국의 에어컨은 사치품에서 생활필수품이 되었다. 오늘날 미국 가정의 86퍼센트는 공조 시스템을 갖추고 있다. 중국은 에어컨이 아직 보편적이지는 않지만, 불과 15년 만에 도시의 가정에서는 흔하게 볼 수 있는 것이 되었다. 왜 안 그러겠는가? 열과 습기가 많은 계절에 냉방은 편안함과 생산성을 높이고 폭염 동안 생명을 구할 수 있다. 그러나 지구온난화의 큰 아이러니는 온도를 시원하게 유지해주는 수단이 온난화를 더 악화시킨다는 것이다. 기온이 상승함에 따라 에어컨에 대한 의존도도 높아진다. 어떤 부엌이든 간에 식품 생산과 공급의 '콜드 체인' 전체에서 냉장고의 사용은 비슷한 확장을 경험하고 있다. 냉각 기술이 확산됨에 따라 냉매와 그 관리 기술의 진화는 필수다. 키갈리 협정은 단계적 변화를 보장하며, 기존 냉매 재고에 초점을 맞춘 다른 대응과 발을 맞추면 메탄 배출은 획기적으로 감소할 수 있다.

효과

이 분석은 2016년의 키갈리 개정의정서를 통해 달성될 배출 감소와 이미 유통되는 냉매를 관리하기 위한 추가 관행을 고려했다. 우리는 첫째, 냉매의 누출을 방지하고 둘째, 수명이 다한 후 냉매를 파괴하기 위한 관행의 채택을 모델링했다. 30년에 걸쳐, 배출될 수 있는 냉매의 87퍼센트를 억제해 이산화탄소 89.7기가톤에 해당되는 배출을 피할 수 있다. 회수된 냉매 가스의 재판매로 일부 수익이 창출될 수 있지만, 회수·파괴 및 누출 방지를 관리·운용하는 비용이 재정적 이익을 넘어선다. 즉 냉매 관리를 채택하면 2050년까지 9030억 달러의 순비용이 발생할 것으로 보인다.

재생지

RECYCLED PAPER

_____사진작가 크리스 조던은 2011년에 9600개의 우편 주문 카탈로그를 사용해 만다라를 만들었다. 이는 3초마다 인쇄, 출하, 배송되는 카탈로그의 수이며, 그중 97퍼센트가 도착하는 날 폐기된다. 이 작품은 「계산기 두드리기: 미국의 자화상Running the Numbers: A American Self-Portrait」이라는 시리즈의 한 작품이다. 이 작품의 제목은 「3초의 명상Three Second Meditation」이다.

2050년까지 감축 결과 및 순위			70
0.9기가톤 이산화탄소 감소	**5735**억 달러 최초 비용	자료 불분명 결정 불가	

장부 정리, 이야기 만들기, 정보 공유, 역사 기록, 아이디어 탐색. 인간이 된다는 것은 소통하는 것이며, 2000년 동안 종이는 이런 행위들의 원동력이었다. 종이는 중국에서 처음 탄생해 점차 서방으로 널리 퍼졌다. 19세기에 종이 제작이 산업화된 이래로 종이는 저렴하게 널리 보급되었다. 전자매체가 인쇄에 대한 필요성을 일부 분산시키고 있음에도 세계적으로 종이 사용은 증가하고 있다. 특히 포장재로 많이 사용된다. 오늘날 종이의 절반가량은 한 번 사용된 다음 폐품 더미로 보내진다. 그러나 나머지 절반은 재활용되어 다른 용도로 쓰인다. 북유럽에서는 재활용률이 75퍼센트에 이른다. 한국은 2009년에 90퍼센트의 재활용률을 달성했다. 나머지 세계의 종이 재활용 수준을 이 정도 또는 그 이상으로 끌어올리면 세계 연간 총량의 7퍼센트에 달하는 것으로 추정되는 종이 산업의 배출량(항공 산업보다 높다)을 끌어내릴 수 있다.

종이를 재활용하면 종이의 수명 주기를 늘릴 수 있다. 재활용을 통하면 종이의 수명은 벌목에서부터 매립지까지 직선이 아닌 원을 그린다. 소나무의 바이오매스로부터 만들어진 일반 종이는 그 여정의 모든 단계(채집, 제조, 운송, 사용, 폐기)마다 배출이 발생한다. 그러나 재활용된 종이는 이 모든 단계, 특히 시작과 마지막을 연결함으로써 과정에 개입하고 배출을 변경한다. 펄프 공정에 새 목재를 투입(새 나무가 잘릴 때마다 탄소가 배출)하는 대신, 재활용 종이는 소비자의 손에 닿지도 못한 종이 또는 이상적으로 잡지나 메모지로서의 목적을 다한 후 폐기된 기존 재료를 사용한다. 쓰레기장에서 분해되면서 메탄을 방출하는 대신 폐지는 새로운 삶을 얻는다. 이것은 쓰레기가 아니라 귀중한 자원이다. 매립지나 소각장으로 보내기에는 너무 소중하다.

회수된 후 사용한 종이는 재처리된다. 매립지에 버려질 뻔한 종이는 제본 못과 코팅 등을 제거한 후 분쇄, 펄프화, 세척되어 사무용지부터 신문지, 화장지에 이르기까지 다양한 상품으로 변모한다. 알루미늄과 같은 다른 재활용 재료와 달리 종이는 같은 품질의 제품으로 무한정 재활용될 수 없다. 종이의 섬유는 시간이 지남에 따라 분해된다. 섬유질이 더 짧고 약해지지 때문에 재생 종이는 본질적으로 품질이 낮은 제품이 될 수밖에 없다. 특정 종이는 대략 5~7번 재처리될 수 있다. 그렇더라도 재활용은 원생 재료로만 종이를 만드는 것에 대한 효과적이고 효율적인 대안이다.

재활용 종이의 이점은 다양하다. 숲이 보존되어 동식물의 서식지가 온전하게 유지되고 고대 생태계의 보물까지 보호할 수 있다. 물 사용량도 감소해 점점 더 위협받는 자원인 물에 대한 압박을 완화한다. 수로로 들어가는 표백제와 화학물질도 적어진다. 연구에 따르면, 재활용이 매립이나 소각보다 더 많은 일자리와 더 많은 경제적 가치를 창출한다고 한다. 가장 중요한 것은 재활용 종이가 천연 종이보다 훨씬 적은 온실가스를 배출한다는 사실이다. 기후변화에 미치는 긍정적 효과는 사용되는 재료, 대체하는 원료, 종말 처리 종류에 따라 정도가 달라진다. 물론 종이를 만드는 데에는 원재료와 최종 제품의 운송처럼 일정 에너지가 필요하다. 이는 공장들이 재생에너지로 운영되든 지속가능한 운송 옵션을 선택하든 천연 펄프와 재활용 펄프에서 똑같이 중요하다.

유럽환경종이네트워크EEPN가 실시한 연구에 따르면, 천연섬유 종이는 종이 제품 1톤당 평균 10.67톤의 이산화탄소(또는 이에 상응하는 다른 온실가스)를 배출하는 반면, 재활용 종이의 배출량은 2.92톤에 불과한 것으로 나타났다. 이들의 차이는 70퍼센트 이상이다. 최근의 수명 주기 평가는 재활용 종이를 소비 후 천연 종이와 비교한다. 분석 결과, 재활용 종이의 생산은 천연 종이가 만들어내는 기후 영향의 1퍼센트만 발생시키는 것으로 나타났다. 게다가 같은 양의 제품에 필요한 물의 4분의 1만 소비하고, 펄프화와 종이 제조에 필요한 에너지를 20~50퍼센트 덜 사용한다.

전반적인 종이 사용을 줄이기 위한 보완책으로써 종이의 재활용은 효과가 확실하다. 프로세스가 더 효율적이어서 생산 시 필요한 자원이 적어지고 처리 시 폐기물과 배출물이 덜 나온다. 더 많은 폐지가 복원되고 재활용됨에 따라 벌목과 매립, 소각의 필요성이 줄어든다. 그러나 적정 규모로 종이를 재활용하려면 비용이 낮아야 하고, 그러기 위해서는 생산량이 증가해야 한다. 기존의 폐기물 처리를 덜 매력적으로, 더 비싸게 만드는 정책이 재활용을 촉진할 수 있다. 또한 지속가능성이 낮은 대안에 대한 보조금과 같이 재활용을 불리하게 만드는 정책을 개선해야 한다. 소매업에서 도매업에 이르는 고객 수요 또한 산업의 투자를 올바른 방향으로 전환하는 데 필수다. 우려의 목소리가 커지면 머지않아 재활용 종이가 시장을 지배할 날이 올 것이다.

효과

30년 동안 재활용 종이는 0.9기가톤의 이산화탄소 배출을 막을 수 있다. 첫째, 재활용 종이는 기존 종이에 비해 총 배출량이 약 25퍼센트 적고 둘째, 종이 생산에 사용되는 재활용 종이의 비율은 2050년까지 55퍼센트에서 75퍼센트로 증가할 것이라는 두 개의 가정하에 이와 같은 결과가 도출되었다. 재활용 종이 함량이 증가하면 전기를 더 많이 사용하지만, 천연 목재 원료를 사용한 종이의 경우 수확 및 처리와 관련된 배출(펄프화와 제조에서 발생되는 총 배출량)이 더 높다. 이 해결책의 배출량 감소에는 재생 종이의 사용이 증가함으로써 수확되지 않을 나무의 탄소 격리는 포함되지 않는다.

바이오플라스틱

BIOPLASTIC

석기시대부터 철기시대, 강철의 시대까지, 우리는 그 시기에 주로 사용하는 1차 물질로 사회의 중대한 시기를 분류한다. 그렇다면 지금은 플라스틱 시대라고 부르는 것이 적절할 듯하다. 전 세계적으로 매년 약 3억1000만 톤의 플라스틱이 생산된다. 이는 1인당 37.6킬로그램으로, 2050년에는 플라스틱 생산이 4배로 증가할 것으로 예상된다. 플라스틱은 옷에서부터 컴퓨터, 가구, 축구장에 이르기까지 어디에나 있으며, 거의 모든 플라스틱은 화석연료로 만들어진다. 실제로 세계 연간 석유 생산량의 5~6퍼센트가 플라스틱 제조의 원료가 된다. 그러나 플라스틱을 구성하는 폴리머는 화석연료뿐만 아니라 자연의 모든 곳에 존재하며, 전문가들은 현재 플라스틱의 90퍼센트가 식물이나 다른 재생 가능한 공급 원료에서 파생될 수 있다고 추정한다. 이러한 생물 기반의 플라스틱은 땅에서 왔고 다시 땅으로 돌아갈 수 있다. 심지어 화석연료 기반의 플라스틱보다 탄소배출량이 더 낮은 상태로 돌아갈 수 있다.

플라스틱의 어원인 그리스어 동사 'plassein'은 '모양을 만들다'라는 뜻이다. 플라스틱에 가단성(압력 또는 그 밖의 외력에 의해 외형이 변하는 고체의 성질—옮긴이)을 제공하는 것은 폴리머인데, 많은 원자나 분자가 서로 결합된 체인 같은 구조로 되어 있다. 탄소를 중심으로 수소, 질소, 산소 등 다른 원소들이 연결되어 있다. 폴리머는 합성으로 만들 수 있지만, 우리 주변과 몸 안에서 자연적으로 발생하며 모든 살아 있는 유기체의 일부분이다. 지구상에서 가장 풍부한 유기물질인 셀룰로오스는 식물 세포벽에 있는 폴리머다. 키틴질은 갑각류와 곤충의 껍데기 및 외피에서 많이 발견되는 또 다른 폴리머다. 감자, 사탕수수, 나무껍질, 해조류, 새우는 모두 플라스틱으로 변환될 수 있는 천연 폴리머를 함유하고 있다.

비록 지금은 석유 기반 플라스틱이 시장을 지배하고 있지만, 가장 초기의 플라스틱 재료는 식물 셀룰로오스였다. 19세기에 미국과 유럽의 부자들에게는 당구를 치는 관습이 있었는데, 당구대를 장식하는 당구공들은 100퍼센트 단단한 상아였다. 그 시장은 탐욕스러웠다. 코끼리의 엄니로 상아를 얻기 위해 수천 마리의 코끼리가 도살당했다. 단지 한 줌의 당구공을 얻기 위해서였다. 이에 대중의 항의는 거세졌고, 당구업계의 비용도 인상되었다. 당구 선수이자 업계의 거물이었던 마이클 펠런은 상아 대신 다른 재료로 당구공을 만드는 사람에게 1만 달러 상당의 금을 수여하겠다고 내걸었다. 이 소식을 들은 인쇄업자이자 발명가 존 웨슬리 하이엇은 이 과제에 도전해보기로 했다. 그는 면의 셀룰로오스로부터 '셀룰로이드'라고 하는 물질을 개발했다. 그러나 셀룰로이드는 당구공을 만들기에는 적합하지 않았다. 하얏트는 상금을 받진 못했지만 셀룰로이드는 빗이나 손거울, 칫솔 손잡이, 영화 필름과 같은 제품에 안성맞춤이었다.

1941년 미시간주 디어본에서 헨리 포드는 최초이자 유일한 바이오플라스틱 자동차를 공개했다. 이 자동차는 전쟁으로 인해 금속이 점점 부족해지던 당시 상황에서 산업과 농업을 결합하려 한 시도다. 포드는 이미 그 당시 그린필드 빌리지에 소이빈연구소를 설립했고, 대마유로 자동차의 연료를 만들었다. 프레임은 관형강, 차체는 플라스틱, 창문은 아크릴이고, 기존의 60마력 엔진으로 구동되었다. 완성차의 무게는 전체가 강철로 된 기존 차량보다 450킬로그램이나 가벼웠다. 어느 정도는 전쟁을 지원하기 위한 의도로 만들어진 차이지만, 대부분의 자동차 제조는 전쟁 기간에 중단되었고 바이오플라스틱 자동차는 결코 되살아나지 못했다.

헨리 포드 역시 바이오플라스틱의 가능성을 실험했다. 그는 연구 개발 프로그램에 착수했고 콩으로 자동차 부품을 만드는 작업에 초점을 맞췄다. 1941년 포드는 자신의 콩 자동차를 선보였지만, 한없이 하락한 화석연료 가격과 모든 관심이 제2차 세계대전에만 쏠려 있는 상황을 극복할 수 없었다. 초기 바이오플라스틱의 형태였던 셀룰로이드는 베이클라이트의 발명에 불을 지폈다. 리오 베이클랜드는 세계 최초로 석유 기반 플라스틱을 만들었다. 석유화학 산업의 등장과 함께 20세기 초 베이클라이트는 석유 기반 폴리머의 폭발적인 성장을 이끌었다. 내구성도 높고 가벼운 물질로 다양한 크기와 모양의 물건을 만들 수 있게 된 것이다. 게다가 가격도 매우 저렴했다.

다른 많은 화석연료 대안과 마찬가지로, 1970년대의 석유 위기가 닥치기 전까지 바이오플라스틱은 부차적인 재료였다. 1990년대에 녹색 화학이 등장하고 유가가 상승하자 상용 바이오플라스틱 생산이 본격화되었다. 오늘날 다양한 제조법, 특성 및 응용을 통해 다양한 바이오플라스틱 제품이 생산 중이거나 개발 중에 있다. 대부분은 이런저런 종류의 포장에 주로 사용되지만, 섬유에서부터 세약, 전자제품에 이르기까지 모든 것에 사용될 수 있다. '바이오 기반' 제품은 최소 부분적으로라도 바이오매스로부터 파생된다. 바이오 기반의 플라스틱은 생분해될 수도 있고 그렇지 않을 수도 있다. 사탕수수나 옥수수로 만든 폴리에틸렌PE 쇼핑백은 생분해되지 않지만, 일회용 컵에서 볼 수 있는 폴리 유산PLA과 봉합에 사용될 수 있는 폴리히드록실알카노에이트PHA와 같은 플라스틱은 모두 바이오 기반이며 적절한 조건하에서 생분해될 수 있다(PLA는 해양이나 가정용 퇴비통이 아닌 고온에서만 생분해된다). 바이오플라스틱에 대한 연구는 원료, 제조, 용도의 한계를 뛰어넘고 있다. 우리는 지속가능한 원료를 찾고 석유화학적 집약농업은 피해야 한다.

석유 기반 플라스틱과 달리, 바이오플라스틱은 배출량을 줄이고 탄소를 격리시킬 수 있다. 이는 특히 원료가 폐기물계 바이오매스(펄프나 종이 또는 바이오연료 생산의 잔여물)에 의존할 때 더욱더 그렇다. 기후 혜택을 극대화하기 위해 원료 재배에서 수명 후 폐기에 이르기까지 바이오플라스틱의 전체 순환 주기를 고려해야 한다. 온실가스를 감소시키는 것 외에도 바이오플라스틱은 석유 기반 플라스틱이 제공하지 않는 다른 이점을 제공한다. 어떤 바이오플라스틱은 3D 인쇄에 이상적인 내열성을 가지고 있어 기술적으로 유용하다. 저온에서 생분해되기 쉬운 것들은 전 세계 강과 바다에서 벌어지는 플라스틱 쓰레

기 위기를 해결하는 데 도움이 될 것이다. 현재 전체 플라스틱의 3분의 1이 생태계에 스며들어가는데, 그중 5퍼센트만이 성공적으로 재활용되고 있다. 나머지는 땅에 묻히거나 불태워진다. 만약 현재의 추세가 계속된다면, 플라스틱은 2050년까지 세계 해양에 사는 물고기 수를 능가할 것이다.

아마 바이오플라스틱이 직면한 가장 큰 문제는 이들이 전통적인 플라스틱이 아니라는 점일 것이다. 바이오플라스틱은 다른 플라스틱과 분리되지 않으면 퇴비화할 수 없고, 더군다나 가정의 정원용 쓰레기통에서 퇴비화되는 일은 거의 없다. 바이오플라스틱을 분해하려면 높은 열이 필요하거나 화학적 재활용 공정을 거쳐야 한다. 바이오플라스틱이 기존 플라스틱과 섞이면 기존의 재활용 플라스틱이 오염되어 불안정하고 부서지기 쉬우며 사용할 수 없는 상태로 변한다. 제대로 된 분리수거와 적절한 처리 절차가 없다면, 바이오플라스틱은 도시 쓰레기 처리 흐름에서 갈 곳을 잃고 쓰레기장에 처박히는 신세가 될 수밖에 없다.

그럼에도 신속한 전환이 가능하다. 듀폰Du Pont, 카길Cargill, 다우Dow, 미쓰이Mitsui, 바스프BASF 등의 기업은 바이오 기반 폴리머에 투자하고 있다. 확장될 수 있는 강력한 플랫폼으로서의 가능성을 봤기 때문이다. 바이오플라스틱은 대체 기술(기존 재료를 대체할 수 있는 어떤 것)이기 때문에 플라스틱에 대한 전 세계적 수요로부터 이익을 올릴 수 있다. 동시에 바이오플라스틱이 극복해야 할 가장 큰 도전은 화석연료 기반의 플라스틱 산업이다. 유가가 낮고 규모의 경제가 부족하기 때문에 바이오플라스틱은 틈새시장을 넘어서기 위해 고군분투하고 있다. 반면 석유 기반 플라스틱은 파이프라인과 유조선의 혜택을 받아 더욱 중앙집중화된 생산이 가능하다. 장점을 극대화하기 위해서는 원료 생산과 바이오플라스틱 제조 사이의 거리가 가까워야 한다. 바이오 프로그램을 우선시하고 정확한 목표를 가지고 플라스틱을 금지하는 것 또한 바이오폴리머의 성장과 플라스틱 산업의 발전을 지원할 수 있다.

효과

우리는 플라스틱의 총 생산량이 2014년 3억1100만 톤에서 2050년에는 최소 7억9200만 톤으로 증가할 것으로 추정했다. 이는 보수적인 추정치로, 다른 출처에 따르면 현 추세가 계속될 경우 10억 톤을 넘을 것이라고 한다. 우리는 바이오플라스틱의 공격적인 성장을 고려해 바이오플라스틱이 2050년까지 시장의 49퍼센트를 차지하고 4.3기가톤의 배출을 줄여줄 것으로 예측한다. 기술적 잠재력은 훨씬 더 높지만, 추가적인 토지 전환 없이는 바이오매스 원료가 제한되기 때문에 한계가 있다. 이 시나리오에서 바이오플라스틱을 생산하는 데 드는 비용은 30년간 190억 달러다. 현재 생산자가 부담하는 비용은 높지만, 이는 계속 빠르게 감소하고 있다.

가정 물 절약

WATER SAVING-HOME

샤워, 빨래, 나무에 물 주기 등 가정에서의 물 사용도 에너지를 소모한다. 물을 정화하고 운반하고, 필요하면 가열하고, 사용 후 폐수를 처리하는 데 또 에너지가 필요하다. 온수 사용에 드는 에너지는 전 세계적으로 주거용 에너지 사용량의 4분의 1을 차지한다. 도시 수준에서 취할 수 있는 에너지 보존 대책 외에 가정별, 수도꼭지별 대책을 통해 물 사용의 효율성을 높일 수 있다.

집에서 미국인들은 매일 평균 371리터의 물을 사용하는데, 이는 다른 국가보다 훨씬 많은 편이다. 약 60퍼센트는 화장실, 세탁기, 샤워기, 수도 등 실내에서 사용된다. 약 30퍼센트는 잔디밭, 정원, 식물에 물을 주는 용도로 야외에서 사용되는데, 관개를 하지 않더라도 다른 주거용 항목보다 더 높은 비율을 차지한다. 나머지 약 10퍼센트는 누수로 손실되는 양이다.

실내에서 물 사용을 줄이기 위해서는 두 가지 기술이 핵심이다. 물 소비가 적은 양변기와 물 효율성이 높은 세탁기를 사용함으로써 각각 19퍼센트와 17퍼센트의 물 사용량을 줄일 수 있다. 수도꼭지와 샤워기를 절수용으로 교체하고 좀더 효율적인 식기세척기를 설치하는 것도 물 절약에 기여한다. 물 효율이 좋은 가전제품과 물 소비가 적은 설비를 함께 사용하면 가정 내 물 사용량

2050년까지 감축 결과 및 순위

4.61기가톤 이산화탄소 감소 | **7244**억 달러 순비용 | **1조8000**억 달러 순절감액

46

을 45퍼센트까지 줄일 수 있다. 온수와 관련된 조치들은 에너지 사용에 엄청난 영향을 미친다. 미국 환경보호국EPA은 100가구당 한 가구만이라도 낡은 화장실을 효율적으로 개조한다면 미국이 3800만 킬로와트 이상의 전기를 절약할 수 있다고 추정한다. 이는 한 달 동안 4만3000가구에 전력을 공급하기에 충분한 양이다.

이러한 기술은 단번에 업그레이드가 가능하다는 장점이 있다. 주택 소유자 또는 집주인이 설비에 투자하고 투자 회수 기간을 기다릴 용의가 있다면 추가 조치는 필요하지 않다. 그러나 개인의 행동 역시 실내의 물 사용을 줄일 수 있다. 평균 샤워 시간을 5분으로 단축하고, 옷이 충분히 쌓였을 때만 세탁하며, 가구당 하루 3배 적게 변기의 물을 내리면 각각 7~8퍼센트씩 물 사용량을 줄일 수 있다. 물론 장기적으로 영향을 미치려면 이러한 행동이 습관이 되어야 하며, 좋은 습관을 기르는 것은 결코 쉬운 일이 아니라는 것이 난점이다.

관개를 위한 옥외 물 사용은 포집한 빗물을 사용하거나, 물을 줄 필요가 없는 식물을 길러 물 사용을 줄일 수 있다. 또한 더 효율적인 점적 관개를 설치하거나 수도꼭지를 완전히 차단하는 방법도 있다.

여러 성공 사례가 물 절약의 효과를 증명하고 있다. 물 사용에 대한 지역적 제한과 효율적인 배관을 의무화하는 정책은 매우 만족할 만한 결과를 달성했다. 미국 환경보호국의 워터센스WaterSense 프로그램과 같이 효율적으로 생산된 제품을 표시하여 고지하면 소비자는 친환경적 제품이 무엇인지 정보를 얻

네비아Nebia 샤워헤드는 5년간의 설계와 개발을 거쳤으며, 미세 물방울 구현을 위해 항공우주공학기술을 도입했다. 이 샤워헤드는 보통 샤워기의 분사 면적 5배의 넓이도 수백만 개 이상의 물방울을 분사한다. 열효율(몸에서 느끼는 열)이 13배 이상 향상되고, 기존 샤워헤드에 비해 최대 70퍼센트, 미국 환경보호국의 워터센스 샤워헤드에 비해 60퍼센트의 물을 절약할 수 있다.

을 수 있으며, 인센티브 지급(효율적인 가전제품과 설비 구매에 대한 리베이트)은 자발적인 행동을 장려할 수 있다. 이 모든 조치는 에너지 사용과 물 소비를 동시에 줄이는 두 가지 이점이 있다. 물 부족으로 점점 더 많은 사람이 어려움을 겪고 있기 때문에 지역사회는 두 배로 노력해야 한다. 기후변화의 영향은 인구 압력을 가중시키고 있다. 예를 들어 가뭄 때에 관개 수요는 증가하는 반면, 공급의 질과 양은 감소한다.

이 솔루션은 가정에서 직접적으로 물 소비를 줄이는 것에 초점을 맞추고 있지만, 가정 내의 다른 선택 및 기술 발전이 간접적으로 물 소비를 줄이도록 돕기도 한다. 에너지 발전이 대표적인 예다. 원자력 및 화석연료 발전소는 냉각에 엄청난 양의 물을 사용하는데, 이는 미국 전체 물 소비량의 거의 절반에 해당된다. 1킬로와트시 전기에는 95리터의 보이지 않는 물이 숨어 있다. 물과 에너지는 긴밀하게 연관되어 있어 서로의 효율성을 강화할 수 있다.

효과

2050년까지 전체 수도꼭지 및 샤워헤드의 95퍼센트를 절수용으로 교체하고 폐수 가열에 사용되는 에너지 소비를 줄이면 이산화탄소 배출량을 4.6기가톤 줄일 수 있다. 다른 절수 기술과 함께 사용하면 배출량은 더욱 줄어든다. 여기서는 온수만을 모델링해 에너지 절감량을 계산했다.

매력적인 미래 에너지

다가올 미래의 세상을 담은 이 장은 우리가 이 책에서 가장 좋아하는 부분이다. 덧붙이자면 얼마든지 길어질 수 있는 부분이기도 하다. 다른 80가지 솔루션에서 우리는 정확한 규칙을 적용해 분석했다. 솔루션의 성과와 비용에 대한 충분한 과학적 자료와 비용 정보를 가지고 있어야 했다. 그러나 이미 확대되고 있는 해결책에만 초점을 맞추면서 지구온난화를 해결하기 위한 우리 능력이 이미 알고 있는 것과 실행되는 것에만 국한된다는 사실을 인정하고 싶지 않았다. 이 장은 가까운 혹은 먼 미래를 들여다볼 수 있는 창 역할을 한다. 모든 주요 분야에서 발명과 혁신의 속도는 주춤하고 있으며, 기존의 혁신이 얼마만큼 영향을 미칠 수 있는지 우리는 알 수 없다. 전도유망한 아이디어는 과학 프로젝트의 일부인 경우가 많으며, 그 범위를 넘어서진 않을 것이다. 그렇지만, 아니 그렇기 때문에, 게임의 판도를 바꿔놓을 수 있을 만한 기술과 솔루션을 여기서 소개한다.

매머드 스텝지대 재생

REPOPULATING THE MAMMOTH STEPPE

야쿠트는 털이 많고 짤막하며 육중한 시베리아 말로 영화 「스타워즈」에 등장할 법한 외모다. 두꺼운 지방층, 비범한 후각, 크고 단단한 발굽을 가진 야쿠트 말은 겨울 어둠 속에서도 눈을 긁어내 쪼그라든 작은 풀 조각을 뜯어먹으면서 북극권 위쪽의 영하 37나 영하 38도에서도 살아남는다. 우리는 여기서 영구

동토층이 녹는 것을 방지하는 방법을 엿볼 수 있다.

지구 온도를 낮추기 위해서는 아한대지역에 풀(나무가 아닌)이 필요한데, 초식동물이 있으면 풀이 자란다. 세르게이 지모프와 니키타 지모프 부자父子가 플레이스토세 공원에서 바로 이것을 발견했다. 풀이 다시 자라면 관목과 나무가 줄어든다. 목초지가 방목 가축을 만들 듯이 방목 가축도 목초지를 만든다. 동물들이 영구동토층을 보호해 북극지역의 온난화 추세가 역전되고 온도가 낮아지기 시작한다면 어떻게 될까?

북극의 주극周極지역에 매장된 탄소는 1조4000억 톤으로 지구상의 모든 숲이 보유한 양보다 2배나 많다. 영구동토층은 북반구의 24퍼센트를 덮고 있는 다년간 동결된 토양의 두꺼운 지표층이다. 이름에 '영구'라는 말이 들어가지만 이젠 더 이상 사실이 아니다. 영구동토층이 녹고 있으니 말이다. 기온이 섭씨 1.5도가 되면, 영구동토층은 상당한 양의 탄소와 메탄을 대기 중으로 방출한다. 섭씨 2도 이상에서 융해가 계속되면, 영구동토층에서의 배출은 지구온난

——러시아 인디기르카강 유역에 있는 사하공화국의 오이먀콘계곡 사이로 예벤크족 목부가 삼림 순록을 몰고 있다. 예벤크족은 목축을 주업으로 하며 순록을 타는 것으로 유명하다. 이들의 독특한 안장은 순록의 어깨에 맞춰 제작되며, 등자는 사용하지 않는다. 사진에서 보는 것처럼 긴 막대기로 균형을 유지한다.

화를 가속화하는 양성 피드백 루프(반응이 자극을 증가시키는 결과를 만들어 내는 피드백—옮긴이) 작용을 한다.

얼어붙은 북쪽에 사는 말, 순록, 사향소, 그 밖에 다른 생물들이 눈을 걷어내고 그 밑에 숨어 있던 잔디를 드러내면, 토양은 더 이상 눈의 단열 작용을 받지 못하고 온도가 섭씨 1.5~2도 정도 내려간다. 이 온도는 화석연료에서 벗어나는 동안 세계가 필요로 하는 안전 범위다. 러시아 체르스키 인근 동북과학기지를 지휘하는 과학자 세르게이 지모프와 니키타 지모프 부자는 영구동토층을 광범위하게 연구하고 분석해왔다. 그들은 수십 년에 걸친 연구의 결론을 입증하기 위해 시베리아 콜리마강 유역에 플레이스토세 공원을 조성했다. 그들은 한때 북극 아한대지역에 서식했던 다양한 종의 초식동물이 되살아나면 영구동토층이 녹는 것을 막을 수 있다는 가설을 세웠다. 일부 집단은 이 제안의 함축적 의미를 긍정적으로 보고 있다. 만약 이 가설이 증명된다면, 이 책에 기술된 100가지 솔루션 중 가장 대규모이자 잠재력이 큰 솔루션이 될 것이다.

콜리마강 유역으로 향하는 도로인 콜리마 고속도로는 뼈의 도로Road of Bones로 알려져 있다. 콜리마로 유배된 죄수들은 잔인한 겨울을 한 번만 지내도 모두 얼어 죽기 때문이다. 사람의 뼈 외에도, 이 유역에는 이전에 거주했던 수많은 동물의 뼈가 보존되어 있다. 그 뼈를 통해 1제곱킬로미터 내의 목초지에서 살았던 평균 개체 수를 알 수 있다. 2만~10만 년 전에 털매머드 1마리, 들소 5마리, 말 8마리, 순록 15마리가 살았던 것으로 드러났으며, 사향소, 엘크, 털코뿔소, 눈산양, 영양(사이가), 무스 등이 더 널리 퍼져 있었다. 그 사이로 늑대, 동굴 사자, 울버린과 같은 포식자들이 어슬렁거렸다. 1제곱킬로미터의 목초지 안에 총 9070킬로그램의 동물들이 번성했는데, 이는 생명체가 살 수 없다고 여겨지던 불모지의 생산성을 증명하는 놀랄 만큼 높은 수치다.

오늘날 지구온난화로 인해 얼었던 시체들이 녹으면서 벌레와 박테리아가 썩은 잔해를 집어삼키고 있다. 영구동토층이 녹으면서 풍기는 악취는 인류에 보내는 경고로 융해를 막지 못하면 더 큰 위험이 닥칠 것을 예고한다. 연못은 갓 부은 탄산수처럼 거품이 일고 있다. 그릇이나 항아리를 거꾸로 돌려 기체를 모으면, 포집된 메탄은 가스등처럼 불빛을 낼 수도 있다. 10미터 깊이의 얼음으로 가득 찬 토양(엄청난 양의 유기물 저장소)이 이와 거의 동일한 방식으로 가열되고 있다. 녹은 미생물들이 되살아나 유기 폐기물을 분해하면서 이산화탄소와 메탄을 방출하고 있다.

콜리마 유역은 매머드 스텝이라 불리는 더 큰 생물군계의 일부분인데, 이곳은 한때 지구상에서 가장 큰 동식물의 서식지였다. 이 지역은 스페인에서 스칸디나비아로, 유럽 전역을 거쳐 유라시아로, 태평양 랜드브리지와 캐나다까지 뻗어 있다. 10만 년 동안의 시원하고 건조한 기간에 스텝에는 풀, 버드나무, 사초, 허브 등이 자랐고, 그곳은 수백만 종의 초식동물과 이들을 뒤쫓는 육식동물의 서식처가 되었다. 이 모든 것은 1만1700년 전에 상당히 빠른 속도로 바뀌었다. 기온이 상승하고, 강우량이 증가했으며, 털매머드는 상승하는 바다로 생겨난 섬에 남겨진 2개의 개체군을 제외하고는 멸종되었다. 스텝은 아한대지역으로 축소되었고, 왜성자작나무, 낙엽송, 이끼, 장과류 등이 동물에 영양을 공급하던 풀을 대체했다. 최근까지 과학자들은 매머드 스텝지대의 개체군 감소는 기후변화와 목초지 손실로 인한 것이라고 가정했다. 그러나 세르게이 지모프는 유역을 샅샅이 살펴본 후 완전히 다른 과거를 봤다.

지모프는 멸종 이론이 완전히 앞뒤가 바뀐 것이라고 믿는다. 약 1만3000년 전 빙하시대가 끝나기 전에 사냥꾼들은 유라시아를 가로질러 아메리카로 퍼져나갔다. 동물들이 잡혀 식량으로 사용되고 절멸되었다. 비교적 짧은 시간 안에 50종의 대형 포유류가 러시아와 북아메리카, 남아메리카에서 멸종 위기에 처했는데, 특히 느릿느릿 움직이고 고기가 많은 털매머드가 그랬다. 초식동물과 반추동물이 없어지고 나면 스텝의 식물군이 바뀐다. 풀이 사라지고 그 자리에는 초식동물이 먹을 수 없는 왜성나무와 가시 관목이 자랐다.

지모프는 매머드와 초식동물이 먼저 멸종되고, 그 이후 풍경이 변한 것이 분명하다고 봤다. 물론 매머드 스텝지대의 과소화는 아주 오래전에 일어났기 때문에 그의 결론은 이론일 뿐이다. 하지만 이 결론은 그가 수십 년 동안 추운 시베리아를 걷고 또 걸으면서 탐험한 노력의 결과다. 알렉산더 폰 훔볼트가 1831년 기후변화를 설명하며 내린 결론 역시 가설에 근거한 이론이 아니라 러시아와 유라시아를 거친 긴 여정 끝에 도출된 것이었다. 관찰 과학에서 어떤 것이 무엇을 의미하느냐는 무슨 일이 일어났고, 일어나고 있는지보다는 덜 중요하다. 어떤 현상, 종, 생태계를 철저히 조사하고 관찰하고 충분히 파악하고 난 후 그것이 무엇을 의미하는지 알아내야 한다. 세르게이 지모프가 바로 그런 일을 하는 과학자다. 동료 과학자 아담 울프가 관찰한 바와 같이, 지모프의 매머드 스텝지대 여행과 관찰은 관련 논문이나 집단 사고에 물들지 않았다. 지모프는 기후변화가 털매머드의 멸종을 앞당겼다는 이론이 틀렸다는 것을 알 수 있었다. 매머드의 무게와 관성은 낙엽송과 검은딸기나무, 왜성자작나무를 뭉개버릴 수 있었으며, 초식동물이 이 압력을 대지에 가했더라면 식물 구성의 변화를 막을 수 있었을 것이다.

북방 한랭대권 침엽수림인 타이가가 북쪽으로 확산되자 기후역학에 변화가 생겼다. 열이 눈에 반사되어 다시 대기로 돌아가는 것이 아니라 나무와 잎이 그 열을 빨아들여 흙으로 재방사한다. 비록 대기는 해발 18.3킬로미터 지점에서 고르게 온난화되고 있지만, 북극지역의 지반면은 온대지역과 적도지역보다 훨씬 더 빨리 따뜻해지고 있다. 그 원인은 식물들의 변화다.

플레이스토세 공원을 채우기 위해 세르게이는 여러 가지를 열심히 빌리고 사들였으며 필요한 것을 구하기 위해 지난한 설득의 가정을 거쳐야 했다. 털매

야쿠트 말은 시베리아의 척박한 환경에서만 자라는 희귀종이다. 키는 14뼘 정도로 짧고 아담하며 튼튼하다. 이 사진은 미들콜리마라 불리는 야쿠트 말의 아형이다. 이 말은 1200년대 야쿠트족에 의해 콜리마 계곡으로 들어와 극한의 추위에 빠르게 적응했다. 말발굽으로 눈을 밀어내고 그 밑에 자라난 것들을 먹으며 겨울을 견뎌낸다. 야쿠트족에는 전설이 하나 있다. 조물주가 세계의 부를 분배할 때 시베리아에 도착하자 손이 얼어붙어 그가 가진 모든 것을 떨어뜨렸다는 이야기다. 이 이야기는 다이아몬드로 가득 찬 땅에 풍요로운 자원, 특별한 생물이 있게 된 연유를 설명한다.

머드는 오래전에 멸종되었다. 베링기아들소와 토종 사향소도 마찬가지로 멸종되었다. 그는 남쪽에서 야쿠트 말을 데려왔다. 캐나다 정부는 들소를 기증했다. 그는 스웨덴에서 순록을, 알래스카에서 더 많은 사향소를 확보하고 싶었다. 그는 노후한 러시아제 탱크를 구입했다. 탱크를 보호구역에 몰고 들어가 매머드가 앞으로 계속 참새귀리 풀밭을 만들 수 있도록 관목과 낙엽송을 깔아뭉갰다. 지모프는 캐나다산 들소 5000마리와 매머드 스텝지대의 개체군 증가를 위해 자금을 지원해줄 전 세계적인 탄소세cabon tax를 원한다. 이산화탄소 1톤당 5달러라는 크지 않은 비용으로 8조 5000억 달러 가치의 얼어붙은 매머드 스텝지대를 만들 수 있다.

발전된 형태의 무리 방목 및 재생농업과 마찬가지로, 매머드 스텝지대를 다시 채우자는 지모프의 제안은 오랜 퇴화의 추세를 뒤집는 토지이용 방식이다. 아한대지역의 황무지가 퇴화된 땅임을 쉽게 받아들이기 힘들지만, 지모프는 그것을 증명했다. 오늘날 사육되고 있는 모든 동물의 총 생물량은 10억 톤에 육박하는데, 대부분 산업형 공장의 우리에 갇혀 있다. 사라지는 자원, 생물다양성의 소실, 퇴화된 토양, 건강하지 못한 고기 그리고 변화하는 기후, 이 모든 것이 결국 다 돈이다. 매머드 스텝지대를 되살리려는 시도는 일견 뜬구름 잡는 것처럼 보일 수도 있다. 그런데 사실 이 방법은 여느 복원 관행과 다를 바 없다. 단지 규모가 광대할 뿐이다. 북쪽의 버려진 땅을 원래대로 되돌려내고, 초원을 만들어낸 동물을 되살림으로써 이 땅은 재생될 수 있다. 이 초원이야말로 한때는 엄청난 규모로 탄소를 격리시켰던 곳이다. 초식동물이 자유롭게 돌아다닐 수 있던 때, 지구는 오늘날 인간이 목장과 사료 공장, 동물 공장에서 기르는 동물의 수와 무게의 2배를 길러냈다. 척박한 환경에 강한 아주 소수를 제외하고는 모두가 살 수 없는 것으로 여겨지는 이 매머드 스텝지대를 다시 원래의 야생으로 돌려놓는 것의 이점은 이루 말로 다 표현할 수 없을 정도로 크다.

무경운 농업

PASTURE CROPPING

810헥타르에 달하는 농장이 다 타버렸다. 건물, 나무, 32킬로미터 길이의 울타리, 3000마리의 양 등 모든 것이 다 타버렸을 때 콜린 세이스는 문득 깨달음을 얻었다. 세이스는 1970년대에 아버지로부터 호주 뉴사우스웨일스에 위치한 할아버지의 농장인 위노나를 물려받았다. 어렸을 때부터 그는 수확량과 생산성을 향상시키기 위해 아버지가 새로운 농업 기술을 적용하는 것을 지켜봤지만, 비료, 제초제, 쟁기 갈이 등은 농장을 서서히 황폐화시켰다. 토양은 딱딱해져 산성화되었고, 표층은 10센티미터(보통은 30센티미터 정도가 적당하다—옮긴이)로 줄어들었고, 탄소 함유량은 1.5퍼센트 이하로 측정되었다. 비용은 치솟았고, 더 많은 화학비료가 사용되었으며, 나무는 갈색으로 변했고, 농장은 큰돈을 잃었다. 급기야 1979년, 들불로 인해 3세대에 걸친 농장이 모두 잿더미로 변했다.

화재 때 입은 화상으로부터 거의 회복되던 어느 날, 콜린은 동료 농부인 대릴 클러프와 함께 술집에 갔다. 그들은 각각 농작물(일년생)을 재배하고 목초지에서 양을 길렀다. 이 두 작업은 모두 따로 떨어진 곳에서 행해졌다. 이쪽에는 풀, 저쪽에는 농작물. 그런데 왜 그래야 하는 걸까? 목초지는 이미 과도방

콜린 세이스.

목되었고 농작지는 해마다 경운되었다. 그 바람에 토양은 건조해지고 탈탄소화되었다. 맥주 열 잔을 마신 다음에야 두 사람은 이유가 무엇인지 알고 싶어졌다. 왜 일년생과 다년생 작물을 동시에 같은 땅에서 재배할 수 없을까? 농작물 사이의 방목을 통해 땅을 비옥하게 할 수는 없을까?

그날 밤 어떤 계시가 찾아왔다. 무경운 농업이라고 알려진 방식의 기초가 될 계시였다. 무경운 농업을 하면 토양은 절대 척박해지지 않는다. 살아 있는 다년생 목초지에 일년생 작물을 심으면 매년 더 건강해지는 생태계가 조성된다. 광엽 초본, 균류, 풀, 허브, 박테리아 사이의 복잡한 관계는 생명의 거미줄 같아서 토양 농작물, 풀, 동물의 건강과 탄력성, 생명력을 증가시킨다. 또한 농부는 같은 땅에서 곡식과 양모 또는 고기 등 두 가지 산물을 거둬들일 수 있다.

이튿날 아침 술이 깨고 난 다음에도 이것이 여전히 좋은 생각으로 보였다. 세이스는 비료, 제초제, 살충제 사용을 즉시 중단했다. 이미 파산했기 때문에 어려운 결정은 아니었다. 그 후 몇 년간의 과도기가 찾아왔다. 그 땅은 마치 회복 중인 알코올중독자 같았다. 인산암모늄에 중독되었던 것이다. 처음에는 야초류가 먼저 자라도록 내버려뒀기 때문에 수확량이 많지 않았다. 다년생 작물은 단백질이 적었기 때문에 초기에는 동물들이 가까이하려 하지 않았다. 이웃들도 무심하게 바라봤다. 그러나 세이스는 계속 이 방식을 고수했다. 그는 방목장에서 윤환방목을 시작했다. 그러자 상황이 변하기 시작했다. 수익과 생산성, 동물과 토양의 건강 등 모든 것이 되돌아왔다. 누가 봐도 농장이 되살아난 게 분명했다. 비용도 감소했다. 연료와 화학비료를 더 이상 투입할 필요도 없었고, 이로 인해 세이스는 연간 6만 달러를 절감했다. 물 보유량과 토양 탄소도 3배 증가했다. 해충도 사실상 사라졌다. 양 목축으로 얻은 수익은 수확량, 양털의 질과 함께 증가했다. 새와 토착 동물이 되돌아왔다.

무경운 농업은 현재 호주의 2000개 이상의 농장에서 행해지며 온대 농업계 전체로 확산되고 있다. 세계가 일년생 작물에 의존하게 되었다. 농업학교나 기업형 농장에서는 상상도 할 수 없는 일이지만, 비옥도와 토양 탄소를 회복하려면 어느 시점에서는 농업이 지속가능하고 재생 가능한 방법으로 바뀌어야 한다. 무경운 농업은 이모작(곡물과 가축)으로 토지이용을 증가하는 동시에 온실효과 영향을 줄이고 탄소 격리를 증가시킨다는 점에서 매우 뛰어난 방법이다.

광물의 풍화작용 증진
ENHANCED WEATHERING OF MINERALS

알래스카 듀크섬, 초고철질 감람석층.

수십억 년 전 지구 대기는 질소, 수증기, 이산화탄소(그리고 아마도 약간의 메탄)로 구성되어 있었고 산소 분자가 없었다. 이산화탄소로 광합성을 하는 시아노박테리아가 등장하면서부터 산소가 대기를 구성하기 시작했다. 식물성 플랑크톤에서 소나무에 이르기까지 수많은 생명체가 이산화탄소를 흡입하고 이를 고체 물질로 전환한 뒤, 그 일부를 토양이나 해양 침전물로 돌려보내 퇴적시켰다. 생물학적으로 격리된 탄소의 순환은 빙하기 도래에 얼마간의 책임이 있다. 이산화탄소 수치가 떨어짐에 따라 대기에 갇히는 열이 적어졌고 기온이 떨어졌다. 그 결과 시작된 빙하기는 미생물의 활동을 크게 감소시켜 대기 중 이산화탄소 저하가 중단되었다. 영겁의 세월 동안 활화산은 이산화탄소를 대기 중으로 다시 방출해 지구를 데우기도 했고, 순환은 반복되었다. 생물 작용은 지구온난화와 냉각화의 관계에서 절묘한 역할을 한다.

오늘날 미 항공우주국의 연구 덕분에 대중은 연간 탄소 순환의 변동을 시뮬레이션해볼 수 있다. 이 프로그램은 북반구 식물이 동면에 들고 사람들이 화석연료 난방 시스템을 가동시키는 늦가을과 겨울, 초봄에 배출되는 이산화탄소 양을 생생하게 보여준다. 늦봄에서 초가을까지는 정반대의 흐름이 생긴다. 삼림 벌채, 자동차, 전기 사용으로 인한 지속적인 배출에도 불구하고, 많은 양의 이산화탄소(5~6ppm에 해당)는 풀·관목·나무에 의해, 그리고 오래전에 탄소 순환을 시작했던 것과 동일한 시아노박테리아에 의해 따뜻한 물 안에 격리된다. 총 400억 톤의 탄소가 매년 격리된다.

느린 탄소 순환도 있다. 잘 알려지지는 않았지만 암석은 37억년 동안 놀라운 생물다양성을 보유하며 공기로부터 수조 톤의 이산화탄소를 격리시켜왔다. 자연적인 암석 풍화는 연간 약 10억 톤의 대기 이산화탄소를 제거한다. 지구 표면에 있는 다양한 종류의 규산염암은 약산성 이산화탄소에 의해 풍화되어 빗물로 녹아들어, 이산화탄소를 용해된 무기 탄산염으로 변환시킨다. 이 탄산염은 하천·강·해양으로 흘러 들어가고, 결국 탄산칼슘이 된다.

광물의 풍화작용 증진은 이 과정을 지속가능하도록 촉진하는 일련의 기술을 말한다. 풍화작용 증진을 촉진하는 규산염 광물의 한 종류로 감람석이 있다. 감람석은 녹색 광물로 마그네슘과 철이 풍부하다. 풍화작용 증진을 위한 기존 방법은 감람석을 함유한 규산염 암석을 채굴하고 분쇄하여 토양, 해양, 생물상이 풍화작용 증진을 위한 '반응자' 역할을 하도록 돌가루를 땅이나 물에 뿌리는 것이다. 이때 돌가루를 농경지, 해변, 에너지가 큰 얕은 바다 등 여러 지형에 전략적으로 뿌릴 수 있다. 풍화작용 증진에 필요한 핵심 기술은 이미 농장과 산림 토양에서 비옥도와 산성도 관리를 위해 지역적 규모로 사용되고 있다.

풍화작용 증진을 통해 이산화탄소 누적을 완전히 멈추려면 상당한 면적의 지구 표면에 수십억 톤의 광물을 뿌리는 엄청난 노력이 필요하다. 세심하게 부지를 선정하고 이전 광산 작업에서 발생한 부스러기 등 기존 지표면 자원을 사용하면 비용과 위험을 최소화하면서 상당량의 배출을 지속적으로 격리시킬 기회를 제공할 수 있다. 풍화작용 증진은 환경과 생물학적 활동에 예상치 못한 부작용을 일으킬 수 있으므로 세심한 감시와 위험 관리가 필요하다.

감람석을 적용하기에 잠재적으로 가장 영향이 큰 지역 중 하나는 토양이 따뜻하고 습하며 용해를 억제하는 광물이 적은 열대지방의 농경지다. 열대지방 3분의 1 면적에 감람석을 뿌린다면, 2100년까지 대기 중 이산화탄소를 30~300ppm 줄일 수 있다. 농경지 토양의 주요 장점은 이미 집약적으로 관리되고 있고, 상대적으로 쉽게 모니터링할 수 있으며, 기반시설의 혜택을 받고 있다는 점이다. 토양 개량을 목표로 열대지방 농경지에 광물의 풍화작용 증진을 실행하면 암석 가루가 농작물의 비료 역할을 하기 때문에 농업 생태계에 잠재적인 공동 이익도 있다.

1~2톤의 감람석 가루는 온화한 기후에서 약 30년 동안 탄소를 격리시킬 수 있다. 다른 연구는 낮은 pH가 광물 용해 속도를 가속화하기 때문에 감람석을 적용하는 데 최적의 장소는 산성 토양이나 산성비가 내리는 곳이라고 제안한다. 유럽의 많은 지역, 미국과 캐나다의 일부 지역이 포함된다. 비슷하게, 갈탄 연소 때문에 수십 년 동안 지구상에서 가장 많은 산성비가 내린 동유럽의 손상된 숲을 재생하는 데도 풍화작용 증진을 사용할 수 있다. 광산이 폐쇄되었거나 버려진 지역에서 잔여 부스러기에서 나온 광물을 사용하는 것은 지역사회를 돕는 유용한 경제 개발 방법이 될 수 있다.

일부 과학자는 자연에서의 풍화가 실험실에서보다 훨씬 더 빨리 진행되는 경향이 있기 때문에 감람석의 풍화 속도가 과소평가된다고 믿는다. 한 연구는 풍화작용 증진에 대한 이전의 가정들이 지나치게 비관적임을 보여주었다. 이 연구는 이산화탄소 격리가 연구실에서보다 자연에서 10~20배 더 효과가 크다고 보고했다. 풍화를 촉진하는 생물적 요인에는 지의류, 토양 박테리아, 광물 용해를 촉진하는 박테리아에 당분을 기반으로 분비물을 제공하는 뿌리균의 효과를 포함한다.

중대한 제한 요인은 풍화작용 증진을 실현하는 데 드는 탄소 비용과 생산을 늘리는 데 필요한 인프라 구축 자본이다. 이산화탄소를 최적으로 용해시킬 수 있는 크기로 감람석을 정련해 생산할 때 필요한 에너지가 크기 때문에 기대되는 에너지 효과의 80퍼센트가 상쇄될 수도 있으리라 추정된다. 필요한 인프라는 새로운 광산, 철도, 운송 시설 등이다. 규모를 감안할 때 1톤의 감람석은 이산화탄소 3분의 2톤을 대체할 수 있다. 11기가톤의 이산화탄소(화석연료 배출량의 약 30퍼센트)를 격리시키는 데 연간 160억 톤의 암석을 채굴해 가루를 내고 배송해야 하는데, 이는 석탄 산업 생산량의 2배가 약간 넘는 양이다.

이산화탄소를 포집하기 위해 규산염 분진을 육지(및 해양) 전체에 뿌리는

'전통적인' 대안도 있다. 이 기술은 현재 이름은 붙여져 있지 않지만 그 원리는 증명되어 있다. 아이슬란드의 레이캬비크에너지와 미국 에너지국 산하의 퍼시픽노스웨스트 국립연구소가 수행한 실험에서, 액체 이산화탄소를 화산암(현무암) 동굴 지하에 두었을 때 감람석 풍화와 마찬가지로 이산화탄소가 현무암과 결합해 앙케르석이라는 고체 탄산염을 형성했다. 과학자들은 이 과정을 '고속 풍화 과정'이라 불렀다. 애리조나주립대의 탄소역배출연구센터CNCE를 이끄는 클라우스 라크너 교수는 이 연구를 '엄청난 진보'라고 칭했다. 그는 "육지와 해저 밑의 현무암은 너무 풍부해서 끌어올릴 수 있다면 실로 무제한의 (이산화탄소) 저장량을 갖게 될 것"이라고 말했다.

그러나 아직 현장 실험은 이뤄지지 않았다. 모든 수치와 예측치는 실험 데이터, 자연 유사체, 데이터 분석, 시뮬레이션에 기초한다. 기본적으로 채굴되고 적용된 매 톤의 감람석에 대해 대략 1톤의 이산화탄소를 격리시킬 수 있다고 가정한다. 현재 분석을 따르면 이산화탄소 1톤을 격리하는 비용은 88~2120달러로 비싼 편이다. 이 책에 포함된 몇 가지 솔루션과 마찬가지로, 이 솔루션을 전 세계적으로 적용할 경우 이익을 단언할 수 없는 불확실한 영향 및 잠재적인 단점이 존재하는 것으로 보인다. 그러나 석회나 규석을 토양에 뿌리는 관행은 전 세계적으로 시행되고 있으며 이 솔루션 역시 그와 일맥상통한다. 열대지방의 농경지와 산성화된 온대 토지에 대한 실험을 통해 감람석 살산이 생산적이고 유익하다는 결과가 도출될 수 있다.

해양 영속농업
MARINE PERMACULTURE

> 다시마에 의존하여 살아가는 각 생물 체계에 속하는 생물 수는 매우 놀랍다. 이 해조류의 침대에서 살아가는 서식자를 설명하는 것만으로 몇 권의 책이 나올지도 모른다. 내가 할 수 있는 건 고작 이 거대한 바닷속 숲을 열대지방의 육지 숲과 비교하는 것뿐이다. 그러나 어느 나라에서 숲이 파괴되더라도 다시마의 파괴로 인한 이곳에서의 멸종처럼 많은 종류의 동물이 멸종할 것이라고 생각하지 않는다.
>
> —찰스 다윈, 『비글호 항해기Voyages of the Adventure and Beagle』

빌 매키번은 1989년의 저서 『자연의 종말The End of Nature』에서 자연이 더 이상 인간의 활동과 무관한 힘이 아니라 인간의 변화에 종속된 과정으로, 그 대부분이 파괴적이라고 기술하고 있다. 최근 과학자들은 문명이 '인류세'라는 신기원에 접어들었다고 발표했다. 인류세란 인간이 지구의 물리적 환경을 지배하는 시대로 정의된다. 1만1700년 동안 지속되어온 온화하고 안정적인 '골디락스Goldilocks'의 시대, 덥지도 춥지도 않은 인류 문명의 탄생에 딱 알맞은 기후였던 완신세는 종말을 맞았다.

다시마 생태계에서 생물 수는 매우 중요하다. 해초처럼 가지를 뻗은 산호인 산호말은 모든 엽상체와 잎의 외피를 형성한다. 갑오징어는 재빠르게 앞뒤로 움직인다. 알록달록한 해초강(아주 작은 무척추 여과 섭식 동물)은 흔들거리는 잎에 달라붙는다. 평평한 표면에서는 바다 우렁이, 삿갓조개류, 연체동물, 이패류 등을 발견할 수 있다. 이러한 굴곡진 풍경에 더 깊숙이 들어가보면, 크릴새우, 새우, 따개비, 쥐며느리, 갑오징어, 갑각류도 찾을 수 있다. 성게는 줄기를 갉아먹고 늑대장어, 불가사리, 쥐치복은 성게를 잡아먹는다. 두 부류 사이에는 작은 부어류, 빙어, 학꽁치, 은줄멸이 있다. 빽빽하게 자란 다시마 주변을 빙빙 돌면서 포식자는 호시탐탐 피식자를 노린다(다윈에게서 영감을 얻었다).

인간의 활동에 대한 일반적인 가정은 아무리 좋은 의도로 한 것이라도 자연을 해한다는 것이다. 그러나 언제나 그렇지는 않다. 그레이트플레인스 지역에 있는 톨그래스 대초원의 생산성은 아메리카 원주민들이 행한 화재 생태학 덕분이었다. 노먼 마이어스의 저서 『가장 중요한 자원The Primary Source』에서 그는 한 민족식물학자와 함께 보르네오에 있는, 4만 년 동안 '사람의 손이 닿지 않은' 원시림에 들어갔다. 두 사람이 한곳에 머무르는 동안 민족식물학자는 마이어스를 위해 우뚝 솟은 디프테로카르프과 식물과 다른 식물들을 조사했는데, 알고 보니 마지막 빙하기 전에 숲 전체가 인간에 의해 조성된 것으로 밝혀졌다. 스위스의 농생태학자 에른스트 괴치는 브라질의 삼림이 벌채된 땅과 사막화된 땅을 연구하며, 수년 안에 그 땅을 복원시켜 풍부한 식량을 생산하는 삼림 농장으로 만들었다. 괴치는 자신의 작업을 설명한 영상에서 검고 축축한 흙을 집어들면서 "우리는 물을 기르고 있다"고 말했다.

달리 말하면, 인간의 개입은 야생동물, 비옥도, 탄소 저장, 다양성, 담수, 강우량을 증가시킬 수 있다. 이 책 전체는 한 종으로서의 인간이 지구온난화를 역전시킬 수 있는지 여부를 묻고 있다. 그러기 위해서는 살아 있는 생태계가 황폐화되는 이 추세를 되돌릴 필요가 있다. 해양 영속농업은 그 질문에 긍정적으로 대답할 수 있는 가장 특별한 방법 중 하나일 것이다.

우리는 보통 바다와 숲을 동시에 이야기하지 않는다. 하지만 바다를 재조림reforestation할 수 있다면? 브라이언 본 허젠 박사는 이 제안에 일생을 바쳤다. 프린스턴대에서 물리학 석사학위를, 캘리포니아공과대에서 박사학위를 받은 그는 전자 설계와 시스템 엔지니어링 전문 컨설턴트였다. 인텔, 디즈니, 픽사, 마이크로소프트, 휼렛패커드, 돌비 등에 컨설팅을 제공하기도 했다. 모험을 좋아하는 그는 쌍발 세스나 337 스카이마스터를 타고 대서양을 횡단했다.

337기는 주로 소방관들이 정찰기로 많이 사용한다. 빙하학자였던 친구들의 요청에 따라 허젠은 2001년 그린란드의 얼음 위를 달리면서 녹은 연못을 찾았다. 그는 아주 작은 연못 몇 개를 발견했다. 2년 후 그가 다시 그곳을 찾았을 때, 연못은 수백 개로 불어나 있었다. 2005년에는 수천 개였다. 이듬해에는 길이가 9.6킬로미터, 깊이가 30미터가 넘는 호수가 생겼다. 2012년까지 빙상 표면의 97퍼센트가 녹았다. 이것을 계기로 허젠은 유일한 수단을 사용해 지구온난화를 되돌리기로 마음먹었다. 그것은 바로 생물계, 특히 해양생물계의 1차 생산을 늘리는 방법이다. 1차 생산은 광합성을 통한 물 또는 공기 중 이산화탄소로부터 유기 화합물을 생성하는 것이다. 이는 다시마와 식물 플랑크톤으로 충분히 이룰 수 있다. 식물 플랑크톤은 미세한 부유성 식물로 바다에서 잘 자라며, 바닷물 한 컵에 25억 개 정도 담긴다.

우리는 다시마 숲, 연안에 위치한 수십만 헥타르에 이르는 수중 식물, 바다 한가운데에 떠 있는 숲에 대해 이야기하고 있다. 오늘날 다시마 숲은 8050만 헥타르에 이른다. 결과적으로 떠다니는 다시마 숲은 전 세계 대부분에 식량과 사료, 비료, 섬유, 바이오연료를 제공할 수 있다. 다시마는 나무나 대나무보다 몇 배나 빨리 자란다. 허젠은 수천 개에 이르는 새로운 다시마 숲을 통해 아열대 바다 사막과 물고기 생산성이 회복되기를 원한다. 그는 이것을 해양 영속농업이라고 부른다.

해양의 상황은 끔찍하다. 대기에서 포집되는 이산화탄소의 절반이 바다로 들어가 지표수 산성화를 일으킨다. 또한 지구온난화로 인한 열의 90퍼센트 이상이 지표수로 흡수되는데, 이러한 추세가 해양 먹이사슬을 꾸준히 파괴하고 있다. 바다를 생산적으로 만드는 것은 바다 깊은 곳에서 나오는 차갑고 영양분이 풍부한 해수의 용승이다. 자연적인 용승은 세계 곳곳에서 발생한다. 세계에서 가장 풍부한 어장인 뉴펀들랜드의 그랜드뱅크스Grand Banks가 대표적인 예로, 이곳에서 얼음으로 뒤덮인 래브라도 해류가 따뜻한 걸프 해류와 만난다.

이 현상을 전도 순환이라고 한다.

물이 따뜻해지면서 바다 사막이 넓어졌다. 아열대양과 열대양의 99퍼센트는 대체로 해양생물이 부족하다. 해양의 풍력발전 펌프와 조력발전 펌프가 하나둘씩 꺼지고 있다. 대서양을 찍은 위성사진을 보면 연간 4~8퍼센트의 생물학적 활동이 감소되는 것을 감지할 수 있는데, 이는 지구온난화 모델의 예측치를 초과하는 수치다.

따뜻한 물은 수온약층(해양의 온도가 서서히 내려가는 수심 구간)에 걸쳐 전도 순환을 감소시킨다. 따뜻한 지표수가 증가함에 따라 조류가 느려지거나 방해를 받고, 영양소의 용승이 감소하거나 정지한다. 식물 플랑크톤과 해초류 생산이 감소되고, 그 후 수생 먹이사슬이 감소한다. 식물 플랑크톤은 아주 작지만, 해양 플랑크톤과 다시마의 연간 1퍼센트 감소는 엄청난 영향을 미친다. 이들은 지구상 유기 물질의 절반을 구성하고 지구 산소의 최소 절반을 생산한다.

허젠의 제안은 아열대에서의 전도 순환을 되찾자는 것이다. 1제곱킬로미터 크기의 해양 영속농업지대MPA를 육지와 떨어진 연안에 설치해 해양 생태계 전체를 복원할 수 있다. 이는 마치 사막에 숲을 다시 가꾸는 것과 같다. 다만 이 경우는 바다 사막이다. 이 방법은 상호 연결된 튜브로 만든 경량 격자 구조물을 해저 25미터 아래에 설치해 다시마가 여기에 붙도록 하는 것이다. 영속농업지대를 육지 근처에 묶거나 공해 위에서 자체 운용할 수 있다. 약간의 떨어져나가는 다시마 외에는 아무런 피해 없이 대형 화물선과 유조선들이 바로 그 위를 통과할 수 있을 정도로 수면 아래 깊이 배치한다.

영속농업지대에 설치된 부표는 파도와 함께 오르내리며, 수심 수십, 수백 미터 아래서 차가운 물을 끌어올리는 펌프에 동력을 공급한다. 영양분이 풍부한 물이 햇볕이 내리쬐는 표면으로 올라오면서 해초와 다시마는 영양분을 충분히 흡수하고 성장한다. 곧이어 '생태 피라미드trophic pyramid'라 불리는 것이 뒤

따른다. 이들은 초식성 부어류(수면 가까이에 사는 어류—옮긴이), 여과섭식자, 갑각류 및 성게의 먹이가 된다. 육식성 어류는 작은 초식성 어류를 먹고, 바다표범과 바다사자, 해달은 육식성 어류를 잡아먹는다. 그 위에 바닷새와 상어, 어부들이 있다. 소비되지 않는 식물 플랑크톤과 다시마는 소멸되고 대다수가 깊은 바다로 떨어져 용해된 탄소와 탄산염의 형태로 수 세기 동안 탄소를 격리시킨다.

종종 바다를 하나의 유동체로 생각하지만, 이는 큰 오해다. 인간의 활동에 의해 방출되는 대부분의 탄소는 투광층으로 알려진 표면에서 150미터 이내의 바다에 포함되어 있다. 이곳은 해양의 나머지 부분보다 훨씬 더 빨리 탄소를 축적한다. 전체로 볼 때, 바다는 전체 대기에 포함된 탄소의 55배를 저장한다. 다른 관점에서 보면, 대기의 모든 탄소를 제거하고 바다 전체에 균일하게 저장한다면, 해양 탄소의 증가율은 2퍼센트에도 미치지 못할 것이다. 따라서 중요한 것은 탄소를 투광층에서 어떻게 중간 깊이의 바다와 심해로 옮기느냐 하는 문제다. 해양은 생물학적 펌핑 과정을 통해 자연적으로 지표수에서 심해로 탄소를 보내는 정교한 작업을 하고 있다. 해양 영속농업은 생물학적 펌프 역할을 해 해양이 언제나 해왔던 일을 활발히 하도록 지원한다.

다시마는 음식, 어류 사료, 비료(질산염, 인산염, 칼리 포함), 바이오연료를 생산할 수 있다. 건조 다시마 1톤은 이산화탄소 1톤을 격리시킨다. 그러면 물고기 개체수가 급증하고, 결국 '어장'(무제한 양식)이 될 것이다. 이들 물고기는 다양성과 야생성을 갖추고, 오염되지도 않았으며, 오메가3 지방산으로 가득 차 있을 것이다. 더 큰 규모의 영속농업지대는 허리케인이 의존하는 지표수 온도와 에너지를 낮춤으로써 최악의 허리케인으로부터 계절마다 해안선을 보호할 수 있다. 암초를 열로 인한 표백으로부터 보호하는 것도 가능하다. 허리케인 카트리나에만 1080억 달러의 복원 비용이 들었고 2015년에는 5등급 허리케인이 22번 발생했다는 점을 감안하면 이는 비용 면에서도 효율적인 해결책일 수 있다. 재료 비용은 제곱킬로미터당 100만 달러로 추산된다. 30년 동안 100만 개의 영속농업지대가 활성화되면, 이산화탄소 감소량은 12.1ppm, 즉 1020억 톤에 이를 것으로 추산된다. 경제적 수익은 10조 달러를 넘을 것이다. 이론상 복원된 어업에서 나온 단백질은 지구인 대부분의 단백질 수요를 공급할 수 있다. 영속농업지대의 실행을 통해 인간은 어류와 다시마 숲의 복원 및 생산성 증대의 주체가 될 수 있다.

집약적 임간축산

INTENSIVE SILVOPASTURE

임간축산은 현재 가장 흔한 형태의 혼농임업으로, 전 세계적으로 1억4164만 헥타르 규모에 달한다. 그 이론은 간단하다. 나무와 관목, 목초를 혼합하여 수확량을 늘린다는 것이다. 이 시스템 안에서 소는 더욱 빨리 살이 찌고 맛있는 고기를 제공한다. '가축'과 '기후변화'를 같이 논하는 경우는 거의 없다. 그러나 임간축산은 단목 방목보다 1헥타르당 최대 7.5배 많은 탄소를 격리시킨다. 더 자세히 말하자면, 열대지역에서는 1헥타르당 2.5~10톤, 온대지역에서는 평균 6톤을 격리한다.

그렇다면 임간축산을 강화한다면 어떻게 될까? 소를 더 추가하고, 다른 종류의 나무를 심고, 가축 떼를 더 빨리 윤환시킨다면? 임간축산이 사람의 건강뿐만 아니라 땅과 기후에도 좋은 영향을 미칠 수 있다는 게 상식에서 벗어난 소리 같지만, 실제로 좋은 영향을 미치고 있다. 가축 사육장과 비육 가속화를 지향하는 기존의 가축 사육 시스템이 기후변화에 얼마나 악영향을 미치는지 보여주는 많은 자료가 있다. 믿기 어렵겠지만, 농장주들은 탄소를 격리하는 데 가장 효과적인 수단 중 하나인 집약적 임간축산 시스템을 개발했다. 열대지방으로 확산되기 전, 1970년대에 호주에서 처음 개발된 집약적 임간축산

은 비전문가의 눈에는 혼란 그 자체로 보였다. 레이저 유도 줄로 밭을 깔끔하게 가꾸는 데 익숙한 사람에게 집약적 임간축산은 엉망진창인 정글처럼 보일 것이다. 변덕스럽고 불확실한 비와 폭염 패턴 때문에 목축과 농사에 어려움을 겪는 지역에서 집약적 임간축산 시스템은 생명 수를 비약적으로 늘린다. 목초지는 비를 비롯해 천연자원에 전적으로 의존하기 때문에, 극단적인 기후변화는 목축을 위험하게 만든다. 이와는 대조적으로, 집약적 임간축산은 식물과 동물의 밀도를 증가시킴으로써 복원력을 생성해낸다.

대부분의 집약적 임간축산 시스템은 빠르게 자라며 섭취해도 문제가 없는 콩과의 관목을 중심으로 이뤄진다. 헥타르당 1만 그루의 레우카이나레우코케팔라*Leucaena leucocephala*를 풀과 자생수종 사이에 심는다. 이러한 집약적 시스템에는 빠르게 회전되는 윤환방목이 필요하다. 하루에서 이틀 정도는 방목장에서 지낼 수 있도록 전기 울타리를 사용하고, 방목장 방문은 40일에 한 번이다. 나무는 바람을 억제하고 물 보유를 개선해 바이오매스가 증가한다. 식물의 조합으로 열대지역의 주변 온도를 섭씨 7도에서 11도 정도 낮출 수 있으며, 이는 습도와 식물 성장을 모두 향상시킨다. 집약적 임간축산 시스템에서 생물다양성은 2배 증가한다. 저장량은 거의 3배가 된다. 연간 1헥타르당 육류 생산량은 기존 시스템보다 10~25배 정도 높다. 레우카이나레우코케팔라의 타닌 함량은 소의 반추위에서 단백질 감소를 막고 메탄 방출량을 감소시킨다. 이는 집약적 임간축산을 통해 사육된 동물의 체중이 상당히 증가한 이유를 부분적으로 설명해준다. 또한 건기에는 레우카이나레우코케팔라의 씨앗을 수확할 수 있어 헥타르당 4500달러 가치가 추가로 창출된다. 레우카이나레우코케팔라는 플로리다와 다른 많은 지역에서는 침입종이며, 사람이나 말처럼 위가 하나인 동물에게는 치명적이다. 미국과 전 세계의 열대 고원지대에서는 다른 종들도 시험되고 있다. 집약적 임간축산의 열쇠는 빠르게 자라는 고단백 콩과 식물로, 싹이 빠르게 자라서 과도한 방목을 제어할 수 있어야 한다. 열대지역에 분포한 오스트레일리아와 라틴아메리카에서 레우카이나레우코케팔라는 이 시험을 통과한 식물이다.

현재 호주, 콜롬비아, 멕시코의 20만 헥타르 이상의 땅에서 집약적 임간축산이 실행되고 있다. 콜롬비아와 멕시코에서는 생산자들이 수입을 더 늘리기 위해 과일, 야자, 목재용 나무를 재배한다. 믿을 수 없을 정도로 좋은 소식일지도 모르지만, 한 가지 자료가 더 있다. 풀과 레우카이나레우코케팔라 사이에 나무를 심은 집약적 임간축산을 5년 동안 연구한 결과, 탄소 격리 속도는 1헥타르당 7.5톤을 넘어섰다.

인공 잎

ARTIFICIAL LEAF

수십 년 동안 한 과학자 그룹이 인공 잎에 자연 광합성을 복제하고 햇빛의 힘으로 대기에서 직접 연료를 만들어내려고 시도해 왔다. 그 결과는 뻔하다. 거의 모든 에너지는 태양으로부터 나오고, 그중 대부분은 광합성에서 나오기 때문이다 (사람은 식물이나 석유, 가스, 이탄, 석탄, 나무, 에탄올과 같은 식물 생성물로부터 음식의 형태로 에너지를 얻는다). 광합성은 간단한 과정이다. 물, 햇빛, 이산화탄소가 들어가고 당과 산소가 나온다. 그러나 자연 광합성으로만 세계적으로 증가하는 에너지 수요를 충족시킨다는 것은 실현성이 없어 보인다.

바이오연료를 얻기 위해 옥수수나 포플러, 큰개기장을 재배할 때 에너지 효율 면에서는 상당한 단점이 있다. 식물은 햇빛을 쉽게, 실패 없이 전환시킨다. 그러나 빛으로부터 유용한 저장 에너지를 얻어내는 효율성은 1퍼센트에 지나지 않는다. 옥수수를 예로 들어보자. 농부는 디젤 트랙터로 밭을 갈고, 제초제를 사용해 잡초를 제거하고, 콤바인을 사용해 작물을 수확하고, 가공을 위해 이를 싣고 수 킬로미터를 운반한다. 또 가공 공장에서는 옥수수를 갈아 으깬 후, 효소와 암모니아를 혼합해 박테리아를 죽이기 위해 익힌 다음 액화시켜 효모와 함께 며칠 동안 발효시킨 후 당분을 에탄올로 전환시킨다. 이게 끝이 아니다. 그다음에는 증류시켜 원심 분리한다. 고체가 분리되고 액체는 흡착된다. 포집된 이산화탄소는 탄산음료 제조업자에게 판매된다. 변성제를 추가해 면세 적용을 받고 음용할 수 없게 만든 다음, 저장 탱크로 보낸다. 또 여기서 탱커 트럭에 실려 정유 공장에 간 다음, 가솔린과 혼합된다.

업계는 이것을 재생 연료라고 부르지만, 의미를 크게 왜곡하는 어휘다. 모든 과정이 디젤, 석유, 가솔린, 전기, 보조금 등에 크게 의존하고 있다. 계산기를 다시 두드려보면, 옥수수 기반의 에탄올은 생산에 드는 것을 약간 초과하는 에너지를 만들어낼 뿐이다. 토지이용, 지하수 고갈, 생물다양성 손실, 질소 비료의 영향 등으로 배출물을 더하면 배출 효율이 논란이 될 수밖에 없다. 옥수수를 가장 유용하게 사용하는 최선의 방법은 에탄올로 변환해 스포츠유틸리티차량SUV 연료로 사용하는 것이 아니라 배가 고픈 사람들의 식량으로 사용하는 것이다.

그렇다면 농장, 비료, 트랙터, 트럭, 가공 공장, 보조금의 도움 없이, 사람과 물이 어디에 있든 물과 이산화탄소로 연료를 만들 수 있다고 상상해보라. 이것이 바로 대니얼 노세라가 20여 년 전에 구상한 인공 잎 프로젝트의 목표다.

노세라는 하버드대의 에너지과학 교수다. 그는 1980년대 초 칼텍대학원 시

대니얼 노세라.

절부터 물을 수소와 산소로 분리하는 연구에 전념했다. 그의 작업은 수소 경제에 활력을 불어넣기 위한 수단으로 시작되었다. 그의 초기 기술은 한 면이 코발트-니켈 촉매로 코팅된 얇은 실리콘 시트를 사용했는데, 이 시트가 물 용기에 떨어지면 한 면에는 수소가, 다른 한 면에는 산소가 거품을 일으켰다. 초기 언론은 그 기술의 의미를 칭찬하고 격려했다. 노세라 자신은 가난한 사람들에게 주어질 혜택을 예언했다. 이걸로 요리할 때 수소 가스를 태우거나 연료 전지로 전기를 생산하는 방법을 설명했다. 그러나 가난한 사람이 수소통을 가지고 무엇을 할 수 있겠는가? 그들에게 연료 전지가 없다면 아무것도 할 수 없었다. 그저 비싼 기술일 뿐이고, 경제적인 의미라고는 없는 과학적 진보였다.

수소는 우주에서 가장 가벼운 원소로 도깨비불처럼 흩어진다. 수소 1파운드(약 450그램)는 가솔린 1파운드보다 3배나 많은 에너지를 함유하지만, 수소

1파운드를 얻는 것은 까다로운 과정이며 장비, 고압 탱크, 압축기가 필요하다. 한 가족이 충분히 쓸 수 있는 에너지를 생산하려면 합판 1장 크기의 실리콘 조각과 욕조 3개에 해당되는 탱크가 필요하다. 노세라는 가난한 사람들을 위해 적당한 가격의 에너지를 제공하는 것에 초점을 맞췄지만, 가난한 사람들이 실제로 전기를 생산할 수 있는 방법에 대해서는 거의 생각하지 못했다. 그럼에도 그는 모든 사람이 공유할 수 있는 에너지 자원과 기술을 고안하기로 결심했는데, 이것이 그가 1970년대에 데드헤드Deadhead라고 부른 개념이었다. 록 밴드 그레이트풀 데드Grateful Dead가 주장했던 자유로운 음악 공유 권리는 수십 년을 앞서간 것이었지만 결국 음악 산업을 약화시키는 꼴이 되었다. 이 밴드는 사람들이 콘서트에서 곡을 녹음하도록 허용했다. 오늘날에도 음악 트랙을 공유하고 교환할 수 있는 사이트들이 있다. 그런데 이 개념을 에너지 기술에도 사용할 수 있을까?

노세라는 그렇다고 생각한다.

그는 가난한 사람들에게 이익이 되는 기술에 집중함으로써 사회 전체가 최대의 이익을 얻게 될 것이라고 믿었다. 수년 동안 그는 배터리에 투자되는 것만큼 인공 광합성에 자금이 투자된다면 더 빨리 돌파구가 마련될 것이라고 회의론자들에게 맞섰다.

드디어 돌파구가 찾아왔다. 2016년 6월 3일, 노세라와 그의 동료 패멀라 실버는 태양에너지, 물, 이산화탄소를 결합해 에너지 밀도가 높은 연료를 만드는 데 성공했다고 발표했다. 2개의 촉매제를 사용해 물에서 자유 수소를 만들었는데, 이것이 액체 연료를 합성하는 박테리아인 랄스토니아에우트로파*Ralstonia eutropha*에 공급된다. 박테리아에 순수 이산화탄소가 주어졌을 때 그 과정은 광합성에 비해 10배 효율적이다. 이산화탄소를 공기 중에서 가져온다면 3~4배 효율적이다.

최근까지 노세라는 수소 기체를 만들기 위해 무기화학에 집중해왔다. 그와 그의 하버드팀은 수소를 사람을 위한 에너지원이 아닌 박테리아를 위한 에너지의 원료로 보고, 원래 목표인 햇빛과 물로 만들어진 값싼 에너지를 향해 큰 발걸음을 내디뎠다. 박테리아도 잊어서는 안 된다. 경제적 실행 가능성이 점점 눈앞의 현실로 다가오고 있는 인공 광합성은 그렇게 인공적이지만은 않을 것이다.

자율주행차량

AUTONOMOUS VEHICLES

나는 그 특이한 차 주변을 어슬렁거리다 마침내 차에 오르기로 결심했다. (…) 핸들과 기어 변속 레버가 없는 차에 앉아 있자니 기묘한 느낌이 들었다. 그러나 계기판에는 다이얼이 여러 개 있었고, 자동차 내부 어딘가에서 무언가가 조용히 똑딱거렸다. 그때 '딸깍딸깍'하더니 모터의 윙윙거리는 소리가 들렸고 차는 연석으로부터 살그머니 멀어져갔다. 차는 방향을 틀어 도로로 나가더니 속도를 낸 다음 모퉁이를 돌아 오른쪽으로 방향을 틀었다. 길을 건너는 두 여인을 위해 속도를 줄였고, 우리 쪽으로 다가오는 트럭을 피했다. 그냥 앉기만 했는데 차가 자동으로 나를 데리고 다닌다는 생각을 하니 좀 섬뜩했다. 그러다가 문득 난 이 차에 혼자 있고, 알 수 없는 거리에, 알 수 없는 도시에서, 뛰어내릴 수조차 없는 빠른 속도로 내가 알고 있는 곳으로부터 점점 멀어져간다는 생각이 들었다.

— 마일스 J. 브루어·의학박사, 『낙원과 철Paradise and Iron』(1930)

자율주행차량AV은 궁극적으로 파괴적인 기술일 수 있다. '자율'이라는 단어의 유래는 그리스어 'autonomos'에서 유래한 것으로, '자체 규칙을 가진다'는 뜻

한 여성이 휴대전화를 보며 자율주행차량 앞을 지나가고 있다. 2016년 10월 11일 런던 북쪽 밀턴킨스에서 열린 미디어 이벤트에서 자율주행 차량을 시험하는 중이다. 이날 운전자가 없는 차량이 승객들을 태우고 영국 거리로 나왔다. 영국 전역에 자율주행차량을 소개했던 기념비적인 행사였다.

이다. 차량에 적용한다면, 사람이 아닌 차량이 자체적인 법과 규율을 가지는 것을 의미한다. 자율주행차량은 지금까지 그 어떤 기술보다 빠르게 프로그래밍, 설계, 테스트, 판독되고 있다. 말 그대로 수조 달러가 달려 있다. 자율주행차량 개념은 90여 년 전으로 거슬러 올라가지만, 최근에 동작 센서, GPS, 전기자동차, 빅데이터, 레이더, 레이저 스캐닝, 컴퓨터 비전, 인공지능이 융합되면서 도시, 고속도로, 가정, 직장, 생활까지 획기적으로 변했다. 전기전자학회IEEE는 자율주행차량이 2040년까지 도로 차량의 75퍼센트를 차지할 것이라고 예측한다. 하지만 이것이 현실화되기 전에 극복해야 할 많은 법적, 규제적 장애물이 있다. 자율주행차량이 사회에 긍정적, 중립적 또는 부정적 영향을 미칠지는 명확하지 않다. 전문가 의견은 양측이 팽팽하다.

오늘날 자동차가 소유되고 활용되는 방식은 이보다 더 비효율적일 수 없을 정도다. 약 96퍼센트가 개인 소유로, 미국인들은 연간 2조 달러를 자동차 소유에 쓰면서, 1년이라는 시간의 4퍼센트에만 자동차를 사용한다. 현대의 자동차는 운전하는 기계가 아니라 7억 곳의 주차 공간(거의 코네티컷주에 맞먹는 크기)을 채우는 그저 주차된 기계다. 만약 대중이 인식을 바꾸고 자동차를 (이산화탄소와 건강을 해치는 오염물질을 토해내며, 비싼 보험에 가입된 강철과 유리, 플라스틱, 고무로 조립된 2톤짜리 비싼 개인 소유물이 아니라) 서비스로 생각한다면, 재료와 인프라, 보건 의료비 절감은 엄청날 것이다. 그러나 이것은 저절로 주어지는 것이 아니다. 전기는 전체 에너지 사용에서 가솔린 자동차보다 최소 4배 이상 효율적이며, 이는 온실가스의 관점에서 자율주행차량이 주는 주요 혜택이 될 것이다.

현재 병행되어 연구 중인 세 가지 보완적인 연구 및 실천 분야가 있다. 카셰어링 차량shared vehicles, 온디맨드 차량on-demand vehicles, 커넥티드 차량connected vehicles인데, 이 분야를 인정하지 않고서는 자율주행차량의 기본 기술력을 논하기 어렵다.

- 카셰어링은 방향이 같은 탑승자들이 차를 함께 탐으로써 승차 인원을 늘린다. 리프트라인과 우버풀은 현재 이 서비스를 제공하는 플랫폼이다.
- 온디맨드 차량은 앱으로 고객이 요청하면 차량이 운전기사와 함께 적당한 시간 내에 나타나는 서비스다. '오토노미autonomy'는 운전기사가 없는 차를 서비스한다는 뜻이다.
- 커넥티드 차량은 차량 대 차량 또는 차량 대 인프라 통신 기능이 탑재되어 실시간으로 다른 차량, 도로, 신호등 등과 데이터를 수집하고 공유할 수 있어 교통 흐름을 원활히 하고 안전성을 높일 수 있다. 지금까지 이 시장에서 경쟁하는 기업들은 차량 대 차량 또는 차량 대 인프라 통신을 갖기로 합의한 바가 없는데, 이 점은 아쉽기만 하다. 온보드 인공지능과 결합된 이러한 통신을 통해 차량이 지리, 거리, 상황, 목적지에 대해 끊임없이 학습하고 스마트해질 것이기 때문이다.

자율주행차의 잠재적인 생태학적 이점은 무수하지만, 반드시 실현되는 것은 아니다. 대부분의 최신 자율주행차 시연용 모델은 애프터마켓 센서 패키지가 장착된 기존 생산 차량을 기본으로 한다. 현재 시험 중인 자율주행차의 콘셉트 모델은 더 작고 공기역학적으로 설계되었다. 전용 차선이 생긴다면 마치 사이클리스트 무리처럼 앞 차량을 뒤의 차량이 바짝 뒤따르는 형태로 이동할 수 있다. 그러나 전용 차선으로의 전환은 수십 년이 걸릴 수 있다. 자율주행차를 여러 사람이 함께 탄다면 혼잡은 줄어들 것이다. 더 이상 주차 공간을 찾아 동네를 몇 바퀴 돌 필요도 없고, 그 대신 다른 승객을 바로 태울 수 있다. 대부

프랑스 리옹의 리옹콩플뤼앙스에 정차한 나블리 자율주행 셔틀버스. 운전자가 없고, 자율주행이며, 전기로 움직이는 이 셔틀은 콩플뤼앙스 쇼핑 구역과 프랑스 반도 끝을 왕복한다. 레이저, 카메라, 고도로 정밀한 GPS가 장착된 나블리 셔틀은 시속 25킬로미터에 이르지만, 승객이나 보행자 모두에게 안전함이 검증되었다.

분의 이동이 배터리 충전 범위 내에서 지역적으로 이뤄지기 때문에 자율주행은 전기차의 채택을 가속화할 것이다. 더 작고 효율적인 차량은 도로 폭을 좁히고 풀어난 토지를 다른 용도에 내줄 수 있다.

그러나 자율주행차로의 전환에는 무수한 장애물이 존재한다. 기술 개발에 비용도 많이 들고, 모든 조건에 대해 허용 오차를 정확히 측정해야 한다. 운전자와 승객, 행인의 목숨이 달려 있기 때문에 어떠한 실수도 용납되지 않는다. 자율주행 기능과 규제 환경 사이의 조율이 느리게 진행될 수 있으며, 법령은 주마다 다를 수 있다. 자율주행차는 상당 기간, 통신이 되지 않는 비자율주행 자동차의 운전자와 상호작용해야 한다. 가장 큰 장애물은 자율주행차를 소유하려는 욕구가 얼마나 강력하게 내재되어 있는가다. 개인이 소유하는 기존 자동차가 문화적, 기능적으로 자율주행차의 가장 큰 경쟁자다. 개인 차량은 개성을 나타내는 자유의 상징(비단 미국에서뿐만 아니라)이며, 이 차량들을 미래의 자율주행차로 대체한는 것은 결코 사소한 일이 아니다. 아마 세대 간의 태도 변화가 필요할지도 모른다. 집에 차가 없는 사람들은 고립되거나 소외되었다고 느낄 수도 있다.

자율주행차에 대한 대중의 반감도 심각하다. 비슷한 예로, 유럽의 여러 도시와 캘리포니아에서 택시 운전사들은 우버에 맞서 큰 반발을 일으켰다. 택시에 운전자가 사라진다면 비용은 급감할 것이고, 그 어떤 것도 이 추세를 막을 수 없다. 다른 한편으로는, 자율주행차로 구성된 세계에서는 개인 운전자야말로 다른 모든 사람에게 위험한 존재로 전락하기 때문에 사람이 운전하는 것이 금지되는 시대가 올 수도 있다. 미래학자 토머스 프레이는 자율주행차의 시대에 사라질 것들에 대한 목록을 만들었는데, 1위가 운전자였다. 그는 운전자, 택시, 우버, 유피에스, 페덱스, 버스, 트럭, 마을버스는 물론, 보험사, 자동차 판매원, 신용 관리자, 보험 청구 조정사, 은행 대출, 교통 뉴스 기자 등도 사라질 것이라고 예언했다. 카세트테이프가 사라진 것처럼 스티어링 휠, 주행 기록계, 가스 페달, 주유소, 미국자동차연합, 수리점에서 세차장에 이르기까지 개인이 자신의 차를 수리할 수 있는 많은 소매점도 사라질 수 있다. 그러나 사라져서 좋은 것들도 있다. 도로 위의 분노, 충돌, 90퍼센트 이상의 부상과 자동차 관련 사망, 운전면허 시험, 분실, 자동차 딜러, 경고 딱지, 교통경찰, 그리고 교통체증.

자동차와 트럭 산업이 기후에 미치는 영향은 크다. 자동차와 트럭은 전체 온실가스 배출량의 5분의 1을 차지하며, 여기에는 거리, 고속도로 및 기타 인프라의 건설과 유지 보수 시에 배출되는 온실가스는 고려되지 않았다. 온실가스의 감소와 함께 수백만 개의 일자리가 감소할 수 있다(지금은 사라진 블록버스터와 넷플릭스를 비교해보면 이것이 전체적인 고용 시장에 미치는 영향을 알 수 있다).

고속도로와 자동차 산업이 도시를 변화시켰듯이, 자율주행차도 마찬가지일 것이다. 실제 주행거리는 올라가지 내려갈 수는 없다. 그 이유는 간단하다. 서비스나 물건의 가격이 내려갈 때 소비는 어김없이 증가하기 때문이다. 자율주행차를 예약한 고객은 도시에서 멀리 이동하는 경향이 있다. 그 이유는 그들이 직접 운선하는 대신 차 안에서 일을 할 수 있기 때문이다.

승차 공유와 자율주행차를 융합하는 비전은 이 분야를 개척하는 기업들에는 낙관적이다. 미국의 전체 자동차 플리트가 50~60퍼센트 감소할 것이라는 예측이 있다. 리프트의 공동 창립자인 존 지머는 이것을 '제3의 교통 혁명'이라 부른다. 이러한 융합은 차가 아니라 사람을 위해 도시와 교외 풍경이 변할 것이라는 설명이다. 온디맨드 차량으로 인해 대다수의 도시 거주자는 자동차 소유권을 포기하면서 자신이 부담하는 비용은 물론 도시 비용을 크게 줄여줄 것이다. 도시에서 자동차를 소유해야 하는 엄청난 번거로움과 9000~1만 5000달러에 이르는 평균 소유 비용을 감안할 때, '사용한 만큼 지불'하는 온디맨드 차량 모델은 빈부와 관계없이 누구에게나 매력적인 선택지가 될 수 있다. 그러나 함정은 교통 혼잡 시간에 있다. 사람들이 기존 서비스인 리프트라인과 같은 자율 카풀링을 사용할 의사가 없는 한, 밀집된 도시 환경이나 교외의 대규모 기업 본사에서 놀고 있는 자율주행차 수는 장점을 압도해버린다.

또 다른 변화는 도시화다. 2050년까지 1억 명의 사람이 추가로 미국 도시에 거주할 것이다. 이 도시들은 어떤 모습이 될까? 분명히 밀도가 높아질 것이다. 당연히 1인당 차량 수는 줄어들 것이다(물론 이에 반대하는 설득력 있는 주장도 존재한다). 도시의 풍경은 분명 넓은 보도와 좁은 도로, 더 많은 나무와 식물,

충분히 많은 자전거 도로, 공원으로 개조된 주차장 등이 있는 사람 중심의 지역으로 변모할 것이다. 중심이 교통에서 공동체로 옮겨갈 것이다.

도시의 형태(도시 레이아웃, 도로, 건축물, 물리적 패턴 등)는 자율주행차가 잘 계획된 기능적인 서비스가 된다면 극적으로 변할 수 있다. 오늘날 모든 도시는 시끄럽고 혼잡하다. 이러한 소음과 혼잡의 압도적인 원인은 차량이다. 이와는 대조적으로 전기자동차는 소음을 내지 않는다. 만약 자율주행차가 승객 한 명을 태우고 또는 아무도 없이 달린다면, 이는 도시는 물론 지구에 거의 도움이 되지 않을 것이다. 그러나 사람 운전자가 없는 전용 차선에서 달리며 여러 사람들에게 서비스를 제공한다면, 이 차량들의 영향은 매우 의미 있고 유익할 수 있다. 도시 계획가인 피터 캘소프는 이를 '자율주행 대중교통'이라고 부른다.

고체 상태의 파도에너지

SOLID-STATE WAVE ENERGY

약 8만 테라와트의 전력을 내는 바다의 운동에너지는 특별하다. 이것은 엄청난 양의 에너지로, 인간에게 필요한 에너지의 약 4배를 제공하고도 남는다. 1테라와트는 1조 와트에 상당하며 3300만 미국 가정에 전기를 공급하기에 충분한 정도다. 물은 공기보다 1000배 가까이 밀도가 높기 때문에 엄밀히 말해 아쿠아 터빈은 풍력 터빈보다 더 효율적이다. 파도에너지 기술의 문제는 경제적 비효율성이다. 파도에너지를 얻으려면 깊은 바다의 응력과 부식을 견딜 수 있는 동력 부품이 필요하다. 바다에서 발견되는 순수한 에너지가 파력을 방해할 수도 있다.

시애틀의 한 회사인 오실라파워Oscilla Power는 외부의 움직이는 부품 없이 바다의 운동에너지를 변환하는 파도에너지 기술을 개발했다. 그 기술의 원리는 간단한데, 큰 고체 상태의 부낭을 수면 위에 띄운다. 부낭 표면 안에는 자석이 있고, 바깥에는 철과 알루미늄 합금으로 만든 막대가 있다. 압축과 이완이 반복되면서 막대에 응력 변화가 일어나는데, 이때 막대를 감싼 코일에 의해 전기로 변환된다. 압축을 일으키는 것은 케이블로 고정된 수면 아래의 대형 콘크리트 상하운동 판heave plate이다. 이 판은 아래위로 움직이는 파도로 인해 고체 부낭이 움직이는 것을 막는 닻 역할을 해 내부에 압축파를 생성한다. 상하운동, 고점, 저점, 물마루, 바다 표면의 경사 등이 일정한 압축 흐름을 생성시켜 전기가 발생한다. 상하운동 판의 무게, 합금 막대가 압축되는 자기장의 구성, 해저 표면의 운동에 반응하는 시스템의 전체 질량 분포는 꽤 복잡한 계산 과정을 거치며, 그래야 최적의 결과를 얻을 수 있다. 그러나 일단 파라미터를 설정하면 역학은 꽤 간단하다. 그 이유는 터빈, 날개, 모터, 그리고 다른 움직이는 부품이 없기 때문이다.

비용 문제만 해결된다면, 해양 운동에너지의 아주 작은 부분을 포획하는 기술은 매우 놀랍게 진전될 것이다. 비용 문제는 유지·보수, 부품 교체, 공해에서의 정비, 전력 전송을 위한 수중 케이블 등을 포함한다. 파력을 그토록 매력적으로 만드는 것은 인간의 손이 닿지 않는 곳에서 에너지를 빼낼 수 있다는 점이다. 이 에너지는 밀도가 높고 무작위적이며 강력하다. 고체 상태의 파도에너

지는 이 분야의 여러 신생 기업을 괴롭혔던 몇 가지 주요 문제를 해결한다. 이것이 돌파구가 될지도 모른다. 아니, 파도에너지의 돌파구는 아직 오지 않았다. 현재든 미래든, 바다는 지구상에서 가장 큰 미개발 에너지원으로 남을 것이다.

브록환경센터Brock Environmental Center는 버지니아주 버지니아 해변의 플레저 하우스 포인트에 있는 체서피크베이재단CBF에 의해 지어졌다. 2014년 완공된 이 건물은 빗물을 받아 식수를 모두 해결하고 같은 규모의 상용 건물보다 90퍼센트 적은 물을 사용한다. 또한 소비하는 것보다 83퍼센트 더 많은 에너지를 생산한다. 브록환경센터는 연방 식수 표준에 따라 빗물을 처리하도록 허용된 미국 최초의 상용 건물이다.

2000년에 미국 그린빌딩위원회는 더욱더 지속가능한 건물을 측정하고 표시하기 위한 방법으로 에너지 및 환경 디자인 리더십 인증 프로그램을 공개했다. 프로그램과 등급 인증(금, 은, 플래티넘)은 건축 업계의 변화를 부추기고 촉구했다. 이에 따라 건축 업계는 건물의 가치를 측정하는 방법을 바꾸고 환경과 거주자들에 미치는 건물의 영향을 계량화하고 평가하기 위한 규범을 개발해야 한다. 인증은 설계, 시공, 유지·보수 및 운영을 포괄한다. 측정 지표에는 루멘, 물, 에너지 사용, 청소 제품, 주광 조명, 실내 공기질, 재생에너지 활용도 등이 포함된다.

에너지 및 환경 디자인 리더십 표준이 제정되고 6년 뒤에 건축가 제이슨 매클레넌과 캐스캐디아 그린빌딩협의회, 리빙빌딩챌린지LBC에 의해 또 다른 기준이 제시되었다(현재는 국제생활미래연구소ILFI가 소유·운영하고 있다). 이 기준 역시 핵심 원칙과 성능 카테고리를 제시하는 건물 인증 프로그램이다. 카테고리는 장소, 물, 에너지, 보건 및 행복, 재료, 평등, 아름다움 일곱 가지로 구성되며, 이 카테고리들을 '꽃잎'이라고 부른다. 에너지 및 환경 디자인 리더십은 지속가능성을 강조하며, 건축 환경에 의한 부정적 환경 영향을 줄이는 것을 목표로 한다. 리빙빌딩챌린지는 재생에 초점을 두고, 자연계와 인간 공동체 모두를 위해 환경을 부활시키며 재생할 수 있는 건축을 목표로 한다.

기본적으로 리빙빌딩챌린지가 강조하는 것은 '주도'가 아니라 '삶'이다. 건물은 숲과 같이 기능할 수 있고, 기능과 형태에서 긍정적인 순잉여를 발생시키며, 전 세계에 가치를 발산할 수 있다. 다시 말해 우리는 건물에 단순히 '덜 나쁘다'는 것 이상을 기대할 수 있다. 건물은 더 큰 공공의 이익에 기여할 수 있다. 리빙빌딩챌린지는 리빙빌딩이 무엇인지, 사람과 지구 모두에 이익을 주기 위해서는 무엇을 해야 하는지에 대한 기준을 제시한다. 7개의 꽃잎은 각각 건물이 이행해야 하는 총 20개의 의무 사항으로 채워져 있다. 이 의무 사항들은 체크리스트가 아니라, 건물에 대한 전체적인 접근 방식을 정의하는 성능 기대치이며 다음과 같은 간단한 질문에 기반을 둔다. "어떻게 건물을 설계하고 지어야 모든 행동과 결과가 세상을 개선할 수 있을까?"

예를 들어 리빙빌딩은 식량을 재배하고, 넷포지티브net-positive 폐기물(생물계 또는 토지에 영양을 공급하는 폐기물 흐름)을 생산하며, 넷포지티브 물을 생성해 사용하는 것보다 재생에너지로 더 많은 에너지를 생성해야 한다. 건물은 자연물질, 자연광, 자연의 관점, 물소리 등에 대한 인간의 선천적인 친밀감을 만족시키는 친생명적 디자인을 결합해야 한다. 사물의 부자연스러운 측면과 관련하여, 리빙빌딩은 PVC나 포름알데히드 같은 모든 위험물 목록의 재료를 피해야 한다. 이 건물들은 자동차 척도가 아니라 인간 척도에 맞춰야 하고, 단순한 컨테이너가 아닌 교사로서 다른 건물에 영감을 주고 의도적으로 교육해야 한다.

온실가스 배출에 관한 한, 리빙빌딩은 그들이 소비하는 것보다 더 많은 에너지를 생산하고 모든 내재된 탄소를 상쇄함으로써 가장 큰 영향을 미친다. 세계에 에너지를 공급하기 위해 이 건물들은 매우 효율적이어야 하고, 기존의 '녹색' 건물보다 훨씬 적은 에너지를 필요로 해야 하며, 태양열이나 지열과 같은 분산 재생에너지를 통합해야 한다.

넷포지티브 에너지와 19개의 나머지 사항을 달성하는 것은 의무적이지는 않기 때문에 각각의 리빙빌딩은 지역적 조건에 맞게 세워지고, 지역의 특별함을 허용해야 한다. 이를 실행하는 것은 맥락상의 문제다. 궁극적으로 리빙빌딩챌린지 인증은 규범적인 설계 규격 또는 예상 건물 성능의 충족 여부에 기초하지 않는다. 대신 적어도 12개월의 실사용과 실제 성능에 근거해 어떻게 리빙빌딩이 활기를 띠는지가 관건이다.

많은 혁신과 마찬가지로 리빙빌딩챌린지도 초기에는 도입이 느렸다. 이름처

럼 설계자, 건축가, 엔지니어, 건물 검사원, 은행, 계약자들에게 거의 극복할 수 없는 도전 과제를 안겨주었다. 가파른 학습 곡선 때문에 채택하는 경우가 드물어 초기 채택 곡선이 평평했다. 그러나 현재는 400개 이상의 건물이 다양한 인증 단계를 거치고 있으며, 24개 국가에서 수십만 제곱미터를 차지한다. 에너지 및 환경 디자인 표준과 마찬가지로 설계자와 계약자가 인증을 달성하기 위한 수단과 방법을 숙달함에 따라 비용이 절감되고 신뢰도가 높아졌다. 최근의 경제 연구에 따르면, 주거용 건물의 초기 비용이 감소하고 있고 동시에 실현 가능한 수익률이 단지 공상에 그치지 않으며 경제적 이득을 가져다줄 수 있다는 것을 보여준다.

리빙빌딩챌린지 방식으로 건축하는 데 어려움이 없는 것은 아니다. 선행 투자, 수익에 대한 장기적 안목, 각 프로젝트의 고유한 역학을 다루기 위한 기술적 전문 지식이 필요하다. 또한 리빙빌딩을 불법으로 보는 지역의 제한적인 건축 법규를 극복해야 할 때도 있다(예를 들어 현장 오수 처리를 허용하지 않는 곳도 있다). 인센티브, 정책 변경 및 양질의 전문가 개발을 통해 이러한 장애물을 해결하는 것은 건축 환경에 대한 이 접근 방식을 실현하는 데 핵심이다. 이 프로그램 덕분에 이미 수많은 긍정적인 규제 변화가 이뤄졌다. 우리가 지은 구조물들이 실제로 우리 스스로 우리를 위해 만든 생태계라는 것이 사회적으로 합의된다면 리빙빌딩이야말로 진정한 인간 주거지임이 받아들여질 것이다.

리빙빌딩챌린지 의무 사항의 마지막은 아름다움이다. 리빙빌딩챌린지 인증을 받은 건물들은 너무나 아름다워 둘러보면 그 안에 살고 싶어진다. 건축가 데이비드 셀러스는 "지속가능성을 향한 길은 아름다움이다. 사람들은 정신과 마음의 양식이 되는 것을 보존하고 돌보기 때문이다"라고 설명했다. 그렇지 않은 건물은 결국 허물어진다.

의무 사항

1. 성장 제한: 이전에 개발된 부지에만 건설하고, 자연 상태의 땅 혹은 그 인접 지역에 건설하지 않는다.
2. 도시 농업: 리빙빌딩은 용적률에 근거해 식량을 재배하고 보관할 능력을 갖춰야 한다.
3. 서식지 교환: 1헥타르를 개발할 때마다 1헥타르의 서식지를 영구히 따로 마련해야 한다.
4. 인간의 힘으로 살아가는 생활: 리빙빌딩 내외부에서 보행할 수 있고, 자전거를 탈 수 있어야 하는 등 보행자친화적인 공동체에 기여해야 한다.
5. 넷포지티브 물: 빗물 포집과 재활용은 사용량을 초과해야 한다.
6. 넷포지티브 에너지: 사용되는 에너지의 최소 105퍼센트는 현장 재생에너지로부터 공급되어야 한다.

7. 문명화된 환경: 리빙빌딩에는 신선한 공기, 일광, 전망을 볼 수 있는 창문이 있어야 한다.
8. 건강한 실내 환경: 리빙빌딩에는 흠잡을 데 없이 깨끗하고 신선한 공기가 있어야 한다.
9. 친생명 환경: 디자인은 인간과 자연의 연결을 육성하는 요소들을 포함해야 한다.
10. 위험물 근절: 리빙빌딩은 리빙빌딩챌린지 위험물 목록에 기재된 독성물질이나 화학물질이 없어야 한다.
11. 내재된 탄소발자국: 건축 시 발생되는 탄소는 상쇄되어야 한다.
12. 책임 있는 산업: 모든 목재는 산림관리협회의 인증을 받거나 구조 물품 또는 건물 부지 자체에서 얻어야 한다.
13. 살아 있는 경제 지원: 재료와 서비스의 획득은 지역 경제를 지원해야 한다.
14. 넷포지티브 폐기물: 건설은 중량으로 폐기물의 90~100퍼센트를 전용해야 한다.
15. 인간 척도와 인간적인 장소: 이 프로젝트는 자동차보다는 인간을 중심으로 한 특별한 기준을 충족시켜야 한다.
16. 자연과 장소에 대한 보편적인 접근: 모든 사람이 평등하게 인프라에 접근할 수 있어야 하며, 신선한 공기, 햇빛 및 천연 수로를 누릴 수 있어야 한다.
17. 공평한 투자: 투자 금액의 절반을 자선단체에 기부해야 한다.
18. 저스트 조직JUST Organization(국제생활미래연구소가 고안한 회원제 프로그램으로, 정책을 최대한 활용해 공정한 사회에 기여하고 구성원의 참여도를 향상시키는 것을 목적으로 한다—옮긴이): 적어도 1개 이상의 관련 독립

체가 투명하고 사회적으로 정당한 사업 운영을 나타내는 인증된 저스트 조직에 속해 있어야 한다.

19. 아름다움과 정신: 공공 예술과 디자인 특징이 정신을 고양하고 즐거움을 주기 위해 통합되어야 한다.
20. 영감과 교육: 프로젝트는 어린이와 시민 교육에 참여해야 한다.

공동의 집을 가꾸는 것에 관하여

프란치스코 교황

지난 40년 동안 수천 권의 책과 기사가 기후변화를 논했다. 하지만 프란치스코 교황이 쓴 환경 회칙 「공동의 집을 가꾸는 것에 관하여On Care for Our Common Home」를 읽었을 때, 눈앞의 안개가 사라지는 기분이었다. 지구온난화의 과학적 문제를 온전히 인간적인 차원에서 바라본 그 시선은 사려 깊고 따뜻했다. 회칙은 로마 가톨릭교회의 5100명의 주교에게 보내는 교황의 서한으로, 신자들을 지도하고 이끄는 방법에 관한 안내서의 역할을 한다. '찬미 받으소서Laudato Si'는 지구온난화의 원인과 온난화가 빈곤층에 미치는 부당하고 불공평한 영향에 대해 연민과 불굴의 의지를 담아 마음으로부터 보내는 교황의 메시지다. 이 메시지는 거의 최초로 지구온난화를 환경 문제뿐만 아니라 보편적인 도덕의 문제로 설명한다. 여기서 3만7000단어로 구성된 회칙 중 1353단어만을 발췌한다. — 폴 호컨

기후는 공공재입니다. 모두가 가질 수 있고 모두를 위한 것입니다. 지구적 차원에서, 기후는 인간의 삶에 필수적인 많은 조건과 연결된 복잡한 시스템입니다. 현재 우리가 심각한 지구온난화를 맞이하고 있다는 것이 과학계의 정설입니다. 최근 수십 년 동안 지구온난화는 해수면을 지속적으로 높이고 극단적인 기상 현상을 증가시켰습니다. 그러나 각각의 현상에 대한 원인을 정확하게 집어낼 수는 없습니다. 인류는 이러한 온난화 또는 적어도 온난화를 야기하거나 악화시키는 인적 원인과 싸우기 위해 생활 방식, 생산, 소비 형태를 바꿔야 한다는 경고를 받았습니다. 물론 다른 요인(화산 활동, 지구 궤도와 축의 변화, 태양 주기 등)이 있는 것도 사실이지만, 여러 과학 연구는 최근 수십 년 동안 지구온난화가 주로 인간 활동의 결과로 방출된 엄청난 양의 온실가스(이산화탄소, 메탄, 질소산화물 등)가 원인이라고 밝히고 있습니다. 이러한 기체가 대기 중에 쌓이면서 햇빛에 의해 생성되는 열이 지구 표면에서 방출되는 것이 가로막힙니다. 이 문제는 전 세계 에너지 시스템의 핵심인 화석연료의 집중적인 사용에 기반을 둔 개발 모델로 인해 악화되고 있습니다. 또 다른 결정적 요인은 용도가 변경된 토양의 증가입니다. 이는 농업 목적으로 사용하기 위해 삼림을 벌채했기 때문입니다.

기후변화는 환경, 사회, 경제, 정치는 물론 재화의 분배에서 중대한 함의를 지니는, 전 세계가 고민해야 할 문제입니다. 이것은 오늘날 인류가 직면한 주요 도전 중 하나입니다. 그중에서도 개발도상국들이 향후 수십 년간 최악의 영향을 받을 것입니다. 빈곤층의 상당수는 특히 온난화의 직접적 영향을 받는 지역에서 살고 있습니다. 이들의 생계 수단은 주로 농업, 어업, 임업과 같은 자연보호구역과 생태계 서비스에 의존합니다. 이들은 기후변화에 대처하거나 자연재해에 맞설 수 있는 다른 재정활동이나 자원을 가지고 있지 않으며, 사회 서비스와 보호에 대한 접근은 매우 제한적입니다. 예를 들어 적응할 수 없는 기후변화로 인해 동식물이 감소하면 그들은 이주해야 합니다. 기후변화는 억지로 집을 떠나야만 하는 가난한 자들의 생계에 영향을 미치며, 그들과 그 자녀들의 미래는 큰 불확실성에 사로잡힙니다. 환경 악화로 인한 빈곤에서 벗어나려는 이주민 수가 크게 증가했습니다. 이들은 국제 협약에 의해 난민으로 인정되지 않습니다. 이들은 어떠한 법적 보호도 받지 못한 채, 그들이 남겨두고 떠나야 했던 삶의 손실을 감수합니다. 안타깝게도 전 세계는 이러한 그들의 고통에 관심을 두지 않습니다. 우리 형제자매의 이러한 비극을 외면한다면 시민사회에서 살고 있는 인류의 책임감 부족이 드러나는 것입니다.

생태학적 위기의 복잡성과 여러 원인을 고려할 때, 그 해결책들이 단지 하나의 해석과 변혁의 방법에서 나오지 않을 것임을 깨달아야 합니다. 또한 여러 민족의 다양하고 풍부한 문화, 예술과 시, 내면적 삶과 영성을 각각 인정하고 존중해야 합니다. 우리가 입힌 상처를 치료할 능력이 있는 생태계를 개발하려면, 그 어떤 과학 분야도, 그 어떤 형태의 지혜도 배제되어서는 안 됩니다. 여기에는 종교와 해당 종교의 특정한 언어도 포함될 것입니다.

자연환경은 공공재이며, 모든 인류의 유산이자 책임입니다. 우리가 어떤 것을 우리 자신의 것으로 만든다 해도, 그것을 관리하는 것은 모두의 선을 위한 것이어야 합니다. 그렇게 하지 않으면, 타인의 존재를 부정하는 그 무게가 양심을 짓누를 것입니다.

생태학은 살아 있는 유기체와 그 유기체가 발달하는 환경 사이의 관계를 연구하는 학문입니다. 여기에는 어쩔 수 없이 사회의 생명과 생존에 필요한 조건과 개발, 생산, 소비라는 특정 모델에 의문을 제기하는 데 필요한 정직성에 대한 반성과 논쟁이 뒤따릅니다. 만물이 연결되어 있다는 것은 아무리 강조해도 지나치지 않습니다. 시간과 공간은 서로 독립적이지 않으며, 원자나 아원자입자조차 별개로 간주될 수 없습니다. 지구의 다른 측면들(물리, 화학, 생물학)이 상호 연관된 것처럼 살아 있는 종들도 우리가 완전히 탐구하고 이해할 수 없는 네트워크의 일부분입니다. 인간의 유전자 코드를 다른 많은 생명체도 가지고 있습니다. 따라서 지식의 단편화와 정보의 단편화는 현실의 좀더 넓은 비전으로 통합되지 않는 한 실제로 무지의 형태가 될 수 있습니다.

우리가 '환경'에 대해 말할 때, 이 단어가 정말로 의미하는 것은 자연과 그 안에 살고 있는 사회 사이에 존재하는 관계입니다. 자연은 우리 자신과는 별개의 것으로 간주될 수도 없고 우리가 살고 있는 단순한 환경으로 간주될 수도 없습니다. 우리는 자연의 일부분이며, 그 안에 포함되어 있고, 따라서 자연과 지속적으로 상호작용을 해야 합니다. 특정 지역이 오염되는 이유를 인식하려면 사회의 작용, 경제, 행동 패턴, 그리고 그 사회가 현실을 인식하는 방법에 대한 연구가 필요합니다. 변화의 규모를 고려할 때, 문제의 각 부분에 대한 구체적이고 개별적인 해답을 찾을 수 없습니다. 자연계 자체와 사회와의 상호작용을 고려하는 포괄적인 해결책을 찾는 것이 필수입니다. 우리가 직면한 것은 하나는 환경, 또 다른 하나는 사회라는 두 가지 위기가 아니라 하나의 복잡한 위기입니다. 해결책을 위한 전략은 빈곤과 싸우고, 배제된 사람들에게 존엄성을 회복하고, 동시에 자연을 보호하기 위한 통합된 접근법을 요구합니다.

우리의 후세, 지금 자라나는 아이들에게 어떤 세상을 남겨줄 것인가? 이 문제는 비단 환경에 대한 것만이 아닙니다. 단편적으로 접근할 수도 없습니다. 어떤 종류의 세계를 남기고 싶은지 스스로 물었을 때, 우리는 우선 일반적인 방향과 의미 그리고 가치를 생각합니다. 우리가 이 심오한 문제를 해결하기 위해 고군분투하지 않는 한 생태학에 대한 현재의 관심은 중대한 결과를 가져오지 못할 것입니다. 그러나 이러한 문제에 용기 있게 대면한다면, 우리는 의심의 여지 없이 또 다른 첨예한 질문들을 만나게 됩니다. 이 세상에서 삶의 목적이 무엇인가? 우리는 왜 여기에 왔는가? 우리 일과 모든 노력의 목표는 무엇인가? 지구가 우리에게 요구하는 것은 무엇인가? 그렇다면 우리가 미래 세대를 위해 걱정한다고 말하는 것만으로는 충분하지 않습니다. 정말로 중요한 것은 우리의 존엄성이라는 사실을 알아야 합니다. 사람이 살 수 있는 행성을 미래 세대에 물려주는 것은 전적으로 우리에게 달려 있습니다. 이 문제는 우리의 세속적 삶과도 궁극적으로 관련이 있기 때문에 우리 자신에게도 대단한 영향을 미칩니다.

많은 것이 진로를 바꿔야 하지만 무엇보다 변화를 필요로 하는 것은 우리 인간입니다. 우리에게는 공통의 기원, 상호적인 소속감, 그리고 모든 사람과 공유해야 할 미래에 대한 인식이 부족합니다. 이를 인식하기 시작한다면 새로운 신념, 태도, 삶의 형태를 발전시킬 수 있을 것입니다. 위대한 문화적·정신적·교육적 도전은 우리 앞에 있으며, 이것은 우리에게 기나긴 회복의 길을 떠나기를 요구합니다.

우리는 서로를 필요로 하고, 타인과 세계에 대한 공동의 책임이 있으며, 선함과 존엄성은 가치가 있다는 확신을 되찾아야 합니다. 그 어떤 시스템도 우리의 선하고 진실하며 아름다운 것에 대한 열린 마음을 완전히 억제할 수 없으며, 우리 마음 깊은 곳에서부터 신의 은총에 응답할 수 있도록 신이 우리에게 부여한 능력을 억압할 수 없습니다. 나는 전 세계의 모든 사람에게 우리의 존엄성을 잊지 않기를 호소합니다. 아무도 우리에게서 그것을 빼앗을 권리가 없습니다. 이 지구에 대한 우리의 투쟁과 우려가 결코 희망의 기쁨을 빼앗아가지 않기를 기원합니다.

직접 공기 포집

DIRECT AIR CAPTURE

수억 년 동안 식물은 광합성의 힘을 이용해 공기에서 이산화탄소를 포집해 바이오매스(식물 세계의 기본 구성물)로 변환했다. 물론 이 과정에서 재생 가능한 태양에너지를 사용한다. 최근에야 인류는 이와 유사한 직접 공기 포집DAC 시스템을 활용하기 시작했다. 이들의 목표는 주변 이산화탄소를 포집해 '하늘을 채굴'하는 것이다. 단기적으로는 이 이산화탄소를 제조와 산업 공정에서 찾을 수 있다. 장기적인 목표는 직접 공기 포집과 이산화탄소 저장소를 사용해 배출을 감소시키고 유지하는 것이다.

이론적으로 직접 공기 포집 기계는 화학물질을 거르는 투인원two-in-one 체와 스펀지처럼 작용한다. 주변 공기가 고체 또는 액체 물질 위를 통과할 때 공기의 이산화탄소는 선택적으로 '달라붙는' 물질의 화학물질과 결합하고, 공기 중의 다른 기체들은 자유롭게 지나간다. 일단 포집 화학물질들이 이산화탄소로 완전히 포화되면 에너지를 사용해 분자들을 정제된 형태로 방출한다. 이산화탄소를 방출하면 화학물질의 필터링 능력이 회복된다. 이러한 사이클이 반복된다.

직접 공기 포집 시스템의 근본적인 기술적 과제는 이것이 효과적인지, 또 비

글로벌서모스탯Global Thermostat이 제작한 탄소 포집 장치. 이 장치는 다공성 허니콤 세라믹에 결합된 아민 기반의 화학 흡착제를 사용하는데, 둘이 함께 탄소 스펀지로 작용해 대기나 굴뚝에서 이산화탄소를 효율적으로 흡수한다. 포집된 이산화탄소는 저온 증기를 이용해 정제하여 수거한다. 표준 온도와 압력에서 98퍼센트의 순수 이산화탄소가 생산된다. 증기와 전기 외에는 아무것도 소비되지 않으며, 다른 유출물이나 배출물은 생성되지 않는다. 전체 공정은 조용하고, 안전하며, 탄소 네거티브carbon negative(탄소 생산량을 마이너스 수준으로 만드는 것—옮긴이)다.

용 면에서 효율적으로 수행될 수 있는지를 증명하는 것이다. 우선 공기 중의 이산화탄소는 0.04퍼센트로 매우 희박하다. 의미 있는 양의 이산화탄소를 분리하려면 많은 양의 공기가 포집 물질과 접촉해야 한다. 둘째, 포집-방출 사이클은 에너지를 소비한다. 따라서 저비용, 저탄소, 경쟁적 용도(예를 들어 애초에 탄소배출을 줄이는 데 도움이 되는)가 없는 에너지원을 찾아 현명하게 사용할 필요가 있다.

그럼에도 전 세계 과학자들은 언젠가 대기 중의 이산화탄소를 경제적으로 포집할 수 있는 다양한 직접 공기 포집 설계를 연구하고 있다. 포집 단계를 위해 많은 회사가 기존 산업용 이산화탄소 포집 공정에서 널리 사용되는 아민(암모니아와 유사한 화합물)의 화학 반응을 개발하고 있다(엔지니어들은 수십 년 동안 아민 기반 시스템을 사용해 다양한 연료 및 화학 제조 작업의 농축된 배기가스 흐름에서 이산화탄소를 포착한다). 일부 직접 공기 포집 혁신가들은 이산화탄소 포집에 음이온 교환 수지와 같은 새로운 물질을 사용한다. 또한 금속유기골격체와 규산알루미늄 물질과 같은 다양한 재료 과학 발전은 공기로부터 이산화탄소를 효율적으로 포집하기 위한 새로운 분야를 개척할 수 있다.

포집된 이산화탄소를 재생하는 데 사용되는 프로세스, 즉 직접 공기 포집 시스템이 포집 '스펀지'를 압축하는 방법에서 중요한 혁신이 일어나고 있다. 포화된 포집 물질에 온도, 압력, 습도를 적절히 적용해 이산화탄소를 정제된 형태로 방출할 수 있다. 직접 공기 포집 시스템 설계자는 가능한 한 최소의 에너지를 사용하거나 바람, 태양 또는 산업용 폐기열에서 나오는 에너지를 사용한 재생 기술을 개발하고 있다.

가까운 시일 내에 직접 공기 포집 장치에서 방출되는 정제된 이산화탄소를 광범위한 제조 용도에 사용할 수 있을 것이다. 예를 들어 일부 직접 공기 포집 스타트업 회사들은 공기에서 포집한 이산화탄소를 이용한 합성 운송 연료를 만들기 위해 노력하고 있고, 다른 회사들도 실내 농업 수확량을 향상시키기 위해 온실에서 대기 이산화탄소를 사용할 방법을 모색하고 있다. 그러나 이건 시작일 뿐이다. 직접 공기 포집 시스템에서 포집한 이산화탄소는 플라스틱, 시멘트 및 탄소 섬유를 제조하는 데 사용될 뿐만 아니라 심지어 지하 지질 형성에서 과도한 대기 이산화탄소를 영구적으로 폐기하는 데도 사용할 수 있다.

미래에는 직접 공기 포집 시스템이 기후변화에 대응하는 데 중추적인 역할을 할 수 있을 것이다. 지속가능한 바이오연료 공급이 제한되어 있고, 그러한 연료가 다양한 제조 공정에서 화석연료 사용을 대체할 수 있는 경우, 직접 공기 포집 기반 연료는 장거리 탈탄소화 수송에 대한 증가하는 수요를 충족시키는 데 도움이 될 것이다. 또한 직접 공기 포집 시스템은 탈탄소화가 어려운 부문에 대해 강력하고 확장 가능한 상쇄 및 무효화 메커니즘을 제공할 수 있으며, 결국 이산화탄소를 격리해 대기를 정화하는 데 도움이 될 수 있다.

그러나 오늘날 직접 공기 포집 기업이 직면한 주요 사업적 과제는 비용이다. 현재 대부분 지역에서 강력한 탄소 규제가 부족하기 때문에 직접 공기 포집 시장의 규모는 아직 작다. 그 누구도 직접 공기 포집 저장소를 짓기 위한 비용을 선뜻 지불하려고 나서지 않는다.

이미 압축 이산화탄소 시장은 존재한다. 응용 분야는 석유 생산 증진 및 음료 탄산화부터 온실 및 기타 틈새 응용 부문에 이르기까지 다양하다. 하지만 다른 부문에서는 값싼 농축 이산화탄소의 공급이 풍부하다. 지질 형태의 천연 이산화탄소와 에탄올이나 화학 제조와 같은 고농축 산업 자원은 고객들이 이산화탄소 비용을 기꺼이 지불할 만큼 가격을 떨어뜨린다. 예를 들어 미국에서 석유 생산에 사용되는 파이프라인 규모의 이산화탄소는 톤당 10~40달러까지 내려가며, 이는 초기 프로토타입 직접 공기 포집 방식으로 포집된 이산화탄소의 톤당 100달러(또는 그 이상)에 훨씬 못 미치는 비용이다.

학계에서는 직접 공기 포집 시스템을 대규모로 배치하면 경쟁력 있는 범위 내로 비용을 줄일 수 있다고 계산했다. 그러나 기업은 외부 환경의 문제로 어려움에 처해 있다. 연구 개발 지원금은 일반적으로 부족하고, 시장은 이들 채택을 지원할 능력이 없으며, 시스템이 기술적으로 성숙하려면 더 많은 학습과 혁신이 요구된다. 또한 직접 공기 포집 설계의 발전은 좀더 집중적인 산업용 배기 시스템에서 경쟁적인 이산화탄소 포획 비용을 줄이는 데 도움이 될 수 있으며, 이는 이산화탄소 가격을 낮게 유지하도록 압박할 수 있다. 장소와 관련하여 이산화탄소 수송과 관련된 비용을 줄이기 위해 직접 공기 포집 시스템을 유연하게 배치할 수 있고, 따라서 전반적인 비용 경쟁력을 높일 수 있지만, 그러한 이점은 장소마다 다를 수 있다.

앞으로 직접 공기 포집 개발자들은 기존의 저비용 이산화탄소 공급원과 발전소 및 공정에서 포집된 압축 이산화탄소의 공급 증가와 경쟁하기 위해 창의적인 엔지니어링과 비즈니스 모델을 개발하고 장기적인 기후 목표에 초점을 맞춘 정책으로부터 더 많은 지원을 받아야 할 것이다.

또한 직접 공기 포집이 다른 탄소 감소 및 제거 솔루션과 함께 운영되도록 규제 기관도 추가적인 노력을 기울여야 한다. 오늘날 저장된 이산화탄소는 고사하고 포집된 이산화탄소에 대해 직접 공기 포집 시스템이 기후 관련 크레딧을 얻을 수 있는 프로토콜은 거의 없다. 이 기술은 세계가 넷제로 배출을 달성하고 감축을 유지하는 데 도움이 되는 정책 틀에 들어맞아야 한다. 다양한 이해 당사자와 전망 사이를 탐색하는 것은 가능하지만 쉽지만은 않을 것이다.

경제적·기술적·정치적 도전에도 불구하고, 많은 용감한 기업가와 연구자들은 직접 공기 포집 기술을 향상시키기 위해 열심히 노력하고 있다. 많은 기업이 북미와 유럽에서 직접 공기 포집 기술을 상용화하는 것을 목표로 삼고 있다. 미국 애리조나주립대의 클라우스 라크너 교수는 직접 공기 포집 기술 연구를 위한 탄소역배출연구센터를 출범시켰고, 미국 에너지국은 2016년 처음으로 직접 공기 포집 연구 프로젝트에 착수했다.

이들이 어떻게 초기에 직접 공기 포집 연구에 뛰어들었는지, 어떻게 상업화가 진화하는지 지켜보는 것은 흥미로운 일이다. 이러한 노력과 초기 직접 공기 포집 시장이 공기 중에서 수십억 톤의 이산화탄소를 직접 포집하고 저장하기 위한 새롭고 지속가능한 프로세스 엔지니어링 산업을 자극할 수 있을까? 인류의 성공 여부는 시간이 지나야만 알 수 있다.

수소-붕소 융합

HYDROGEN-BORON FUSION

1924년, 영국의 물리학자 아서 에딩턴 경은 핵융합이 태양 복사 에너지의 중심에 있다는 가설을 세웠다. 그는 부지불식간에 역사상 가장 비싼 과학 탐구 중 하나를 시작했다. 핵융합 원자로로 항성의 에너지를 만들어내는 것이었다. 무거운 원자를 쪼개 열을 발생시키는 핵분열과 달리 핵융합은 빛 원자를 서로 충돌시켜 항성의 에너지를 만들어낸다. 혹자는 이 세계가 이미 완벽하게 좋은 핵융합로(비록 지구의 바깥에 있기는 하지만)를 가지고 있다고 주장한다. 포집할 수 있다면 태양으로부터 하루에 나오는 에너지는 수년 동안 지구를 움직일 수 있다. 현재 그 에너지의 극히 일부를 태양광발전으로 포집하고 있으며, 간접적으로 바이오매스, 수력, 파도, 바람으로도 포집하고 있다. 화석연료는 그 자체로 하늘의 거대한 핵융합로로부터 저장된 에너지다. 다만 생산 시간이 수백만 년 걸리고 전환 효율이 낮을 뿐이다(생태학자 제프리 S. 듀크스의 2003년 연구는 1리터의 가솔린은 원료로서 24톤 이상의 선사시대 바이오매스를 필요로 한다고 추정했다). 그러나 재생 가능한 에너지는 가변적이며 유틸리티 회사는 없어지지 않는 안정적인 에너지원을 원한다. 이를 위해 과학자와 공학자들은 1930년대부터 물리학의 성배, 즉 석탄, 가스, 석유의 시대를 넘어 향후 수천 년 동안 세계

를 움직일 수 있는 깨끗하고 사실상 무제한적인 에너지원을 추구해왔다. 항성의 에너지를 얻을 수만 있다면, '인류 역사의 변곡점'이 생길 것이라고 레브 그로스먼은 2015년 『타임』에 썼다. 그는 이것이 화석연료의 종말을 예고하는 '에너지 특이점'이 될 것이라고 선언했다.

지구에서 항성의 빛을 만드는 것은 무척 어려운 일이다. 50년 이상, 이론가와 공학자들은 숱한 이론을 짜고 제대로 작동하는 핵융합 원자로를 만들기도 했다. 수백만 번의 실험이 시도되고 1000억 달러 이상이 투자되었지만, 아무도 성공하지 못했다. 적어도 최근까지는 그랬다. 지난 20년 동안 민간 기업이 이 분야에 진출했다. 이들 기업은 적은 비용으로 하이테크 신생 기업이 활용할 수 있는 혁신적인 접근법(매우 낮은 비용으로 빨리 실패하고 더 잘 실패하는)을 통해 민첩하게 움직였다.

2015년 6월, 특이한 접근법으로 독불장군으로 여겨졌던 한 회사가 '충분히 오래long enough'라는 별명이 붙은 성배의 절반(더 어려운 절반)을 달성했다고 발표했다. 트라이알파에너지TAE라는 회사는 18년 역사의 대부분을 비밀에 부쳤다. 여기에는 그럴 만한 이유가 있었다. 핵융합 에너지의 역사는 과장과 환상, 실패한 주장들로 가득 차 있기 때문에 차라리 입을 다물고 있는 게 좋은 선택이었다. 그렇게 꾸준히 작업한 결과 트라이알파에너지는 해내고야 말았다. 성공을 발표했을 때에는 이미 4만5000번의 실험 실행을 마친 뒤였다.

선견지명이 있었던 트라이알파에너지의 공동 창업자인 고 노먼 로스토커와 최고기술책임자인 마이클 빈더바우어는 다음 목적을 염두에 두고 회사를 시작했다. 그들은 일견 분명해 보이는 것을 질문했다. 플라스마 물리학 저널이 싣고 싶어하는 것이 아니라 유틸리티 회사가 원하는 것이 무엇인가? 유틸리티 회사는 필요한 곳이면 어디든지 지을 수 있고 세울 수 있는 안전하고 작고 값싸고 믿을 만한 발전기를 원한다. 안전은 중요하다. 핵융합로는 핵분열 원자로와 같은 방식으로 방사선을 생성하지는 않지만, 현재까지 핵융합로는 자유 중성자를 생성하는 수소의 동위원소인 삼중수소와 중수소 연료를 기반으로 하고 있다. 중성자로 인해 시간이 지남에 따라 원자로는 방사성을 띠는데, 이는 원자로의 작동 부품이 붕괴되기 때문에 6~9개월마다 교체해야 함을 의미한다.

로스토커와 빈더바우어는 안전성과 실용성, 가용성 때문에 그들의 연료로 수소-붕소를 선택했다. 수소-붕소는 어떤 의미 있는 중성자도 생성하지 않는다. 따라서 원자로는 100년은 아니더라도 수십 년간 지탱할 수 있다. 또한 어디에나 안전하게 배치할 수 있다. 셧다운되더라도 아무 일도 일어나지 않는다. 다시 말하면, 이상이 생기면 안전하게 작동이 중단된다. 작동이 중단되면 가정용 발전기로 재가동할 수 있다. 삼중수소와 중수소는 크게 부족한 반면, 붕소는 최소한 10만 년은 사용할 정도의 공급분이 있으며 무엇보다 싸다. 심지어 트라이알파에너지는 농담조로 원자로를 구입하면 연료를 공짜로 주겠다고 말할 정도다.

수소-붕소 핵융합은 3개의 헬륨 원자를 생성한다. 남은 질량의 극소 부분이 에너지로 전환되는데, 이는 엄청난 양의 에너지다. 원자는 두 가지 방법으로 에너지를 만들 수 있다. 하나는 분열이고 다른 하나는 융합이다. 아인슈타인은 적절한 조건이 주어지면 질량은 에너지가 될 수도 있고 그 반대가 될 수도 있음을 밝혔다. 인간의 관점에서 보면 아주 작은 질량에 포함된 에너지의 양은 놀라운 것이다. 수소-붕소 핵융합은 핵분열보다 질량당 3~4배 더 많은 에너지를 생산하며, 사실상 폐기물이 없다. 플루토늄도, 방사능도, 용융도, 확산도 없다는 뜻이다.

일부 플라스마 물리학자들은 트라이알파에너지의 연료 선택을 비웃었다. 왜냐하면 수소-붕소 핵융합은 재래식 핵융합로에서 요구되는 '겨우' 섭씨 1억 도보다 30배나 더 많은 열을 필요로 하기 때문이다. 정확히 말하면 섭씨 30억 도가 필요하다. 수소-붕소의 경우, 이는 성공적인 핵융합의 두 가지 조건 중 하나인 '충분히 뜨겁게hot enough'를 충족하는 온도다. '충분히 오래'와 '충분히 뜨겁게'가 합쳐지면 지구에 항성의 빛을 만들 수 있다.

'충분히 오래'는 플라스마를 무한정 유지할 수 있는 핵융합로의 능력을 말한다. 플라스마는 다른 어떤 상태(고체, 액체, 기체)와는 완전히 다른 네 번째 상태의 물질이다. 구름과 같은 은하수, 태양, 혹은 지평선에서 춤추는 북쪽 불빛은 사실 플라스마다. 이것은 이온화된 가스로 가열되면 사실상 제어가 불가능해진다. 플라스마가 닿으면 무엇이든 1나노초 만에 사라진다. 고양이 꼬리를 잡으려고 하는 것과 비슷하다. 플라스마는 전자가 벗겨진 아원자입자의 구름으로, 우주의 99퍼센트를 차지한다. 융합을 이루기 위해서는 플라스마를 억제하고 제어한 다음 초임계온도로 가열해야 한다. 둘은 서로 반대되는 힘이다. 플라스마는 뜨거워질수록 더욱더 불안정해지기 때문이다. 이것을 통합하는 것이 플라스마 물리학자들과 공학자들의 도전이었다.

빈더바우어는 기발한 방법으로 '충분히 오래', 즉 무한히 지속될 수 있는 플라스마 상태를 달성했다. 그는 수소 원자를 발사하는 입자 빔 주입기 6대를 플라스마 장 주변에 배치해, 회전하는 플라스마의 팽이에 해당되는 것을 만들었다. 초등학교만 나와도 팽이가 빨리 회전할수록 더 안정된다는 것을 안다. 마찬가지로 플라스마는 회전할수록 더 안정되고, 가열되고, 자체 자기장을 생성한다. 트라이알파에너지 원자로에서 플라스마는 회전 속도가 유지되는 한 스스로 고정된다. 회전 속도가 빠를수록 뜨거워지고, 뜨거워질수록 안정성이 높아진다. 이전에 추진되고 자금을 지원했던 모든 핵융합 기술과는 정반대다.

트라이알파에너지는 2017년 말에 핵융합을 달성할 수 있을 만큼 큰 원자로를 역사상 네 번째로 건설했다. '충분히 오래'가는 플라스마 안정화 이론이 완성되면서, 그들은 이제 '충분히 뜨겁게'를 달성해야 한다. 태양의 온도가 섭씨 1400만 도인데, 어떻게 섭씨 30억 도를 만들 수 있을까? 빈더바우어의 말에 따르면 그냥 플라스마에 맡기면 된다. 스위스의 강입자충돌기는 트라이알파에너지가 필요로 하는 온도의 수천 배나 높은 수조 도에 이르는 온도를 발생시킨다. 이러한 온도는 강입자가속기 속에서 얻을 수 있는데, 입자들이 25.7킬로미터의 원주 둘레를 돌면서 내는 높은 에너지 덕분이다. 따라서 트라이알파에너지에 남은 과제는 과학이 아닌 공학적 문제라고 빈더바우어는 믿는다. 플라스마 장의 원주를 알면, 새로운 트라이알파에너지 원자로의 온도가 몇 도가 될지 계산할 수 있을 것이다(플라스마 물리학 학위가 있으면 계산하기 더 좋을 것이다).

핵융합 원자로로 생성된 풍부하고 깨끗한 에너지로 무엇을 할지는 아직 확실치 않다. 에너지 측면에서, 실행 가능한 핵융합로는 미래의 발전소가 될 수 있다. 수소-붕소 핵융합은 탄소가 없으며, 지속가능하고, 안전하다. 당시 트라이알파에너지는 킬로와트시당 10센트였지만, 곧 5센트까지 떨어질 것이라고 예측되었다. 풍력에너지 분야의 최신 전력 구매 계약은 킬로와트시당 2센트이며, 태양열도 이와 그리 다르지 않다. 그러나 재생에너지는 예비 전원이나 저장이 있어야 사용할 수 있다. 신뢰성 있는 가스 및 석탄의 대체재나 대규모의 효과적인 에너지 저장이 있을 때까지, 탄소 기반 연료에 의해 제공되는 예비 전원에 대한 수요는 지속될 것이다. 그러나 핵융합의 성공 여부와 관계없이 에너지 혁명은 계속 진행되고 있다. 핵융합이 다른 재생에너지 기술과 결합된다면, 전기를 얻기 위한 화석연료는 궤멸될 것이다. 시간이 지나면서, 이러한 에너지원은 모든 산업 전반에 걸쳐 온실가스 저감을 위한 기초가 될 것이다.

캘리포니아주 어바인의 트라이알파에너지 로비에는 날개를 단 분홍색 고무 돼지가 바구니 안에 들어 있다. 아마 회의적인 세계에 대한 회사의 태도를 보여주는 듯하다. 곧 이 돼지들은 하늘을 날 수 있을 것 같다.

스마트 고속도로

SMART HIGHWAYS

필리프 라팡이 와트웨이 솔라로드에서 포즈를 취하고 있다. 솔라 타일을 기존 도로에 붙여 전기를 생산한다. 프랑스가 개발한 가로 3미터, 세로 6미터 타일은 평균 프랑스 가정에 필요한 전기를 공급할 수 있다.

미국 고속도로는 42만 킬로미터 이상의 아스팔트로 구성된다. 그중 조지아주 서부의 애틀랜타 남쪽으로 뻗은 18개의 고속도로에 더레이The Ray라는 이니셔티브가 적용되기 시작했다. 이 이니셔티브는 고속도로가 어떤 모습이어야 할지를 재정의한다. 더레이는 인터페이스의 창립자이자 최고경영자였던 고 레이 C. 앤더슨의 이름을 딴 것이다. 인터페이스는 카펫 타일을 만드는 회사였는데, 1990년대 중반부터 비즈니스 지속가능성을 위한 계획을 세웠다. 앤더슨과 인터페이스 커뮤니티는 그들의 운영 방식을 근본적으로 바꾸고, 석유 기반 제조 회사를 친환경 기업으로 변화시켰다. 그들의 첫 번째 지속가능성 임무는 인터페이스의 '무해' 정책이었고, 그다음은 '넷굿net-good(넷포지티브 환경 영향을 달성하는 것—옮긴이)'을 창출하는 것이다.

이름에 걸맞게 더레이는 온실가스 감축을 위한 노력을 기울일 것이다. 현재 고속도로는 '지속가능함'과는 거리가 멀다. 자동차와 트럭은 석유연료를 태우고, 에너지 집약적인 아스팔트 표면 위로 속도를 낼 때, 또 교통 체증에 걸렸을 때 최악의 오염물질을 뿜어낸다. 고속도로는 자체로 생태계를 교란시키고, 산발적인 자동차 중심 개발을 부추긴다. 교통 혼잡 시간의 고속도로를 보면 이것이 특히 기후변화 시대에 가장 좋은 사회의 모습인지에 대해 의문을 품지 않을 수 없게 만든다. 살아 있는 실험실이 되도록 고안된 더레이의 목표는 "더 나은 것을 성취할 수 있다"고 증명하는 것이다. 자동차와 자동차에 필요한 인프라는 교통수단의 대안이 증가하더라도 이동성과 연결성의 중요한 부분이 될 것이다. 이것을 충분히 고려한 더레이는 이 길게 뻗은 도로를 긍정적인 사회 및 환경의 일부로 만드는 것을 목표로 하며, 세계 최초의 지속가능한 고속도로를 꿈꾼다. 이 목표를 이곳에서 이룰 수 있다는 것만 증명한다면, 이 '스마트' 고속도로는 인터페이스가 꿈꿨던 것과 똑같은 종류의 혁명적 변화에 불을 붙일 수도 있다.

차량과 차량이 움직이는 표면은 동시에 진화한다. 바퀴 달린 운송 수단은 포장도로(현대 미국 고속도로 시스템의 3분의 1의 규모)를 통해 로마 제국 전역으로 군대와 물자를 운반할 수 있었다. 20세기에 자동차가 대량생산되었을 때 자동차도로도 그랬다. 예를 들어 드와이트 D. 아이젠하워 전미주간방위고속도로망이 대표적이었다. 기후변화와 에너지 혁명에 맞서, 효율적인 자율주행 전기자동차가 현대화된 도로에 합류하기 시작했다. 실제로 자동차 기반 교통을 변화시키기 위한 거의 모든 노력은 자동차에 초점을 맞추고 있다. 더레이를 탄생시킨 팀은 자동차가 의존하는 인프라, 즉 고속도로도 친환경 교통수단을 실현하기 위해 진화해야 한다고 주장한다. 지역적, 국가적 전문 지식을 활용해 더레이는 바로 그 진화를 시범적으로 보여준다.

전기자동차는 이 살아 있는 연구소의 핵심이다. 현재 매년 약 30킬로미터의 고속도로를 따라 10만 톤 이상의 이산화탄소가 배출되고 있다. 이 통계를 바꾸기 위해, 더레이는 가장 깨끗한 자동차인 전기자동차가 달릴 수 있는 인프라를 만들고 있다. 고속도로를 따라 뻗어 있는 노변 방문객 센터에는 이제 전기자동차가 45분 이내에 무료로 충전할 수 있는 태양광발전 충전소가 있다. 궁극적으로 더레이는 전기자동차가 지나갈 때 정차하지 않고도 충전할 수 있는 특별한 차선을 통합하는 것이 목표다. 조지아주는 미국에서 전기자동차 등록 건수를 두 번째로 많이 보유하고 있다. 전기자동차 인프라가 많아지면 전기자동차 이동량이 많아지고, 전기자동차 이동량이 많아지면 배출량이 줄어든다. 차세대 자동차는 이미 도착했다. 스마트 고속도로는 이것을 따라잡고 앞서나가야 하는 과제에 직면해 있다.

더레이 설계의 중심에 에너지의 미래가 있다. 태양열 기술은 고속도로 옆의 사용하지 않는 개방 공간에 이상적이다. 따라서 더레이는 공도 용지를 따라 1메가와트급 태양광발전단지를 설립할 예정이다. 이 접근 방식은 이미 다른 곳에서도 사용되고 있다. 거의 90퍼센트가 노출되어 노면 그 자체는 태양광발전에 가장 적합하다. 적절하게 이름 붙은 와트웨이 태양광 포장도로는 프랑스 기술로서, 더레이는 기술을 통해 LED 조명부터 전기차 충전까지 사용할 수 있는 깨끗한 전기를 생산하는 동시에 타이어 제동력과 표면 내구성을 향상시킬 것이다. 태양전지판과 함께 설치되는 소음 장벽은 에너지를 생성하는 동시에 지역사회가 현재 견뎌내고 있는 소음 공해를 억제하는 또 다른 상생 솔루션이다.

더레이는 대서양 건너편에서 이뤄지는 혁신과 같은 정신을 공유한다. 디자이너 단 로세하르더와 유럽의 건설 서비스 회사인 헤이만스는 협업으로 네덜란드의 스마트 고속도로 파일럿 프로그램에 참여했고 이를 인정받아 수상 실적을 내기도 했다. 이들의 기술 중 '미래로 가는 루트 66'는 에너지 수확, 기후 센서, 다이내믹 페인트 등을 결합했다. 다이내믹 페인트를 이용해 낮에는 햇빛을 흡수하고 밤에는 빛을 내는 '생물발광 차선'을 그릴 수 있다. 여기에는 가로등과 이에 수반되는 에너지도 필요 없다. 이러한 성과는 네덜란드를 넘어 중국과 일본으로까지 확대되고 있다.

현대식 자동차 전용 도로가 처음 등장한 이후, 디자인 면은 거의 발전하지 못했다. 이제 기후변화와 전기자동차의 등장으로 인해 자동차 전용 도로는 새로운 요구에 직면해 있다. 앞으로 고속도로에는 스마트 미래 기술이 요구된다. 로세하르더와 더레이의 노력은 기후 측면에서 더러운 인프라가 깨끗해지고, 안전하고 효율적이며 심지어 우아해질 수 있다는 증거를 제공한다. 고속도로는 수십 년 동안 정체되어 있었기 때문에 혁신의 기회가 매우 크지만, 규제 역시 심하다. 따라서 기회란 관료주의를 바꾸고 지속가능성을 도로의 주요 우선순위로 보는 것을 의미한다. '스마트 고속도로'라는 용어는 기술에 대한 관심을 불러일으키지만 제도적 변화의 바퀴에 기름칠을 하는 것도 성공을 위해 반드시 필요한 일이다.

하이퍼루프

HYPERLOOP

요즘 세대는 진공 튜브를 통해 우편물이 배달되었다는 사실을 잘 모를 것이다. 과거에는 건물과 도시 내에 강철통을 설치해 메시지나 우편물, 문서를 발송했다. 뉴욕시에서는 1953년까지 웨스트사이드와 이스트할렘을 지하로 연결하는 압축 공기관 우편 시스템이 있었다. 거리 아래에 있는 이 관은 로켓티어Rocketeer라 불리는 운영자들에 의해 운영되며, 뉴욕의 그랜드센트럴 역에서 중앙우체국까지 4분 만에 소포와 우편물을 보낼 수 있었다.

이제 지름 2.2미터인 자율주행 유선형 캡슐을 생각해보자. 그 안에는 인체공학적 의자와 안전벨트가 설치되어 있으며 부드러운 팝송이 흐른다. 강철 도관을 통해 시속 1223킬로미터의 속도로 샌프란시스코에서 로스앤젤레스까지 단 35분 만에 도착할 수 있다. 게다가 버스 승차권 가격밖에 되지 않는다. 이것이 캘리포니아를 가로지르는 1130킬로미터 길이의 저압 튜브인 하이퍼루프의 비전이다. 이는 2013년 일론 머스크가 쓴 「하이퍼루프 알파Hyperloop Alpha」라는 논문에 근거한 것으로, 제5차 교통수단의 미래를 알렸다. 머스크는 고속철도 개념에 도전했고 캘리포니아에 60억 달러 규모의 태양열발전 시스템을 구축하기 위한 전 세계적인 오픈소스 디자인 협업을 요구했다. 이것은 효과가 있

일론 머스크가 하이퍼루프 시스템 개발을 가속화하기 위해 「하이퍼루프 알파」라는 논문을 써서 발표했을 때, 델프트공대 학생들은 최고의 캡슐 디자인을 제작하기 위한 경쟁에 뛰어들었다. 델프트 팀은 매사추세츠공대 팀에 이어 2위를 차지했다. 33명으로 구성된 10개 팀은 1년 동안 휴학하며, 캘리포니아주 호손에 있는 머스크의 하이퍼루프 테스트 트랙에서 다른 우승자들과 경쟁하며 캡슐을 제작하고 있다.

었다. 현재 전 세계의 여러 회사가 완전한 하이퍼루프 시스템을 만들기 위해 노력하고 있다.

로켓과학자로 유명한 로버트 고더드는 1910년에 처음으로 시간당 약 1545킬로미터의 속도로 진공관을 통해 날아가는 초고속 자기부상 열차를 구상했다. 이 상상은 논문 이상으로 발전하지는 못했지만, 1세기 후에 머스크가 상상한 시스템은 이와 크게 다르지 않다. 제안된 바와 같이 하이퍼루프는 매우 효율적이다. 그 이유 중 하나는 공기가 없기 때문이다. 모든 교통수단은 공중과 물에서 이뤄지며, 속도가 높을수록 저항력이 커진다. 시속 965~1125킬로미터의 해수면 공기는 저항 면에서 물보다 두껍다. 아이들은 차에 타면 바깥 공기의 힘을 느끼려고 자동차 밖으로 손을 내민다. 진공 시스템의 과제는 마지막 10퍼센트의 공기를 제거하는 것이다.

완전한 진공을 만들고 유지하기 위해서는 엄청난 에너지가 필요하기 때문에 머스크와 그 외 연구자들은 뒤로 물러났다가, 현재는 부분적인 진공상태에서 작동하는 시스템을 고안 중이다. 공기가 축적되는 것을 제거하기 위해 팬이 캡슐 전면에 배치되며, 일부 공기는 후방으로 배출된다. 캡슐이 튜브의 내벽에 닿는 것을 막기 위해 베어링으로 공기가 양 측면을 따라 흐르게 하면서 균형을 잡는다. 그러면 캡슐은 가압되어 밀봉된다.

하이퍼루프는 속도를 약속한다. 하이퍼루프의 관건은 사람과 화물을 수송하는 데 얼마나 적은 에너지를 사용하는가다. 여객킬로미터당 추정치는 비행기, 기차, 자동차보다 90~95퍼센트 낮다. 이렇게 구상된 속도에서 바퀴는 말 그대로 장애물이다. 하이퍼루프는 태양열과 풍력으로 구동되는 자기력에 의해 부상하며, 유일한 실제 마찰은 튜브 내 공기의 잔류량이다. 공항 셔틀 시스템에 사용되는 것과 동일한 종류의 선형유도전동기가 승객용 캡슐의 시동을 걸고 가속하는 데 사용된다. 캡슐은 승객과 화물의 3분의 1도 안 되는 무게의 탄소섬유로 만들어진다. 양쪽에 설치된 자석이 있는 중앙 난간은 고속에서 안정기 역할을 하며, 필요할 경우 비상 제동장치 역할을 한다. 일부 디자인은 지나가는 풍경을 담은 인공 파노라마를 보여주는 LED 스크린과 가상 창을 통합한다.

모두가 하이퍼루프를 좋아하는 것은 아니다. 위급한 상황에서 멈춰서 탈출할 뚜렷한 방법 없이 로스앤젤레스까지 튜브를 통해 이동할 생각을 하면 오싹할 수도 있다. 그러나 비행기도 생각해보면 마찬가지다. 윈드시어(바람 진행 방향에 대해 수직 또는 수평 방향의 풍속 변화—옮긴이), 번개, 얼음, 새 떼와 같은 불가항력이 언제 덮칠지도 모르는데 빠른 속도로 날아가는 유선형 캡슐을 타고 있지 않은가? 반대로, 하이퍼루프 캡슐에는 막히지 않은 문과 필요 시 가장 가까운 피난용 비상구로 승객을 대피시키는 선형유도전동기가 있다. 이보다 좀더 까다로운 문제는 승객들이 회전 시 받는 힘이다. 시속 1125킬로미터 이상의 속도에서는 아주 작은 방향 변화도 전투기 조종사가 받는 것과 유사한 관성력을 가할 수 있다. 민간 항공기는 승객이 받는 힘을 최소화하기 위해 수 킬로미터에 걸쳐 천천히 선회한다. 지형을 따라가야 하는 하이퍼루프에는 이러한 선택지가 없을 수 있다.

하이퍼루프는 안전성 외에도 인프라 비용, 허가 등의 문제에 직면할 수 있다. 결국 고속철도 건설은 비싸고 어렵다는 것이 입증되었다. 하이퍼루프는 동일한 설계 요건(평평한 직선 트랙, 내구성 있는 기초, 높은 피크 전력 수요)의 제한을 받지만, 수준은 더 높다. 이것이 불가능하거나 심지어 가치 없다고 말하려는 것은 아니다. 미국은 제2차 세계대전 이후 많은 고속도로를 건설했지만 도시와 교외에 어떤 영향을 끼쳤는지 보라. 하이퍼루프 네트워크는 무엇을 할 것인가? 네트워크가 생기기는 할 것인가? 네트워크가 연결되는 도시 중심은 어디가 될 것인가? 대부분의 공도 용지가 포화되면 어디에 설치할 것인가? 점점 더 빨리 가는 것이 도움이 되는가? 그것은 아직 키티호크(미국 노스캐롤라이나주 동북부에 있는 마을로 라이트 형제가 처음으로 비행기를 시승한 곳이다—옮긴이)의 순간을 갖지 못했다. 라이트 형제의 고정익 비행기가 고작 고도 3미터, 거리 36.5미터를 날았을 때 사람들은 비웃었다. 프랑스인들은 라이트 형제를 허풍쟁이라고도 했다. 하지만 이 모든 것이 노스캐롤라이나주 해안에서 첫 비행의 성공과 함께 바뀌었다.

하이퍼루프 회사들은 바쁘다. 하이퍼루프원Hyperloop One은 이미 노스라스베이거스의 야외 트랙에서 시속 530킬로미터의 속도로 성공적으로 시험 운행을 마쳤다. 또한 두바이의 제벨 알리 항과 계약을 체결하고 연간 1800만 개의 컨테이너를 어떻게 빠르고 안전하게 수송할 수 있을지 연구하기로 했다. 여기에 하이퍼루프는 도어투도어door-to-door 시스템을 제안했다. 이 시스템을 통해 두바이 승객들은 집에서부터 자율주행 하이퍼루프를 타고 12분 안에 아부다비에 도착할 수 있다. 하이퍼루프 원은 로스앤젤레스에서 라스베이거스, 헬싱키에서 스톡홀름, 모스크바에서 상트페테르부르크로 가는 화물 노선을 제안하고 있다. 슬로바키아의 경제부 장관은 브라티슬라바에서 부다페스트와 빈으로 가는 하이퍼루프 노선을 제안하고 있다. 아마 가장 혁신적인 회사는 하이퍼루프 트랜스포테이션 테크놀로지스일 것이다. 이 기업은 크라우드소싱 가상기업으로, 전 세계에서 500명 이상의 과학자와 공학자들이 무상으로 참여하는 대신 그들에게 스타트업 주식을 지급했다.

찬성론자들은 정보 기술이 통신을 가속화한 데다 세계를 더 가깝게 만들었고, 이제는 교통수단도 같은 일을 할 때라고 믿는다. 그들은 "교통은 새로운 광대역통신망이다"라고 외치고 있다. 캘리포니아에 제안된 하이퍼루프 시스템의 경우, 로스앤젤레스에서 살면서 실리콘밸리에서 일할 수 있다. 여기에 제번스의 역설Jevons paradox이 생긴다. 즉 서비스나 제품이 점점 싸지면서 사람들은 돈을 절약하는 것이 아니라, 전기의 경우처럼 더 많이 사용하거나, 절약한 비용으로 다른 것을 구입한다. 여분의 차나 별장 혹은 다른 방에 둘 여분의 평면 TV를 사는 것이다. 역설적인 것은 비싼 에너지를 절약하면 쓸 돈이 더 많이 생긴다는 것이다. 에너지 절약은 소비자 행동을 통해 부분적으로 또는 완전히 상쇄될 수 있다. 다시 말해 하이퍼루프는 상상하는 가장 효과적이고 재생 가능한 교통 체계를 만들 수도 있고, 이미 세계의 많은 부분을 집어삼킨 또 다른 물질주의 홍수를 일으킬 수도 있다.

미생물 농업

MICROBIAL FARMING

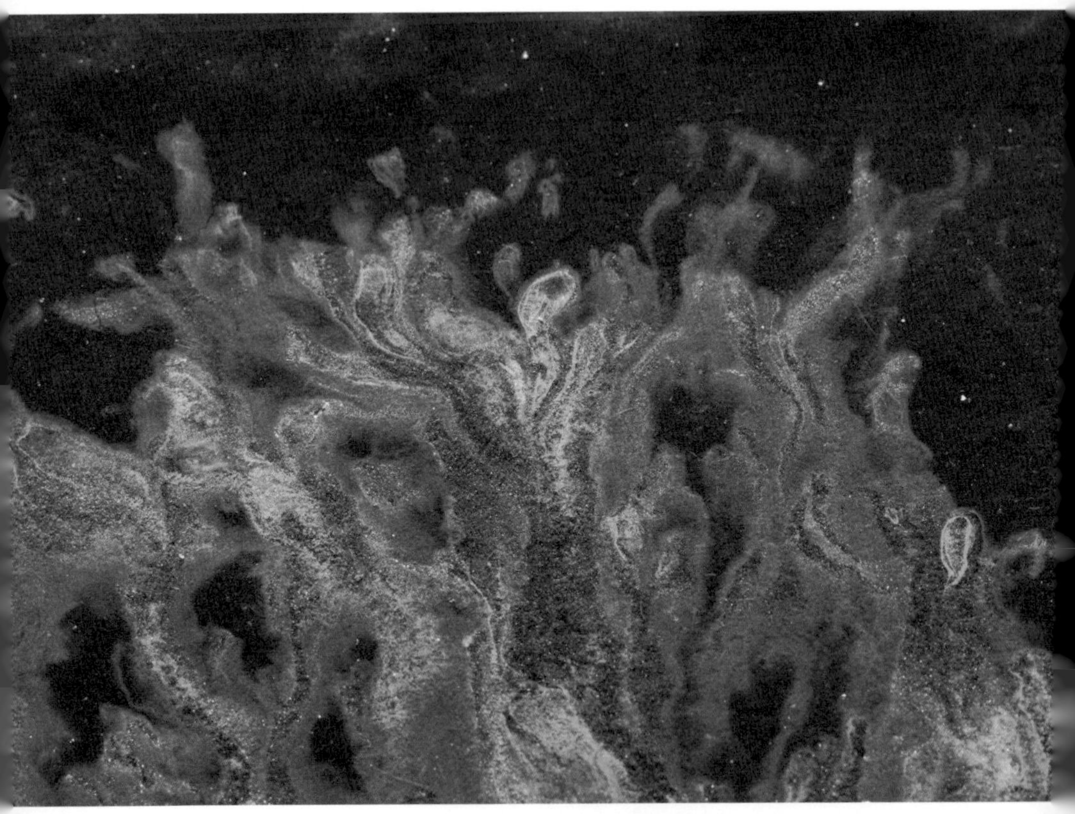

양어지 진흙에 있는 철과 망간 박테리아 산화제.

한 농부가 4톤짜리 픽업트럭을 몰고 동네 비료 가게에 간다. 그는 허공에서 생물학적으로 이용할 수 있는 질소를 만들어 60헥타르 규모의 밀을 비옥하게 자라게 하는 4.5킬로그램의 질소 고정 세균을 가지고 떠난다. 밀에 사용되는 질소 고정 세균은 아직 발견되지 않았기에 이것은 상상일 뿐이지만, 과학은 이제 그런 세균을 찾아보기 시작했다. 콩, 알파파, 땅콩과 같은 콩류는 이미 대기 중의 질소를 사용 가능한 질산염으로 분해할 수 있는 혐기성 세균을 가지고 있다. 콩류의 뿌리는 이 세균들을 너무 좋아해 산소로부터 세균을 보호하고 세균에게 당 분비물을 제공한다. 그 대가로 식물은 중요한 질소를 받는다. 이 책에서도 소개했던 데이비드 몽고메리와 앤 비클레의 저서 『자연의 숨은 반쪽』에서 분명히 밝힌 것처럼 토양 미생물 군집에 대한 폭발적 관심과 연구는 인간 미생물 군집에 대한 연구만큼이나 뜨겁다. 둘 다 상상조차 할 수 없는 복잡한 생태계이며 건강과 웰빙의 기반이다.

1그램의 토양에는 최대 100억 개의 생물이 살고 있으며, 5만~8만3000종의 세균 및 균류가 존재한다. 이 소량의 흙이야말로 세계에서 가장 다양한 생물계 중 하나다. 이러한 지하 생태계는 수수나 참나무, 두둑 밑에 어떤 토양이 있는지에 따라 불과 몇 미터만 벗어나도 극적일 만큼 다른 모습을 하고 있을 수 있다.

적어도 알려진 바로는, 토양 내 잠재된 세균, 바이러스, 선충류, 균류는 현재 헤아릴 수 없을 만큼 많으며, 농업이 지구온난화에 미치는 영향을 해결할 수 있는 엄청난 가능성이 존재한다. 이들은 인공 비료, 살충제, 제초제의 필요성을 극적으로 줄이는 동시에 농작물 수확량, 식물 건강, 식량 안보를 향상시킬 수 있다.

토양 미생물 군집과 관련해 세계 유수의 농업 기업들은 토양 미생물 식별 및 테스트 부문의 스타트업과 파트너십을 맺거나 인수하여 연구를 추진한다.

그들은 언제나 해왔던 것, 즉 산업형 농업을 더욱더 수익성 있게 만들어줄 미생물을 찾고 있다. 아이러니하게 최근의 경향은 미생물 중에도 '죽이는' 미생물을 찾는다. 이 부문의 연구자들은 미생물을 거염벌레, 근충, 진딧물, 진드기, 양배추자나방, 잡초에 대항하는 '무기'라고 묘사한다. 유전자변형 옥수수와 콩이 바킬루스투링기엔시스*Bacillus thuringiensis*와 결합하여 애벌레, 나방, 나비를 죽이는 결정 단백질을 만든다. 잡초를 죽이는 미생물도 이미 상용화되고 있다.

기업형 농장이 미생물을 무기화하는 것을 꿈꾼다고 해도 미생물의 속성은 정반대다. 미생물은 어느 한 종이 다른 한 종을 지배하는 경쟁보다는 주로 상호주의(서로에게 이익이 되는 두 유기체 사이의 활동)를 지향한다.

건강한 토양 생물군계는 탄소가 풍부하다. 왜냐하면 토양 미생물은 식물의 뿌리에서 당분이 풍부한 분비물을 먹고 살기 때문이다. 그러면 세균은 바위와 미네랄을 용해시키고 이들은 식물에 영양분을 공급한다. 건강한 생물군계는 퇴화된 토양보다 3~10배 더 많은 물을 보유하여 탄력성과 가뭄에 견딜 수 있는 유기물로 가득 차 있다. 이는 또한 더 건강한 식물과 더 많은 지상 생물다양성을 만들어낸다. 재생농업 및 보존농업은 물론 혼농임업, 수목간작, 관리형 방목 문제를 다루는 『플랜 드로다운』의 솔루션은 모두 토양 미생물 군집에 먹이를 주고 그로 인한 혜택을 얻으면서 화석연료에서 파생된 비료의 필요성을 크게 줄이거나 없앤다.

현재 비료로 사용하기 위해 질소를 암모니아로 바꾸는 데 세계 에너지 사용량의 1.2퍼센트가 필요하다. 이 과정은 화석연료 에너지 생성으로 인한 배출을 생성하며, 질소의 상당 부분은 결국 아산화질소(100년 동안 이산화탄소보다 298배 더 강력한 온실가스)가 되고 만다. 또는 지하수와 수로로 침출되어 해양 생물이 산소 부족으로 질식하는 해조류와 데드존의 과잉 성장을 일으킨다.

이를 복구하려면 농업은 생물 및 자연과 싸우는 것이 아니라 조화를 이뤄

케냐의 암보셀리 국립공원에서 박테리아를 샘플 채취하는 과학자들.

야 한다. 흙에 씨앗이 묻히면 복합적인 일련의 토양 유기체들은 씨앗이 성숙하고, 꽃을 피우고, 열매와 씨앗을 맺도록 돕는다. 토양 미생물 군집은 농사와 토양의 요구를 조화시킴으로써 농사를 통해 토양으로부터 원하는 것(건강, 맛, 풍부한 음식 등)을 얻을 수 있도록 해준다. 이것은 결국 단순한 사실로 귀결된다. 식물과 토양은 서로를 먹고 산다는 것. 이러한 순환이 합성물질(비료든 살충제든)에 의해 중단된다면, 식물은 약해지고 토양은 결국 농사를 짓지 못하게 척박해져 생명을 잃는다.

미생물 농업 혁명을 이뤄내기에 지금처럼 좋은 시기는 없다. 추정치는 다양하지만 농업은 전체 온실가스 배출량의 약 30퍼센트를 차지한다. 알려진 사실과 당시 기술을 고려할 때, 과거에는 농업 배출량을 줄이는 것이 세계 식량 생산의 감소를 의미한 것인지도 모른다. 2050년까지 인구수가 90억 명을 향하는 상황에서 이것은 고려할 만한 사항이 아니다.

토양의 질은 점점 저하되고 있다. 인류에게 선택권이 주어졌다. 더 많은 화학물질을 사용하거나 건강한 토양 생태계를 재건하거나. 사람들이 원하는 작물 및 식료와 공생하는 유기체를 조합하여 퇴화되고 축소된 토양을 되살림으로써 농업은 생명체가 하는 일을 하도록 내버려두면서 선순환 구조를 만들 수 있다. 생물학자인 재닌 베니어스는 생명은 생명에 도움이 되는 조건을 만들어내며, 새로운 농업의 시대가 시작되었다고 믿을 만한 이유가 있다고 말했다. 이러한 농업의 시대는 깨끗하고, 풍부하고, 영양가 있는 식품을 제공하면서도 모든 인류를 위해 더욱더 활기차고 건강한 지구를 만들어가는, 진정으로 지속가능한 농업 방식이라는 의무를 지킨다.

산업용 대마

INDUSTRIAL HEMP

산업용 대마를 '미래 에너지'로 부른다는 것이 이상해 보일지도 모르겠다. 대마는 1만 년 전부터 섬유를 짜서 옷을 해 입는 데 사용해왔기 때문이다. 그러나 여기에 포함시키는 이유는 대마의 용도 때문이 아니라 대체 가능성이 있기 때문이다. 미국은 1938년에 모든 종류의 대마 재배를 금지했다. 마약류로서 삼베가 어떻게 폭력과 광기를 촉발시킬 수 있는지에 대한 끔찍한 뉴스 및 다큐멘터리와 광고가 나간 후였다. 사람들은 산업용 대마로 만든 대마 밧줄이나 제품에 익숙해져 있었기 때문에, 마약인 칸나비스사티바*Cannabis sativa*에 대해서는 마리화나라고 이름을 붙였다. 이는 멕시코 속어로 대마의 파괴적인 영향에 암묵적인 인종적 차별이 더해져 붙은 이름이다. 오늘날 더 많은 주에서 재활 및 의학용 마리화나를 합법화했지만, 미국 연방 마약단속국의 승인을 받기 어렵기 때문에 미국에서 산업용 대마의 재배는 원활하지 않은 편이다. 그 밖에 다른 나라에서 삼베는 용도가 다양한 상업 작물로서 취급된다. 재활용 또는 의학용 마리화나와 관련하여 산업용 대마에는 칸나비노이드 성분이 거의 미미할 정도로 적다.

대마가 수천 년 전부터 관심을 받은 이유는 섬유질 줄기 때문이다. 줄기 껍

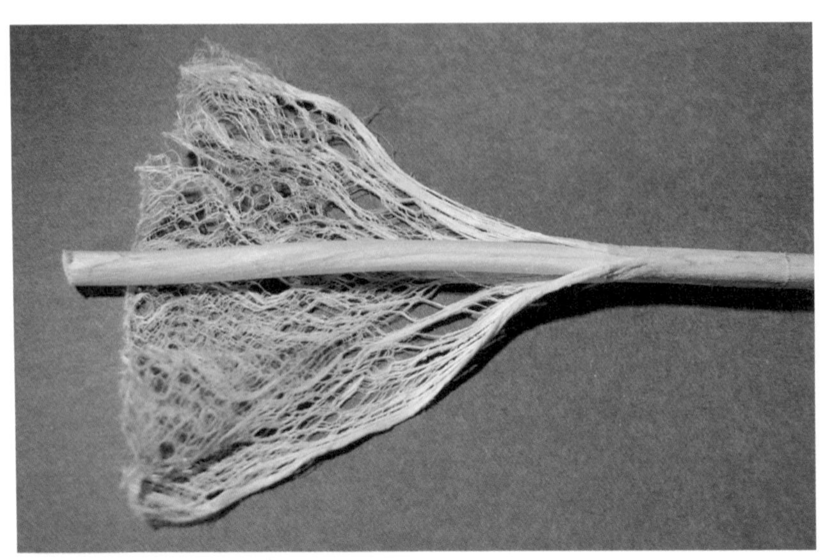

대마 섬유는 수천 년 동안 돛천, 밧줄, 노끈, 옷 등을 만드는 데 사용되었다. 아마처럼 느껴지지만 아마와 혼합해 면과 같은 질감을 낼 수도 있다. 사용 가능한 섬유 생산량의 측면에서 대마는 면 또는 나무보다 10~100배 정도를 더 생산한다.

질의 안쪽 인피부에는 튼튼한 섬유가 있는데, 단독으로 또는 아마와 면과 혼합하여 실을 짜 옷감을 만들 수 있다. 1840년대에 나무 펄프는 종이를 만드는 데 사용되기 시작했다. 그전에 종이는 거의 전부 버려진 대마 천으로 만들어졌다. 유럽 도시를 샅샅이 뒤지며 버려진 천 조각을 줍는 소위 넝마주이들은 이것으로 생계를 꾸렸다. 이 누더기들은 요샛말로 재활용센터라 불리는 곳에 팔렸는데, 그곳에서 삼베를 거르고 세척하고 포장해 다시 종이 제조업자에게 팔았다.

대마는 튼튼하고 지속가능한 섬유질을 생산한다. 용도는 종이, 직물, 밧줄, 코킹, 카펫, 캔버스canvas 등 다양하다. 캔버스라는 단어는 대마초를 뜻하는 칸나비스cannabis(프랑스어로는 칸바canevas)에서 유래했다. 섬유와 밧줄에 사용되는 유용한 섬유 부분인 인피부의 수확량은 헥타르당 900~2700킬로그램 정도로, 이는 면화의 수확량보다 많다. 이 두 식물 간의 영향 차이는 현저하다. 면화는 화학물질 사용과 관련하여 세계에서 가장 더러운 작물이며 화석연료에 크게 의존한다. 면화는 모든 재배 농작물의 2.5퍼센트에 해당되지만, 연간 살충제 사용에서는 16퍼센트를 차지한다. 여기에 살충제 중독, 수질오염, 살충제 유발 질병, 합성비료와 제초제의 강도 높은 사용, 건조한 땅에서 관개에 의한 토양의 염류화 등으로 인한 사망자 2만 명까지 더하면, 이 한 작물이 미치는 사회적·환경적·기후적 영향을 뼈저리게 느낄 수 있다. 전 세계 온실가스 배출의 거의 1퍼센트는 면화 생산에서 비롯된다. 밭에서 고객에게까지 가는 과정에서 흰색 면 셔츠는 36킬로그램의 이산화탄소를 배출한다.

대마에서 인피부를 제거하면 남는 것은 씨앗과 속대다. 속대로 섬유판, 건축용 블록, 단열재, 석고, 치장 벽토 등 많은 제품을 만들 수 있다. 대마의 활용도가 아주 다양해 대마를 농사의 만병통치약이라고 믿는 사람도 있다. 하지만 그렇지 않다. 대마는 일년생 작물이기 때문에 생산량을 늘리려면 윤작해야 한다. 그러나 여느 일년생 작물과 같은 정도의 경운은 필요치 않다. 서로 가까이 심어도 되며, 매우 빨리 자란다. 또한 엉겅퀴 같은 잡초를 자라지 못하게 하는 제초제 역할을 한다. 게다가 살충제도 필요 없다. 현대 시세로, 밀에 비해 헥타르당 5~7.5배 더 많은 수입을 올릴 수 있다. 그러나 영양분이 풍부한 깊은 토양과 함께 꽤 많은 양의 물이 필요하며, 퇴화된 땅을 복원하는 데는 적합하지 않다. 대마의 환경적 이익은 높지만, 적어도 미국에서의 가격 경쟁력은 그렇지 않다. 예를 들어 효율을 위해 콤바인으로 대마를 수확하면 인피부 섬유가 손상된다. 인피부가 유용할지라도 대마 섬유 비용은 목재 펄프의 6배에 가깝다.

대마가 변화를 일으킬 수 있는 부분은 목화를 대신할 수 있다는 점이다. 나머지 부분은 경제를 뒷받침한다. 2009년 후진타오 중국 국가주석이 자국의 대마 처리 공장을 방문했을 때, 대마 경작을 80만 헥타르까지 늘려 면화의 유해한 영향을 피하자고 호소했다. 이런 유형의 성장은 저렴하고, 유행에 뒤처지지 않으며, 편안한 대마 직물을 생산하는 데 달려 있다. 섬유의 부드러움에서는 면과 비교되지 않겠지만, 가격경쟁력이 있다면 청바지, 재킷, 캔버스 신발, 모자 등과 같은 일상 의류에 사용해 세계 면화의 절반을 확실히 대체할 수 있을 것이며, 탄소배출에도 큰 영향을 미칠 것이다.

다년생 작물

PERENNIAL CROPS

인간이 맨날 씨앗만 먹었던 것은 아니다. 고기(장기와 골수, 지방까지 포함), 덩이줄기, 버섯, 해산물(해초, 해수류, 조개류 포함), 달걀, 꿀, 새, 도마뱀, 곤충, 장과류, 여러 야생 채소와 허브도 다 먹었다. 어떤 지역에서는 야생 곡류를 먹기도 했다. '제대로 된' 식사는 없었고, 계절과 행운이 그날의 음식을 결정지었다. 빙하기가 끝나고 1만1000년에서 1만2000년 전쯤, 인류는 식량을 위해 일년생 작물을 경작하기 시작했는데, 그 첫 번째는 비옥한 초승달 지역에서 재배했던 에머밀이라는 밀의 조상이었다. 1만 년 전, 아시아에서 쌀이 재배되고 있었고, 9000년 전에는 메소아메리카 문명권에서 옥수수가 재배되기 시작했다. 이 셋은 모두 세계의 주요 작물이 되어 오늘날까지 남아 있다. 밀, 쌀, 옥수수는 모두 일년생 작물이다.

토양, 탄소, 그리고 비용에서 중요한 차이를 만드는 것은 다년생 곡물과 작물이다. 다년생 작물은 토양을 망가뜨리지 않기 때문에 어떤 농업 시스템에서도 탄소를 격리시키는 가장 효과적인 방법이다. 이 둘의 차이는, 일년생 작물은 매년 뿌리까지 완전히 없어지고, 오로지 씨앗을 통해서만 다시 자란다는 점이다. 다년생 작물 역시 죽긴 하지만, 뿌리는 살아 있고 이 뿌리를 통해 흙

아래에서 새롭게 자란다. 이 다년생 작물들은 또한 씨앗으로부터도 자랄 수 있다. 바로 여기에 전 세계 연구자들이 추구하는 가능성이 있다. 바로 여러 해 동안 식품을 제공하는 곡물, 작물, 지방 종자를 찾는 것이다.

캔자스주 살리나에 있는 랜드연구소와 중국의 윈난농업과학원은 다년생 작물을 재배하기 위해 노력하고 있다. 윈난농업과학원은 벼에 초점을 맞추고 있는데, 벼는 4종의 야생 조상이 있으며, 딸기처럼 뿌리나 지상의 줄기를 통해 퍼지고 수년 동안 작물을 생산한다. 벼는 물이 있는 논에서 자라거나, 관개 없이 밭에서도 자란다. 두 경우 모두 뿌리가 깊이 자랄수록 가뭄에 대한 내성이 크고, 밭벼의 경우 침식을 방지한다. 다년생 밭벼는 몇 년 동안 벼를 경작하는 농부들에 의한 삼림 벌채를 최소화하며 생산성이 떨어지면 화전 기법을 사용한다.

랜드연구소는 40년 이상 다년생 밀을 번식시키려는 노력을 기울였고 그 결과 케른자Kernza라고 하는 품종을 개발했다. 이 연구소의 설립자인 웨스 잭슨은 현지 밀 재배농들의 땅과 야생지 톨그래스 프레리의 풍부한 토양 사이의 차이에 큰 충격을 받았다. 식물 유전학자 리 데한은 2001년 랜드연구소에 합류해 유럽과 서아시아가 원산지인 중간 품종의 밀에서 케른자를 개발했다. 농부들이 '키 큰 밀'이라고 부르는 조상 밀은 가축 방목을 위한 사료 풀로서 널리 심겼는데, 1980년대 로데일연구소에 의해 사람이 먹을 수 있는 다년생 밀 작물로 평가되었다. 2000년대 초 데한은 로데일연구소의 실험에서 씨앗을 심었고 그 후 이상적인 특질을 가진 것을 선별하여 다시 심었고, 재차 선별의 과정을 거쳤다. 랜드연구소의 케른자가 가장 먼저 재배되고 판매되었으며, 지금은 엄선된 식당과 빵집에서도 사용되어 머핀, 토르티야, 파스타, 에일로 만들어진다.

밭에서 재래식 밀과 케른자의 차이는 매우 크다. 기존 밀 재배에서 격리된

캔자스주 샐리나에 있는 랜드연구소의 캐른자 밀*Thinopyrum intermedium*. 다 자란 밀은 다발로 묶여 콤바인으로 타작된다.

탄소는 표토에 있으며, 토양이 경작되기 전후에 공기 중으로 배출된다. 일년생 밀은 90센티미터의 가느다란 뿌리를 갖는 반면, 케른자의 뿌리는 두껍고 튼튼하며 300센티미터까지 자라 공기 중에서 몇 배나 많은 탄소를 격리시켜 땅속 깊이 묻어버린다. '탄소를 묻는다'는 표현은 잘못된 것일지도 모른다. 케른자의 뿌리는 탄소를 세균과 교환하고, 바위와 돌을 산성화하여 밀을 위한 광물 영양소로 만든다. 이것은 식물과 토양 간의 좋은 거래로, 경운이 필요 없다.

토양을 교란하지 않고 경작할 수 있는 능력만큼 토양 건강과 탄소 격리(또는 배출량 감소)에 좋은 것은 없을 것이다. 토양 영양 주기는 시비법과 관계없이 교란되지 않은 토양에서 훨씬 더 효과적이다. 또한 다년생 경작지는 분수령과 유사하다. 근처 하천이 다양한 생물 개체군을 더 많이 유지할 수 있고, 결국 더 많은 생물다양성을 이끌어낼 수 있다는 것을 의미한다. 게다가 다년생 작물이 버려진 땅에서 경작될 가능성도 있다.

케른자는 아직 상용화되지는 않았다. 또한 미시간주립대, 워싱턴주립대, 국제미작연구소 외의 다른 기관 등에서 개발하는 다년생 작물도 없다. 케른자는 낟알이 작아서 수확량이 부족하다. 그러나 좋은 소식은 전 세계에서 다년생 작물을 새로 개발하기 위한 공동의 노력이 있다는 것이고, 케른자는 겨우 열네 살이라는 것이다. 식물 세계에서 보면 이는 갓난아기에 불과하다.

해변을 거니는 소

A COW WALKS ONTO A BEACH

고대 그리스에서 아이슬란드까지 해초는 수천 년 동안 가축 사료로 쓰였는데, 사료가 적은 겨울에 특히 많이 사용되었다. 목축업자와 목축민들은 해초가 가축을 살찌운다는 것을 알았다. 현대에 와서, 캐나다 프린스에드워드섬에 사는 낙농업자 조 도건은 해변 방목장에 있는 소들이 내륙에서 자라는 소들보다 건강하고 우유도 더 많이 생산한다는 것을 알아차렸다. 그는 폭풍 때문에 해변에 밀려온 해초를 모아 동물들에게 먹이기 시작했고, 오래지 않아 해초 사료 판매 승인만 얻을 수 있다면 사업 기회가 충분하다는 것을 깨달았다. 연구 과학자 롭 킨리가 필요한 검사를 실시했고, 해초가 실제로 소화를 더 효율적으로 돕는다는 사실을 발견했다. 소들이 음식을 소화할 때 발생하는 주요 폐기물인 메탄은 도건의 식단을 적용하자 12퍼센트나 감소했다. 메탄 생산에 소요되는 칼로리를 절약함으로써 더욱 효율적인 소화가 이어졌고 우유도 더 많이 나왔다. 해안으로 밀려온 다시마를 살펴본 킨리는 다른 종류의 해초도 소의 소화 과정에서 메탄 부산물을 없앨 수 있지 않을까 궁금해졌다.

소는 반추동물로 반추위를 가진다. 음식물은 반추위에서 박테리아에 의해 소화되고 소는 역류된 음식물을 되새김질한 후 다시 삼킨다. 이런 식으로 기체가 많이 발생하는 미생물 과정을 통해 소, 양, 염소, 버펄로 등은 풀같이 셀룰로오스 함량이 높은 음식을 소화할 수 있다. 그 결과 이들 동물에서 메탄 폐기물이 배출되고, 특히 90퍼센트는 트림을 통해 나온다. 이걸 모두 합치면 전 세계 가축 생산에서 배출되는 온실가스 배출은 39퍼센트에 이르며, 전 세계 메탄 오염의 4분의 1을 차지한다. 특히 호주의 농장과 목장에서 생산되는 메탄은 전체 온실가스 배출량의 거의 10퍼센트를 차지한다. 반추동물의 해부학 특성대로 반드시 장의 발효를 통해 음식을 소화해야 하는 것은 맞지만, 프린스에드워드섬에 대한 킨리의 연구 결과를 보면 장의 발효가 항상 그렇게 많은 메탄을 생산해내는 것은 아닌 것이다.

호주 노스 퀸즐랜드의 한 연구소에서 킨리는 해초류와 반추위 영양과의 관계를 연구하는 전문가 팀에 합류해 인공 소 위장(작은 발효조)을 통해 여러 해초류와 사료를 섞어 실험했다. 다량으로 전달된 다양한 해조류는 메탄 생산에 어느 정도 영향을 미쳤지만, 연구원들의 관심은 바다고리풀*Asparagopsis taxiformis*에 집중되었다. 이 붉은 해조류 종들은 퀸즐랜드 연안을 비롯해 전 세계(일부는 자생종, 또 다른 일부는 침습종이다)의 따뜻한 바다에서 자란다. 테스트 결과가 나오자 킨리와 그의 팀은 그들의 계측기가 고장난 줄 알았다. 인공 위에서 단 2퍼센트의 사료만을 사용하고도 바다고리풀은 메탄 생산을 99퍼센트 줄였다. 살아 있는 양에 같은 분량의 사료를 적용했을 때는 메탄이 70~80퍼센트 감소하는 결과가 나왔다(살아 있는 소로는 아직 테스트를 실시하지 않았다).

바다고리풀에는 브로모포름이라는 핵심 화합물이 있다. 반추 소화의 주요 단계에서, 반추위의 박테리아는 일반적으로 폐기물로서 메탄을 생성하는 효소를 사용한다. 브로모포름은 비타민 B12와 반응해 그 과정을 방해한다. 바다고리풀과 브로모포름이 없을 때, 반추동물은 메탄을 사용하기 위해 사료에 있는 에너지의 2~15퍼센트를 잃는다(정확한 수치는 사료마다 다르다). 모든 폐기물과 마찬가지로 결국 메탄은 체내의 비효율성을 나타낸다. 즉 반추동물이 먹는 음식의 일부는 신체 질량으로 변환되지 않는다. 브로모포름은 가스 배출량을 줄임으로써 온실가스 배출을 피하고 생산량을 향상시킬 수 있다. 브로모포름의 효능은 사료의 종류와 품질에 따라 다르기 때문에 시험관 내부와 외부 모두에서 더 많은 연구가 이뤄져야 한다.

오늘날 14억 마리 이상의 소와 약 19억 마리의 양과 염소가 살고 있는 이 행성에서 바다고리풀로 메탄 배출을 억제하기 위한 주요 도전 과제는 규모다. 호주 가축의 단 10퍼센트를 처리하는 데에도 60제곱킬로미터의 해초 양식장이 필요하다. 그러면 어디에서 어떻게 대량생산할 수 있을까? 건조 및 보관이

브로모포름의 효과에 영향을 미칠까? 킨리와 같은 연구자들은 이러한 도전을 인정하긴 하지만, 이 도전을 깰 필요도 있다고 주장한다. 해초 생산은 해양에 도움이 될 수 있다. 즉 산성화를 유발하는 이산화탄소를 흡수하고, 그 대신 산소를 배출하며, 해양 서식지가 조성되는 것이다. 그래도 여전히 엄청난 규모가 필요하다. 또 다른 미래 에너지인 해양 영속농업은 바다고리풀의 성장을 2.5제곱킬로미터, 심지어 먼 해안에서까지 확장할 수 있다. 이 두 솔루션을 결합하면 전 세계적인 시너지 효과를 낼 수 있다.

또한 메탄만이 반추동물과 다른 가축에 의해 야기되는 유일한 온실가스는 아니라는 점도 주목할 필요가 있다. 사료 생산과 가공 역시 또 다른 주범으로, 가축 관련 배출량의 45퍼센트를 차지한다. 동물들이 더 효율적으로 소화하도록 돕는 것 외에도, 가축의 사육 방식(정확히는 임간축산과 관리형 방목을 통해)을 바꾸고, 인간의 고기 섭취를 줄임으로써 배출량을 줄일 수 있다. 그래도 바다고리풀은 여전히 희망찬 미래를 기약한다. 하와이에서는 바다고리풀을 '즐거운 해초'라는 뜻의 리무코후limu kohu라고 부르며, 회의 조미료로 쓴다. 전 세계 반추동물이 바다고리풀을 먹기 시작한다면, 생산성이 향상되고 사료로서 필요한 콩, 옥수수, 풀의 양이 줄어들어 농사가 이 땅에 미치는 영향을 줄일 수 있을 것이다. 가장 중요한 것은 바다고리풀이 현재 매년 전 세계에서 배출되는 온실가스의 4~5퍼센트를 차지하는 가축의 메탄 배출을 획기적으로 줄일 수 있다는 점이다.

바다 양식
OCEAN FARMINGH

수십 년 동안 환경보호론자들은 남획, 기후변화, 오염의 위험으로부터 세계 바다를 구하기 위해 캠페인을 벌여왔다. 그런데 이걸 뒤집어보면 어떨까? 우리가 바다의 야생성을 어떻게 보존할 수 있는가가 아니라, 바다와 지구를 보호하기 위해 해양을 어떻게 개발할 수 있는가를 질문하면 어떤가?

이것이 현재 전 세계 과학자와 바다 양식업자, 환경보호론자들이 해결하고자 하는 질문이다. 대형 어류의 90퍼센트 가까이가 남획으로 위협받고 있고 35억 명의 인구가 바다에 의존하고 있기 때문에 바다 양식업 옹호자들은 양식어업이 한동안 지속될 것이라고 결론지었다.

그러나 획일적인 공장형 양어장보다는 보완종을 양식해 식량과 연료를 공급하고, 환경을 정화하며, 기후변화를 역전시킬 수 있는 소규모 양어장에 가능성이 있다. 지속가능성 윤리에 따라 운영되는 소규모 양어장은 뒤섞인 기후, 에너지, 식량 위기를 해결하기 위해 바다와 우리의 관계를 재정의한다.

바다 양식은 현대적인 혁신이 아니다. 수천 년 동안 고대 이집트, 로마, 아즈텍, 중국은 문화만큼이나 다양한 물고기, 조개류, 수생식물을 재배했다. 1600년대 초부터 스코틀랜드는 대서양연어를 양식했다. 해초는 미국 정착민

들의 주식이었다.

한때 지속가능한 어업 관행이었던 것이 현재의 산업용 농업과 같은 방식으로 현대화된 대규모 산업형 양식으로 바뀌었다. 육지에 기반을 둔 공장형 축산 농장을 모델로 한 전통적인 양식어업은 지역 수로를 오염시키는 항생제와 살진균제로 처리된 열악한 품질의 맛없는 생선으로 유명하다. 최근 『뉴욕타임스』의 한 사설은, 양식어업이 "산업용 농업의 수많은 실수를 그대로 반복하고 있다. 유전적 다양성의 축소, 보존 파괴, 파국적인 결과를 완전히 이해하기도 전에 집약적 농업 방식의 전 세계적으로 확산된 것 등이 여기에 포함된다"라고 비판했다.

소규모 해양 양식업자와 과학자들은 이와는 다른 과정을 구상하고 있다. 새로운 바다 양식으로 생태통합양식을 개척하는데, 이 양식을 통해 어업 종사자들은 서로 먹고 먹히는 생태계가 조성될 수 있도록 다양한 양식어종을 기를 수 있다.

롱아일랜드 사운드의 양식업자들은 소규모 조개 양식장을 다양화하여 여러 종의 해초를 함께 재배함으로써 오염물질을 걸러내고 산소 고갈을 완화하며 비료 및 어분의 지속가능한 원천을 개발하고 있다. 스페인 남부의 베타라팔마 양식장은 습지를 복구하기 위해 양식장을 설계했으며, 이 과정에서 220여 종의 새가 서식하는 스페인에서 가장 큰 새 서식지가 만들어졌다.

해초 양식장은 영양분이 풍부한 먹거리를 대량으로 재배할 수 있는 능력이 있다. 네덜란드 바헤닝언대의 로날트 오싱아 교수는 약 18만 제곱킬로미터에 이르는 해초 양식장(대략 워싱턴주 크기)으로 전 세계 인구에게 충분한 단백질을 제공할 수 있으리라 계산했다. 이것은 단지 시작일 뿐이며, 바다에는 1만 종류가 넘는 식용 식물이 존재한다.

요리사 댄 바버에 따르면, 목표는 농장이 '고갈되는 대신 복원'되고 '모든 공동체가 스스로 먹이를 제공하도록' 하는 세계를 만드는 것이다. 바다 양식은 담수와 삼림 벌채, 비료(육지 농장이 가지는 심각한 단점들)가 필요하지 않기 때문에, 환경적으로 가장 민감한 전통적인 농장들보다 더 지속가능한 미래를 약속한다. 그리고 수주水柱 전체를 수직으로 사용할 수 있기 때문에 설치 면적은 작고, 수확률은 높으며, 미감을 크게 해치지도 않는다.

녹색 바다 양식의 주요 작물은 물고기 대신 해초와 조개류다. 이들은 지구 온난화를 해결하는 데 도움이 될 자연이 주는 최고의 선물이다. 해안 생태계의 나무로 여겨지는 해초는 광합성을 이용해 대기와 물에서 탄소를 뽑아내는데, 어떤 종류는 육지 식물보다 5배나 더 많은 이산화탄소를 흡수할 수 있다.

해초는 세계에서 가장 빨리 자라는 식물 중 하나다. 예를 들어 다시마는 불과 3개월 만에 약 2.7~3.6미터까지 자란다. 이러한 고속 성장 주기 덕분에 농부들은 탄소 흡수원을 빠르게 확장할 수 있다. 물론 배출을 완화하기 위해 재배된 해초는, 해초가 다른 동물에 의해 먹히거나 물이나 땅에서 빠르게 부패되면서 탄소가 단순히 다시 공기로 흡수되지 않도록 하기 위해 수확할 필요가 있다.

굴은 탄소를 흡수하지만, 굴의 진짜 역할은 수주에서 질소를 걸러내는 것이다. 질소는 별로 관심을 받지 않는 온실가스다. 그러나 질소는 이산화탄소보다 300배 더 강력하며, 『네이처』에 따르면 이미 최대치를 넘어선 두 번째 온실가스다. 탄소처럼 질소는 생명체의 필수 부분이다. 식물, 동물, 박테리아가 모두 생존을 위해 질소를 필요로 하지만, 너무 많으면 육지와 해양 생태계에 치명적인 영향을 미친다.

주요 질소 오염원은 농업용 비료 유출이다. 합성비료와 살충제 생산은 매년 대기에 4억5630만 톤 이상의 온실가스를 배출시킨다. 이들 비료에서 나오는 질소의 대부분은 결국 바다로 흘러가는데, 바다의 질소는 현재 정상 수치보다

50퍼센트 이상 높다. 『사이언스』에 따르면, 과도한 질소는 "물속의 필수 산소 수준을 감소시키고 전 세계 기후, 식량 생산, 생태계에 심각한 영향을 미친다"고 한다.

이때 굴이 지구를 구할 수 있다. 굴 한 마리가 하루에 110~190리터의 물을 여과한다. 메릴랜드대학의 로저 뉴얼의 최근 연구는 건강한 굴 서식지가 총 추가된 질소를 최대 20퍼센트까지 줄일 수 있다고 밝히고 있다. 1.2헥타르 규모의 굴 양식장은 35명의 해안 거주자가 생산한 것과 동등한 비중의 질소를 걸러낸다.

오염된 도시 수로를 청소하고 지역사회가 기후변화의 영향에 대비하도록 돕고자 해초와 조개류를 혼합하여 사용하는 프로젝트가 줄을 잇고 있다. 코네티컷대의 찰스 야리시 박사가 주도하고 있는 한 이니셔티브는 다시마와 조개류를 뉴욕 브롱크스강의 뜸줄에서 재배하여 도시의 유해한 수로로부터 질소, 수은, 기타 오염물질을 걸러내고, 이들 수로를 좀더 건강하고, 생산적이고, 경제적으로 이용하는 것을 목표로 내세웠다.

그리고 '오이스터텍처oyster-tecture'라는 분야가 새롭게 떠오르고 있다. 이는 인공 굴 암초와 떠 있는 정원을 만들어 미래의 허리케인, 해수면 상승, 폭풍우로부터 해안 공동체를 보호하려는 기술이다. 디자인 회사인 스케이프Scape의 조경 건축가 케이트 오르프는 환경을 개선하면서 도시 녹지 공간을 더 많이 만들기 위해 떠 있는 뗏목과 조개를 걸어놓은 긴 줄을 사용해 도시 양식어업 공원을 개발하고 있다. 그는 새로운 도시 양식업자로서 일부는 굴 암초를 돌보는 조개 어부로, 다른 일부는 수면 위에 떠 있는 공원을 가꾸는 조경사로 구상하고 있다.

코네티컷주에서는 주정부의 기존 질소 배출권 거래 프로그램에 조개 양식장을 포함하도록 확대하여 매년 롱아일랜드 사운드에서 걸러내는 질소에 대해 굴 양식업자에게 보상을 지급하는 방안을 추진하고 있다. 미국 전역에 걸쳐 새로운 굴 양식업이 늘어나는 상황에서, 이 양식장들이 환경에 미치는 긍정적인 영향에 대한 '그린 양식업자' 보상은 탄소 흡수원을 만드는 동시에 일자리 성장을 촉진하는 좋은 모델이 될 수 있다.

기존 바이오연료에 대한 깨끗한 대체재를 찾는 일이 점점 더 시급해지고 있다. 유럽연합이 의뢰한 한 보고서는 콩의 바이오연료가 동등한 화석연료보다 최대 4배 더 많은 기후 온난화를 일으킬 수 있다는 것을 발견했다. 따라서 해초와 다른 해조류들이 실현 가능성 있는 대체재로 떠오르고 있다. 해초 무게의 약 50퍼센트는 오일로 자동차, 트럭, 비행기 등에 쓰이는 바이오 디젤을 만들 수 있다. 인디애나대의 과학자들은 최근 해초를 다른 바이오연료보다 4배나 빨리 바이오 디젤로 바꾸는 방법을 알아냈고, 조지아공과대의 연구원들은 다시마에서 추출한 알긴산염을 사용해 리튬이온 배터리의 저장 능력을 10배 향상시키는 방법을 발견했다.

세계은행에 따르면, 해초 양식은 육지에 기반을 둔 바이오연료 작물과 달리 비료, 산림 벌채, 물, 연료가 들어가는 기계의 과도한 사용 등을 필요로 하지 않으며, 그 결과 탄소발자국이 마이너스라고 발표했다. 이 기술이 아직 개발 중인 동안, 양식업자들은 자체적으로 연료를 재배하고 닫힌 고리의 에너지 양식장을 만들기를 열망한다.

미국 에너지국은 해초 바이오연료가 콩과 같은 육지 작물보다 헥타르당 최대 75배의 에너지를 생산할 수 있다고 추정한다. 『바이오퓨얼다이제스트』에 따르면, "조류에서 나오는 높은 기름 생산량을 감안할 때 약 1000만 에이커(약 400만 헥타르)로 오늘날 미국의 총 디젤 연료를 대체하기에 충분할 것이다. 이것은 오늘날 미국에서 방목과 농사에 사용되는 총 에이커당 면적의 약 1퍼센트에 해당된다"고 한다.

해초 양식용으로 전 세계 해양의 3퍼센트를 할당함으로써 세계 에너지 수요를 충족시킬 수 있다. "이것은 유맥을 찾는 것과 맞먹는다"고 UC 버클리의 타시오스 멜리스 미생물학 교수는 말했다.

지금의 추세대로라면 바다는 죽음의 소용돌이에 있다. 세계 유수의 해양 전문가 27명으로 구성된 해양 현황에 관한 국제프로그램에 따르면, 기후변화, 해양 산성화, 산소 고갈의 영향은 이미 '인류 역사상 유례없는 해양 종 멸종의 단계'를 촉발했다고 한다.

지구온난화의 역전은 바다를 구하기 위해 세계의 바다를 발전시키기 위한 초대장이 될 수도 있다. 반면에 우리가 아무것도 하지 않는다면, 바다는 죽을지도 모른다. 해양은 통제되지 않고 사람 손도 닿지 않는 지구상 마지막 야생 상태의 자연으로 여겨진다. 인간이 해양을 개발한다면, 육지의 농업 환경을 그대로 반영하면서 양식장들이 해안선을 점령할 것이다. 하지만 점점 심해지는 기후 위기에 직면해, 인간은 지구를 보호하면서 인류를 유지하는 새로운 방법을 탐구해야 할지도 모른다.

이는 해양의 일부를 양식에 할애하는 것과 동시에 대규모 해양 보존 공원을 남겨두어야 한다는 것을 의미한다. 무분별하게 바다 양식 공장을 건설하기보다는 식량을 재배하고 전력을 생산하며 지역사회를 위한 일자리를 창출하는 소규모 식량 및 에너지 양식장의 분산형 네트워크를 조성해야 한다. 이른바 만병통치약은 없지만, 신중하게 구상된 바다 양식은 방향을 바꾸고 좀더 친환경적인 미래를 건설하는 데 필수적인 부분이 될 수 있다.

스마트그리드

SMART GRIDS

21세기는 20세기 전력망 위에서 돌아가고 있다. 세계 대부분의 고소득 도시와 지역에서 전력망으로 알려진 복잡한 기계를 구성하는 세 가지 주요 요소는 전기를 생산하는 발전소, 전기를 먼 거리로 전송하는 송전선, 전기를 주거용·상업용 또는 산업용 최종 사용자에게 전달하는 배분 네트워크다. 중앙집중식 공급업체에서 광범위한 소비 지형으로 전기를 운반하도록 설계된 이 시스템은 기본적으로 일방향이다. 신뢰성, 도달 범위, 용량이 강점이지만, 지난 세기의 전력망은 금세기에 필요한 청정 재생에너지로 전환하는 데 어려움을 겪고 있다. 집중된 화석연료 생성은 예측 가능하고 관리가 가능하므로 유틸리티 기업은 전력 공급을 수요와 일치시킬 수 있다. 그러나 태양열과 바람과 같은 재생 가능한 자원은 변수가 많고 훨씬 더 분산되어 있다. 이들 에너지를 표준화할 수 없고 필요할 때 즉시 분배할 수 없다. 이러한 변동을 수용하고 성공을 실현시키려면 좀더 민첩한 적응형 전력망이 필요하다.

민첩성 및 적응성은 새로운 '스마트그리드'의 특징이다. 이는 청정에너지 경제의 필요성을 염두에 두고 기존의 전력망을 디지털로 재개조한 것이다. 스마트그리드는 전력 공급과 수요를 예측, 조정, 동기화할 수 있도록 공급자와 소

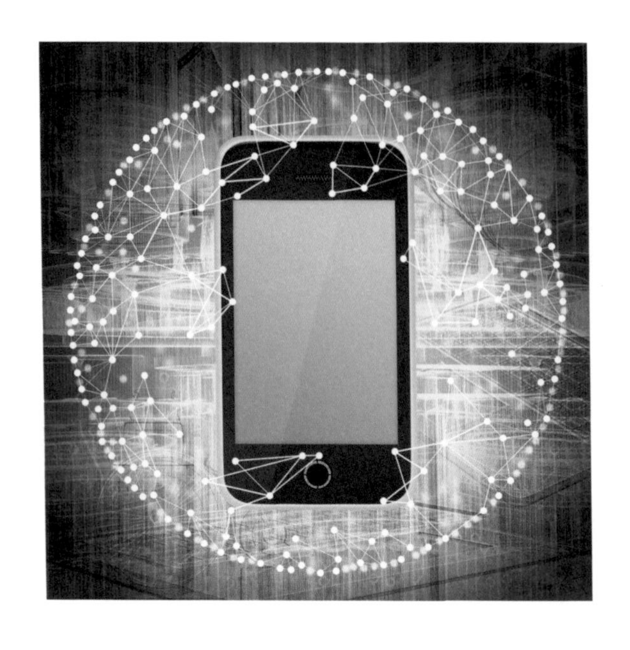

비자 사이의 양방향 커뮤니케이션에 관여한다는 점에서 '스마트'하다. 오늘날, 생산자와 사용자 사이의 균형 조정은 유틸리티 회사의 운영 센터 내에서 이뤄진다. 인터넷 연결, 인텔리전트 소프트웨어 및 적응형 기술은 전력 흐름 관리를 지원하고 심지어 자동화해 전력망의 많은 측면을 실시간으로 조정할 수 있다. 스마트그리드는 광전지 패널과 풍력 터빈 시대에 전력망 신뢰성과 탄력성을 보장하는 동시에 시스템 전체에 걸쳐 에너지 효율을 극대화할 수 있다. 이것이 기후변화 완화 잠재력의 근원이 된다. 스마트그리드를 통해 전반적인 소비를 줄이면서 중앙 집중화된 화석연료 발전소와 온실가스 배출에서 벗어날 수 있다. 또한 플러그인 전기 차량의 추가 전기 수요를 관리해 기술이 성장할 수 있도록 한다. 국제에너지기구에 따르면 스마트그리드는 2050년까지 연간 0.7~2.1기가톤의 이산화탄소 배출량을 감소시킬 수 있다고 한다.

스마트그리드는 수많은 부품으로 구성된 복잡한 시스템이다. 여기에 엄격한 규칙은 없지만, 한국과 같은 스마트그리드의 개척자들은 세 가지 필수 요소를 정의하는 데 도움을 주었다.

1. 상태 및 다방향 흐름을 모니터링하고 보고할 수 있는 센서가 장착된 고전압 전원 라인.
2. 실시간으로(유틸리티 회사와 최종 사용자 모두) 전력 소비량 및 가격을 무선 통신할 수 있는 고급 미터기.
3. 소비량 감소 또는 제공되는 전기 사용의 필요성에 대응할 수 있는 웹 연결기기, 플러그 및 온도조절기.

스마트그리드의 이러한 여러 구성 요소는 수요 피크를 완화하고 재생에너지로부터 분산된 공급의 가변성을 흡수할 수 있게 한다. 전기에 대한 수요는 시간 또는 계절마다 다 다르며, 일반적으로 늦은 오후 및 가장 더운 달과 가장 추운 달에 정점을 이룬다. 현재의 화석연료 시스템 하에서 이러한 급증은 '피커peaker'에 의해 충족된다. 피커는 소형 발전소로 수요 증가를 충족시키기 위해 유사시에 가동된다. 이들은 일을 처리하기는 하지만, 비싸고 환경에 좋지 않다. 대신에 스마트그리드는 동적 가격 전략을 적용하고 수백만 개의 스마트기기에 신호를 보내 미세 조정(예를 들어 1도만 올리도록 조정하는 냉동고)하여 균형을 맞출 수 있다. 마찬가지로, 풍력 터빈이 돌고 있지만 수요가 가장 적은 밤에 플러그인 전기자동차의 충전을 활성화하거나 필요할 때 배터리에 저장된 에너지를 사용할 수 있다. 전력 흐름의 최고점과 최저점이 감소함에 따라 탄소 배출량도 감소하고 유틸리티 및 사용자 모두 비용을 절감할 수 있다.

현재 전력망은 지구상에서 20세기의 가장 눈부신 공학의 개가 중 하나로서 가장 크고 상호 연결이 가장 잘된 기계로 불린다. 전력망을 좀더 스마트하게 만드는 것은 스마트그리드 내에서 여러 기술이 펼쳐지면서 수십 년에 걸쳐 단계적으로 이뤄질 대규모 사업이다. 연구 결과에 따르면, 배출량 감소, 재정 절감, 전력망 안정성 향상 덕분에 필요한 투자가 충분히 가치가 있을 것으로 보인다. 예를 들어 미국에서는 지능형 전력망 시스템에 3400억~4800억 달러를 투자하면 20년 동안 1조3000억~2조 달러의 순이익을 얻을 수 있다. 전력망 제어에 대한 무단 접근 위험과 개별 가구에 대한 데이터 개인정보 보호 문제를 해결하는 것도 매우 중요하다. 많은 사람이 여전히 재생 가능한 에너지가 세계에 동력을 공급할 수 있는지 궁금해한다. 그러나 이것은 근본적인 오해다. 가장 큰 도전은 태양발전과 풍력발전이 아니다. 이들 발전의 독특한 성향을 수용할 수 있는 것이 전력망이다. 더 많은 녹색 환경은 더 현명한 전력망을 필요로 한다.

목조 건축

BUILDING WITH WOODS

디자이너 마이클 차터스의 말을 빌리면, “고층은 피곤하다”. 사진에 보이는 그의 디자인은 시카고에 있는 해리슨과 웰스의 모퉁이에 있는 한 부지를 위한 것이다. 차터스는 시카고가 초고층 빌딩의 탄생지였기 때문에 도시 건물의 재료뿐만 아니라 그 모양을 바꾸는 탄소중립적, 대형 목조 건축인 ‘빅 우드Big Wood’의 탄생지로서도 적합하다고 생각한다. 이 특별한 건물은 도서관, 미디어 허브, 세 가지 유형의 주택, 소매점, 스포츠 단지, 주차장, 공원, 커뮤니티 가든으로 구성된 시카고대의 복합문화단지다.

기둥부터 서까래, 바닥부터 지붕널에 이르기까지 나무는 오래된 건축 재료 중 하나다. 대형 목조 프레임 건물의 건설은 7000년 전 중국까지 거슬러 올라가며, 여기에는 일본 이카루가의 1400년 된 호류사도 포함된다. 이 절은 지진의 위협과 습한 환경을 여태껏 견뎌낸 가장 오래된 목조 건물로 인정받고 있다. 산업혁명과 함께 철강과 콘크리트가 주가 되고 목재 사용은 감소했다. 목재는 주로 단독주택과 층이 낮은 건축물에만 사용되었다. 요즘 도시에서 건설 하면 떠오르는 것은 스카이라인을 가로지르며 강철 빔을 휘두르는 기중기들이다. 그러나 이 모습도 변화하기 시작했다. 현재 고층 도시 구조물은 거의 전적으로 나무로 지어지고 있으며, 그 과정에서 탄소를 격리시킨다.

노르웨이어로 트리트Treet는 '트리', 즉 나무를 의미한다. 노르웨이 베르겐의 14층 건물의 이름으로 매우 적절하다. 이 건물은 멜버른의 10층 포르테Forté와 런던의 9층 슈타트하우스Stadthaus처럼 현대 목조 건축물의 선구자다. 이들은 아마 브리티시컬럼비아대의 18층 학생주택 프로젝트와 30층 이상의 다른 야심찬 프로젝트에 의해 추월당할 것이다. 이 모든 구조물은 대형 목조 빔, 모듈 및 패널로 만들어지며, 이들 중 다수는 조립식으로 현장에서 빠르게 조립된다. 접착식 래미네이트 목재 빔인 글룰램은 강철을 대체할 수 있으며, 175년 전 영국 교회와 학교에 사용되었다. 1990년대에는 구조용집성판CLT이라 불리는 기술이 오스트리아에서 등장했고 힘과 수명 때문에 '새로운 콘크리트'라고 묘사되었다. 글룰램과 구조용집성판은 모두 사람들이 일하고, 모이고, 거주하는 공간을 건설함으로써 생기는 기후 영향을 줄이기 위한 수단으로 현재 많은 관심을 받고 있다.

나무로 건물을 짓는 데에는 기후 면에서 두 가지 주요한 이점이 있다. 첫째, 자라면서 나무는 탄소를 흡수하고 격리하는데, 이 탄소는 목조 건축 자재에 남아 있다. 건목재는 50퍼센트가 탄소인데, 이 탄소는 사용 중인 목재에 갇혀 있다. 지속가능하게 수확된 목재를 대체하기 위해 재배된 나무들이 추가적으로 탄소를 격리함에 따라 그 주기는 계속된다. 둘째, 목재를 생산하는 과정은 나무 대체재를 생산하는 것보다 더 적은 온실가스를 배출한다. 콘크리트 등 건축 자재에 쓰이는 시멘트는 항공 산업의 2배인 전체 배출량의 5~6퍼센트를 차지한다. 강철 빔 제조 역시 집성재를 생산하는 것보다 6~12배 더 많은 화석연료를 필요로 한다. 또한 목조 건물은 수명이 다하면, 구성 요소 부품들이 다른 건물에서 새롭게 재탄생하고, 퇴비화되거나 연료로 사용될 수 있다. 이러한 계층화된 장점들 덕분에 목재 사용의 적당한 증가는 기후에 상당한 이익을 가져올 수 있다. 예일대에서 수행한 2014년 연구에 따르면, 나무로 건물을 지으면 매년 전 세계 이산화탄소 배출량을 14~31퍼센트 감소시킬 수 있다고 한다.

기존 통념은 목조와 고층 건물은 양립할 수 없으며, 화재에 취약할 것으로 여겼다. 하지만 기술 발전과 목재 가공 및 제조 부문의 부흥은 이러한 한계에 도전하고 있다. 강철은 열기에 굽어지지만, 나무는 외부에 보호하는 성질의 숯을 형성하여 내부 구조를 그대로 유지한다. 새로운 고성능 제품은 내화성이 더 뛰어나며, 그 어느 때보다 비용 효율적이고 강력하다. 글룰램과 구조용집성판을 '샌드위치' 구조로 더 작은 합판을 만들면 강철 같은 강도의 합성 제품이 만들어지고, 더 높은 하중을 견디므로 더욱 높은 건물에도 적합하다. 또 다른 이점은 조립식이므로 마치 큰 가구처럼 조립할 수 있다는 것이다. 이는 건축 시간이 단축되어 비용이 절감되고, 건설 현장의 전형적인 단점인 폐기물과 소음 및 교통량을 현저히 감소시킬 수 있음을 의미한다.

다른 대체재와 비교해 나무로 건축하는 것의 장점에 영향을 미치는 세 가지 주요 요인이 있다. 첫째, 공급지가 건물 부지와 가까우면, 근접성 때문에 운송 배출과 비용을 제한한다. 둘째, 지속가능한 임업 관행으로 목재를 수확하는 것은 생태적 온전성을 보호하고 최대의 탄소 격리를 보장한다. 벌목이 잘 관리되지 않는 경우, 나무를 주된 건축 재료로 사용하면 숲과 그 안에 살고 있는 동식물에 재앙을 초래할 수 있다. 셋째, 수명 주기가 끝날 때 목재 건축자재는 퇴비화와 같은 방법으로 재사용, 재활용 또는 폐기될 수 있다. 이를 통해 저장된 탄소가 방출되고 목재가 혐기성 분해를 거쳐 메탄을 생성하는 과정을 막을 수 있다. 일본 미에에 위치한 신사인 이세 신궁은 20년에 한 번씩 편백으로 개보수한다. 자연의 죽음과 덧없음, 재생력을 기리는 의식적 관행을 위해 신사 옆에 편백을 기른다. 버려지는 것은 아무것도 없다. 나뭇조각 하나하나가 모두 다른 구조물의 일부가 되고, 200년이 지나도 사원 뜰에 있는 다도실의 기념품으로 남아 있을 수 있다.

아마 목조건축 확장의 가장 큰 도전은 인식일 것이다. 엠파이어스테이트빌딩의 목조 버전을 구상했던, 밴쿠버에 기반을 둔 건축가 마이클 그린과 같은 옹호자들은 인식을 바꾸고자 열심히 노력하고 있다. 높은 목재 건물은 그 자체로 가장 설득력 있는 증거일 수 있으며, 미국 고층목조건물상U.S. Tall Wood Building Prize과 같은 경쟁은 뉴욕에서 오리건주 포틀랜드까지 데모 프로젝트를 전파하는 데 도움을 준다. 집성재 기술은 잘 확립되어 있지만, 이제 막 많은 시장에 진출하기 시작했다. 공급 체인이 발전함에 따라, 이들 재료는 점점 더 비용 경쟁력을 갖게 될 것이다. 여전히 많은 건축법이 나무의 사용을 4~5층 정도로 제한하고 있다. 규제는 방해가 되는 대신 공학을 따라잡고 혁신을 촉진할 수 있다. 지구가 우리가 먹을 식량을 자라게 하는 것처럼 최고의 건축 재료도 생산할 수 있다.

호혜

재닌 베니어스

산림학 학위 과정의 중반부, 나는 페인트 스프레이를 아이언우드 나무의 매끄러운 가지에 겨눴다. 나는 뉴저지에 있는 실험 숲에서 '간벌 작업'의 일부로 그것을 표시해야 했다. 오렌지색 빗금은 벌목꾼들에게 우리의 용재와 경쟁하는 어떤 것이라도 잘라버리라는 신호다. 우리는 간벌을 통해 오크와 호두가 더 많은 물과 빛, 영양분을 얻을 수 있게 해준다고 배웠다. 우리 반의 많은 학생은 나무 무리에게 길을 터주는 것을 아주 좋아했다. 나에게 그것은 고통스럽고 공허한 선택이었다.

나는 우리 옆에 있는 유서 깊은 숲을 계속 상상했다. 이 숲은 200년 동안 벌목되지 않았다. 삼삼오오 뭉쳐 있는 거대 상층목과 중간층의 활엽수와 침엽수, 내 발밑의 연령초속과 고비, 낙엽퇴적층에서 솟아오르는 붉은옆구리 검은 멧새를 봤다. 그 누구도 이 나무들을 간벌해주지 않았지만, 모두 건강해

보였다.

나는 교수에게 이렇게 물었다. "오래된 숲은 이렇게까지 간벌이나 주벌을 하지 않았지만 더 건강해 보입니다. 교수님은 나무들이 어떤 이유가 있어 함께 자란다고 생각하지 않으시나요? 나무들이 어떻게든 서로에게 이익을 주고 있다고 생각하지 않으세요?"

교수는 약간 놀란 듯했지만, 고개를 저으며 말했다. "클레먼츠주의자처럼 굴지 마라. 넌 대학원에 들어가지 못할 거야." 교수가 언급한 사람은 1900년대 초 생태학자인 프레더릭 에드워드 클레먼츠였는데, 생태학 역사상 가장 큰 논쟁에서 이겼다가 진 사람이다. 클레먼츠와 비교된 것은 가장 큰 경고였고, 당시의 나의 순진함의 표시였다.

그때는 1977년이었고, 생태학자들은 30년 동안 인간의 실험과 야생에 대한 이야기, 그리고 가장 강력하게는 산림, 목장, 농장을 관리해야 한다는 우리의 금언에 영향을 준 패러다임 전환에 깊이 빠져 있었다. 나무들이 경쟁의 투쟁에서 벗어나야 한다는 가르침은 프레더릭 클레먼츠와 동시대인 헨리 글리슨 사이에 일어난 논쟁의 결실이었다. 매우 다른 방식이지만, 둘이 설명하고자 노력한 것은 '무엇이 식물의 공동체를 구성하는가' '무엇이 식물이 함께 자라는 방법과 그 이유를 결정하는가'였다.

클레먼츠는 늪처럼 된 강의 내포, 수풀이 뒤덮인 지역, 활엽수림, 대초원을 연구할 때 식물 집단이 토양과 기후뿐만 아니라 그들끼리 서로 반응하는 것을 발견했다. 그는 식물이 경쟁자일 뿐만 아니라 협력자여서 서로에게 유익한 방법으로 도움을 준다고 봤다. 캐노피 나무는 가지 아래에 자라는 묘목을 '돌보면서', 나무가 나무를 돕는 퍼실리테이션facilitation 과정을 통해 묘목을 보호하며 영양이 풍부한 조건을 만들어냈다. 큰 나무들은 태양으로부터 말라가는 묘목을 그늘로 가리고, 바람을 막아주고, 잎으로 흙을 비옥하게 했다. 시간이 지남에 따라 일단의 식물 공동체가 다른 공동체를 위한 길을 마련했다. 일년생 나무는 다년생 관목을 위한 토양을 쌓았고, 다년생 관목은 장차 숲으로 자라날 어린 묘목에 영양분을 공급했다. 클레먼츠가 어딜 보든지, 나무 공동체는 매우 긴밀하게 연결되어 있었고, 그는 이것을 유기체라고 불렀다.

글리슨은 다르게 생각했다. 클레먼츠가 공동체라 부르는 것은 그저 우연일 뿐이고, 나무들이 물, 햇빛, 토양에 적응하는 방법에 따라 배열된 무작위적인 개체라는 것이다. 서로 돕는다는 일 따위는 없다. 식물은 단지 좋은 자리를 차지하기 위해 경쟁하고 있을 뿐이다. 모두가 연결되어 있고 전체로서 연구될 수 있는 상호 의존적인 공동체가 있다는 생각은 환상이었다. 부분만을 조사하면 그렇게 보일 수도 있을 것이다.

20세기 전반에는 클레먼츠의 견해가 우세했다. 생태학적 문헌은 퍼실리테이션에 관한 연구로 가득 차 있었다. 글리슨의 작업은 1947년까지 사실상 잊혔는데, 소수의 연구자들이 다시금 글리슨의 '개인주의적' 견해를 부활시켜 클레먼츠의 '전체주의'에 반기를 들었다. 식물을 개별적 개체로 보는 글리슨의 관점은 마치 식물이 원자인 것처럼 깔끔한 통계적 정확성을 가지고 연구했다.

12년 만에, 대부분의 생태학자는 공동체 동인으로써의 긍정적인 상호작용에 대한 생각을 거부하고 경쟁과 약탈과 같은 부정적인 상호작용에 초점을 맞췄다. 과학 저널에 실린 논문들도 점점 변화되었고, 대학원에 지원하려면 "이 경쟁을 어떻게 설명해야 할까?"라는 질문으로 시작되는 연구 논문을 써야 했다. 그 시대에 비춰볼 때 놀랄 일도 아니었다. 클레먼츠의 위신 추락은 트루먼 독트린 발표 및 냉전이 시작되는 그해와 정확하게 일치했다. 수십 년 동안 식물에 대해 이야기할 때도 감히 공산주의에 대해 언급조차 할 수 없었다.

하지만 과학적 방법론에 대해 내가 가장 사랑하는 점은 다음과 같다. 비록 문화가 저울에 손가락을 올려놓고 있긴 했지만, 측정 가능한 진실을 찾기 위한 지칠 줄 모르는 탐구를 멈출 수는 없었다. 미국인이든 아니든, 수학적으로 모델이 작동해야 했다. 경쟁을 키워드로 한 50년 동안의 전면적인 연구가 결론에 이르지 못하자, 과학자들은 또 다른 어떤 것들이 작용하는지를 알아보기 위해 그 분야에 재착수하기 시작했다.

내가 아이언우드를 간벌하던 그해, 생태학자인 레이 캘러웨이는 시에라네바다 산맥 기슭에서 '나쁜' 관행으로부터 캘리포니아참나무를 구하고 있었다. 당시 지배적인 생각(글리슨의 유산)으로는, 캘리포니아산맥의 캘리포니아참나무를 경쟁에서 해방해주려면 잡초를 잘라주어야 했다. 캘러웨이는 수천 헥타르에 이르는 캘리포니아참나무들이 땔감으로 채워진다는 사실이 안타까웠다.

그는 캘리포니아참나무와 함께 잡초들이 무성하게 자란다는 사실이 찜찜해

서, 2년 반 동안 오크나무와 초지와의 상호작용을 측정했다. 그는 냄비와 양동이로 나뭇잎, 잔가지, 나뭇가지, 여섯 그루의 캐노피에서 영양분을 머금고 떨어지는 빗방울을 모아 조사했다. 그의 논문은 영양소 총합이 초지에서보다 오크나무 아래에서 20~60배 정도 더 크다는 것을 보여주었다. 캘리포니아의 풍경 속에서 매우 절묘하게 배열된 그 나무들은 땅속 깊은 곳에서 미네랄을 끌어올려 낙엽수들에게 영양분을 나눠주는 펌프다. 침투하는 주근은 딱딱한 토양을 느슨하게 풀어줘 나뭇가지 아래에 저수량을 증가시키고 나무들이 풍성하게 커질 수 있도록 돕는다. 캘러웨이는 식물이 어떻게 다른 식물을 '돌봐주고', 이웃 나무가 생존, 성장, 번식하는 것을 돕는지 설명하는 1000가지 이상의 예시를 계속 모았다. 이러한 예들은 자연 공동체가 어떻게 역경을 치유하고 극복하는가에 대한 매뉴얼에 다름 아니다.

어떤 식물이 조력자(식물계의 도우미)인지 아는 것은, 앞으로 가뭄이 심해짐에 따라 더 중요하다. 예를 들어 아마존 열대우림은 건조한 계절에도 어떻게, 그리고 왜 구름을 만드는가? 아마존의 연간 강우량의 10퍼센트는 여기저기 흩어져 있는 특정 관목의 얕은 뿌리에 흡수된 다음, 주근을 통해 토양 깊숙한 곳까지 내려가는 것으로 밝혀졌다. 건기가 되면 주근은 물을 얕은 뿌리까지 끌어올려 숲 전체에 나눠준다. 전 세계의 많은 식물 종이 유압식 '펌프' 작업을 수행해 숲의 캐노피 나무 아래에 있는 많은 식물에 물을 주는 것이다.

환경이 스트레스를 많이 받을수록, 식물들은 상호 생존을 위해 더욱더 협력한다. 칠레의 산 정상에서 해로운 자외선과 차갑고 건조한 바람을 맞으며 함께 웅크리고 모여 있는 식물에 관한 연구를 보면 서로 돕는 복잡한 상호작용 관계를 알 수 있다. 쿠션 나무라고 알려진 2미터 넓이의 야레타는 수천 년을 살아왔으며, 밝은 녹색 쿠션에 색색의 핀처럼 끼워진 수십 종의 꽃송이를 그 속에 품고 있다.

경사를 견뎌내고 낙석 위에 자리를 잡은 나무는 바람을 잔잔하게 하고 눈을 흘려 보내 묘목에 물을 주는 안전한 피난처를 형성한다. 장차 큰 섬이 될 곳에서 어슬렁거리는 새들과 포유류는 배설물을 통해 영양분과 씨앗을 열심히 나른다. 잎과 바늘이 썩으면 여름의 건조한 날에 수분을 배출하는 유기농 스펀지가 만들어진다.

나무들이 함께 모여 자란다는 사실은 우리 통념과 다르다. 우리는 경쟁 속에 자라고 경제 이론은 그래서는 안 된다고 가르쳤으니 말이다. 수년 동안 소심한 과학자들은 이 협동을 변칙적인 것으로 설명하려 애썼고, 투쟁의 흔적을 찾으며 '선행'이라는 덕목은 놓치고 있었다. 이제 우리는 이것이 단지 한 식물이 다른 식물을 돕는다는 의미가 아니라는 것을 안다. 이것은 상리 공생(선의 복잡한 교환 과정)으로, 지상과 지하에서 특별한 방식으로 이뤄진다.

캘러웨이가 캘리포니아에서 오크나무를 관찰하는 동안 전문 산림관인 수잰 시마드는 브리티시컬럼비아에서 대량으로 행해지는 주벌로 인해 당혹감을 감출 수 없었다. 미송과 함께 자란 자작나무를 제거하라는 관리 규약이 그에게는 완전히 잘못된 것으로 보였다. 이 나무들은 영겁을 함께 보냈다. 이들은 어떤 방식으로든 서로 돕고 있지 않았을까?

그는 자라나는 묘목을 두 종류의 방사성 탄소에 노출시키는 연구를 진행했다. 미송에는 탄소-14를, 자작나무에는 탄소-13을 입혔다. 묘목들은 이산화탄소를 흡수해 당으로 변화시킬 것이다. 그는 이들 탄소를 추적하여 교환되는지 알아봤다. 첫 번째 결과는 한 시간 만에 나왔다. 가이거 카운터가 찰칵 하고 소리를 냈을 때 시마드는 거의 황홀경에 빠졌다. 자작나무의 탄소-13은 미송으로 이동했고, 미송의 탄소-14는 자작나무로 이동한 것이다.

어떻게 이럴 수 있을까? 숲에 가서 낙엽퇴적층을 파보면, 뿌리에 붙어 있는 하얀 거미줄 같은 것을 볼 수 있다. 이것은 탄소를 받는 대가로 나무에 인을 전달하는 땅속 곰팡이의 일부다. 교과서는 이것을 하나의 식물과 하나의 균 사이의 교환으로 묘사한다. 시마드의 연구는 균류가 한 그루의 나무뿌리에서 나와 수십 그루의 나무와 관목(가까운 종뿐만 아니라 완전히 다른 종에까지)과 허브를 연결한다는 것을 최초로 증명하는 연구 중 하나였다. 시마드가 '우드와이드웹'이라 부르는 이것은 물, 탄소, 질소, 인, 방어 물질을 교환하는 지하 인터넷이다. 해충이 어떤 한 나무를 괴롭힐 때, 경고 화학물질은 균류를 통해 네트워크의 다른 구성원으로 이동하며, 다른 나무들이 방어력을 강화할 시간을 준다.

숲의 전체론적 특성에 대한 발견은 임업, 보존, 기후변화에 큰 영향을 미친다. 이제는 농지에도 같은 통찰력을 불어넣어야 할 때다. 전체 육지 식물의 80퍼센트가 균근균과 함께 자라는 뿌리를 갖고 있지만, 농경지에서는 이 균근균을 잘 찾아볼 수 없다. 경운과 글리포세이트와 같은 제초제는 네트워크를 교란시키고, 박테리아와 균류 도우미에게 매년 뿌리는 인공 질소와 인 비료는 불필요하다. 물 수송이나 해충 방어에도, 우리 몸이 원하는 미량 영양소 흡수에도 필요치 않다.

식물 공동체가 이산화탄소를 들이마시고, 이것을 당으로 바꿔 미생물 네트워크에 공급할 때, 수 세기 동안 탄소를 토양 속 깊은 곳에 격리시킬 수 있다. 그러나 그러기 위해서는 식물 공동체가 건강하고 다양하며 친밀하게 협력할 필요가 있다. 야생과 자연이 대기로 사라진 토양 탄소의 50퍼센트를 회수하려면, 이제는 동력 사슬톱을 돌리고, 비료 봉지를 열고, 묘목 제거 전에 잠시 멈춰 생각할 필요가 있다. 우리는 나무의 중요한 대화를 방해해서는 안 된다.

지구온난화를 되돌리기 위해, 우리는 이산화탄소의 과도한 배출을 멈추고 복잡한 지구 생태계가 치유되면서 좋은 공기를 들이마실 수 있도록 새로운 방식의 탄소 순환 흐름에 발을 들여야만 한다. 이는 매일 탄소에 새로운 생명을 불어넣어주는 도우미 미생물과 동식물을 도울 방법을 배워야 함을 의미한다. 이러한 공생적인 역할, 즉 호혜의 관행은 생태계가 실제로 어떻게 작용하는지에 대해 좀더 미묘한 이해를 필요로 한다. 좋은 소식은 우리가 다년간의 이기적인 식물세계를 방황한 후에 마침내 그 유기체에 대한 감각을 발전시킬 수 있게 되었다는 점이다.

50년 동안 경쟁에만 집중한 것은 우리 자신을 포함해 모든 유기체를 소비자와 경쟁자로 먼저 보게 되는 좋지 않은 결과를 낳았다. 이제 우리는 다른 이해관계를 위한 20년을 맞이해야 한다. 마침내 공유와 상부상조의 보편성을 인식하고 공동체의 특성이 매우 자연적이라는 사실을 인정함으로써 우리는 자신을 새롭게 보게 되었다. 우리는 협동해서 서로를 치료하는 이 지구의 수많은 도우미처럼, 양육자로서의 우리의 역할로 되돌아갈 수 있다.

프로젝트 드로다운의 시작

> 부자와 가난한 자 모두에게 삶은 점점 늘어나는 문제들로 점철된다. 대부분의 문제에 대한 실질적이고 지속적인 해결책마저 없는 것처럼 보인다. 우리가 개인적 삶과 사회적 삶에 진지하게 참여하는 데 실패했기 때문에 (…) 이 모든 문제의 궁극적인 근원은 생각 그 자체다. 우리 문명이 가장 자랑스러워하는 바로 그것, 그리하여 '숨겨진' 단 한 가지.
>
> —데이비드 봄·마크 에드워즈, 『변화하는 의식』

이 책을 읽는 논리적인 방법은 이 책을 활용해 어떻게 변화를 이룰 수 있는지 확인하는 것이다. 각 개인이 세계에서 자신의 역할과 책임을 생각하고 인지하는지는 모든 변혁의 첫걸음이자 모든 변화의 기반이다. 연구자로서 우리는 개별 해결책이 미칠 수 있는 영향에 놀랐고, 특히 그것이 식료의 생산과 소비, 둘 다와 관련이 있기 때문에 더욱더 그러했다. 우리가 먹기로 선택한 것, 그리고 그것을 재배하기 위해 사용되는 방법들은 지구온난화의 가장 큰 원인과 치료책으로서 에너지와 함께 높은 순위를 차지한다. 개인의 책임과 기회는 거기서 그치지 않는다. 집을 관리하는 방법, 수송 방법, 구매 방법 등도 포함된다.

하지만 개인을 지나치게 강조하면, 사람들이 개인적인 책임을 과하게 느껴 당면 과제의 거대함에 압도될 수 있다. 노르웨이의 심리학자이자 경제학자인 페르 에스펜 스토크네스는 위협과 파멸의 언어로 기후변화를 기술하는 과학에 개인이 어떻게 반응하는지 설명했다. 두려움이 죄의식과 얽히면서 수동성, 무관심, 부정이 이어진다. 우리에게는 실패에 대해 반복적인 강조가 아니라 가능성과 기회를 포착하는 대화가 필요하며, 또 그럴 자격이 있다.

우리가 고립된 존재로서 생존한다는 생각은 잘못된 통념이기 때문에 이 대화는 개인을 넘어 확장될 필요가 있다. 우리는 모두 이리저리 엉킨 사회 구조와 문화, 좀더 광범위하게는 삶 전체(물과 식료, 섬유, 의약품, 영감, 아름다움, 예술, 기쁨의 궁극적인 원천)에서 복잡하게 상호 연결된 부분이다.

의심할 여지 없이 빌 매키번만큼 기후변화를 세계에 많이 알린 사람은 없다. 그는 1989년에 출판된 베스트셀러 『자연의 종말』에서 기후변화를 경고했다. 그는 활동가의 전형으로 이야기, 여행, 글쓰기, 조직적 홍보 등 한 인간이 할 수 있는 모든 것을 다 했다. 매키번은 우리에게 개인으로서 더 많은 것을 하고, 그의 모범적인 삶을 따르고, 지구온난화를 역전시키기 위해 필요한 변화를 제정하도록 촉구했다. 그러나 그가 권장하는 진짜는 이게 아니다. 문제는 바로 '나'라는 대명사에 있다.

개인이 부패한 팜유 생산회사에서 기인한 인도네시아 열대우림의 산불과 호주의 그레이트배리어리프의 백화나 산호초의 죽음을 막을 수는 없다. 개인이 세계 바다의 산성화를 막거나 욕망과 물질주의를 조장하는 광고의 맹공을 막을 수는 없다. 개인이 화석연료 회사에 주어지는 엄청난 보조금을 멈출 수는 없다. 개인이 익명의 기후과학과 과학자를 억압하는 부유한 기부자를 막을 수는 없다.

개인이 할 수 있는 것은 '운동'을 일으키는 것이다. 매키번은 "운동이란

5~10퍼센트의 사람들을 모아 데려다가 결정적인 영향력을 만드는 것이다. 무관심이 지배하는 세상에서 5~10퍼센트는 엄청난 숫자이기 때문이다"라고 썼다. 운동은 우리가 생각하는 방식과 세상을 보는 방식을 변화시켜, 더 진화된 사회 규범을 만든다. 한때 정상이라고 받아들여졌던 것이 더 이상 상상조차 할 수 없는 것으로 바뀐다. 소외되고 조롱받았던 것이 존중과 존경을 받게 된다. 억압되었던 것이 원칙으로 인정받게 된다. 미국은 자명한 진리가 있다는 전제하에 세워졌고, 언급되지 않은 진리 중 하나는 우리에겐 단 하나의 고향이 있다는 것이다. 우리가 여기에 남으려면, 모두 함께 엄청난 관심을 가져야 한다. 이렇게 하는 것은 진정한 '우리'가 되어, 막을 수 없고 두려움 없는 운동을 일으키는 것을 의미한다. 운동은 손과 발, 마음과 목소리가 있는 꿈이다.

이것이 우리가 '드로다운' 웹사이트를 만들 때, 단지 정확한 연구와 정보를 제공하는 것 이상을 하려고 했던 이유다. 우리는 지구온난화에 대한 해결책을 새로운 시각으로 제시하고, 인간이라는 실과 거미줄을 통해 기후변화 역전을 가속화할 수 있는 좀더 일관성 있고 효과적인 네트워크로 사람들을 끌어들여 마음을 사로잡고 놀라게 해주고 싶었다.

앞으로 프로젝트 드로다운의 직원, 동료 및 자원봉사자들은 재생 경제(일자리, 정책 및 경제적 복잡성)를 모델링하여 기후 솔루션을 특정 국가 경제에 가상적으로 적용하고, 기후변화 기술과 프로세스가 어떻게 인간의 존엄성을 인정하면서도 사회적으로 정의롭고 가족임금제 일자리를 창출할 수 있는지 계산할 것이다. 우리가 수집한 경제 자료에 따르면 전 세계 현존하는 문제적 관행에 투입되고 있는 비용이 해결책을 도입할 때의 비용을 초과한다는 것이 분명하다. 다시 말하면, 재생 솔루션을 도입함으로써 얻을 수 있는 이익은 문제를 야기하는 관행을 일상적으로 수행함으로써 창출되는 금전적 이익보다 더 크다. 예를 들어 농업의 가장 수익적이고 생산적인 방법은 재생농업이다. 그리고

2016년 기준, 미국에서는 가스, 석탄, 석유 분야를 합친 것보다 더 많은 사람이 태양열·태양광 산업에 고용되어 있다. 복원은 파괴보다 더 많은 일자리를 창출한다. 미래를 착취하기보다는 치유에 기반을 둔 경제를 갖는 것이 더 쉽다.

'일자리'라는 말은 다소 어색한데, 의무나 고되고 힘든 느낌을 주기 때문이다. '일'은 직업, 소명, 전문성 등을 의미하기에 더 나은 용어일 수 있다. 한 친구가 초등학교 3학년 학급을 상대로 강의하면서 세계적으로 증가하는 실업자 수에 대해 토론을 유도했다. 한 소녀가 손을 들고 물었다. "이제 더 이상 할 일이 없나요?" 여태껏 지금보다 해야 할 일이 더 필요했던 적은 없었고 수억 명의 사람이 그런 일을 필요로 한다.

우리의 환경 체계가 점점 더 붕괴되는 것, 요구되는 시민성이 진영 논리로, 이데올로기로, 전쟁으로 붕괴되는 것을 바라보는 것이 쉽지만은 않다. 그러나 우리 앞에 놓여 있는 것은 편을 선택하는 것이 아니라 우리가 이 지구의 관리자로서 누구인지를 볼 수 있는 선물이다. 우리는 지구온난화를 다루기 위해 함께할 것이고 그렇지 않으면 문명으로서 사라질 것이다. 함께 모이기 위해서는 위계적인 의미에서가 아니라 생물학적이고 문화적 의미에서 우리의 위치를 알아야 하며, 지속적 존재의 대리인으로 제 역할을 되찾아야 한다. 전쟁의 은유는 질리도록 많이 들었다. '방어'라는 말을 들으면 공격을 생각하게 되지만, 세계적인 방어는 단결하고 듣고 나란히 일해야만 이뤄질 수 있다.

기후변화 해결책은 지역사회, 협업, 협력이 있어야 한다. 결국 『플랜 드로다운』의 모든 솔루션은 개발자, 도시, 비영리 단체, 기업, 농부, 교회, 지방, 학교, 대학 등 가능성이 없을 것만 같은 새로운 연합을 통해 시작되고 촉진될 수 있다. 식량과 토지이용 솔루션은 탄소를 격리하고 모든 생명의 질을 향상하기 위해 자연과 협력하는 방법에 초점을 맞추고 있다. 여성 교육과 가족계획은 세계 공동체에 관한 것으로, 여성의 힘과 잠재력을 인정하고 지원하기 위해서다. 에너지와 재료 효율성은 한 팀으로 일하는 건축가, 엔지니어, 도시계획가, 운동가, 발명가로부터 발생한다. '프로젝트 드로다운'에서는 동료, 자문가, 자금 제공자, 전문 검토자, 직원 등 250명 이상이 협력하고 연합한다. 우리는 이 프로젝트를 만드는 데 도움을 준 모든 사람에게 많은 빚을 지고 있다.

과학은 사실상 모든 아이가 말을 하기도 전에 이타적인 행동을 보인다는 것을 알고 있다. 다른 사람의 복지에 대한 관심은 타고난 것으로 뼛속 깊숙이 아로새겨져 있다. 우리는 서로 협력하고 도와줌으로써 인간이 되었다. 이것은 오늘날에도 여전히 그러하다. 지구온난화를 되돌리기 위해 필요한 것은 우리가 진정 누구인지를 기억하는 한 사람 한 사람이다.

폴 호컨

분석 방법

'프로젝트 드로다운'은 대기 온실가스의 농도를 실질적으로 감소시킬 수 있는 사회적, 생태학적 및 기술적 솔루션에 대한 최전방의 연구와 자료를 수집, 분석 및 제시한다. 이를 위해 각 솔루션은 다음 중 하나 이상을 수행한다.

- 효율성, 자재 절감 또는 자원 생산성을 통해 에너지 사용 감소.
- 기존 에너지원을 재생에너지 시스템으로 교체.
- 재생농업, 방목, 해양 및 산림 관행을 통해 토양, 식물 및 다시마에서 탄소를 격리.

모든 솔루션에 대한 연구는 3단계의 과정을 거친다.

- 기술보고서: 재무 및 기후 데이터를 이용한 기술 사양 및 예측 시나리오를 포함하는 솔루션의 상세 분석.
- 검토 과정: 다양한 분야의 전문가가 모든 기술보고서 및 모델 값을 주의 깊게 평가. 이는 데이터의 정확성, 신뢰성, 현시성을 보장한다.

• 통합 모델: 솔루션 모델을 더 큰 섹터 모델로 통합하여 이중 계수와 솔루션 간의 상호작용으로 발생할 수 있는 부정확성을 제거한다.

우리는 유명한 국제기구와 기관의 연구와 글로벌 컨설팅 회사 및 업계 리더의 시장 보고서를 포함한 여러 데이터 세트를 사용한다. 유엔 정부 간 기후변화 협의체, 국제에너지기구, 국제재생에너지기구, 유엔식량농업기구, 국제응용시스템분석연구소IIASA의 데이터, 기타 널리 인용된 연구기관의 보고서 및 동료심사 과정을 거친 논문들이 글로벌 분석의 핵심을 이뤘다.

통계적 분석 방법을 사용해 데이터를 평가하기 위해 두 가지 주요 모델이 개발되었다. '감소 및 대체 모델'은 에너지 소비를 줄이거나 기존 화석연료 기반 에너지 생성을 대체하는 솔루션을 계산하기 위해 설계되었다. '토지이용 모델'은 지상 바이오매스와 지하 바이오매스를 통해 대기 중 이산화탄소를 격리하는 다양한 역학을 평가하기 위해 개발되었고, 동시에 삼림 벌채와 같은 파괴적인 토지이용 방식을 감소시킴으로써 발생하는 배출량 감소를 고려했다. 분석되는 해결책 각각에 대해 적절한 모델을 적용했다.

'프로젝트 드로다운'의 목적은 모든 솔루션의 결합 효과를 검토하는 것이었기 때문에 공통 데이터 세트와 입력을 공유하는 솔루션 그룹화를 위해 14개의 통합 모델이 개발되었다.

농업
건물 외피
건물 시스템
발전
가족계획

식량 체계

산림 관리

화물 운송

냉난방

조명

가축 관리

여객 수송 체계

도시 수송 체계

폐기물 전환

시나리오

이 책에 표시된 데이터는 성장이 시장 규모에 비례하여 현재 수준으로 고정된 30년 기간과 비교할 때 각 솔루션 채택(가능성이 있고 타당한) 시 예상되는 점진적 영향, 비용 및 절감 효과를 나타낸다. 예를 들어 재생에너지는 현재 세계 에너지 사용량(태양열, 풍력, 수력전기[대규모], 바이오매스, 폐기물, 파도, 조석, 지열 등)의 24퍼센트를 차지한다. 우리는 각 카테고리에서 생성되는 에너지 생성의 추가 비율을 현재의 비율과 비교해 측정한다. 에너지 생성은 인구와 경제 성장의 결과로 증가할 것이다. 재생에너지의 비율이 24퍼센트로 유지된다면, 우리는 이것을 0으로 측정한다. 우리는 이것을 '타당성 시나리오'라고 부른다. 낙관적이고 실현 가능한 프레임워크로서, 시나리오 채택이 증가한 경우의 점진적인 영향 모델링을 예측한다.

시나리오는 낙관적이지만 현실적이기도 하다. 우리는 널리 인용된 동료 검증 과정을 거친 과학에 의지하면서, 재정 비용과 배출 영향에 관한 한 보수적인 추정을 사용한다. 우리는 보수적 편향성을 가지고, 결정하기 전에 잠재적 영향의 범위를 평가하기 위해 출처를 조사하고 메타 분석을 통합한다. 재무 모델링과 관련하여 우리는 의도적으로 과거의 경향에 비해 더 느린 비용 감소율을 선택했다.

각 솔루션이 세계에 미치는 영향을 예측하려면, 시장 내 향후 채택 가능성에 대한 평가가 필요하다. 상품과 서비스에 대한 전 세계적 수요는 세계 시장과 지역 시장 예측을 모두 사용해 결정된다. 시장 수요의 예로는 총발전량, 총 여객킬로미터 이동거리, 주거용 및 상업용 건물의 총 면적 등이 있다. 따라서 인구와 경제 상황은 모델에 지대한 영향을 미친다. 유엔의 『세계인구전망』 2015년 개정판은 2050년에 대해 세 가지 다른 예측(저, 중, 고)을 내놓았다. 우리는 중간 인구 예측(97억2000만 명)을 사용해 성장, 수요, 영향을 측정한다.

우리는 또한 두 가지 다른 예측을 완성했다. 드로다운 시나리오는 '타당성 시나리오'에서 보수적인 탄소배출 및 재무적 가정을 최적화한다. '최적의 시나리오'는 2050년까지 주요 솔루션의 최대 잠재력, 특히 100퍼센트 깨끗하고 재생 가능한 에너지의 채택을 가정한다(다음 페이지 참조).

일반 가정

프로젝트의 범위가 전 세계적이기 때문에 우리는 솔루션 전반에 걸쳐 많은 가정을 세웠다. 아래에 열거된 가정을 통해 우리는 합리적인 기간 내에 연구를 수행할 수 있었다. 특정 솔루션에 대한 모델에는 해당 솔루션 자체에만 해당되는 다양한 추가 가정이 있다. 이러한 가정은 프로젝트 드로다운 웹사이트에서 확인할 수 있는 개별 기술보고서에 자세히 설명되어 있다.

- 가정 1: 각 솔루션을 전 세계적으로 충분히 제조 및 확장하기 위해 필요한 미래 인프라가 채택 연도에 완전히 구비되어 있으며, 행위자에 대한 비

용에 포함된다(개인, 가정, 회사, 지역사회, 도시, 유틸리티 회사 등). 이런 가정을 세웠기 때문에 제조업의 활성화나 증대를 위한 자본 지출의 분석 필요성을 없앴다.

- 가정 2: 현지, 국가 및 국제 수준에서 솔루션을 활성화, 확대 또는 규제하는 데 필요한 정책이 채택 연도에 완전히 마련되어 있다. 이러한 가정은 솔루션 추진에 대한 정부의 직접 개입에 대한 국가 차원의 분석 필요성을 제거한다.
- 가정 3: 탄소에 대한 가격은 없다. 탄소 가격 책정과 실현을 보장하는 데 필요한 정책의 불확실성 때문에 그 잠재적 영향은 우리 분석에서 평가되지 않았다.
- 가정 4: 모든 비용 및 절감액은 행위자 수준에 따라 계산된다. 예를 들어 가정용 LED 조명과 관련된 비용은 주택 소유자에 대한 비용에 기초해 산정되지만, 열펌프와 관련된 비용은 건물주, 상업용 또는 주거용에 따라 발생된 비용이다.
- 가정 5: 생산 효율과 기술 향상으로 인해 가격이 변동할 것이다. 신뢰할 수 있는 미래 비용 예측이 없으면 과거 경향에서 도출된 보수적인 솔루션별 학습 속도에 따라 가격을 조정했다.
- 가정 6: 솔루션은 분석 기간 내에 뒤처지거나, 대폭 개선되거나, 새로운 기술 또는 관행으로 대체될 수 있다. 신뢰할 수 있는 예측이 없으면 분석에서 이러한 발달 상황을 고려하지 않았다.

여기에 기술된 일반적인 가정은 반드시 미래에 대한 우리의 기대를 반영하는 것은 아니다. 예를 들어 우리는 이 프로젝트의 목적상 탄소 가격 책정을 시행하는 정책이 없을 것이라고 가정했지만, 총량제한 배출권 거래제 및 기타 탄소 가격 책정 메커니즘은 이미 마련되어 성장하고 있다. 이러한 정책은 여기서 모델링된 것을 넘어 거의 모든 솔루션의 채택을 크게 가속화할 수 있다.

시스템 역학

솔루션은 서로 연결된 복잡한 시스템 내에서 작동한다. 그들의 영향은 별개가 아니다. 오히려 의존적이고 상호작용하며 순환한다. 그러한 이유로, 우리는 한 솔루션이 다른 솔루션에 미치는 영향의 정도를 가정하여 분석하려고 노력했다. 한 모델의 결과는 이 시스템 내의 다른 솔루션으로 입력될 수 있다.

그 한 가지 예가 음식물 쓰레기 감소, 퇴비화, 농업, 메탄 소화조 솔루션 사이의 역학이다. 음식물 쓰레기가 줄어들면, 퇴비화와 메탄 소화조에서 처리할 수 있는 유기물질의 양이 준다. 또한 음식물 쓰레기를 줄임으로써 경작지를 만들기 위해 멀쩡한 숲을 잘라내지 않아도 되기 때문에 기존 토지만으로 증가하는 인구를 먹여 살리는 데 충분하다. 하나의 솔루션이 미치는 영향을 확인하기 위해서는 광범위한 솔루션 시스템에 미치는 영향을 고려해야 한다.

이중 계산

다양한 솔루션을 분석할 때 두 모델이 동일한 영향을 이중 계산하지 않도록 주의해야 한다. 솔루션으로서의 태양발전으로 감소된 배출과 태양에너지로 발전되는 넷제로 건물을 또 계산하면, 태양발전을 두 번 계산하는 것이다. 이는 이중 계산으로, 솔루션의 복합적인 영향을 모델링할 때 해결해야 할 중요한 문제로서 반드시 피해야 한다.

반동 효과

반동 효과는 인간의 본성에 관한 원칙이다. 주어진 제품이나 서비스의 가격이 내려가면 사람들은 일반적으로 그것을 더 많이 사고 사용함으로써 효율성 증가를 무력화한다. 예를 들어 에너지 효율이 증가해 소비자 비용이 감소하면 소비자는 더 많은 에너지를 사용할 수 있다. 반동 효과를 평가하는 것은 어려운 도전이다. 왜냐하면 사람들이 이러한 변화에 어떻게 반응하느냐에 따라 많은 것이 달라지기 때문이다. 우리가 직접 모델링하지는 않지만, 기술보고서(온라인 참조)에서 이 잠재적 영향을 다룬다.

연구에 대한 더 자세한 정보

이 책은 드로다운 연구의 간략한 개요에 불과하다. 상상할 수 있듯, 수백만 개의 데이터 기준점을 포함하는 모델 뒤에는 훨씬 더 많은 것이 있다. 더 자세한 내용을 보려면 웹사이트www.drawdown.org를 참고하길 바란다. 각 솔루션에 대한 기술보고서, 각 솔루션 모델링 방법에 대한 설명 및 방법론에 대한 기타 유용한 정보를 찾을 수 있다.

채드 프리슈먼

수치 읽기

이 책에 표시된 정량적 결과는 각 솔루션의 세계 성장 속도에 대한 합리적이지만 낙관적인 예측을 사용해 30년 동안 모델링된 각 솔루션의 총 영향이다. 우리는 이것을 '타당성 시나리오'라고 부른다. 이 방법을 적용하면 2050년까지 격리할 수 있는 이산화탄소는 총 1051기가톤으로 예측된다.

아래에서 보는 바와 같이 두 가지 시나리오가 더 있다. '드로다운 시나리오'는 '타당성 시나리오'의 보수적 편향성이 제거되었을 때 어떤 일이 일어나는지 보여준다. 그러면 2050년까지 감소된 이산화탄소의 총량은 1442기가톤으로 늘어난다. 전기에너지 생산은 100퍼센트 재생 가능하지만, 여기에는 바이오매스, 매립지 메탄, 원자력, 폐기물에너지가 포함된다. 이들은 감소 추세에 있는 솔루션이지만, 탄소 감축을 달성하는 데는 여전히 중요하다. 우리는 이것을 '드로다운 시나리오'라고 한다. 여기서 2050년에 대기권으로부터 0.59기가톤의 순감소를 추정하기 때문이다.

'최적의 시나리오'는 솔루션의 가장 공격적인 잠재력, 특히 재생에너지를 나타낸다. 여기서는 바이오매스, 매립지 메탄, 원자력, 폐기물에너지 없이 2050년까지 깨끗한 재생에너지의 100퍼센트 채택을 예측한다. 이 시나리오에서는 대기 중 이산화탄소가 총 1612기가톤까지 감소한다. 여기서 2050년에 감소되거나 격리된 배출량은 대기 중 배출된 배출량보다 상당히 크다. '드로다운(온실가스가 최고조에 달한 뒤 감소되기 시작하는 시점)'은 빠르면 2045년에 달성될 것으로 보이며 대기권에서 0.99기가톤이 감소될 것이다.

이러한 시나리오 중 실제로 드로다운을 달성할 수 있는 시나리오가 있을까? '타당성 시나리오'는 그럴 것 같지 않다. '드로다운 시나리오'는 그럴 가능성이 있고 '최적의 시나리오'에서 그럴 가능성이 더 높다. 각각의 경우에 우리는 바다, 땅 또는 메탄 흡수원의 영향을 모델링하지 않는다. '드로다운'이 실제로 일어날 시점을 추정하기 위해서는 바다와 관리되지 않는 육지가 그 당시에 얼마나 많은 탄소를 흡수하고 있는지 알아야 한다. 증가하는 온난화 때문에 바다는 많은 탄소를 흡수하고 저장할 수 없을지도 모른다. 화석연료에 의해 배출되는 이산화탄소의 약 절반이 해양에 흡수된다. 탄산을 유발하는 이산화탄소의 흡수는 이제 해양 생물계의 전체 사슬, 즉 탄소를 격리시킬 수 있는 해양의 능력을 손상시킨다. 같은 원리가 토지에도 적용된다. 온도가 상승하면 토양, 초원, 숲은 고갈되고 이들이 격리하는 것보다 더 많은 탄소를 배출한다. 따라서 앞으로 수십 년 안에 바다와 땅이 어떻게 변할지는 추정만 할 수 있을 뿐이다. 우리는 바다와 육지 흡수원이 얼마나 오랫동안 탄소를 흡수할 수 있을지 모르기 때문에 '드로다운'을 달성하기 위해서는 가능한 한 공격적이고, 완벽하고, 철저하게 지구온난화를 다루기 위해 우리가 할 수 있는 모든 것을 해야 한다.

다음 장에는 솔루션별, 섹터별 순위가 요약되어 있다. 우리의 연구 질문 중 하나는 "지구온난화를 되돌리는 데 비용이 얼마나 들까?" 하는 것이었다. 모든 모델링 솔루션의 최초 비용(총 실행 비용)은 30년간 131조 달러로, 1인당 연간 450달러에 해당된다. 그러나 좀더 분명한 숫자는 순비용이다. 온실가스 감축을 위한 인위적인 조치를 하지 않았을 때의 비용BAU에 비해 기후 해결책을 실행하는 데 얼마나 더 많은 비용이 필요할까 하는 것이다. 순비용은 최초 비용보다는 낮다. 예를 들어 우리는 태양광발전단지와 석탄발전소 사이의 비용 차이, 그리고 전기 수송 시스템과 가솔린 연료 수송 시스템과의 비용 차이를 계산한다. 재생에너지, 넷제로 빌딩, LED, 열펌프, 배터리, 전기자동차 등의 비용 감소로 인해 앞으로 30년 동안 모델링된 모든 해결책을 구현하는 데 드는 순비용은 27조 달러에 이른다. 또한 우리는 기후 해결책으로 인한 순 운영비나 절감액을 온실가스 배출량 전망치와 비교한다. 30년간 순 운영비 절감액은 74조 달러다.

특정 솔루션의 일부 수치는 높거나 낮거나, 또 혼란스러워 보일 수 있다. 예를 들어 태양광발전단지가 기후 해결책에서 8위를 할 것이라고 예측하는 사람은 거의 없을 것이다(태양광발전단지와 지붕형 태양광을 결합하면 총 태양광발전은 7위가 된다). 태양발전 기술은 지구온난화 해결과 거의 동의어가 되었는데, 이는 지나치게 단순한 생각이다. 이것은 중요한 해결책이지만 그 자체만으로는 문제를 해결하지 못한다. 우리 모델은 여러 중요한 모델에 사용된 태양에너지 활용의 낙관적인 예측을 뛰어넘는다. 그럼에도 더 큰 영향을 미치는 다른 해결책들이 있다. 명심할 점은 우리에게 이 모든 것이 필요하다는 사실이다.

6위와 7위의 해결책은 '여성 교육'과 '가족계획'이다. 왜 이 두 해결책의 효과가 같은가? '가족계획'과 '여성 교육'은 서로 얽혀 있고 둘 다 출산율에 영향을 미치기 때문에 두 영향 사이에 뚜렷한 선을 긋기가 어렵다. 따라서 우리는 이 둘의 영향을 합친 후 반으로 나눴다. 가족계획은 모든 나라에 사는 모든 여성의 피임과 생식 건강에 대한 보편적인 접근을 말한다. 중등교육을 받은 소녀들은 자식을 더 적게 낳는다. 즉 국가에 대한 의존성이 그만큼 줄어든다. 여학생들에게 동등한 수준의 교육을 제공하는 것은 공평한 경쟁의 장을 만들고,

여성에게 평생 가족계획을 관리할 수 있는 자유와 지식을 제공한다. 이 두 해결책 사이의 역학관계는 분리가 어렵고, 여성과 소녀에게 힘을 주는 것으로 요약될 수 있다.

세 가지 시나리오는 각각 구현 비용 절감, 정책 변경 또는 기술 효율성 향상과 같은 다양한 요인에 기초한 미래 성장을 서로 다르게 평가한다. 이 때문에 아래 요약 결과의 솔루션 순위는 시나리오마다 다르다. 예를 들어 전기자동차는 '타당성 시나리오'의 26위지만 '최적의 시나리오'에서는 10위로 급등한다. '가족계획'과 '여학생 교육'의 결과는 각 시나리오에서 같다. 여성에게 동등한 권리와 자유를 제공하는 다소 공격적인 경로가 없어야 하기 때문이다. 길은 하나일 뿐이고, 이 길은 보편적이다.

전체 모델 결과를 웹사이트에서 확인할 수 있다. 우리는 되도록 많은 사람이 살펴보고 각자의 결론을 도출하기를 권장한다. 데이터가 동적이고 변화를 표시하기 위해 지속적으로 업데이트되기 때문에 온라인에서 가장 최신 분석을 볼 수 있으며, 이 책과 수치가 반드시 같지는 않다. 2017년이 끝나기 전에 독자들이 모든 모델을 둘러보고 각자 계산해보기를 기대한다. 그러면 자신만의 가정을 도출하고 미래에 대한 시나리오를 만들 수 있을 것이다. 아래에서 시나리오별 상위 15위까지의 솔루션을 소개한다.

이산화탄소라는 용어는 지구온난화에 미치는 잠재적 영향에 기초해 메탄, 아산화질소, 염화불화탄소-12[CFC-12], 수소염화불화탄소-22[HCFC-22] 및 기타 경미한 가스를 포함하여 환산한 온실가스의 측정을 포함한다.

솔루션	타당성 시나리오 순위	타당성 시나리오 감축량(기가톤)	드로다운 시나리오 순위	드로다운 시나리오 감축량(기가톤)	최적의 시나리오 순위	최적의 시나리오 감축량(기가톤)
냉매 관리	1	89.74	2	96.49	3	96.49
풍력발전용 터빈(육상)	2	84.60	1	146.50	1	139.31
음식물 쓰레기 최소화	3	70.53	4	83.03	4	92.89
채식 위주의 식단	4	66.11	5	78.65	5	87.86
열대림	5	61.23	3	89.00	2	105.60
여학생 교육	6	59.60	7	59.60	8	59.60
가족계획	7	59.60	8	59.60	9	59.60
태양광발전단지	8	36.90	6	64.60	7	60.48
임간축산	9	31.19	9	47.50	6	63.81
지붕형 태양광발전	10	24.60	10	43.10	13	40.34
재생농업	11	23.15	14	32.23	15	32.08
온대림	12	22.61	12	34.70	11	42.62
이탄지대	13	21.57	13	33.51	14	36.59
열대 주곡	14	20.19	15	31.50	10	46.70
조림	15	18.06	11	41.61	12	41.60
총계 (모두 80개 솔루션)		**1051.01**		**1442.27**		**1612.89**

솔루션 요약: 순위별

	솔루션	분야	총 대기 이산화탄소로 환산한 감축량 (기가톤)	순비용 (10억 달러)	전체 수명 절감액 (10억 달러)
1	냉매 관리	재료	89.74	해당 없음	-902.77
2	풍력발전용 터빈(육상)	에너지	84.60	1,225.37	7,425.00
3	음식물 쓰레기 최소화	식량	70.53	해당 없음	해당 없음
4	채식 위주의 식단	식량	66.11	해당 없음	해당 없음
5	열대림	토지이용	61.23	해당 없음	해당 없음
6	여학생 교육	여성	59.60	해당 없음	해당 없음
7	가족계획	여성	59.60	해당 없음	해당 없음
8	태양광발전단지	에너지	36.90	-80.60	5,023.84
9	임간축산	식량	31.19	41.59	699.37
10	지붕형 태양광발전	에너지	24.60	453.14	3,457.63
11	재생농업	식량	23.15	57.22	1,928.10
12	온대림	토지이용	22.61	해당 없음	해당 없음
13	이탄지대	토지이용	21.57	해당 없음	해당 없음
14	열대 주곡	식량	20.19	120.07	626.97
15	조림	토지이용	18.06	29.44	392.33
16	보존농업	식량	17.35	37.53	2,119.07
17	수목간작	식량	17.20	146.99	22.10
18	지열	에너지	16.60	-155.48	1,024.34
19	관리형 방목	식량	16.34	50.48	735.27
20	원자력	에너지	16.09	0.88	1,713.40
21	안전한 취사 스토브	식량	15.81	72.16	166.28
22	풍력발전용 터빈(해상)	에너지	15.15	545.28	762.54
23	농지 복원	식량	14.08	72.24	1,342.47
24	개량된 벼농사	식량	11.34	해당 없음	519.06
25	집광형 태양열	에너지	10.90	1,319.70	413.85
26	전기자동차	수송 체계	10.80	14,148.03	9,726.40
27	지역난방	건물과 도시	9.38	457.07	3,543.50
28	다층 혼농임업	식량	9.28	26.76	709.75
29	파력과 조력	에너지	9.20	411.84	-1,004.70
30	메탄 소화조(대형)	에너지	8.40	201.41	148.83

	솔루션	분야	총 대기 이산화탄소로 환산한 감축량 (기가톤)	순비용 (10억 달러)	전체 수명 절감액 (10억 달러)
31	단열	건물과 도시	8.27	3,655.92	2,513.33
32	선박	수송 체계	7.87	915.93	424.38
33	LED 조명(가정용)	건물과 도시	7.81	323.52	1,729.54
34	바이오매스	에너지	7.50	402.31	519.35
35	대나무	토지이용	7.22	23.79	264.80
36	대체 시멘트	재료	6.69	-273.90	해당 없음
37	대중교통	수송 체계	6.57	해당 없음	2,379.73
38	삼림 보호	토지이용	6.20	해당 없음	해당 없음
39	선주민의 토지 관리	토지이용	6.19	해당 없음	해당 없음
40	트럭	수송 체계	6.18	543.54	2,781.63
41	태양열 온수	에너지	6.08	2.99	773.65
42	열펌프	에너지	5.20	118.71	1,546.66
43	항공기	수송 체계	5.05	662.42	3,187.80
44	LED 조명(상업용)	건물과 도시	5.04	-205.05	1,089.63
45	빌딩자동화	건물과 도시	4.62	68.12	880.55
46	가정 물 절약	재료	4.61	72.44	1,800.12
47	바이오플라스틱	재료	4.30	19.15	해당 없음
48	조류식 수력발전	에너지	4.00	202.53	568.36
49	자동차	수송 체계	4.00	-598.69	1,761.72
50	열병합발전	에너지	3.97	279.25	566.93
51	다년생 식물 바이오매스	토지이용	3.33	77.94	541.89
52	연안습지	토지이용	3.19	해당 없음	해당 없음
53	벼 재배 강화 농법	식량	3.13	해당 없음	677.83
54	걷기 좋은 도시	건물과 도시	2.92	해당 없음	3,278.24
55	가정폐기물 재활용	재료	2.77	366.92	71.13
56	산업폐기물 재활용	재료	2.77	366.92	71.13
57	스마트 온도조절기	건물과 도시	2.62	74.16	640.10
58	매립지 메탄	건물과 도시	2.50	-1.82	67.57
59	자전거 인프라	건물과 도시	2.31	-2,026.97	400.47
60	퇴비화	식량	2.28	-63.72	-60.82

	솔루션	분야	총 대기 이산화탄소로 환산한 감축량 (기가톤)	순비용 (10억 달러)	전체 수명 절감액 (10억 달러)
61	스마트글라스	건물과 도시	2.19	74.20	325.10
62	여성 소작농	여성	2.06	해당 없음	87.60
63	텔레프레전스	수송 체계	1.99	127.72	1,310.59
64	메탄 소화조(소형)	에너지	1.90	15.50	13.90
65	영양 관리	식량	1.81	해당 없음	102.32
66	고속철도	수송 체계	1.42	1,049.98	310.79
67	농경지 관개	식량	1.33	216.16	429.67
68	폐기물에너지	에너지	1.10	36.00	19.82
69	전기자전거	수송 체계	0.96	106.75	226.07
70	재생지	재료	0.90	573.48	해당 없음
71	배수	건물과 도시	0.87	137.37	903.11
72	바이오숯	식량	0.81	해당 없음	해당 없음
73	옥상녹화	건물과 도시	0.77	1,393.29	988.46
74	기차	수송 체계	0.52	808.64	313.86
75	승차 공유	수송 체계	0.32	해당 없음	185.56
76	마이크로 풍력발전	에너지	0.20	36.12	19.90
77	에너지 저장(분산형)	에너지	해당 없음	해당 없음	해당 없음
77	에너지 저장(유틸리티)	에너지	해당 없음	해당 없음	해당 없음
77	그리드 유연성	에너지	해당 없음	해당 없음	해당 없음
78	마이크로그리드	에너지	해당 없음	해당 없음	해당 없음
79	넷제로 건물	건물과 도시	해당 없음	해당 없음	해당 없음
80	개·보수	건물과 도시	해당 없음	해당 없음	해당 없음
	총계		**1,052.06**	**27,378.56**	**74,362.49**

솔루션 요약: 분야별

분야		솔루션	총 대기 이산화탄소로 환산한 감축량 (기가톤)	순비용 (10억 달러)	전체 수명 절감액 (10억 달러)
건물과 도시	27	지역난방	9.38	457.07	3,543.50
	31	단열	8.27	3,655.92	2,513.33
	33	LED 조명(가정용)	7.81	323.52	1,729.54
	42	열펌프	5.20	118.71	1,546.66
	44	LED 조명(상업용)	5.04	-205.05	1,089.63
	45	빌딩자동화	4.62	68.12	880.55
	54	걷기 좋은 도시	2.92	해당 없음	3,278.24
	57	스마트 온도조절기	2.62	74.16	640.10
	58	매립지 메탄	2.50	-1.82	67.57
	59	자전거 인프라	2.31	-2,026.97	400.47
	61	스마트글라스	2.19	74.20	325.10
	71	배수	0.87	137.37	903.11
	73	옥상녹화	0.77	1,393.29	988.46
	79	넷제로 건물	0.00	해당 없음	해당 없음
	80	개·보수	0.00	해당 없음	해당 없음
		건물과 도시 총계	**54.50**	**4,778.30**	**17,906.26**
에너지	2	풍력발전용 터빈(육상)	84.60	1,225.37	7,425.00
	8	태양광발전단지	36.90	-80.60	5,023.84
	10	지붕형 태양광발전	24.60	453.14	3,457.63
	18	지열	16.60	-155.48	1,024.34
	20	원자력	16.09	0.88	1,713.40
	22	풍력발전용 터빈(해상)	15.15	545.28	762.54
	25	집광형 태양열	10.90	1,319.70	413.85
	29	파력과 조력	9.20	411.84	-1,004.70
	30	메탄 소화조(대형)	8.40	201.41	148.83
	34	바이오매스	7.50	402.31	519.35
	41	태양열 온수	6.08	2.99	773.65
	48	조류식 수력발전	4.00	202.53	568.36
	50	열병합발전	3.97	279.25	566.93
	64	메탄 소화조(소형)	1.90	15.50	13.90

분야		솔루션	총 대기 이산화탄소로 환산한 감축량 (기가톤)	순비용 (10억 달러)	전체 수명 절감액 (10억 달러)
	68	폐기물에너지	1.10	36.00	19.82
	76	마이크로 풍력	0.20	36.12	19.90
	77	에너지 저장(분산형)	해당 없음	해당 없음	해당 없음
	77	에너지 저장(유틸리티)	해당 없음	해당 없음	해당 없음
	77	전력망 유연성	해당 없음	해당 없음	해당 없음
	78	마이크로그리드	해당 없음	해당 없음	해당 없음
		에너지 총계	**247.19**	**4,896.24**	**21,446.64**
식량	3	음식물 쓰레기 최소화	70.53	해당 없음	해당 없음
	4	채식 위주의 식단	66.11	해당 없음	해당 없음
	9	임간축산	31.19	41.59	699.37
	11	재생농업	23.15	57.22	1,928.10
	14	열대 주곡	20.19	120.07	626.97
	16	보존농업	17.35	37.53	2,119.07
	17	수목간작	17.20	146.99	22.10
	19	관리형 방목	16.34	50.48	735.27
	21	안전한 취사 스토브	15.81	72.16	166.28
	23	농지 복원	14.08	72.24	1,342.47
	24	개량된 벼농사	11.34	해당 없음	519.06
	28	다층 혼농임업	9.28	26.76	709.75
	53	벼 재배 강화 농법	3.13	해당 없음	677.83
	60	퇴비화	2.28	-63.72	-60.82
	65	영양 관리	1.81	해당 없음	102.32
	67	농경지 관개	1.33	216.16	429.67
	72	바이오숯	0.81	해당 없음	해당 없음
		식량 총계	**321.93**	**777.48**	**10,017.44**
토지이용	5	열대림	61.23	해당 없음	해당 없음
	12	온대림	22.61	해당 없음	해당 없음
	13	이탄지대	21.57	해당 없음	해당 없음
	15	조림	18.06	46.51	1,014,92
	35	대나무	7.22	18.35	234.64

분야		솔루션	총 대기 이산화탄소로 환산한 감축량 (기가톤)	순비용 (10억 달러)	전체 수명 절감액 (10억 달러)
	38	삼림 보호	6.20	해당 없음	해당 없음
	39	선주민의 토지 관리	6.19	해당 없음	해당 없음
	51	다년생 식물 바이오매스	3.33	77.94	541.89
	52	연안습지	3.19	해당 없음	해당 없음
		토지이용 총계	**149.60**	**64.86**	**1,249.56**
재료	1	냉매 관리	89.74	해당 없음	-902.77
	36	대체 시멘트	6.69	-273.90	해당 없음
	46	가정 물 절약	4.61	72.44	1,800.12
	47	바이오플라스틱	4.30	19.15	해당 없음
	55	가정폐기물 재활용	2.77	366.92	71.13
	56	산업폐기물 재활용	2.77	366.92	71.13
	70	재생지	0.90	573.48	해당 없음
		재료 총계	**111.78**	**1,125.01**	**1,039.61**
수송 체계	26	전기자동차	10.80	14,148.03	9,726.40
	32	선박	7.87	915.93	424.38
	37	대중교통	6.57	해당 없음	2,379.73
	40	트럭	6.18	543.54	2,781.63
	43	항공기	5.05	662.42	3,187.80
	49	자동차	4.00	-598.69	1,761.72
	63	텔레프레전스	1.99	127.72	1,310.59
	66	고속철도	1.42	1,049.98	310.79
	69	전기자전거	0.96	106.75	226.07
	74	기차	0.52	808.64	313.86
	75	승차 공유	0.32	해당 없음	185.56
		수송 체계 총계	**45.78**	**15,675.92**	**22,665.87**
여성	6	여학생 교육	59.60	해당 없음	해당 없음
	7	가족계획	59.60	해당 없음	해당 없음
	62	여성 소작농	2.06	해당 없음	87.60
		여성 총계	**121.26**	**해당 없음**	**87.60**

잭 에콰디MA 5년간 다양한 도시의 지속가능성 문제를 다뤄온 정책연구원. 우버 등 새롭게 생겨나는 이동 서비스들과 정부 간 협력에 관한 연구를 이끌었다.

라이한 우딘 아메드MDS 14년 넘게 활동한 환경 전문가다. 사회기반시설 프로젝트와 재생에너지 기술에 대한 영향 평가 및 기후변화 분야에서 주로 활동한다.

캐럴린 앨카이어 PhD 35년 경력의 환경경제학자로, 토지와 자원 관리를 개선하기 위한 정책들을 제시하는 연구를 진행한다. 그는 온실가스 배출을 줄이기 위한 지역 교통 계획 담당 부처와 일해오고 있다.

라이언 앨러드 PhD는 수송 시스템 분석가로 6년간 전 세계 수송 시스템 개선책을 연구해왔다. 수송 기술 및 연결성에 관한 컴퓨터 모델을 여러 동료심사 저널과 국제 학술대회에서 발표했다.

케빈 바유크MA 생태학과 경제학의 교차점, 즉 영속농업 설계가 인간의 필요에 집중하는 협동조합들과 만나는 곳에서 일한다. 사회적 기업을 성장시키고, 긍정적인 효과를 내는 조직에 대한 투자를 촉진하는 '리프트 이코노미 LIFT Economy'의 파트너이자 샌프란시스코 도시영속농업협회의 공동 설립자다.

르닐드 베케MBA 15년 넘게 국제사회에서 지속가능성과 에너지 분야의 자문위원으로 활동하고 있다. 순환경제, 탄소, 에너지 효율성 프로젝트와 관련된 여러 국제 비영리단체와 함께 일한다.

에리카 보잉MA 시스템공학 전문가이자 기업가로, 7년간 에너지 기술 분야에서 일해왔다. 새로운 지붕형 풍력발전 기술을 개발하고 상용화하는 사업을 개시했다.

즈바니 캐비니스MDP 국제보건 및 국제개발 전문가로, 특히 가족계획을 주로 연구한다. 성性과 재생산 건강 증진 분야에서 5년간 활동했다. 아프리카 전역에 걸쳐 의료 시스템 강화, 역량 강화 프로젝트를 지원했다.

조니 체임벌린 PhD 환경분석가로 10년간 환경과학, 환경보호 분야에서 활동하고 연구했다. 두 권의 여행 안내서를 집필했다.

델턴 첸 PhD 토목공학자로, 건축물 모델링, 지하수 시스템, 수자원, 지속가능한 채굴 계획 분야에서 15년간 활동하고 있다. 그는 호주에서 '열암'의 지열에너지와 섬의 대수층에 관해 연구 중이다. 또한 그는 기후변화 완화 재정에 관한 새로운 국제 정책을 다룬 '글로벌 4C Global 4C'의 공동 설립자이자 대표 저자다.

리어나도 커비스MPP 경제개발 및 환경 정책 분야에서 프로그램 분석 및 관리자로 8년간 활동했다. 저소득층 거주지역에 수백만 달러의 지원금을 유치하고, 자연 서식지를 재생시켰으며, 캘리포니아주의 에너지 정책 결정을 이끌었다.

프리양카 데수자MSc, MBA, MTech 7년 이상 다양한 에너지기술과 환경 정책을 연구한 도시계획 전문 연구원이다. 그는 최근 나이로비의 학교들에 저비용의 대기질 모니터링 네트워크를 구축했다.

자이 쿠마르 가우라브MSc 기후변화 완화 및 적응 분야에서 8년간 연구분석가로 일해오고 있다. 배출 저감과 관련한 공인된 자원 프로젝트인 청정개발체제Clean Development Mechanism와 골드스탠더드Gold Standard에서 일했다. 국가적정감축행동NAMA 제안서의 폐기물 부분을 맡아 제안을 발전시키고 있다.

애나 골드스타인 PhD 과학 정책 전문가로 10년간 학술 연구를 해왔다. 과학적 배경지식을 통해 청정에너지 연구 프로그램 운영에 통찰력을 더하고 있다.

주앙 페드루 고베이아 PhD 10년 경력의 환경공학자로, 에너지 시스템 분석, 저탄소 미래, 새로운 에너지 기술의 평가·연구에 기여하고 있으며, 여러 동료심사 출판물을 발행했다. 그는 리스본의 노바대에서 기후변화와 지속가능개발 정책—지속가능 에너지 시스템을 주제로 박사학위를 취득했다.

앨리샤 그레이브스MPH 공중보건 전문가로, 가족계획에 관한 국제적 접근을 개선하는 데 집중하고 있다. 그는 캘리포니아 소재 비영리 단체인 보건 및 개발을 위한 벤처 전략VSHD에서 인구 프로그램 관련 부대표로 참여하여, 인구 인식의 재활성화를 감독하고 있다. UC버클리와 VSHD의 협동 프로젝트인 오아시스 이니셔티브OASIS Initiative의 공동 설립자이기도 하다.

카란 굽타MPA 고성능 건물 전문가로, 공공시설 및 건축 산업 분야에서 7년간 활동하고 있다. 주거용 및 상업용 에너지 효율성 시장을 활성화하기 위한 모듈식 건물 시스템 분야에서 일한다.

젠 한BSc 코넬대에서 생태학 박사과정을 밟고 있다. 그는 농경 생태계에서의 영양소 순환을 연구 중이며, 아산화질소에 대한 여러 농법의 영향을 조사하기 위한 현장 측정과 양적 연구를 진행하고 있다. 유엔환경계획의 환경정책 회원으로, 생태계 기반의 기후변화 적응 및 성주류화 분야에서 활동한다.

지크 하우스파더MS 기후과학자이자 에너지 시스템 분석가로, 보호 및 효율성을 주로 다룬다. 에세스 주식회사Essess Inc.의 에너지 분석 부문인 버클리어스Berkeley Earth의 연구자다.

유일 허버트MA 캐나다 전역의 35개가 넘은 지역사회 기후행동 계획에 참여했고, 이 외에도 많은 지역사회 계획 및 기후변화 관련 프로젝트에 참여했다. 캐나다의 노동자 협동조합인 서스테이너빌러티솔루션스그룹Sustainability Solutions Group의 창립자이자 임원이다. 높게 평가받는 온실가스 프루프GHGProof 에너지, 배출 및 토지이용 계획 모델을 개발하기도 했다.

어맨다 홍MPP 공공정책 전문가로, 캘리포니아에서 전력구동장치 감축, 포장폐기물의 재활용 및 비료화, 스리랑카의 맹그로브 숲 보호를 위한 푸른 탄소 측정과 관련된 정책 제안을 하고 있다. 최근 미국 환경보호국의 태평양 서남부 지역 친환경 재활용 전문가로 일하고 있다.

에어리얼 호로비츠 PhD 에너지 기술 및 시스템 분야에서 6년간 활동해온 에너지 분석가다. 에너지 저장을 주제로 화학공학 박사학위를 받았다.

라이언 허틀 PhD 토양 탄소 및 기후과학 분석가로 생물학적 탄소 제거를 통한 기후변화 완화를 연구하고 있다. 기후와 스마트 농업, 빠른 완화 행동 전략, 에너지 보존 및 건축 환경 효율성에 관심을 갖고 있다. 세계은행 자문위원, 국제농업연구자문그룹CGIAR의 기후변화 및 식량 안전 프로그램 자문위원을 맡고 있다.

트로이 허틀 PhD 미국 환경보호국 오크리지 과학교육연구소ORISE의 박사후연구원으로, 10년간 환경 프로젝트 및 연구를 진행하고 있다. 현실세계의 시스템을 평가하고 파악하는 데 생물 고분자물질 분해, 운송수단 배출의 대량 감축, 국가 에너지 목록 개발을 포함한 생애주기 평가를 적용하고자 한다.

데이비드 자베르MEng 친환경 건축 투자, 온실가스 분석, 제로웨이스트 실행을 주 분야로 하는 15년 경력의 전략 고문이다. 수십 개의 온실가스 목록을 개발했고, 식량 생산, 제조, 유통 분야에서 감축 전략을 세웠다.

다타키란 자구MTech 기후변화 관리 관련 박사과정에 있다. 청정에너지 기술의 확산과 관련하여 5년간 활동해오고 있다. 인도 최초로 태양에너지로 운영되는 기차역을 디자인한 청정에너지 스타트업의 창립 멤버다.

대니얼 케인MS 예일대 삼림환경과학부에서 박사과정을 밟고 있으며, 5년간 농학 분야에서 연구했다. 농업과 농경지 토양이 기후변화 회복력을 갖기 위해 어떻게 관리되어야 하는지에 관심을 갖고 있다.

베키 시루 리MPP 4년 경력의 에너지 정책 자문위원이다. 미국과 중국 정부, 여러 기업 및 연구기관과 함께 재생 가능한 개발에 대한 시장 주도적 해결책을 촉진하는 일을 해오고 있다.

수메다 말라비야MA 7년간 기후변화 완화, 적응 및 에너지 효율성 프로젝트를 다뤄온 기후 및 에너지 전문가다. 여러 나라에서 저배출 개발 전략을 개발하고 시행하는 일을 해오고 있다.

우르밀라 말바드카 PhD 응용수학자이자 환경과학자로, 물, 보존, 국제개발에 초점을 맞춘 연구와 모델링을 하고 있다. 박사논문 주제는 생태학적 모델링이었고, 댐 배치 및 취수, 소요사태하의 인구 관리, 개발도상국에서의 물 문제, 효과적인 보호구역 범위 설정 등 다양한 환경 문제를 다루었다.

앨리슨 메이슨MSc 16년간 태양에너지를 연구한 기계공학자다. 사우스다코타의 오글랄라수족의 태양발전 설비 및 제작 지원에 중요한 역할을 했다.

미히르 마투르BCom 기후변화 분야의 학제간 연구원으로, 재정, 지역사회 참여 및 정책과 관련해 9년간 연구해왔다. 최근 뉴델리의 테리TERI에서 지속가능한 해결책을 모델링하는 연구를 진행하고 있다.

빅터 맥스웰MS 환경금융 분야에서 박사과정을 밟고 있으며, 물리학 및 에너지 시스템 관리 분야에서 9년간 활동했다. 남아프리카와 덴마크, 칠레의 지역사회에 분산형 지속가능 에너지 시스템 개발을 촉진했다.

데이비드 미드BA 건축업에서 13년 이상 일한 건축가이자 기술자다. 그는 리빙빌딩, 패시브하우스, 넷제로 에너지와 같은 높은 지속가능성 목표를 둔 50개 이상의 프로젝트에 참여했다.

맘타 메라 PhD 농업 부문과 관련된 기후변화 적응 및 완화 분야에서 전 세계 여러 조직과 7년 넘게 일해온 환경 전문가다. 농업 자원 관리 설계를 위한 시스템 개발을 다룬 박사과정 연구를 곧 마칠 예정이다.

루스 메첼MBA 생태학자, 진화생물학자로 예일대 삼림환경과학부 석사, 동 대학원 경영학 석사를 복수 전공하고 있다. 그는 농업과 삼림의 접점을 탐구하며, 다양한 분야의 행위자들이 통합 경관 관리 목표를 달성하기 위해 상호작용하는 방식에 관심이 있다.

앨릭스 미칼코MBA 기술, 미디어, 엔터테인먼트, 유통 등 광범위한 산업 분야에서 10년 넘게 일해온 기업 지속가능성 전문가다. 디즈니, 레이REI, 아마존과 일하며 비즈니스 회복력을 향상시키고 지역사회와 환경에 긍정적인 영향을 미치는 지속가능성 계획을 진행했다.

이다 미드지츠MEng 연구 및 교육 분야에서 6년간 활동해왔고, 기계공학 박사과정에 있다. 제품 개발의 콘셉트 디자인에 대한 환경 평가 방법론을 개발했다.

S. 카르티크 무카빌리MS 계산과학 및 공학 분야에서 8년간 활동해온 학자 겸 사업가로 에너지기상학 분야의 위성 자료동화를 다룬다. 하이브리드 대기물리학으로 오스트랄라시아 전역에 걸친 에어로졸 기반의 태양광 예측 시스템과 인공지능 모델을 개발했다.

카필 나룰라 PhD 전기공학자이자 개발경제학자. 15년 경력의 해양 분야 에너지 및 지속가능성 전문가다.

데메트리오스 파파이오아누 PhD 대량 수송, 수요 모델링, 이용자 만족도, 지속가능성을 전문분야로 하는 토목공학자다. 대량 수송, 수송의 질 및 이용자 만족도와 수단 선택 사이의 관계를 주제로 박사 논문을 써 국제 학술대회에서 발표했다.

미셸 페드라자MA 글로벌 비즈니스 및 전략 분석가로, 소상공인들이 사업 규모를 정하는 데 있어 맞닥뜨리는 과제를 해결하는 데 집중하고 있다. 클린턴글로벌이니셔티브에서 시장접근법과 식량 체계 추적에 투입되는 자원을 검토하고 발전시키는 업무로 인턴십을 수료했다.

첼시 페트렌코 PhD 에코시스템 생태학자로 삼림 자원과 토양의 탄소 저장에 관심을 갖고 있다. 박사과정 연구로 미 동북부 숲에서 모두베기皆伐 후 토양 내 탄소량 변화를 측정했다.

폴라인바이런멘틀체인지Polar Environmental Change의 연수생으로 일하며 그린란드와 남극대륙의 추운 환경에서 탄소의 순환에 대해 연구하고 있다.

누리 라즈반시 PhD 지속가능성 공학자로, 전과정 평가 방법론을 통해 환경에 미치는 영향을 수량화하는 작업을 7년간 해오고 있다. 그는 2050 지속가능성 목표를 달성하기 위해 북미 여러 도시의 기술적 진로를 평가해왔다.

조지 랜돌프MSc 5년 경력의 에너지 정책분석가로, 최근에는 전력 유틸리티 규제와 관련된 일을 하고 있다. 그는 캘리포니아, 네바다, 애리조나, 콜로라도 등지에서 공공 유틸리티 위원회 전 단계의 에너지 효율성 및 주거용 지붕형 태양광발전 등을 자문했다.

애비 러빈슨JD 20년 경력의 국제 환경 및 인권 변호사다. 그는 기후변화와 인권의 상관관계에 관심을 갖고, 원주민들의 권리를 변호하는 소송과 학술 연구 발표, 국제 조약 협상 등을 진행하고 있다.

에이드리언 살라사MA 정치적 생태주의자이자 조직전략가, 변호사, 시인으로 8년 넘게 환경단체 및 지역사회에서 프로그램과 캠페인을 운영했다. 그는 북부 필리핀의 토착 농민들의 지역사회 기반 평가 지표를 개발하여, 농민들을 지원하고 토종 벼 품종의 다양성을 보호하는 일을 지원했다.

에이븐 사트르멜로이BS 에너지 및 지속가능성 문제와 관련해 5년간 활동했고 환경관리학 석사과정에 있다. 그는 네 대륙에서 지속가능한 에너지 관련 연구를 진행하고 있다.

크리스틴 시어러 PhD 환경생태학자로 10년 넘게 기후변화 및 에너지 학제간 연구를 진행하고 있다. 에너지 정책과 기후변화 영향 및 적응과 관련해서 『네이처』『뉴욕타임스』 외 다양한 매체에 연구를 발표하고 있다.

데이비드 시압MSc 에너지 효율성 분야에서 5년간 일해온 엔지니어다. 현재 10억 달러가 넘는 순가치와 약 1쿼드의 에너지 절약이 예상되는 미 에너지국 에너지 보존 기준 및 시험 절차를 담당한 수석 기술분석가였다.

켈리 시만MS 애크런대에서 생체모방 디자인 전공 박사과정에 있다. 비영리 환경단체와 학계에서 10년 이상 활동했다. 그는 기후변화 회복력과 생체모방 적응 및 완화를 연구한다.

레나 테케뫼 PhD 박사후과정 과학자로 조명공학 분야에서 6년간 활동했다. 전과정 평가방법을 통한 조명 시스템의 환경적·생태학적 지속가능성을 연구하여 배출 절감에 있어 가장 중요한 영역을 밝혀내고자 한다.

에릭 퇸스마이어MA 25년간 혼농임업과 다년생 작물을 조사한 경제식물학자다. 『탄소 농업 해결책: 기후변화 완화와 식량 안전 보장을 위한 다년생 작물의 글로벌 도구와 재생농법The Carbon Farming Solution: A Global Toolkit of Perennial Crops and Regenerative Agriculture Practices for Climate Change Mitigation and Food Security』을 썼다.

멜라니 발렌시아MPH 혁신 및 지속가능성 담당 공무원이며, 산프란시스코데키토대에서 환경 지속가능성에 대해 가르치고 있다. 유기 폐기물을 시장 가능성 있는 식물성 기름 대용으로 재활용하는 스타트업 기업인 카보사이클Carbocycle의 공동 창립자다.

에르네스토 발레로 토마스 PhD 신흥 도시들의 지속가능한 성장을 위한 환경적 전략을 연구하는 7년 경력의 건축가다. 물, 음식, 기름, 쓰레기, 통신의 흐름과 전 세계의 도시 거주자들을 연구하기 위한 방법론을 개발 중이다.

앤드루 웨이드MS 부동산 금융 및 개발을 전공하는 대학원생으로, 7년간 지속가능한 도시 개발 프로젝트를 전 세계 도시들과 진행했다. 하버드에서 부동산 산업의 혁신에 관한 연구단을 총괄했다.

메릴린 웨이트MPhil 기술자이자 청정 기술 투자가로 10년 이상 해당 분야에서 활동해왔다. 『노동 현장에서의 지속가능성Sustainability at Work』을 썼다.

샬럿 휠러 PhD 열대 생태학자로 삼림 복원과 기후변화 완화 분야에서 6년간 활동했다. 대규모 열대 삼림 복원을 통한 탄소 격리량을 연구했다.

크리스토퍼 월리 라이트MPA 공공부문 행정과 환경 교육, 자원 관리 분야에서 6년간 일해오고 있는 연구원이자 분석가다.

량 엠린 양 PhD 인류와 환경의 상호작용에 관해 약 10년간 연구해온 지리학자다. 장기적인 역사 속에서의 기후 및 환경 영향, 자연재해를 다루며, 유럽 동남부와 중국에서 나타나는 사회적·인체적 영향을 연구한다.

다프니 인MA 기후변화, 자연 자원 관리, 개발 분야에서 자문위원으로 5년간 활동해왔다. 방목지를 중심으로 인도 공유지의 자연 자본과 사회적 자본을 측정할 방법론을 공동 개발했다.

케네스 제임 PhD 환경 지속가능성 연구자이자 해당 분야의 교육자로 7년 넘게 일하고 있다. 미국 국립과학재단과 에너지국의 지원을 받아

테라와트 규모의 태양광발전 개발 프로젝트를 진행했다.

자 문 단

메자빈 아비디하비브 Mehjabeen Abidi-Habib 라호르거버먼트칼리지 지속가능개발 연구센터 수석연구원, 옥스퍼드대 객원연구원
웬디 에이브럼스 Wendy Abrams 환경운동가, 비영리 단체 쿨글로브스Cool Globes 창립자
데이비브 애디슨 David Addison 버진어스챌린지Virgin Earth Challenge 매니저
데이비드 앨러웨이 David Allaway 오리건주 환경 보고 수석 정책분석가
린지 앨런 Lindsay Allen 열대우림행동네트워크Rainforest Action Network 이사
앨런 앳키슨 Alan AtKisson 작가, 유엔 및 유럽의회 자문위원
마크 바라시 Marc Barasch 그린월드캠페인Green World Campaign 창립자 겸 이사
데이나 바우마이스터 Dayna Baumeister 생체모방 디자인 전문가, 바이오미미크리 3.8Biomimicry 3.8 창립자
스펜서 B. 비브 Spencer B. Beebe 에코트러스트Ecotrustis 창립자 겸 임원
재닌 베니어스 Janine Benyus 생물학자, 바이오미미크리 3.8 및 바이오미미크리연구소Biomimicry Institute 공동 창립자
마거릿 버건 Margaret Bergen 저널리스트, 팬스위스프로젝트Panswiss Project의 과학정책 고문
세라 버그만 Sarah Bergmann 폴러네이터 패스웨이Pollinator Pathway 창립자
차야 반티 Chhaya Bhanti 아이오라에콜로지컬솔루션스Iora Ecological Solutions 창립자
메이 보베 May Boeve 350.org 이사
제임스 보일 James Boyle 서스테이너빌러티라운드테이블Sustainability Roundtable 창립자 겸 대표
톰 브래디 Tom Brady 미식축구 선수(뉴잉글랜드 패트리어츠)
토드 브릴리언트 Tod Brilliant 피플스홈에쿼티Peoples Home Equity의 마케팅 총괄, 작가, 사진작가
클라크 브로크먼 Clark Brockman 세라아키텍츠SERA Architects 대표
빌 브라우닝 Bill Browning 테라핀브라이트그린Terrapin Bright Green 공동 창립자
마이클 브룬 Michael Brune 시에라클럽Sierra Club 이사
지젤 번천 Gisele Bündchen 모델, 기업가, 환경운동가, 자선가
리오 버크 Leo Burke 노트르담대 글로벌커먼스 연구소 소장
피터 비크 Peter Byck 영화감독, 애리조나주립대 교수
피터 캘소프 Peter Calthorpe 도시설계가, 디자인 스튜디오 '캘소프 어소시에이츠Calthorpe Associates' 감독관
라이넬 캐머런 Lynelle Cameron 오토데스크재단Autodesk Foundation 대표이사
마크 캠퍼넬 Mark Campanale 카본트랙터Carbon Tracker 창립자 겸 이사
데니스 캘버그 Dennis Carlberg 건축가, 보스턴대 겸임 조교수
스티브 차디마 Steve Chadima 어드밴스드에너지이코노미Advanced Energy Economy 부사장
애덤 체임버스 Adam Chambers 미국 농림부 자연자원보존서비스NRCS 소속 과학자
에메 크리스텐슨 Aimée Christensen 선밸리연구소Sun Valley Institute 소장
커틀러 J. 클리블랜드 Cutler J. Cleveland 작가, 보스턴대 교수
레일라 코너스 Leila Conners 트리미디어그룹Tree Media Group 창립자
존 코스터 John Coster 녹색 비즈니스 전문가
오드리 대븐포트 Audrey Davenport 구글 생태주의 프로그램 담당자

에드워드 데이비 Edward Davey 프린스오브웨일스 국제지속가능성기구Prince of Wales' International Sustainability Unit 수석 프로그램 매니저

페드루 디니스 Pedro Diniz 사업가

에이셜 '시선Z' 엘드리지 AshEL "SeaSunZ" Eldridge 어스앰플리파이어드컨설팅Earth Amplified Consulting 최고경영자

존 앨킹턴 John Elkington 기업가, 환경운동가, 작가. 볼런스Volans 외 벤처기업 다수 창립

지브 엘리슨 Jib Ellison 블루스카이Blu Skye의 창립자 겸 최고경영자

도널드 포크 Donald Falk 애리조나대 자연 자원 및 환경 학부 조교수

펠리페 파리아 Felipe Faria 그린빌딩카운슬브라질Green Building Council Brasil 대표

릭 페드리지 Rick Fedrizzi 미국 그린빌딩위원회USGBC 창립자, 그린비즈니스서티피케이션GBCI 최고경영자

데이비드 펜턴 David Fenton 펜턴Fenton 설립자

조너선 폴리 Jonathan Foley 캘리포니아과학아카데미California Academy of Sciences 이사

밥 폭스 Bob Fox 그린빌딩 운동의 선구자, 쿡폭스CookFox 건축사무소 설립자

마리아 카롤리나 후지하라 Maria Carolina Fujihara 지속가능한 도시계획 전문 건축가, 그린빌딩카운슬브라질의 기술 코디네이터

마크 풀턴 Mark Fulton 경제학자, 시장 전략가. 도이치뱅크 기후변화 이사회 연구 팀장

리사 고티에 Lisa Gautier 자선단체 매터오브트러스트Matter of Trust 회장

마크 골드 Mark Gold UCLA 환경 및 지속가능성 연구소 겸임 교수

레이철 거터 Rachel Gutter 국제웰빌딩연구소International WELL Building Institute 최고 기술 책임자

앙드레 하인즈 André Heinz 하인즈기금 이사

그레고리 헤밍 Gregory Heming 캐나다 노바스코샤의 아나폴리스 카운티 의원

오런 헤스터먼 Oran Hesterman 페어푸드네트워크Fair Food Network 대표

패트릭 홀든 Patrick Holden 지속가능식량기금Sustainable Food Trust 이사

거너 허버드 Gunnar Hubbard 손턴 토마세티Thornton Tomasetti 지속가능성 실행 담당자

재러드 허프먼 Jared Huffman 미 국회의원

몰리 잔 Molly Jahn 위스콘신매디슨대 농업경제학부 교수

크리스 조던 Chris Jordan 시애틀에서 활동하는 사진작가, 영화 제작자

대니얼 캐먼 Daniel Kammen UC버클리 재생에너지 및 적정에너지 연구소RAEL 이사

대니 케네디 Danny Kennedy 청정 기술 사업가, 선게비티Sungevity 공동 창립자

케리 케네디 Kerry Kennedy 인권 변호사, 활동가. 로버트 F. 케네디 인권 단체Robert F. Kennedy Human Rights 회장

엘리자베스 콜버트 Elizabeth Kolbert 『뉴요커』 전속 기자

시릴 코르모스 Cyril Kormos 와일드재단 정책 담당 부회장

줄스 코튼호스트 Jules Kortenhorst 로키마운틴연구소RMI 대표

래리 크라프트 Larry Kraft 아이매터iMatter 이사

클라우스 라크너 Klaus Lackner 애리조나주립대 네거티브탄소배출센터Center for Negative Carbon Emissions 이사

오스프리 오리엘 레이크 Osprey Orielle Lake 여성의 지구와 기후행동 국제 네트워크WECAN 창립자 겸 이사

존 러니어 John Lanier 레이C.앤더슨재단 이사

앨릭스 로 Alex Lau 청정 기술 사업가, 재생에너지 프로젝트 투자자

린 데이비스 리어 Lyn Davis Lear L&L 미디어 대표, 활동가 겸 자선가

콜린 르뒤크 Colin le Duc 제너레이션인베스트먼트매니지먼트Generation Investment

Management 공동 창립자
제러미 레깃 Jeremy Leggett 기업가, 작가, 변호사. 솔라센추리Solarcentury 이사
애니 레너드 Annie Leonard 미국 그린피스 전무이사
페기 류 Peggy Liu 주스JUCCCE 대표
배리 로페즈 Barry Lopez 에세이스트
베아트리스 루라스키 Beatriz Luraschi 프린스 오브웨일스 국제지속가능성기구ISU 수석 프로그램 담당자
브렌던 매키 Brendan Mackey 그리피스대 기후변화대응프로그램 책임자
조애너 메이시 Joanna Macy 활동가, 작가
조엘 매코워 Joel Makower 저널리스트, 그린비즈그룹GreenBiz Group 대표 겸 편집국장
마이클 만 Michael Mann 펜스테이트대 대기과학 석좌교수
페르난도 마르티레나 Fernando Martirena 쿠바 라스비야스 '마르타 아브레우Marta Abreu' 중앙대 구조와 재료 연구 및 개발센터CIDEM 센터장
마크 S. 매카프리 Mark S. McCaffrey 헝가리 부다페스트 퍼블릭서비스국립대학NUPS 수석 연구원
데이비드 매컨빌 David McConville 벅민스터풀러연구소Buckminster Fuller Institute 이사진
크레이그 매코 Craig McCaw 이글리버투자회사 Eagle River Investments LLC 최고경영자
앤드루 매케나 Andrew McKenna 시드니 매쿼리대 빅히스토리연구소 상무이사
빌 매키번 Bill McKibben 저자, 환경운동가, 350.org의 공동 창립자 겸 수석 자문위원
제이슨 F. 매클레넌 Jason F. McLennan 매클레넌디자인McLennan Design 공동 창립자
에린 미잔 Erin Meezan 인터페이스Interface의 지속가능성 담당 부사장
데이비드 R. 몽고메리 David R. Montgomery 시애틀 워싱턴대 지형학 교수
피트 마이어스 Pete Myers 저자, 인바이런멘털헬스사이언스Environmental Health Sciences 최고경영자 겸 수석과학자
마크 '퍽' 미클비 Mark 'Puck' Mykleby 케이스웨스턴리저브대 전략적 혁신 연구소Strategic Innovation Lab 창립자 겸 소장
캐런 오브라이언 Karen O'Brien 노르웨이 오슬로대 사회학·인문지리학부 교수
로빈 매코드 오브라이언 Robyn McCord O'Brien 베스트셀러 작가, 비영리 자문회사 대표
마틴 오맬리 Martin O'Malley 메릴랜드 61대 주지사
데이비드 오르 David Orr 오벌린칼리지 명예교수 겸 고문, 저자
빌리 패리시 Billy Parish 모자이크Mosaic 공동 창립자 및 대표
마이클 폴런 Michael Pollan 베스트셀러 작가, 저널리스트, UC버클리 저널리즘 교수
조너선 포릿 Jonathon Porritt 저자, 방송인, 미래를 위한 포럼 공동 창립자
조일렛 포틀록 Joylette Portlock 코뮤니토피아 Communitopia 대표
맬컴 포츠 Malcolm Potts UC버클리 인구 및 가족계획학부 교수
크리스 파이크 Chris Pyke 미국 그린빌딩위원회 연구부소장
섀너 래퍼포트 Shana Rappaport 그린비즈그룹 감독관
앤드루 레브킨 Andrew Revkin 작가, 내셔널지오그래픽소사이어티National Geographic Society 저널리즘 전략고문
조너선 로즈 Jonathan Rose 투자회사 조너선로즈컴퍼니스Jonathan Rose Companies 창립자
제임스 샐즈먼 James Salzman UC샌타바버라 및 UCLA 로스쿨의 환경법 석좌교수
사머 솔티 Samer Salty 주크캐피탈Zouk Capital 창립자 겸 최고경영자
아스트리드 숄츠 Astrid Scholz 스패라Sphaera 최고경영자
벤 셔피로 Ben Shapiro 퓨어테크헬스PureTech

Health 공동 창립자
마이클 슈먼 Michael Shuman 경제학자, 변호사, 기업가, 저자
마틴 시거트 Martin Siegert 임페리얼칼리지 런던 그랜덤기후변화연구소the Grantham Institute for Climate Change 공동 책임자
메리 솔레키 Mary Solecki 이투E2 서부 지역 변호사
거스 스페스 Gus Speth 버몬트로스쿨 뉴이코노미법률센터New Economy Law Center 공동 창립자
톰 스타이어 Tom Steyer 사업가 겸 자선가
군힐 A. 스토르달렌 Gunhild A. Stordalen EAT 재단EAT Foundation의 창립자 겸 대표
테리 태미넌 Terry Tamminen 리어나도디캐프리오재단 대표
캣 테일러 Kat Taylor 톰캣재단TomKat Foundation 설립자
클레이턴 토머스뮐러 Clayton Thomas-Müller 350.org의 에너지 캠페인 담당자
아이반 시 Ivan Tse 사회적기업가, 자선가, TSE 재단 대표
메리 에벌린 터커 Mary Evelyn Tucker 예일대 교수
폴 밸바 Paul Valva 클라이멋리얼리티프로젝트 Climate Reality Project의 노던캘리포니아 담당자
브라이언 본 허젠 Brian Von Herzen 클라이멋재단Climate Foundation 이사
그레그 왓슨 Greg Watson 슈마허센터 Schumacher Center 정책 및 시스템 디자인 담당자
테드 화이트 Ted White 파르Fahr 임직원
존 윅 John Wick 벤처 자선가, 마린카본프로젝트Marin Carbon Project의 공동 설립자
댄 위든 Dan Wieden 위든케네디 Wieden+Kennedy의 공동 창립자
모건 윌리엄스 Morgan Williams 뉴질랜드 국회 환경위원회 의장
앨리스 울프 Allison Wolff 바이브런트플래닛 Vibrant Planet 대표
그레이엄 윈 Graham Wynne 프린스오브웨일스 국제지속가능성기구 수석자문위원

*자문단의 자세한 이력은 드로다운 웹사이트 www.drawdown.org/advisors를 참조하라.

찾아보기

ㅁ

ㅂ

ㅅ

ㅇ

ㅈ

ㅊ

ㅋ

ㅌ

ㅍ

ㅎ

옮긴이 이현수

이화여대 통번역대학원 졸업 후 현재 전문 번역가로 활동 중이다. 옮긴 책으로 『나의 아름다운 책방』 『기똥찬 미래과학』 『깊은 잠』 『성공 리더십』 『시민의 불복종』 『원칙 없는 삶』 등이 있다.

플랜 드로다운

기후변화를 되돌릴 가장 강력하고 포괄적인 계획

1판 1쇄 2019년 9월 20일
1판 5쇄 2021년 11월 5일

엮은이 폴 호컨
옮긴이 이현수
펴낸이 강성민
편집장 이은혜
기획 노만수
편집 박은아
마케팅 정민호 김도윤
홍보 김희숙 함유지 김현지 이소정 이미희
독자모니터링 황치영

펴낸곳 (주)글항아리 **출판등록** 2009년 1월 19일 제406-2009-000002호
주소 10881 경기도 파주시 회동길 210
전자우편 bookpot@hanmail.net
전화번호 031-955-8891(마케팅) 031-955-2663(편집부)
팩스 031-955-2557

ISBN 978-89-6735-669-9 03400

- 잘못된 책은 구입하신 서점에서 교환해드립니다.
  기타 교환 문의 031-955-2661, 3580
- 글항아리사이언스는 (주)글항아리의 과학 브랜드입니다.

geulhangari.com